普通高等教育"十一五"国家级规划教材

# 大学数学应用教程(第三版)

# 高 等 数 学(下册)

主　编　仉志余
副主编　康淑瑰



北京大学出版社
PEKING UNIVERSITY PRESS

**图书在版编目(CIP)数据**

高等数学. 下册/仉志余主编. —3 版. —北京：北京大学出版社，2019. 9
大学数学应用教程

ISBN 978-7-301-30703-8

Ⅰ. ①高…　Ⅱ. ①仉…　Ⅲ. ①高等数学—高等学校—教材　Ⅳ. ①O13

中国版本图书馆 CIP 数据核字(2019)第 171052 号

| | |
|---|---|
| 书　　名 | 大学数学应用教程（第三版）· 高等数学（下册）<br>DAXUE SHUXUE YINGYONG JIAOCHENG（DI-SAN BAN）· GAODENG SHUXUE（XIACE） |
| 著作责任者 | 仉志余　主编 |
| 责任编辑 | 曾琬婷 |
| 标准书号 | ISBN 978-7-301-30703-8 |
| 出版发行 | 北京大学出版社 |
| 地　　址 | 北京市海淀区成府路 205 号　100871 |
| 网　　址 | http://www.pup.cn　　新浪微博：@北京大学出版社 |
| 电子信箱 | zpup@pup.cn |
| 电　　话 | 邮购部 010-62752015　发行部 010-62750672　编辑部 010-62754819 |
| 印 刷 者 | 北京市科星印刷有限责任公司 |
| 经 销 者 | 新华书店 |
| | 787 毫米×980 毫米　16 开本　15.25 印张　350 千字 |
| | 2005 年 7 月第 1 版 |
| | 2009 年 9 月第 2 版 |
| | 2019 年 9 月第 3 版　2023 年 7 月第 5 次印刷 |
| 定　　价 | 46.00 元 |

# 内容简介

本书是在普通高等教育“十一五”国家级规划教材《大学数学应用教程(本科第二版·上册)》基础上,深入总结多年来教学改革和实践的经验,迎合教育部应用型本科转型改革和试点的需要并充分利用多媒体等现代教学技术编写而成的.

全书分上、下两册,内容包括:函数、极限与连续,导数与微分,不定积分,定积分,导数与微分的应用,定积分的应用,常微分方程,数值计算方法,向量与空间解析几何,多元函数微分法及其应用,多元函数积分法及其应用,无穷级数,高等数学的软件实现,其中带“*”的为选学内容.通过书上的二维码还可以参阅线上相应的电子资源内容.

本书适合非“211”大学理工科和经济管理类各专业本科生使用,也适合同层次的成人教育以及工程技术人员使用.

# 第三版前言

《大学数学应用教程》第一版由北京大学出版社于 2005 年出版以来，深受高等院校同人青睐，2008 年被教育部评为普通高等教育“十一五”国家级规划教材，在重印 6 次后于 2009 年修订为第二版，形成了本科和高职教育不同类型的系列教材，其中本科层次分为上、下两册. 对于后者，随着教育部卓越拔尖计划实施 10 年来，经过多所高等院校任课教师的不懈努力和研究探索，包括教学内容、教学方法的改革和现代多媒体教学技术的应用，已经形成不少宝贵经验并及时融入了教材之中. 截至 2018 年，第二版已经先后重印 13 次，较好地满足了多所本科院校应用型人才培养的需要，同时太原工业学院的教学团队也于 2010 年被评为山西省大学数学优秀教学团队. 随着中国特色社会主义事业建设进入新时期，为满足我国高等教育改革创新、国民经济建设和科学技术发展的需要，全国应用型本科教育人才培养模式的探索也在如火如荼地进行之中. 2019—2021 年，教育部将分三年全面实施“六卓越一拔尖”计划 2.0，面向所有高校、所有专业，全面实施一流课程建设“双万计划”是其三项核心任务之一. 为了更好地体现和吸收我们的教学成果，努力争创全国“双万”“线下”与“线上”混合型“金课”，应山西省应用型本科院校联盟主要院校的倡议，在上级主管部门的大力支持下，我们决定变“单兵作战”为“集体发力”，集中优势兵力对该教材再次实施改版. 本次改版后的教材内容仍然包括高等数学、线性代数、概率论与数理统计和大学数学的软件实现四大模块. 教材的支撑体系分为“线下”和“线上”两大部分. “线下”体系包括纸质课本和配套教学参考书. “线上”体系即电子资源平台，是课本基本内容的拓展部分，内容包括知识背景、方法训练、应用实例等；呈现形式包括电子课件、微课、慕课、动画演示、交流互动和自测与学位考试题库等. “线下”与“线上”可以通过“二维码”链接，互联互通、相辅相成. 本次改版以期达到让课本更“瘦壮”、知识更“宽广”、使用更方便之目的.

此版教程的内容保留了第二版的特色. 第一，就前三大模块内容的低限而言，均符合教育部高等学校非数学类专业数学基础课程教学指导委员会制定的《工科类数学基础课程教学基本要求》. 第二，就其内容的深度而言，更加注重了简化理论推导，强化联系实际和方法运用，问题叙述力求深入浅出. 本教程更适合于“应用型”本科层次理工科和经济管理类的学生使用，与“研究型”大学普遍使用的近乎“数学分析”的教材相比，其理论证明的要求已被大大降低，其计算的繁难程度也被大大简化. 本次修订适当增加了部分典型例题，减少了部分过于繁难的习题. 针对某些专业的减少，有的章节内容加了“ * ”(但并非不重要)，以供实际教学中选择. 第三，就本教程内容的广度而论，不但没有减少，反而做了适度增加，这完全归功于“线上”系统的支持. 现已初步形成的电子资源平台承载了课本所无法承载的“宽广”内容. 笔者建议教学中师生可以充分发挥“线下”“线上”两个系统的作用,以期随时随地方便地学习、交流与沟通,达到提升教学效果的目的.第四,根据应用型人才培养目标的要求,本次修订仍保留了第二版突出数学的应用,即“建模—解模”的特色.例如,高等数学模块中渗透了数学建模—解模的思想方法;线性代数模块的体系就是按照建立数学模型—寻求解模工具—解模答问这一主线设计的;概率论与数理统计模块则更加突出了其应用部分——数理统计的学习.此外,前三大模块的有机整合,减少了重复,节约了教学时数.第四模块大学数学的软件实现,利用 Mathematica 软件将前三大模块综合运用于解决实际问题,更加彰显了大学数学应用的特色,体现了现代理工科学生应掌握一门数学应用软件的要求.

总之,很好地学完了本教程内容的同学,其应用数学解决实际问题的能力将会大大提高.还希望继续考研深造的同学,若在进一步学习与本教程配套的《大学数学分级讲练教程》(北京大学出版社)后,其大学数学知识的深度和研究能力将会到达更高水平.

本次改版将教程分四册出版:《大学数学应用教程(第三版)·高等数学(上册)》,内容包括函数极限与连续,导数与微分,不定积分,定积分,导数与微分的应用,定积分的应用,常微分方程,数值计算方法;《大学数学应用教程(第三版)·高等数学(下册)》,内容包括向量与空间解析几何,多元函数微分法及其应用,多元函数积分法及其应用,无穷级数,高等数学的软件实现;《大学数学应用教程(第三版)·线性代数》,内容包括行列式,矩阵,$n$ 维向量与线性方程组,相似矩阵与二次型,线性代数的软件实现;《大学数学应用教程(第三版)·概率论与数理统计》,内容包括随机事件及其概率,随机变量及其概率分布,随机变量的数字特征,多维随机变量,大数定律与中心极限定理,样本与抽样分布,参数估计,假设检验,一元线性回归分析,概率论与数理统计的软件实现.由于本教程的内容体系与现行教材相比改革力度较大,为便于教学管理部门和教师更好地安排教学,特提出使用本教程的如下教学方案,仅供参考:

本教程总学时可为 246(或 276)学时左右,其中高等数学、线性代数、概率论与数理统计分别为 150(或 164)、48(或 32)、48(或 80)学时.

本教程适用于工科类所有专业,也适用于经济、贸易、金融、工商管理和市场营销等专业.对于后者,其高等数学部分可安排 120～130 学时,其中的向量代数和多元微积分可以略讲,微积分在物理力学方面的应用可以不讲;线性代数、概率论与数理统计部分可与工科类专业类似.概率论与数理统计部分建议以概率论为基础,数理统计为重点,即淡化概率论,突出数理统计的数学思想.

在本次修订中,参与教程编写的单位有:太原工业学院、山西工程技术学院、吕梁学院、大同大学、太原学院和山西警察学院等.参编高等数学内容的骨干教师代表有:冯贵林(第二章)、王爱武(第三章)、阮豫红(第四章)、刘彦芝(第五章)、田慧琴(第六章)、于彩娴(第七章)、庞锋(第八章)、王波(第九章)、李灿(第十章)、王颖(第十一章)、王瑶(第十二章).参编线性代数内容的骨干教师代表有:邢青红(第一章)、刘彩云(第三章)、高玉洁(第四章).参编概率论与数理统计内容的骨干教师代表有:王建军(第一章)、连高社(第五章)、马慧莲(第六章)、李艳艳(第七章). 其余部分的编写及全书的统稿工作由主编负责.

参与高等数学内容修订和电子资源建设的还有：王玉清(第一章),陈慧琴、陈小彪(第二、五章),郭元伟、岳霞霞(第四、六章),刘方(第七章),王俊梅(第八、十二章),李艳艳(第九章). 参与线性代数内容修订和电子资源建设的还有：段振兴(第二章). 参与概率论与数理统计内容修订和电子资源建设的还有：杨焕青(第一章),张晓青、赵登科(第二章),张鹏(第三章),马霞(第四章),连高社(第五章),康淑瑰(第六章),张晓青(第七章).

还有以上六所院校未列入代表名单的多位老师和多年以来使用本教材前两版的所有老师对本教程的建设提出了宝贵意见和给予了大力支持,特别不会忘记的是全省优秀教学团队重要成员宋智民、王晓霞、赵治荣、张晋珠等老师在前两版教材建设十几年的工作中严谨的作风和不计名利的贡献！在此对以上所有人员,以及北京大学出版社和北京霞光图书公司同人们的大力支持一并致以诚挚的感谢！

党的二十大报告为我们擘画了到本世纪中叶把我国建设成社会主义现代化强国的宏伟蓝图,其中“实施科教兴国战略,强化现代化建设人才支撑”首次作为独立一章进行了系统阐述和部署,明确指出:“教育、科技、人才是全面建设社会主义现代化国家的基础性、战略性支撑.”所以,教师作为人才培养的主力军,更要切实担负起为党育人、为国育才的时代重任,在全面提高人才培养质量,着力培养造就拔尖创新人才、卓越工程师和大国工匠上狠下功夫. 教材的合理取舍与增减,教学体系的创新与重构都是教师在教学设计中实施因校制宜、因材施教的必然要求. 作者期待着数学教师们在教学实践中积极进行思政进课堂的探索并及时分享成功经验.

由于作者水平所限,新版内容中难免存在不足甚至谬误之处. 对此,敬请广大专家、同人和读者不吝指正.

仉志余

2023 年 6 月修订

# 第二版前言

《大学数学应用教程》第一版由北京大学出版社于 2005 年出版以来，深受高等院校同人青睐，已 6 次重印，2008 年又被教育部评为普通高等教育“十一五”国家级规划教材. 原教程适合少学时本科和较高层次高职高专院校各专业使用. 随着我国高等教育大众化过程的推进，在实际教学中，作者深深感到国内现行高等数学、线性代数、概率论与数理统计等大学数学课程的品牌教材尤其不能适应二、三类本科学生的实际，而《大学数学应用教程》的特色恰恰可以弥补这一不足. 为了加强对各类人才培养的针对性，作者认为很有必要按照进一步拓展与精简两个方向分别将其修订为本科层次和高职高专层次两种版本使用. 这是本科层次的版本.

此版本的内容包括高等数学(微积分)、线性代数、概率论与数理统计和大学数学的软件实现四大模块，拓展了数理统计等部分内容. 第一，就前三大模块内容的低限而言，均符合教育部高等学校非数学类专业数学基础课程教学指导委员会最新制定(2009 年宁波会议通过)的《工科类数学基础课程教学基本要求》. 第二，就其内容的深度而言，本教程更适合于非“211”大学理工类和经济管理类本科专业使用，与“研究型”大学普遍使用的近乎“数学分析”的教材相比，其理论证明的要求已被大大降低，其繁难的计算也被放弃. 其目的是将重点转移到熟练掌握基本概念、基本性质和基本方法的应用上. 第三，就本教程内容的广度而论，不但没有减小，反而做了适度增加. 笔者认为这样将更有利于应用型人才的培养. 第四，根据应用型人才培养目标的要求，本教程突出了数学的应用，例如微积分模块中增加了数值计算方法的相关内容；渗透了数学建模的思想方法；线性代数模块的体系是按照建立数学模型—寻求解模工具—解模答问这一主线设计的；概率论与数理统计模块则更突出了其应用部分——数理统计的学习. 此外，三大模块的有机整合，减少了重复，节约了教学时间. 最后增加的大学数学的软件实现一篇，将三大模块的主要知识运用计算机软件加以展示，更加彰显了大学数学应用的现代特色.

总之，很好地学习了本教程内容的同学，其应用数学解决实际问题的能力将会大大提高. 还希望继续考研深造的同学，若在进一步学习与本教程配套的《高等学校数学讲练教程系列》(北京大学出版社)后，其大学数学知识的深度和研究能力将会达到更高的水平.

本教程分为上、下两册. 上册内容包括一元微积分及其应用，常微分方程，无穷级数，数值计算方法，空间解析几何与向量代数，多元微积分及其应用等. 下册内容包括线性代数，概率论与数理统计和大学数学的软件实现等. 由于本教程的内容体系与现行教材相比改革力度较大，为便于教学管理部门和教师更好地安排教学，特提出使用本教程的如下教学方案，仅供参考：

本教程总学时可为 272 学时(17 学分)左右，其中微积分、线性代数、概率论与数理统计分别为 170(或 176)学时、48(或 42)学时、48 学时. 打"＊"的内容可根据专业要求选讲.

本教程也适用于经济、贸易、金融、工商管理和市场营销等专业. 此时,其微积分部分可安排 120～130 学时,其中的向量代数和多元微积分可以略讲,微积分在物理力学方面的应用可以不讲,线性代数、概率论与数理统计部分可与工科类专业类似.

本教程在改版过程中,参加编写工作的有:王建军、宋智民、王晓霞、张晋珠、阮豫红、王波、寇静、王颖、樊孝仁、闫乙伟、赵治荣、高玉洁、马慧莲、尹礼寿、郭尊光、李灿、于彩娴、王瑶、张玫玉等多位教师. 在教育部和北京大学出版社的大力支持下,本教程列入普通高等教育"十一五"国家级规划教材. 对上述各部门领导和同人以及各位支持本教程建设的朋友,在此表示诚挚的感谢!

新版中存在的问题,敬请广大专家、同人和读者给予批评指正.

仉志余

2009 年 6 月

# 目　　录

# 第九章　向量与空间解析几何

与平面解析几何对于一元函数微积分一样，空间解析几何是学习多元函数微积分必不可少的基础. 本章首先建立空间直角坐标系，并简要介绍工程技术中常用的向量代数知识，然后以向量为工具讨论空间曲面和曲线.

## 第一节　空间直角坐标系与向量

### 一、空间直角坐标系

过空间的一个定点 $O$，作三条两两相互垂直的数轴，它们都以 $O$ 为原点，且一般具有相同的长度单位. 这三条数轴分别叫作 $x$ **轴**（**横轴**）、$y$ **轴**（**纵轴**）、$z$ **轴**（**竖轴**），统称为**坐标轴**. 通常把 $x$ 轴和 $y$ 轴放置在水平面上，而 $z$ 轴垂直于 $x$ 轴和 $y$ 轴所确定的平面. 它们的正向要求符合右手规则，即以右手握住 $z$ 轴，当右手的四个手指从 $x$ 轴的正向以 $\frac{\pi}{2}$ 角度转向 $y$ 轴的正向时，大拇指的指向就是 $z$ 轴的正向（如图 9-1 所示）. 这样三条坐标轴就组成一个**空间直角坐标系**，记为 $Oxyz$，称为**右手系**，其中点 $O$ 称为**坐标原点**（简称**原点**）. 以后在应用空间直角坐标系时，如无特别说明，都指右手系.

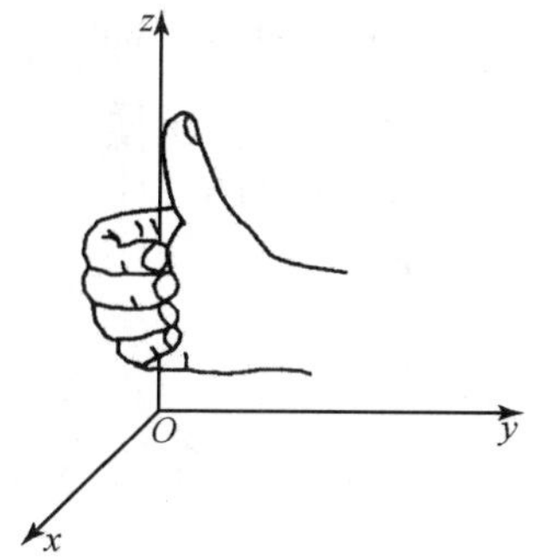


**图　9-1**

在空间直角坐标系中，三条坐标轴中的任意两条可以确定一个平面，这样定出的三个平面统称为**坐标面**. 由 $x$ 轴与 $y$ 轴确定的平面称为 $Oxy$ **面**. 类似地可确定 $Oyz$ 面和 $Ozx$ 面. 三个坐标面将空间分成八部分，每一部分称为一个**卦限**. 含有 $x$ 轴正向、$y$ 轴正向、$z$ 轴正向的卦限叫作**第Ⅰ卦限**，逆时针方向转依次为第Ⅱ，Ⅲ，Ⅳ卦限，它们的下方依次为第Ⅴ，Ⅵ，Ⅶ，Ⅷ卦限（如图 9-2(a)所示）.

下面建立空间点的直角坐标. 设 $M$ 为空间一已知点，过点 $M$ 作三个平面分别与 $x$ 轴、$y$ 轴和 $z$ 轴垂直相交，交点依次为 $P,Q,R$（如图 9-2(b)所示），这三点在 $x$ 轴、$y$ 轴、$z$ 轴上的坐标依次是 $x$，$y$，$z$，于是空间点 $M$ 就唯一确定了一个三元有序数组 $(x,y,z)$. 这个三元有序数组就是点 $M$ 的**坐标**，其中 $x$ 称为**横坐标**，$y$ 称为**纵坐标**，$z$ 称为**竖坐标**. 坐标为 $(x,y,z)$ 的点 $M$ 记为 $M(x,y,z)$.

反之，已知一个三元有序数组 $(x,y,z)$，可以在 $x$ 轴上取坐标为 $x$ 的点 $P$，在 $y$ 轴上取坐标为 $y$ 的点 $Q$，在 $z$ 轴上取坐标为 $z$ 的点 $R$，再过点 $P,Q,R$ 分别作与 $x$ 轴、$y$ 轴、$z$ 轴垂直的平面，这三个垂直平面的交点 $M$ 便是以三元有序实数组 $(x,y,z)$ 为坐标的点（如图 9-2(b)所示）.

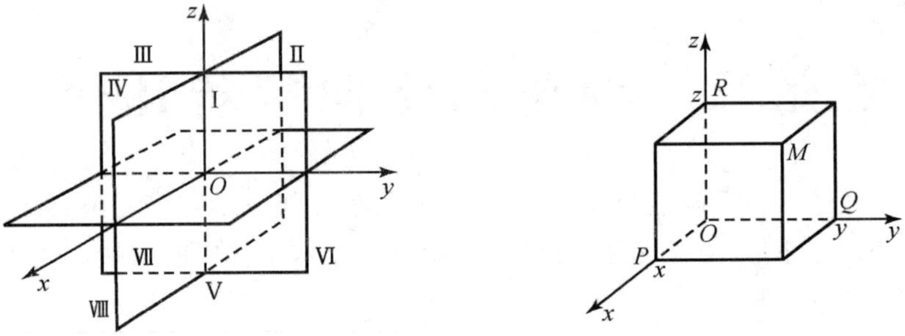


(a)　　　　(b)

图　9-2

这样,通过空间直角坐标系,我们建立了空间的点 $M$ 与三元有序数组 $(x,y,z)$ 之间的一一对应关系.容易知道,空间直角坐标系中一些特殊点的坐标有如下特征:

各卦限内点的坐标符号:

Ⅰ:(+,+,+);　Ⅱ:(−,+,+);　Ⅲ:(−,−,+);　Ⅳ:(+,−,+);

Ⅴ:(+,+,−);　Ⅵ:(−,+,−);　Ⅶ:(−,−,−);　Ⅷ:(+,−,−).

各坐标面上点的坐标:

$Oxy$ 面上点的坐标为 $(x,y,0)$;$Oyz$ 面上点的坐标为 $(0,y,z)$;$Ozx$ 面上点的坐标为 $(x,0,z)$.

各坐标轴上点的坐标:

$x$ 轴上点的坐标为 $(x,0,0)$;$y$ 轴上点的坐标为 $(0,y,0)$;$z$ 轴上点的坐标为 $(0,0,z)$.

原点 $O$ 的坐标:$(0,0,0)$.

**例 1**　$y=5$ 在空间直角坐标系和平面直角坐标系中的图形是什么?

**解**　在空间直角坐标系中,$y=5$ 是指集合 $\{(x,y,z)\mid y=5\}$,表示一个平行于 $Ozx$ 面的平面(如图 9-3(a));在平面直角坐标系中,$y=5$ 是指集合 $\{(x,y)\mid y=5\}$,表示一条平行于 $x$ 轴的直线(如图 9-3(b)).

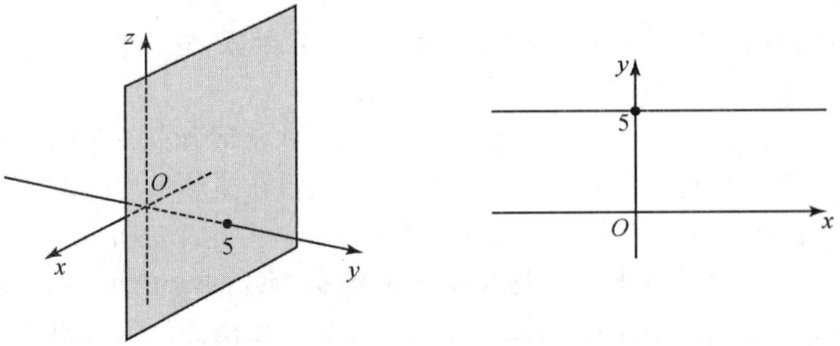


(a)　　　　(b)

图　9-3

## 二、向量及其线性运算

### 1. 向量的概念

现实世界中的量可分为两类：一类如长度、面积、体积、质量、时间、密度、功和能等，它们只有大小，可用一个数来表示，称为**数量**(或**纯量**、**标量**)；另一类如力、力矩、位移、速度和加速度等，它们既有大小，又有方向，称为**向量**(或**矢量**).

几何上常用一条有向线段表示向量，其中有向线段的长度表示向量的大小，有向线段的方向表示向量的方向. 以点 $A$ 为始点，点 $B$ 为终点的有向线段表示的向量记为 $\overrightarrow{AB}$ (如图 9-4 所示). 印刷时常用黑体字母 $\boldsymbol{a},\boldsymbol{b},\boldsymbol{V},\boldsymbol{F}$ 等来表示向量.

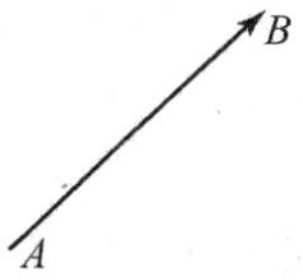

图 9-4

在空间直角坐标系中，以坐标原点 $O$ 为始点，$M$ 为终点的向量 $\overrightarrow{OM}$，称为**向径**，常用 $\boldsymbol{r}$ 表示. 空间点 $M$ 与它的向径 $\overrightarrow{OM}$ 存在一一对应关系.

向量的大小称为向量的**模**，向量 $\overrightarrow{AB}$ 与 $\boldsymbol{a}$ 的模分别记作 $|\overrightarrow{AB}|$ 与 $|\boldsymbol{a}|$. 模等于 1 的向量称为**单位向量**. 模等于零的向量称为**零向量**，记作 $\mathbf{0}$. 零向量的始点和终点重合，它的方向可以看作是任意的.

在实际问题中，有些向量与始点有关，有些向量与始点无关. 本书中只研究与始点无关的向量，并称这种向量为**自由向量**(以后简称**向量**). 所以，如果两个向量 $\boldsymbol{a}$ 和 $\boldsymbol{b}$ 的大小相等，且方向相同，则称向量 $\boldsymbol{a}$ 和 $\boldsymbol{b}$ **相等**，记作 $\boldsymbol{a}=\boldsymbol{b}$.

### 2. 向量的线性运算

#### 2.1 向量的加法

**定义 1** 设 $\boldsymbol{a}=\overrightarrow{OA}$ 与 $\boldsymbol{b}=\overrightarrow{OB}$，它们有同一始点 $O$，以它们为邻边作平行四边形，则以 $O$ 为始点的对角线向量 $\boldsymbol{c}=\overrightarrow{OC}$ 称为 $\boldsymbol{a}$ 与 $\boldsymbol{b}$ 的**和**(如图 9-5 所示)，记作 $\boldsymbol{c}=\boldsymbol{a}+\boldsymbol{b}$. 求向量的和的运算称为向量的**加法**. 这种求向量和的方法称为向量加法的**平行四边形法则**.

特别地，若两向量 $\boldsymbol{a}$ 和 $\boldsymbol{b}$ 在同一直线上，则规定它们的和是这样一个向量：当 $\boldsymbol{a}$ 与 $\boldsymbol{b}$ 的方向相同时，和向量的方向与原来两向量的方向相同，其模等于两向量模的和；当 $\boldsymbol{a}$ 与 $\boldsymbol{b}$ 的方向相反时，和向量的方向与模较大的向量的方向相同，而模等于两向量模的差.

求两个向量的和还可以用下面的方法：

平移向量 $\boldsymbol{b}$，使其始点与向量 $\boldsymbol{a}$ 的终点重合，则由 $\boldsymbol{a}$ 的始点到 $\boldsymbol{b}$ 的终点的向量 $\boldsymbol{c}$，就是 $\boldsymbol{a}$ 与 $\boldsymbol{b}$ 的**和**. 这种求向量和的方法称为向量加法的**三角形法则**(如图 9-6 所示).

显而易见，使用三角形法则与平行四边形法则结果是一致的. 通常用三角形法则较简单些. 另外，三角形法则还可推广到多边形法则，从而解决两个以上向量的求和问题.

向量的加法满足以下运算律：

**交换律** $\boldsymbol{a}+\boldsymbol{b}=\boldsymbol{b}+\boldsymbol{a}$；

**结合律** $(\boldsymbol{a}+\boldsymbol{b})+\boldsymbol{c}=\boldsymbol{a}+(\boldsymbol{b}+\boldsymbol{c})$.

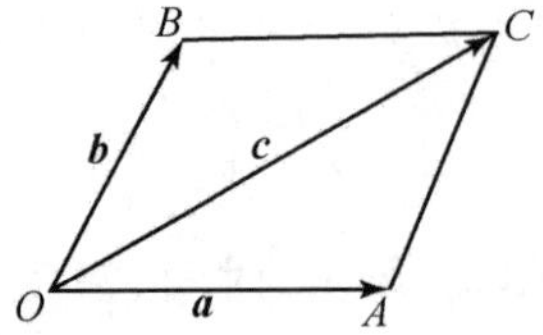


图 9-5

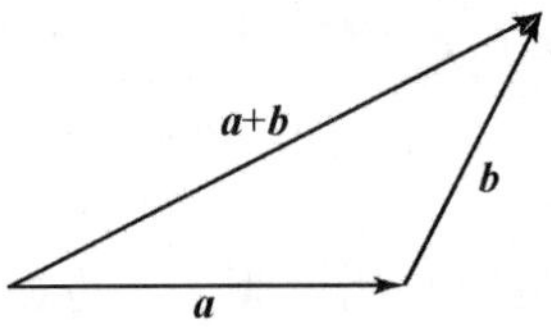


图 9-6

利用向量加法的三角形法则,很容易验证上面的两条运算律,请读者自己完成.

与数的运算一样,向量的减法可以作为加法的逆运算引入.

与向量 $\boldsymbol{a}$ 的模相同而方向相反的向量称为 $\boldsymbol{a}$ 的**负向量**,记为 $-\boldsymbol{a}$(如图 9-7 所示). 由此规定两个向量 $\boldsymbol{a}$ 与 $\boldsymbol{b}$ 的**差**如下:

$$\boldsymbol{a}-\boldsymbol{b}=\boldsymbol{a}+(-\boldsymbol{b}).$$

特别地,有

$$\boldsymbol{a}-\boldsymbol{a}=\boldsymbol{a}+(-\boldsymbol{a})=\mathbf{0}.$$

求向量差的运算称为向量的**减法**. 由向量加法法则,可得求两个向量差的方法如下:

将 $\boldsymbol{a}$ 或 $\boldsymbol{b}$ 平移,使它们有同一始点,则由 $\boldsymbol{b}$ 的终点到 $\boldsymbol{a}$ 的终点的向量 $\boldsymbol{c}$,就是 $\boldsymbol{a}$ 与 $\boldsymbol{b}$ 的差,即 $\boldsymbol{c}=\boldsymbol{a}-\boldsymbol{b}$ (如图 9-8 所示).

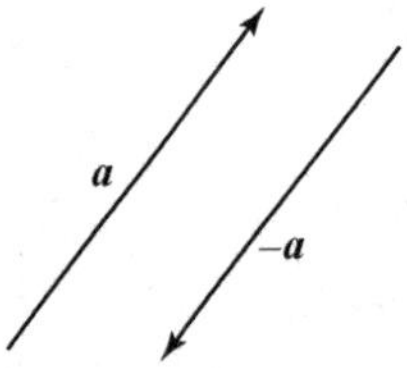


图 9-7

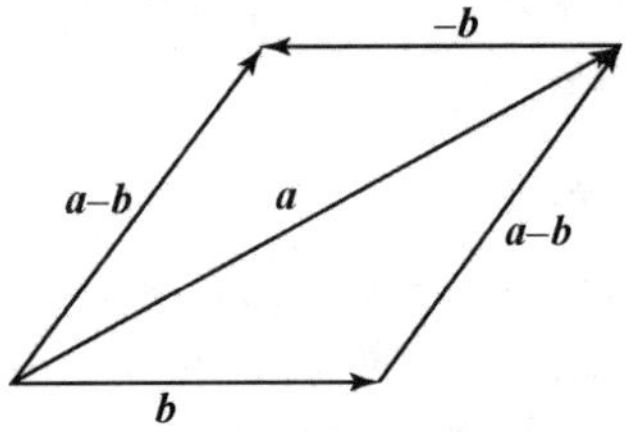


图 9-8

2.2 数量与向量的乘法

**定义 2** 设 $\lambda$ 是一数量,$\lambda$ 与向量 $\boldsymbol{a}$ 的乘积是一个向量,记为 $\lambda\boldsymbol{a}$,它的模为 $|\lambda\boldsymbol{a}|=|\lambda||\boldsymbol{a}|$,并且当 $\lambda>0$ 时,$\lambda\boldsymbol{a}$ 与 $\boldsymbol{a}$ 同向;当 $\lambda<0$ 时,$\lambda\boldsymbol{a}$ 与 $\boldsymbol{a}$ 反向;当 $\lambda=0$ 时,$\lambda\boldsymbol{a}=\mathbf{0}$.

特别地,当 $\lambda=-1$ 时,$(-1)\boldsymbol{a}=-\boldsymbol{a}$,恰好是 $\boldsymbol{a}$ 的负向量(如图 9-9 所示).

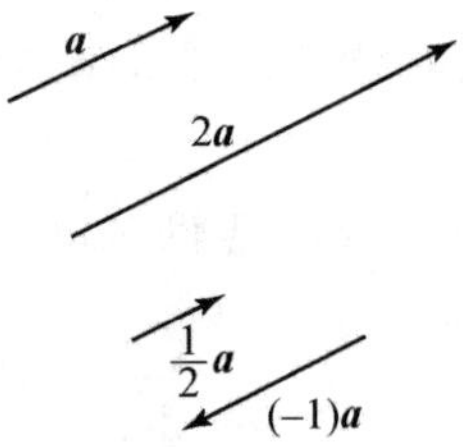


图 9-9

数量与向量的乘法满足下面的运算律.

**结合律** $\lambda(\mu\boldsymbol{a})=\mu(\lambda\boldsymbol{a})=(\lambda\mu)\boldsymbol{a}$,其中 $\lambda,\mu$ 为数量;

**分配律** $(\lambda+\mu)\boldsymbol{a}=\lambda\boldsymbol{a}+\mu\boldsymbol{a}$,其中 $\lambda,\mu$ 为数量.

根据数量与向量乘积的定义,可以推出以下结论:

(1) $\boldsymbol{b}=\lambda\boldsymbol{a}$ 的充要条件是 $\boldsymbol{a}$ 与 $\boldsymbol{b}$ 平行($\boldsymbol{a}$ 与 $\boldsymbol{b}$ **平行**是指 $\boldsymbol{a}$ 与 $\boldsymbol{b}$ 同向或反向,记作 $\boldsymbol{a}/\!/\boldsymbol{b}$);

(2) 当 $|\boldsymbol{a}|\neq 0$ 时,常常把与 $\boldsymbol{a}$ 同向的单位向量记作 $\boldsymbol{a}^0$,那么

$$\frac{\boldsymbol{a}}{|\boldsymbol{a}|}=\boldsymbol{a}^0 \quad \text{或} \quad \boldsymbol{a}=|\boldsymbol{a}|\boldsymbol{a}^0.$$

这说明,一个非零向量除以它的模,得到一个与该向量同向的单位向量.或者说,这把向量 $\boldsymbol{a}$ 的**两个要素**(**大小和方向**)表现出来了,其中模 $|\boldsymbol{a}|$ 代表 $\boldsymbol{a}$ 的大小,而单位向量 $\boldsymbol{a}^0$ 代表 $\boldsymbol{a}$ 的方向.

向量的加法、数量与向量的乘法这两种运算统称为向量的**线性运算**.

**例 2**　设 $\boldsymbol{u}=\boldsymbol{a}-\boldsymbol{b}+2\boldsymbol{c}$,$\boldsymbol{v}=\boldsymbol{a}+3\boldsymbol{b}-\boldsymbol{c}$,试用 $\boldsymbol{a},\boldsymbol{b},\boldsymbol{c}$ 表示 $2\boldsymbol{u}-3\boldsymbol{v}$.

**解**　$2\boldsymbol{u}-3\boldsymbol{v}=2(\boldsymbol{a}-\boldsymbol{b}+2\boldsymbol{c})-3(\boldsymbol{a}+3\boldsymbol{b}-\boldsymbol{c})=-\boldsymbol{a}-11\boldsymbol{b}+7\boldsymbol{c}$.

**例 3**　证明:三角形的中位线平行于底边且等于底边的一半.

**证**　如图 9-10 所示,因为 $D,E$ 分别为边 $AB,AC$ 的中点,所以

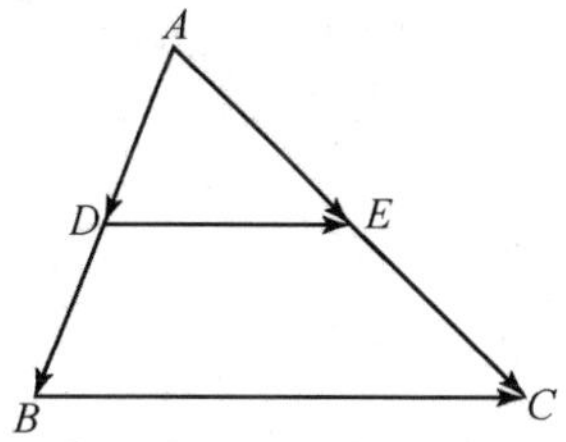

图　9-10

$$\overrightarrow{DE}=\overrightarrow{AE}-\overrightarrow{AD}=\frac{1}{2}\overrightarrow{AC}-\frac{1}{2}\overrightarrow{AB}$$
$$=\frac{1}{2}(\overrightarrow{AC}-\overrightarrow{AB})=\frac{1}{2}\overrightarrow{BC}.$$

证毕

三、向量的坐标

**1. 向径的坐标表示**

在空间直角坐标系 $Oxyz$ 中分别与 $x$ 轴、$y$ 轴、$z$ 轴方向相同的单位向量称为**基本单位向量**,分别用 $\boldsymbol{i},\boldsymbol{j},\boldsymbol{k}$ 表示(如图9-11 所示).

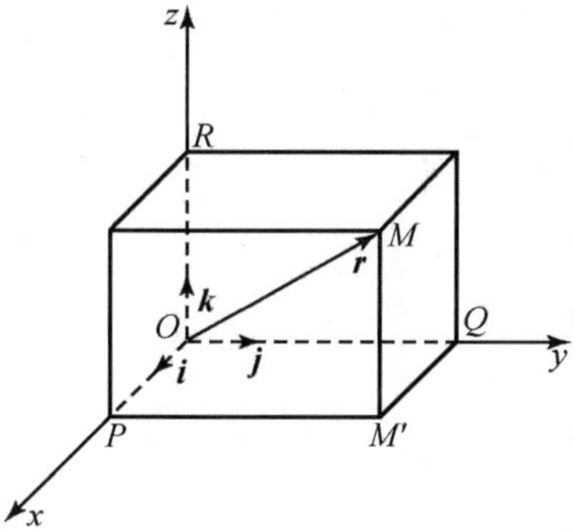

图　9-11

设点 $M$ 的坐标为$(x,y,z)$,则 $\overrightarrow{OP}=x\boldsymbol{i}$,$\overrightarrow{OQ}=y\boldsymbol{j}$,$\overrightarrow{OR}=z\boldsymbol{k}$(如图 9-11 所示).由向量的加法运算法则得

$$\boldsymbol{r}=\overrightarrow{OM}=\overrightarrow{OM'}+\overrightarrow{M'M}=(\overrightarrow{OP}+\overrightarrow{OQ})+\overrightarrow{OR}$$
$$=x\boldsymbol{i}+y\boldsymbol{j}+z\boldsymbol{k},$$

即向径 $\boldsymbol{r}=\overrightarrow{OM}$ 的坐标表达式为

$$\boldsymbol{r}=\overrightarrow{OM}=x\boldsymbol{i}+y\boldsymbol{j}+z\boldsymbol{k}.$$

我们称 $x,y,z$ 为 $\boldsymbol{r}$ 的**坐标**,记为 $\boldsymbol{r}=\overrightarrow{OM}=\{x,y,z\}$.

**例 4**　设有向径 $\boldsymbol{r}_1=\{x_1,y_1,z_1\}$,$\boldsymbol{r}_2=\{x_2,y_2,z_2\}$和常数 $\lambda$,则由向量加法和数量与向量的乘法运算法则知

$$\boldsymbol{r}_1+\boldsymbol{r}_2=(x_1\boldsymbol{i}+y_1\boldsymbol{j}+z_1\boldsymbol{k})+(x_2\boldsymbol{i}+y_2\boldsymbol{j}+z_2\boldsymbol{k})$$
$$=(x_1+x_2)\boldsymbol{i}+(y_1+y_2)\boldsymbol{j}+(z_1+z_2)\boldsymbol{k}$$
$$=\{x_1+x_2,y_1+y_2,z_1+z_2\},$$

$$\lambda\boldsymbol{r}_1=\lambda(x_1\boldsymbol{i}+y_1\boldsymbol{j}+z_1\boldsymbol{k})=(\lambda x_1)\boldsymbol{i}+(\lambda y_1)\boldsymbol{j}+(\lambda z_1)\boldsymbol{k}$$
$$=\{\lambda x_1,\lambda y_1,\lambda z_1\}.$$

这说明,两向径相加,就是将其坐标对应相加;数与向径相乘,就是用此数遍乘该向径的每个坐标.

**2. 向量的坐标表示**

设有点 $M_1(x_1,y_1,z_1)$,$M_2(x_2,y_2,z_2)$,则以 $M_1$ 为始点,$M_2$ 为终点的向量为

$$\overrightarrow{M_1M_2}=\overrightarrow{OM_2}-\overrightarrow{OM_1}.$$

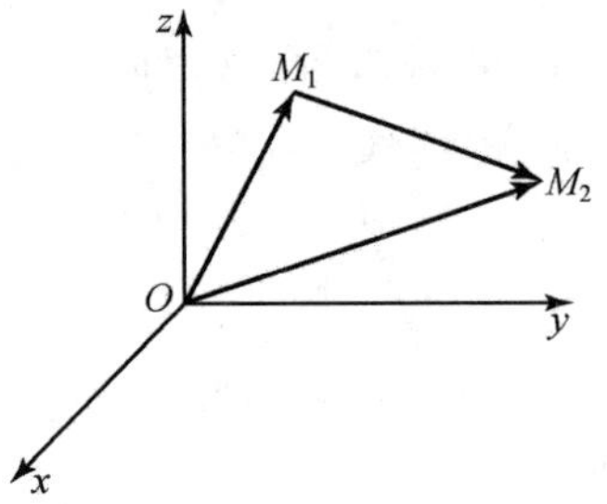


图 9-12

如图 9-12 所示,因为

$$\overrightarrow{OM_2}=x_2\boldsymbol{i}+y_2\boldsymbol{j}+z_2\boldsymbol{k},\quad \overrightarrow{OM_1}=x_1\boldsymbol{i}+y_1\boldsymbol{j}+z_1\boldsymbol{k},$$

所以

$$\overrightarrow{M_1M_2}=(x_2-x_1)\boldsymbol{i}+(y_2-y_1)\boldsymbol{j}+(z_2-z_1)\boldsymbol{k}.$$

这就是向量 $\overrightarrow{M_1M_2}$ 的坐标表达式,记为

$$\overrightarrow{M_1M_2}=\{x_2-x_1,y_2-y_1,z_2-z_1\},$$

其中 $x_2-x_1,y_2-y_1,z_2-z_1$ 称为向量 $\overrightarrow{M_1M_2}$ 的坐标.

**3. 向量模的坐标表示**

由于任一向量 $\boldsymbol{a}=a_x\boldsymbol{i}+a_y\boldsymbol{j}+a_z\boldsymbol{k}=\{a_x,a_y,a_z\}$ 都可以将其视为以点 $M(a_x,a_y,a_z)$ 为终点的向径 $\overrightarrow{OM}$,由图 9-11 不难看出

$$|\overrightarrow{OM}|^2=|\overrightarrow{OP}|^2+|\overrightarrow{OQ}|^2+|\overrightarrow{OR}|^2,$$

即

$$|\boldsymbol{a}|^2=a_x^2+a_y^2+a_z^2,$$

亦即向量 $\boldsymbol{a}=a_x\boldsymbol{i}+a_y\boldsymbol{j}+a_z\boldsymbol{k}$ 的模的坐标表达式为

$$|\boldsymbol{a}|=\sqrt{a_x^2+a_y^2+a_z^2}. \tag{1}$$

**4. 空间两点间的距离公式**

若将 $M_1(x_1,y_1,z_1)$,$M_2(x_2,y_2,z_2)$ 两点间的距离记为 $d(M_1,M_2)$,则

$$d(M_1,M_2)=|\overrightarrow{M_1M_2}|,$$

而

$$\overrightarrow{M_1M_2}=(x_2-x_1)\boldsymbol{i}+(y_2-y_1)\boldsymbol{j}+(z_2-z_1)\boldsymbol{k},$$

所以 $M_1,M_2$ 两点间的距离为

$$d(M_1,M_2)=\sqrt{(x_2-x_1)^2+(y_2-y_1)^2+(z_2-z_1)^2}. \tag{2}$$

公式(2)显然是平面上两点间距离公式的推广.

**5. 向量的方向角与方向余弦**

空间任一向量 $\boldsymbol{a}$ 均可平移为一向径 $\overrightarrow{OM}$,即 $\boldsymbol{a}=\overrightarrow{OM}$,而 $\overrightarrow{OM}$ 的方向都可以用 $\overrightarrow{OM}$ 与 $x$ 轴、$y$ 轴、$z$ 轴三个坐标轴的夹角 $\alpha,\beta,\gamma$ 来表示(如图 9-13 所示).

通常规定:$0\leqslant\alpha,\beta,\gamma\leqslant\pi$,并称 $\alpha,\beta,\gamma$ 为向量 $\boldsymbol{a}$ 的**方向角**. 方向角的余弦 $\cos\alpha,\cos\beta,\cos\gamma$ 称为向量 $\boldsymbol{a}$ 的**方向余弦**.

对于向量 $\boldsymbol{a}=\{a_x,a_y,a_z\}$,由图 9-13 易知

$$\begin{cases}\cos\alpha = \dfrac{a_x}{|\boldsymbol{a}|} = \dfrac{a_x}{\sqrt{a_x^2+a_y^2+a_z^2}}, \\ \cos\beta = \dfrac{a_y}{|\boldsymbol{a}|} = \dfrac{a_y}{\sqrt{a_x^2+a_y^2+a_z^2}}, \\ \cos\gamma = \dfrac{a_z}{|\boldsymbol{a}|} = \dfrac{a_z}{\sqrt{a_x^2+a_y^2+a_z^2}}.\end{cases} \qquad (3)$$

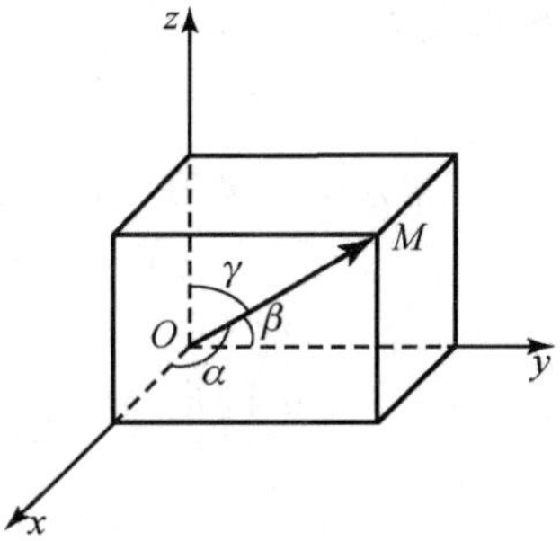

图　9-13

公式(3)就是向量 $\boldsymbol{a}$ 的方向余弦的坐标表达式.

若已知向量的方向余弦,就可以求得向量的方向角,从而确定向量的方向.由(3)式可得出关系式

$$\cos^2\alpha + \cos^2\beta + \cos^2\gamma = 1.$$

同时还看到,以 $\boldsymbol{a}$ 的方向余弦为坐标的向量,就是 $\boldsymbol{a}$ 的单位向量 $\boldsymbol{a}^0$,即

$$\boldsymbol{a}^0 = \cos\alpha\,\boldsymbol{i} + \cos\beta\,\boldsymbol{j} + \cos\gamma\,\boldsymbol{k}.$$

**例 5**　(1) 写出终点为 $A(1,2,1)$ 的向径;

(2) 写出始点为 $A(1,2,1)$,终点为 $B(3,3,0)$ 的向量的坐标表达式;

(3) 计算(2)中 $A,B$ 两点间的距离.

**解**　(1) $\overrightarrow{OA}=\boldsymbol{i}+2\boldsymbol{j}+\boldsymbol{k}$.

(2) $\overrightarrow{AB}=(3-1)\boldsymbol{i}+(3-2)\boldsymbol{j}+(0-1)\boldsymbol{k}=2\boldsymbol{i}+\boldsymbol{j}-\boldsymbol{k}$.

(3) $d(A,B)=\overrightarrow{AB}=\sqrt{2^2+1^2+(-1)^2}=\sqrt{6}$.

**例 6**　设有两点 $M_1(2,4,1)$,$M_2(8,1,7)$,求向量 $\overrightarrow{M_1M_2}$ 的模、方向余弦、方向角以及与 $\overrightarrow{M_1M_2}$ 同向的单位向量.

**解**　由已知得

$$\overrightarrow{M_1M_2} = \{8-2,\ 1-4,\ 7-1\} = \{6,\ -3,\ 6\},$$

$$|\overrightarrow{M_1M_2}| = \sqrt{6^2+(-3)^2+6^2} = \sqrt{81} = 9,$$

$$\cos\alpha = \frac{6}{9} = \frac{2}{3},\quad \cos\beta = \frac{-3}{9} = -\frac{1}{3},\quad \cos\gamma = \frac{6}{9} = \frac{2}{3},$$

$$\alpha = \arccos\frac{2}{3},\quad \beta = \arccos\left(-\frac{1}{3}\right),\quad \gamma = \arccos\frac{2}{3},$$

$$\overrightarrow{M_1M_2}^0 = \{\cos\alpha,\cos\beta,\cos\gamma\} = \left\{\frac{2}{3},-\frac{1}{3},\frac{2}{3}\right\}.$$

**例 7**　已知点 $A(-2,3,0)$,试求点 $B$,使得向量 $\overrightarrow{AB}$ 和向量 $\boldsymbol{a}=4\boldsymbol{i}-4\boldsymbol{j}+7\boldsymbol{k}$ 同向且与向量 $\boldsymbol{b}=4\boldsymbol{i}-2\boldsymbol{j}+4\boldsymbol{k}$ 等长.

**解**　设 $B(x,y,z)$,则 $\overrightarrow{AB}=\{x+2,y-3,z\}$.由已知条件可得 $\boldsymbol{a}$ 的方向余弦为

$$\cos\alpha = \frac{a_x}{|\boldsymbol{a}|} = \frac{4}{\sqrt{4^2+(-4)^2+7^2}} = \frac{4}{9},\quad \cos\beta = -\frac{4}{9},\quad \cos\gamma = \frac{7}{9},$$

$\boldsymbol{b}$ 的模为

$$|\boldsymbol{b}|=\sqrt{4^2+(-2)^2+4^2}=\sqrt{36}=6.$$

由 $\overrightarrow{AB}$ 与 $\boldsymbol{b}$ 等长得 $|\overrightarrow{AB}|=|\boldsymbol{b}|=6$,从而 $\overrightarrow{AB}$ 的方向余弦应为

$$\cos\alpha=\frac{x+2}{6},\quad \cos\beta=\frac{y-3}{6},\quad \cos\gamma=\frac{z}{6}.$$

又因 $\overrightarrow{AB}$ 与 $\boldsymbol{a}$ 同向,故有

$$\frac{x+2}{6}=\frac{4}{9},\quad \frac{y-3}{6}=-\frac{4}{9},\quad \frac{z}{6}=\frac{7}{9}.$$

解之得

$$x=\frac{2}{3},\quad y=\frac{1}{3},\quad z=\frac{14}{3}.$$

所以点 $\left(\frac{2}{3},\frac{1}{3},\frac{14}{3}\right)$ 即为所求的点 $B$.

**例 8** 设向量 $\boldsymbol{a}$ 与 $y$ 轴、$z$ 轴的夹角分别是 $\frac{\pi}{3}$, $\frac{3\pi}{4}$,求 $\boldsymbol{a}$ 与 $x$ 轴的夹角.

**解** 此即已知 $\beta=\frac{\pi}{3}$, $\gamma=\frac{3\pi}{4}$,求 $\alpha$. 由于

$$\cos^2\alpha+\cos^2\beta+\cos^2\gamma=1,$$

所以

$$\cos^2\alpha=1-\cos^2\frac{\pi}{3}-\cos^2\frac{3\pi}{4}=1-\frac{1}{4}-\frac{1}{2}=\frac{1}{4},$$

即得

$$\cos\alpha=\frac{1}{2}\quad 或\quad \cos\alpha=-\frac{1}{2},$$

从而 $\alpha=\frac{\pi}{3}$ 或 $\alpha=\frac{2\pi}{3}$. 这就是 $\boldsymbol{a}$ 与 $x$ 轴的夹角.

**6. 向量线性运算的坐标表示**

向量的坐标表达式确定之后,由几何方法规定的向量间的关系及运算就可以转化为向量的坐标(数)间的关系及运算.

设向量 $\boldsymbol{a}$ 与 $\boldsymbol{b}$ 的坐标表达式分别是

$$\boldsymbol{a}=a_x\boldsymbol{i}+a_y\boldsymbol{j}+a_z\boldsymbol{k}=\{a_x,a_y,a_z\},\quad \boldsymbol{b}=b_x\boldsymbol{i}+b_y\boldsymbol{j}+b_z\boldsymbol{k}=\{b_x,b_y,b_z\},$$

于是由向径的线性运算的坐标表示容易得到下列结论:

(1) 当且仅当 $a_x=b_x,a_y=b_y,a_z=b_z$ 时,向量 $\boldsymbol{a}$ 与向量 $\boldsymbol{b}$ 相等;

(2) **加法**:

$$\begin{aligned}\boldsymbol{a}+\boldsymbol{b}&=(a_x+b_x)\boldsymbol{i}+(a_y+b_y)\boldsymbol{j}+(a_z+b_z)\boldsymbol{k}\\&=\{a_x+b_x,a_y+b_y,a_z+b_z\};\end{aligned}$$

(3) **减法**：

$$\boldsymbol{a}-\boldsymbol{b}=(a_x-b_x)\boldsymbol{i}+(a_y-b_y)\boldsymbol{j}+(a_z-b_z)\boldsymbol{k}$$
$$=\{a_x-b_x,a_y-b_y,a_z-b_z\};$$

(4) **数量与向量的乘法**：设 $\lambda$ 是数量，则

$$\lambda\boldsymbol{a}=(\lambda a_x)\boldsymbol{i}+(\lambda a_y)\boldsymbol{j}+(\lambda a_z)\boldsymbol{k}=\{\lambda a_x,\lambda a_y,\lambda a_z\}.$$

(5) 因 $\boldsymbol{b}=\lambda\boldsymbol{a}$ 相当于 $b_x=\lambda a_x,b_y=\lambda a_y,b_z=\lambda a_z$，于是有

$$\boldsymbol{a}\parallel\boldsymbol{b}\Longleftrightarrow\frac{a_x}{b_x}=\frac{a_y}{b_y}=\frac{a_z}{b_z},$$

即两个向量平行的充要条件是各坐标对应成比例(对于上式，规定分母为零时，分子也为零).

## 习　题　9-1

1. 求点 $M(3,4,5)$到原点和各坐标轴的距离.

2. 已知下列$\triangle ABC$ 的三个顶点坐标，利用距离公式判定它是哪种三角形：

(1) $A(4,3,1),B(7,1,2),C(5,2,3)$；

(2) $A(4,1,9),B(10,-1,6),C(2,4,3)$；

(3) $A(1,2,3),B(3,1,2),C(2,3,1)$.

3. 在 $Oyz$ 面上，求与三个已知点 $A(3,1,2),B(4,-2,-2),C(0,5,1)$等距离的点.

4. 设向量 $\boldsymbol{u}=\boldsymbol{a}+\boldsymbol{b}+3\boldsymbol{c},\boldsymbol{v}=2\boldsymbol{a}+\boldsymbol{b}-\boldsymbol{c}$，试用 $\boldsymbol{a},\boldsymbol{b},\boldsymbol{c}$ 表示 $3\boldsymbol{u}-2\boldsymbol{v}$.

5. 利用向量证明：对角线互相平分的四边形为平行四边形.

6. 设作用于一点的三个力分别为 $\boldsymbol{F}_1=\boldsymbol{i}+3\boldsymbol{j}+2\boldsymbol{k},\boldsymbol{F}_2=-2\boldsymbol{i}+3\boldsymbol{j}-4\boldsymbol{k},\boldsymbol{F}_3=\boldsymbol{i}-4\boldsymbol{j}+5\boldsymbol{k}$，试求合力 $\boldsymbol{F}$ 及 $\boldsymbol{F}$ 的大小和方向余弦.

7. 分别求出向量 $\boldsymbol{a}=\{1,1,1\},\boldsymbol{b}=\{2,-3,5\},\boldsymbol{c}=\{-2,-1,2\}$的模，并分别用单位向量 $\boldsymbol{a}^0$，$\boldsymbol{b}^0,\boldsymbol{c}^0$ 表示向量 $\boldsymbol{a},\boldsymbol{b},\boldsymbol{c}$.

8. 设向量 $\boldsymbol{a}$ 与 $x$ 轴、$y$ 轴的夹角分别为 $\alpha=60°,\beta=120°$，求 $\boldsymbol{a}$ 与 $z$ 轴的夹角 $\gamma$.

9. 已知向量 $\overrightarrow{AB}=4\boldsymbol{i}-4\boldsymbol{j}+7\boldsymbol{k}$ 的终点为 $B(2,-1,7)$，试求此向量始点 $A$ 的坐标.

# 第二节　向量的数量积与向量积

## 一、向量的数量积

### 1. 数量积的概念

设一物体在常力 $\boldsymbol{F}$ 作用下沿直线从点 $M_1$ 移动到点 $M_2$(如图 9-14(a)所示)，向量 $\boldsymbol{s}$ 表示位移 $\overrightarrow{M_1M_2}$，力 $\boldsymbol{F}$ 的方向与位移 $\boldsymbol{s}$ 的方向的夹角为 $\theta$. 由物理学知，力 $\boldsymbol{F}$ 所做的功为

$$W=|\boldsymbol{F}||\boldsymbol{s}|\cos\theta.$$

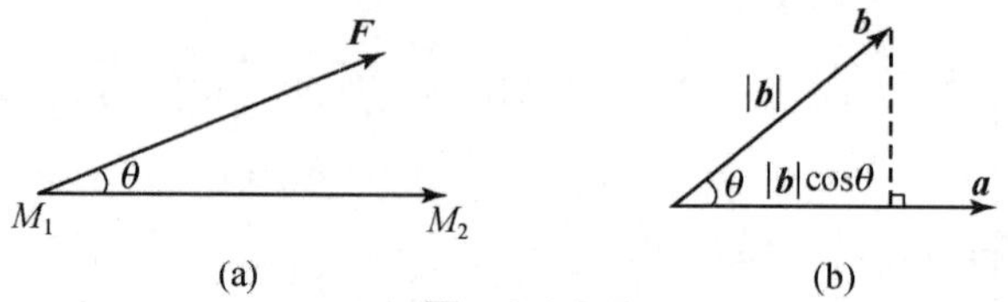


图 9-14

在物理学、力学、工程技术等领域的其他问题中,也经常会遇到类似于$|\boldsymbol{F}||\boldsymbol{s}|\cos\theta$的由两个向量确定的乘积.依此,我们抽象出两个向量的数量积的概念.

**定义 1** 设两向量$\boldsymbol{a}$与$\boldsymbol{b}$的夹角为$\theta$ ($0\leqslant\theta\leqslant\pi$),则称乘积$|\boldsymbol{a}||\boldsymbol{b}|\cos\theta$为$\boldsymbol{a}$与$\boldsymbol{b}$的**数量积**,记作$\boldsymbol{a}\cdot\boldsymbol{b}$,即

$$\boldsymbol{a}\cdot\boldsymbol{b}=|\boldsymbol{a}||\boldsymbol{b}|\cos\theta. \tag{1}$$

两向量的数量积也称为**点积**(或**内积**).

此外,称$|\boldsymbol{b}|\cos\theta$为向量$\boldsymbol{b}$在向量$\boldsymbol{a}$上的**投影**(如图 9-14(b)所示),记为$(\boldsymbol{b})_a$,即

$$(\boldsymbol{b})_a=|\boldsymbol{b}|\cos\theta.$$

同理,向量$\boldsymbol{a}$在向量$\boldsymbol{b}$上的投影为

$$(\boldsymbol{a})_b=|\boldsymbol{a}|\cos\theta.$$

于是,由(1)式得

$$\boldsymbol{a}\cdot\boldsymbol{b}=(\boldsymbol{b})_a|\boldsymbol{a}|=(\boldsymbol{a})_b|\boldsymbol{b}|.$$

由(1)式即得两非零向量夹角余弦的计算公式

$$\cos\theta=\frac{\boldsymbol{a}\cdot\boldsymbol{b}}{|\boldsymbol{a}||\boldsymbol{b}|}. \tag{2}$$

在前面的问题中,力所做的功$W$是力$\boldsymbol{F}$与位移$\boldsymbol{s}$的数量积,即

$$W=\boldsymbol{F}\cdot\boldsymbol{s}=|\boldsymbol{F}||\boldsymbol{s}|\cos\theta.$$

### 2. 数量积的性质与运算律

由数量积的定义易得数量积满足以下运算律:

(1) **交换律** $\boldsymbol{a}\cdot\boldsymbol{b}=\boldsymbol{b}\cdot\boldsymbol{a}$.

(2) **结合律** $\lambda(\boldsymbol{a}\cdot\boldsymbol{b})=(\lambda\boldsymbol{a})\cdot\boldsymbol{b}=\boldsymbol{a}\cdot(\lambda\boldsymbol{b})$ ($\lambda$为数量).

(3) **分配律** $\boldsymbol{a}\cdot(\boldsymbol{b}+\boldsymbol{c})=\boldsymbol{a}\cdot\boldsymbol{b}+\boldsymbol{a}\cdot\boldsymbol{c}$.

(4) $\boldsymbol{a}\cdot\boldsymbol{a}=|\boldsymbol{a}|^2$,即向量与自身的数量积等于该向量模的平方.

(5) 对非零向量$\boldsymbol{a}$与$\boldsymbol{b}$,若$\boldsymbol{a}\cdot\boldsymbol{b}=0$,则$\theta=\frac{\pi}{2}$,所以$\boldsymbol{a}$与$\boldsymbol{b}$相互垂直(记作$\boldsymbol{a}\perp\boldsymbol{b}$);反之,若$\boldsymbol{a}\perp\boldsymbol{b}$,则$\boldsymbol{a}\cdot\boldsymbol{b}=0$.

### 3. 数量积的坐标表达式

设向量$\boldsymbol{a}=a_x\boldsymbol{i}+a_y\boldsymbol{j}+a_z\boldsymbol{k}=\{a_x,a_y,a_z\}$, $\boldsymbol{b}=b_x\boldsymbol{i}+b_y\boldsymbol{j}+b_z\boldsymbol{k}=\{b_x,b_y,b_z\}$,则根据上述运算律有

$$\boldsymbol{a}\cdot\boldsymbol{b}=(a_x\boldsymbol{i}+a_y\boldsymbol{j}+a_z\boldsymbol{k})\cdot(b_x\boldsymbol{i}+b_y\boldsymbol{j}+b_z\boldsymbol{k})$$

$$
\begin{aligned}
&= a_x b_x(\boldsymbol{i}\cdot\boldsymbol{i}) + a_x b_y(\boldsymbol{i}\cdot\boldsymbol{j}) + a_x b_z(\boldsymbol{i}\cdot\boldsymbol{k}) \\
&\quad + a_y b_x(\boldsymbol{j}\cdot\boldsymbol{i}) + a_y b_y(\boldsymbol{j}\cdot\boldsymbol{j}) + a_y b_z(\boldsymbol{j}\cdot\boldsymbol{k}) \\
&\quad + a_z b_x(\boldsymbol{k}\cdot\boldsymbol{i}) + a_z b_y(\boldsymbol{k}\cdot\boldsymbol{j}) + a_z b_z(\boldsymbol{k}\cdot\boldsymbol{k}).
\end{aligned}
$$

因为 $\boldsymbol{i},\boldsymbol{j},\boldsymbol{k}$ 是相互垂直的单位向量，所以

$$\boldsymbol{i}\cdot\boldsymbol{j} = \boldsymbol{j}\cdot\boldsymbol{k} = \boldsymbol{k}\cdot\boldsymbol{i} = 0, \quad 而 \quad \boldsymbol{i}\cdot\boldsymbol{i} = \boldsymbol{j}\cdot\boldsymbol{j} = \boldsymbol{k}\cdot\boldsymbol{k} = 1,$$

从而得到

$$\boldsymbol{a}\cdot\boldsymbol{b} = a_x b_x + a_y b_y + a_z b_z. \tag{3}$$

这就是两向量数量积的坐标表达式.

利用数量积的定义及其坐标表达式(即(1)式、(2)式、(3)式)，可得当 $\boldsymbol{a},\boldsymbol{b}$ 都不是零向量时，其夹角 $\theta$ 的余弦的坐标表达式为

$$\cos\theta = \frac{a_x b_x + a_y b_y + a_z b_z}{\sqrt{a_x^2 + a_y^2 + a_z^2}\cdot\sqrt{b_x^2 + b_y^2 + b_z^2}}. \tag{4}$$

由此易知，当 $\boldsymbol{a},\boldsymbol{b}$ 为非零向量时，向量 $\boldsymbol{a}$ 与 $\boldsymbol{b}$ 垂直的充要条件是

$$a_x b_x + a_y b_y + a_z b_z = 0.$$

## 二、向量的向量积

### 1. 向量积的概念

在研究物体转动问题时，除了要考虑此物体所受到的力外，还要分析这些力产生的力矩.

设有杠杆 $OA$，以定点 $O$ 为支点，常力 $\boldsymbol{F}$ 作用于点 $A$ 处. 由力学知，$\boldsymbol{F}$ 对定点 $O$ 的力矩是一向量，记为 $\overrightarrow{OM}$(如图 9-15 所示). 力矩 $\overrightarrow{OM}$ 的大小(模)由 $|\overrightarrow{OM}| = p|\boldsymbol{F}|$ 确定，其中 $p$ 是力臂.

设 $\boldsymbol{r}=\overrightarrow{OA}$ 是力 $\boldsymbol{F}$ 的作用点 $A$ 的向径，$\theta$ 为 $\boldsymbol{r}$ 与 $\boldsymbol{F}$ 的夹角. 显然 $p=|\boldsymbol{r}|\sin\theta$，从而

$$|\overrightarrow{OM}| = |\boldsymbol{F}||\boldsymbol{r}|\sin\theta.$$

此式表明，力矩的大小等于以 $\boldsymbol{r},\boldsymbol{F}$ 为两邻边的平行四边形面积.

力矩 $\overrightarrow{OM}$ 的方向垂直于向量 $\boldsymbol{r}$ 与 $\boldsymbol{F}$ 所在的平面(即 $\overrightarrow{OM}$ 垂直于 $\boldsymbol{r}$ 及 $\boldsymbol{F}$)，并且 $\overrightarrow{OM}$ 的正向按右手规则从 $\boldsymbol{r}$ 转向 $\boldsymbol{F}$ 来确定(如图 9-15 所示).

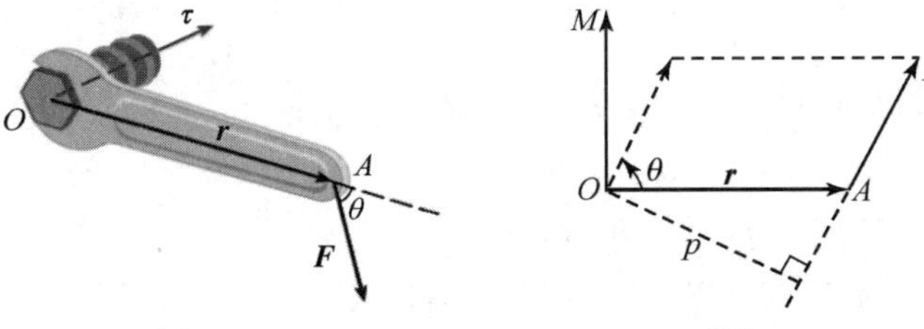


(a) (b)

图 9-15

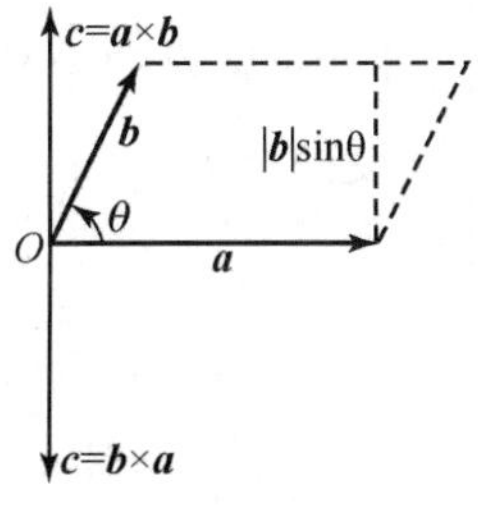


图 9-16

**定义 2** 由两个向量 $\boldsymbol{a}$ 与 $\boldsymbol{b}$ 所确定的向量 $\boldsymbol{c}$,如果满足:

(1) 向量 $\boldsymbol{c}$ 的模为 $|\boldsymbol{c}|=|\boldsymbol{a}||\boldsymbol{b}|\sin\theta$,其中 $\theta\ (0\leqslant\theta\leqslant\pi)$是 $\boldsymbol{a}$ 与 $\boldsymbol{b}$ 的夹角;

(2) 向量 $\boldsymbol{c}$ 的方向与 $\boldsymbol{a},\boldsymbol{b}$ 所确定的平面垂直,且 $\boldsymbol{c}$ 的方向按右手规则从 $\boldsymbol{a}$ 转向 $\boldsymbol{b}$ 来确定,则称向量 $\boldsymbol{c}$ 为 $\boldsymbol{a}$ 与 $\boldsymbol{b}$ 的**向量积**(或**叉积**、**外积**),记为 $\boldsymbol{c}=\boldsymbol{a}\times\boldsymbol{b}$(如图 9-16 所示).

由定义 2 可得两非零向量夹角正弦的计算公式

$$\sin\theta=\frac{|\boldsymbol{a}\times\boldsymbol{b}|}{|\boldsymbol{a}||\boldsymbol{b}|}. \tag{5}$$

在前面的问题中,力矩是向径 $\boldsymbol{r}=\overrightarrow{OA}$与 $\boldsymbol{F}$ 的向量积,即有

$$\overrightarrow{OM}=\boldsymbol{r}\times\boldsymbol{F}=\overrightarrow{OA}\times\boldsymbol{F}.$$

**2. 向量积的性质与运算律**

(1) $\boldsymbol{a}\times\boldsymbol{a}=\boldsymbol{0}$,即向量与自身的向量积为零向量;

(2) $\boldsymbol{a}/\!/\boldsymbol{b}\Longleftrightarrow\boldsymbol{a}\times\boldsymbol{b}=\boldsymbol{0}$,即两个向量互相平行的充要条件是它们的向量积为零向量;

(3) $\boldsymbol{a}\times\boldsymbol{b}=-\boldsymbol{b}\times\boldsymbol{a}$,即向量积不适合交换律(如图 9-16 所示);

(4) **与数乘的结合律** $\lambda(\boldsymbol{a}\times\boldsymbol{b})=(\lambda\boldsymbol{a})\times\boldsymbol{b}=\boldsymbol{a}\times(\lambda\boldsymbol{b})$ ($\lambda$ 为数量);

(5) **分配律** $(\boldsymbol{a}+\boldsymbol{b})\times\boldsymbol{c}=\boldsymbol{a}\times\boldsymbol{c}+\boldsymbol{b}\times\boldsymbol{c}$, $\boldsymbol{a}\times(\boldsymbol{b}+\boldsymbol{c})=\boldsymbol{a}\times\boldsymbol{b}+\boldsymbol{a}\times\boldsymbol{c}$.

**例 1** 试求基本单位向量 $\boldsymbol{i},\boldsymbol{j},\boldsymbol{k}$ 中两两间的向量积.

**解** $\boldsymbol{i}\times\boldsymbol{j}$ 是一个向量,其模为$|\boldsymbol{i}\times\boldsymbol{j}|=|\boldsymbol{i}||\boldsymbol{j}|\sin\frac{\pi}{2}=1$.根据右手规则,$\boldsymbol{i}\times\boldsymbol{j}$ 的方向与 $z$ 轴正向一致,即 $\boldsymbol{i}\times\boldsymbol{j}$ 是与 $z$ 轴同方向的单位向量 $\boldsymbol{k}$,亦即

$$\boldsymbol{i}\times\boldsymbol{j}=\boldsymbol{k},\quad 于是\quad \boldsymbol{j}\times\boldsymbol{i}=-\boldsymbol{k}.$$

用同样的方法,可以求得

$$\boldsymbol{j}\times\boldsymbol{k}=\boldsymbol{i},\quad \boldsymbol{k}\times\boldsymbol{j}=-\boldsymbol{i};\quad \boldsymbol{k}\times\boldsymbol{i}=\boldsymbol{j},\quad \boldsymbol{i}\times\boldsymbol{k}=-\boldsymbol{j}.$$

对于等式

$$\boldsymbol{i}\times\boldsymbol{j}=\boldsymbol{k},\quad \boldsymbol{j}\times\boldsymbol{k}=\boldsymbol{i},\quad \boldsymbol{k}\times\boldsymbol{i}=\boldsymbol{j},$$

可利用图 9-17 帮助记忆.此外,又显然有

$$\boldsymbol{i}\times\boldsymbol{i}=\boldsymbol{j}\times\boldsymbol{j}=\boldsymbol{k}\times\boldsymbol{k}=\boldsymbol{0}.$$

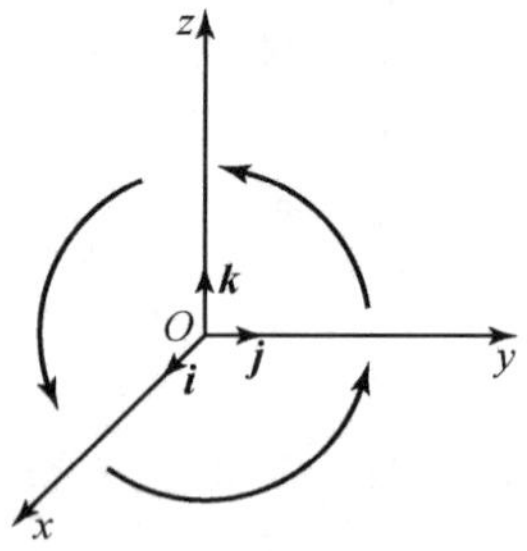

图 9-17

**3. 向量积的坐标表达式**

设向量 $\boldsymbol{a}=a_x\boldsymbol{i}+a_y\boldsymbol{j}+a_z\boldsymbol{k}=\{a_x,a_y,a_z\}$,$\boldsymbol{b}=b_x\boldsymbol{i}+b_y\boldsymbol{j}+b_z\boldsymbol{k}=\{b_x,b_y,b_z\}$,则

$$\begin{aligned}\boldsymbol{a}\times\boldsymbol{b}&=(a_x\boldsymbol{i}+a_y\boldsymbol{j}+a_z\boldsymbol{k})\times(b_x\boldsymbol{i}+b_y\boldsymbol{j}+b_z\boldsymbol{k})\\&=a_xb_x(\boldsymbol{i}\times\boldsymbol{i})+a_xb_y(\boldsymbol{i}\times\boldsymbol{j})+a_xb_z(\boldsymbol{i}\times\boldsymbol{k})\\&\quad+a_yb_x(\boldsymbol{j}\times\boldsymbol{i})+a_yb_y(\boldsymbol{j}\times\boldsymbol{j})+a_yb_z(\boldsymbol{j}\times\boldsymbol{k})\\&\quad+a_zb_x(\boldsymbol{k}\times\boldsymbol{i})+a_zb_y(\boldsymbol{k}\times\boldsymbol{j})+a_zb_z(\boldsymbol{k}\times\boldsymbol{k}).\end{aligned}$$

利用例 1 的结果,化简得

$$\boldsymbol{a}\times\boldsymbol{b}=(a_yb_z-a_zb_y)\,\boldsymbol{i}+(a_zb_x-a_xb_z)\,\boldsymbol{j}+(a_xb_y-a_yb_x)\,\boldsymbol{k},\tag{6}$$

或形式地记为

$$\boldsymbol{a}\times\boldsymbol{b}=\begin{vmatrix}\boldsymbol{i}&\boldsymbol{j}&\boldsymbol{k}\\a_x&a_y&a_z\\b_x&b_y&b_z\end{vmatrix}.\tag{7}$$

这就是向量积的坐标表达式.这里形式上用了三阶行列式的记号,这个三阶行列式第一行的元素是三条坐标轴上的基本单位向量,其他两行依次为向量积的第一个和第二个向量在三条坐标轴上的坐标.计算时,如以下几个例子,只要把它按第一行展开即可①.

**例 2**　设向量 $\boldsymbol{a}=\{2,1,-1\}$,$\boldsymbol{b}=\{1,-1,2\}$,计算向量积 $\boldsymbol{a}\times\boldsymbol{b}$.

**解**　由(7)式有

$$\begin{aligned}\boldsymbol{a}\times\boldsymbol{b}&=\begin{vmatrix}\boldsymbol{i}&\boldsymbol{j}&\boldsymbol{k}\\2&1&-1\\1&-1&2\end{vmatrix}\\&=\boldsymbol{i}(-1)^{1+1}\begin{vmatrix}1&-1\\-1&2\end{vmatrix}+\boldsymbol{j}(-1)^{1+2}\begin{vmatrix}2&-1\\1&2\end{vmatrix}+\boldsymbol{k}(-1)^{1+3}\begin{vmatrix}2&1\\1&-1\end{vmatrix}\\&=\boldsymbol{i}-5\boldsymbol{j}-3\boldsymbol{k}.\end{aligned}$$

**例 3**　求以 $A(3,0,2)$,$B(5,3,1)$及 $C(0,-1,3)$三点为顶点的$\triangle ABC$ 的面积 $S$ 和 $\sin A$.

**解**　因为 $\overrightarrow{AB}=\{2,3,-1\}$,$\overrightarrow{AC}=\{-3,-1,1\}$,所以

$$\overrightarrow{AB}\times\overrightarrow{AC}=\begin{vmatrix}\boldsymbol{i}&\boldsymbol{j}&\boldsymbol{k}\\2&3&-1\\-3&-1&1\end{vmatrix}=2\boldsymbol{i}+\boldsymbol{j}+7\boldsymbol{k}.$$

故由向量积的定义知

$$S=\frac{1}{2}|\overrightarrow{AB}\times\overrightarrow{AC}|=\frac{1}{2}\sqrt{2^2+1^2+7^2}=\frac{1}{2}\sqrt{54}=\frac{3}{2}\sqrt{6},$$

$$\sin A=\frac{|\overrightarrow{AB}\times\overrightarrow{AC}|}{|\overrightarrow{AB}|\,|\overrightarrow{AC}|}=\frac{\sqrt{2^2+1^2+7^2}}{\sqrt{2^2+3^2+(-1)^2}\cdot\sqrt{(-3)^2+(-1)^2+1^2}}=\frac{3\sqrt{3}}{\sqrt{77}}.$$

**例 4**　求同时垂直于向量 $\boldsymbol{a}=2\boldsymbol{i}+2\boldsymbol{j}+\boldsymbol{k}$ 和 $\boldsymbol{b}=4\boldsymbol{i}+5\boldsymbol{j}+3\boldsymbol{k}$ 的单位向量 $\boldsymbol{c}^0$.

**解**　由向量积的定义知$\pm(\boldsymbol{a}\times\boldsymbol{b})$是既垂直于 $\boldsymbol{a}$ 又垂直于 $\boldsymbol{b}$ 的向量.只要求出$\pm(\boldsymbol{a}\times\boldsymbol{b})$,再除以它的模,便得所求的单位向量 $\boldsymbol{c}^0$.

因为

$$\boldsymbol{a}\times\boldsymbol{b}=\begin{vmatrix}\boldsymbol{i}&\boldsymbol{j}&\boldsymbol{k}\\2&2&1\\4&5&3\end{vmatrix}=\boldsymbol{i}-2\boldsymbol{j}+2\boldsymbol{k},$$

① 关于行列式的知识,将在线性代数中系统介绍.

而 $$|\boldsymbol{a}\times\boldsymbol{b}|=\sqrt{1^2+(-2)^2+2^2}=3,$$

又垂直于 $\boldsymbol{a}$ 和 $\boldsymbol{b}$ 的向量的方向有两个,所以

$$\boldsymbol{c}^0=\pm\frac{\boldsymbol{a}\times\boldsymbol{b}}{|\boldsymbol{a}\times\boldsymbol{b}|}=\pm\frac{1}{3}(\boldsymbol{i}-2\boldsymbol{j}+2\boldsymbol{k}).$$

**例 5** 求证:$|\boldsymbol{a}\cdot\boldsymbol{b}|^2=|\boldsymbol{a}|^2|\boldsymbol{b}|^2-|\boldsymbol{a}\times\boldsymbol{b}|^2$.

**证** 设 $\boldsymbol{a}$ 与 $\boldsymbol{b}$ 的夹角为 $\theta$,则由数量积和向量积的定义知

$$\begin{aligned}|\boldsymbol{a}\cdot\boldsymbol{b}|^2&=||\boldsymbol{a}||\boldsymbol{b}|\cos\theta|^2=|\boldsymbol{a}|^2|\boldsymbol{b}|^2\cos^2\theta=|\boldsymbol{a}|^2|\boldsymbol{b}|^2(1-\sin^2\theta)\\&=|\boldsymbol{a}|^2|\boldsymbol{b}|^2-|\boldsymbol{a}|^2|\boldsymbol{b}|^2\sin^2\theta=|\boldsymbol{a}|^2|\boldsymbol{b}|^2-|\boldsymbol{a}\times\boldsymbol{b}|^2.\end{aligned}$$

**证毕**

## 习 题 9-2

1. 何谓向量的数量积和向量积?设向量 $\boldsymbol{a}$ 与 $\boldsymbol{b}$ 的夹角为 $\theta$,$\boldsymbol{a}\times\boldsymbol{b}=|\boldsymbol{a}||\boldsymbol{b}|\sin\theta$ 对不对?为什么?

2. 下列各组向量中,哪些有平行或垂直关系?

(1) $\boldsymbol{a}=2\boldsymbol{i}-\boldsymbol{j}-\boldsymbol{k}$, $\boldsymbol{b}=-\boldsymbol{i}+8\boldsymbol{j}-10\boldsymbol{k}$;

(2) $\boldsymbol{c}=5\boldsymbol{i}+\boldsymbol{j}-7\boldsymbol{k}$, $\boldsymbol{d}=\frac{10}{3}\boldsymbol{i}+\frac{2}{3}\boldsymbol{j}-\frac{14}{3}\boldsymbol{k}$;

(3) $\boldsymbol{p}=\{6,3,-2\}$, $\boldsymbol{q}=\{1,-2,2\}$.

3. 已知向量 $\boldsymbol{a}=-\boldsymbol{i}+2\boldsymbol{j}-2\boldsymbol{k}$,$\boldsymbol{b}=5\boldsymbol{i}+2\boldsymbol{j}$,求这两个向量的数量积与向量积.

4. 证明:向量 $\boldsymbol{a}=2\boldsymbol{i}-\boldsymbol{j}+\boldsymbol{k}$ 与 $\boldsymbol{b}=4\boldsymbol{i}+9\boldsymbol{j}+\boldsymbol{k}$ 相互垂直.

5. 设力 $\boldsymbol{F}=2\boldsymbol{i}-5\boldsymbol{j}+3\boldsymbol{k}$ 使质点自点 $A(1,3,2)$ 沿直线移到点 $B(3,1,2)$,求此力所做的功.

6. 求顶点为 $A(1,-1,2)$,$B(3,3,1)$,$C(3,1,3)$ 的 $\triangle ABC$ 的面积和 $\sin A$.

7. 求同时垂直于向量 $\boldsymbol{a}=2\boldsymbol{i}-\boldsymbol{j}+\boldsymbol{k}$ 和 $\boldsymbol{b}=\boldsymbol{i}+2\boldsymbol{j}-2\boldsymbol{k}$ 的单位向量.

8. 求与向量 $\boldsymbol{a}=2\boldsymbol{i}-\boldsymbol{j}+2\boldsymbol{k}$ 平行且满足方程 $\boldsymbol{a}\cdot\boldsymbol{x}=-18$ 的向量 $\boldsymbol{x}$.

# 第三节 平面与直线

本节以向量为工具,讨论空间直角坐标系中最简单的几何图形——平面和直线,给出它们的方程.学习中应着重掌握使用向量解决平面与直线问题的方法.在介绍平面和直线的方程之前,先介绍一般曲面方程的概念.

## 一、曲面方程的概念

在空间解析几何中,曲面可看作具有某种几何性质的点的集合或按照一定规律运动的点的轨迹.当空间中的点按一定规律运动时,它的坐标 $(x,y,z)$ 满足某一方程 $F(x,y,z)=0$.

**定义 1** 如果曲面 $S$ 与方程 $F(x,y,z)=0$ 有下列关系:

(1) 曲面 $S$ 上任何一点的坐标都满足这个方程;

(2) 不在曲面 $S$ 上的点的坐标都不满足这个方程，

则称方程 $F(x,y,z)=0$ 为**曲面 $S$ 的方程**，而称曲面 $S$ 为**方程 $F(x,y,z)=0$ 的图形**(如图 9-18 所示).

空间解析几何的两个基本问题是：

(1) 已知曲面作为动点的轨迹，建立曲面的方程，即找出动点坐标满足的关系式；

(2) 已知曲面方程，研究这个方程所表示的曲面形状.

下面的讨论将按这两个基本问题进行.

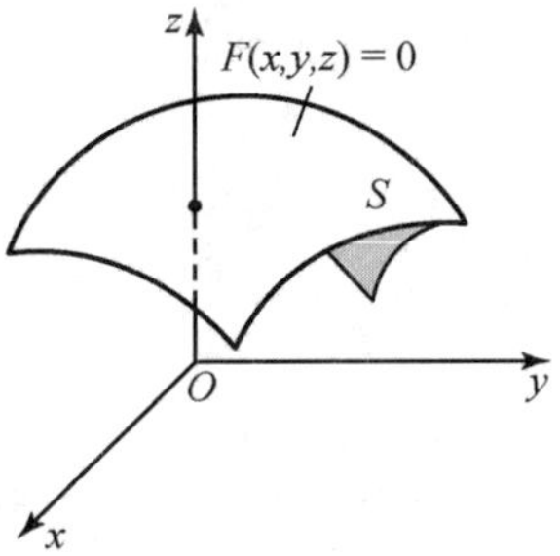


图　9-18

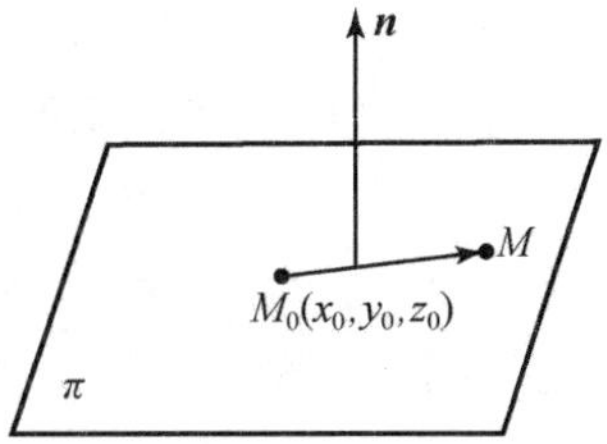


图　9-19

## 二、平面方程

### 1. 平面的点法式方程

垂直于一已知平面 $\pi$ 的非零向量 $\boldsymbol{n}$ 称为平面 $\pi$ 的一个**法线向量**(简称**法向量**)，如图 9-19 所示.

我们知道，过空间一点可以作而且只能作一个平面垂直于一已知直线，所以已知平面 $\pi$ 上的点 $M_0(x_0,y_0,z_0)$ 和平面 $\pi$ 的一个法向量 $\boldsymbol{n}=\{A,B,C\}$ 时，平面 $\pi$ 的位置就完全确定了. 现在建立它的方程.

在平面 $\pi$ 上任取一点 $M(x,y,z)$，引向量

$$\overrightarrow{M_0M}=\{x-x_0,y-y_0,z-z_0\}.$$

因为 $\boldsymbol{n}\perp\overrightarrow{M_0M}$，由两向量垂直的条件知

$$\boldsymbol{n}\cdot\overrightarrow{M_0M}=0,$$

即

$$A(x-x_0)+B(y-y_0)+C(z-z_0)=0. \tag{1}$$

显然，凡平面 $\pi$ 上的点，其坐标均满足方程(1). 而不在平面 $\pi$ 上的点 $M$，使得 $\overrightarrow{M_0M}$ 与法向量 $\boldsymbol{n}$ 不垂直，所以有 $\boldsymbol{n}\cdot\overrightarrow{M_0M}\neq 0$，从而其坐标不满足方程(1). 因此，(1)式是平面 $\pi$ 的方程. 通

常称方程(1)为**平面的点法式方程**.

**例 1** 求过点 $M_0(1,1,1)$ 且垂直于向量 $\boldsymbol{n}=\{2,2,3\}$ 的平面方程.

**解** 由于所求的平面垂直于向量 $\boldsymbol{n}$,所以把向量 $\boldsymbol{n}$ 作为所求平面的法向量.将点 $M_0$ 和法向量 $\boldsymbol{n}$ 的坐标代入平面的点法式方程(1),即为所求的平面方程:

$$2(x-1)+2(y-1)+3(z-1)=0, \quad 即 \quad 2x+2y+3z-7=0.$$

**例 2** 求过点 $M_1(2,-1,4)$,$M_2(-1,3,-2)$,$M_3(0,2,3)$ 的平面方程.

**解** 先确定所求平面的法向量 $\boldsymbol{n}$.因法向量 $\boldsymbol{n}$ 与向量 $\overrightarrow{M_1M_2}$,$\overrightarrow{M_1M_3}$ 都垂直,而

$$\overrightarrow{M_1M_2}=\{-3,4,-6\}, \quad \overrightarrow{M_1M_3}=\{-2,3,-1\},$$

所以可取它们的向量积为 $\boldsymbol{n}$,即

$$\boldsymbol{n}=\overrightarrow{M_1M_2}\times\overrightarrow{M_1M_3}=\begin{vmatrix} \boldsymbol{i} & \boldsymbol{j} & \boldsymbol{k} \\ -3 & 4 & -6 \\ -2 & 3 & -1 \end{vmatrix}=\{14,9,-1\}.$$

由平面的点法式方程(1)可得所求的平面方程为

$$14(x-2)+9(y+1)-(z-4)=0, \quad 即 \quad 14x+9y-z-15=0.$$

**2. 平面的一般方程**

方程(1)是关于 $x,y,z$ 的三元一次方程,将它简化得

$$Ax+By+Cz+D=0, \tag{2}$$

其中 $D=-(Ax_0+By_0+Cz_0)$ 是常数.这就是说,平面方程是关于 $x,y,z$ 的三元一次方程.

反之,一个关于 $x,y,z$ 的三元一次方程(2)(其中 $A,B,C$ 是不全为零的常数)必表示一平面.这是因为,设 $(x_0,y_0,z_0)$ 是适合方程(2)的一组数,即

$$Ax_0+By_0+Cz_0+D=0. \tag{3}$$

(2)−(3)可得

$$A(x-x_0)+B(y-y_0)+C(z-z_0)=0.$$

这表示过点 $M_0(x_0,y_0,z_0)$ 且以 $\boldsymbol{n}=\{A,B,C\}$ 为法向量的平面.

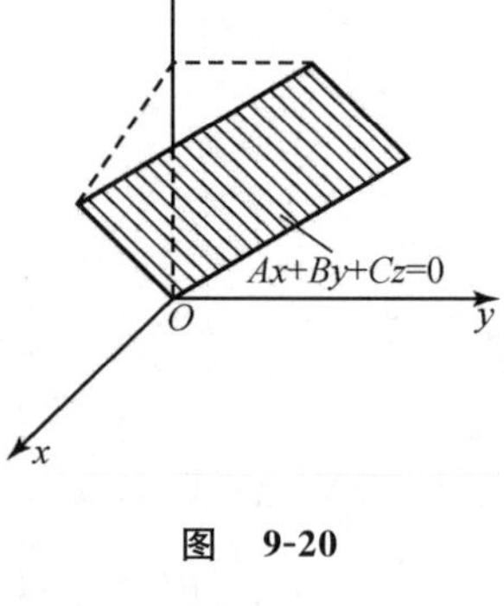


图 9-20

综合上面的结论,我们可以看到三元一次方程和平面之间有一一对应关系,故称方程(2)为**平面的一般方程**,它的法向量为

$$\boldsymbol{n}=\{A,B,C\}.$$

当平面的一般方程(2)中某些系数为零时,相应的平面位置有如下的特点:

(1) 若 $D=0$,此时方程(2)不含常数项,即为

$$Ax+By+Cz=0.$$

由于原点(0,0,0)的坐标满足此方程,故此方程表示一个通过原点的平面(如图 9-20 所示).

(2) 若 $A=0$，此时方程(2)不含 $x$ 项，即为 $By+Cz+D=0$. 由于 $\boldsymbol{n}=\{0,B,C\}$，故 $\boldsymbol{n}\perp x$ 轴，即此方程表示一个平行于 $x$ 轴的平面(如图 9-21(a)所示).

(3) 当 $A=0,D=0$ 时，方程(2)变为 $By+Cz=0$，它表示一个既平行于 $x$ 轴又通过原点，即通过 $x$ 轴的平面(如图 9-21(b)所示).

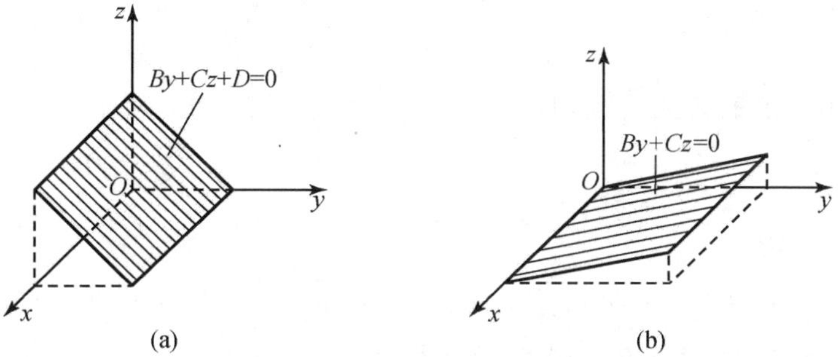


图　9-21

(4) 若 $A=0,B=0$，此时方程(2)变为 $Cz+D=0$. 由于 $\boldsymbol{n}=\{0,0,C\}$，故 $\boldsymbol{n}$ 同时垂直于 $x$ 轴和 $y$ 轴，即 $\boldsymbol{n}$ 垂直于 $Oxy$ 面，从而此方程表示平行于 $Oxy$ 面的平面(如图 9-22 所示).

特别地，当 $A=B=D=0$ 时，方程(2)变为 $z=0$，它表示 $Oxy$ 面.

同理，方程 $Ax+D=0$，$By+D=0$，当 $D\neq0$ 时，分别是平行于 $Oyz$ 面与 $Ozx$ 面的平面；当 $D=0$ 时，这两个方程变为 $x=0$ 与 $y=0$，分别表示 $Oyz$ 面与 $Ozx$ 面.

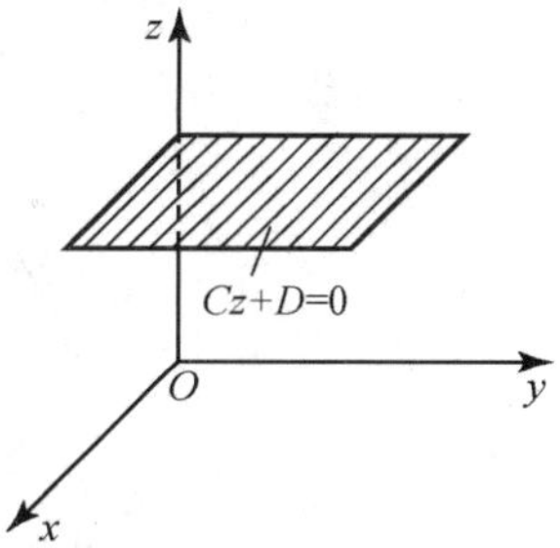


图　9-22

**例 3**　求通过 $x$ 轴和点(4，−3，−1)的平面方程.

**解**　因所求的平面通过 $x$ 轴，故可设其方程为

$$By+Cz=0.$$

又因为该平面过点(4，−3，−1)，所以有

$$-3B-C=0 \quad 或 \quad C=-3B.$$

以此式代入所设的平面方程，并消去 $B$ (因 $B\neq0$)，可得所求的平面方程为

$$y-3z=0.$$

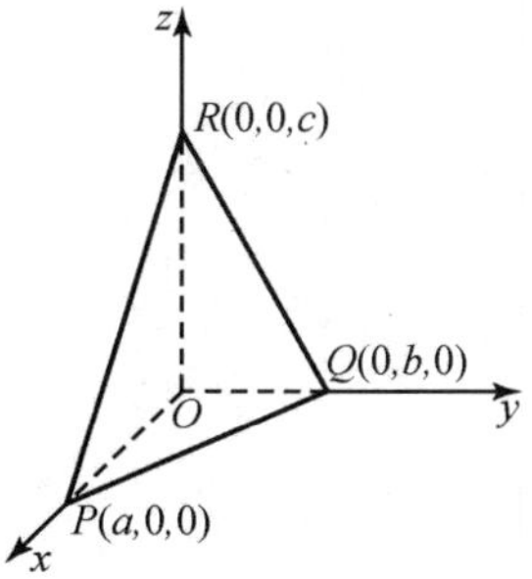


图　9-23

**例 4**　设一平面与 $x$ 轴、$y$ 轴、$z$ 轴分别交于点 $P(a,0,0)$，$Q(0,b,0)$，$R(0,0,c)$(其中 $abc\neq0$，如图 9-23 所示)，求此平面的方程.

**解**　设所求的平面方程为 $Ax+By+Cz+D=0$. 因为 $P,Q,R$ 三点都在平面上，所以点 $P,Q,R$ 的坐标都满足方程. 于是有

$$Aa+D=0, \quad 即 \quad A=-\frac{D}{a},$$

$$Bb+D=0,\quad 即\quad B=-\frac{D}{b},$$

$$Cc+D=0,\quad 即\quad C=-\frac{D}{c}.$$

将 $A,B,C$ 的表达式代入方程,并消去 $D$(因 $D\neq0$),可得所求的平面方程为

$$\frac{x}{a}+\frac{y}{b}+\frac{z}{c}=1. \tag{4}$$

方程(4)称为**平面的截距式方程**,其中 $a,b,c$ 依次称为平面在 $x$ 轴、$y$ 轴、$z$ 轴上的**截距**.

## 三、直线方程

### 1. 直线的一般方程

空间直线 $L$ 可以看作两个不平行的平面 $\pi_1$ 与 $\pi_2$ 的交线(如图 9-24 所示).因此,空间直线 $L$ 可以用两个三元一次方程组成的方程组来表示,即

$$\begin{cases}A_1x+B_1y+C_1z+D_1=0,\\A_2x+B_2y+C_2z+D_2=0,\end{cases} \tag{5}$$

其中对应系数不成比例.方程组(5)称为**直线的一般方程**.

通过空间一直线 $L$ 的平面有无限个,只要在其中任意选两个,把它们的方程联立起来,所得的方程组就表示空间直线 $L$.因此空间直线的方程是不唯一的.

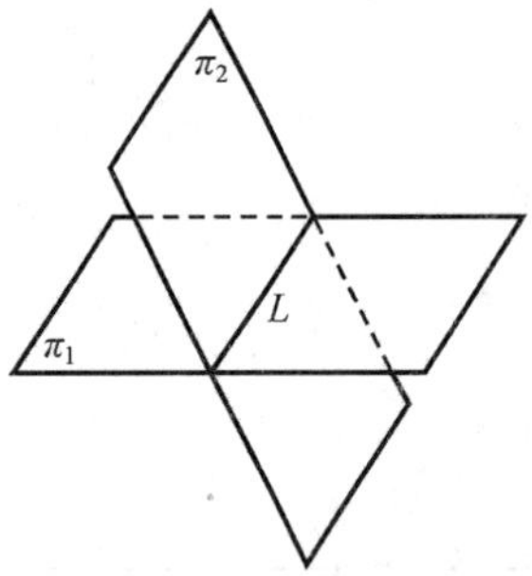


图 9-24

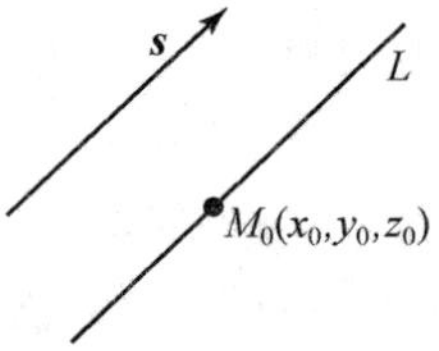


图 9-25

### 2. 直线的对称式方程(点向式方程)

已知直线 $L$ 过点 $M_0(x_0,y_0,z_0)$ 且平行于非零向量

$$\boldsymbol{s}=m\boldsymbol{i}+n\boldsymbol{j}+p\boldsymbol{k}$$

($\boldsymbol{s}$ 称为直线 $L$ 的**方向向量**),求此直线方程(如图 9-25 所示).

在直线 $L$ 上任取一点 $M(x,y,z)$,引向量 $\overrightarrow{M_0M}$,则

$$\overrightarrow{M_0M}=(x-x_0)\boldsymbol{i}+(y-y_0)\boldsymbol{j}+(z-z_0)\boldsymbol{k}.$$

由假设知 $\boldsymbol{s} /\!/ \overrightarrow{M_0M}$，于是有

$$\frac{x-x_0}{m}=\frac{y-y_0}{n}=\frac{z-z_0}{p}. \tag{6}$$

反之，如果点 $M$ 不在直线 $L$ 上，则 $\boldsymbol{s}$ 与 $\overrightarrow{M_0M}$ 不平行，这两个向量的对应系数就不成比例. 因此，方程(6)就是所求的直线方程. 我们称方程(6)为**直线的对称式方程**. 由于方程(6)是由一定点 $M_0$ 及方向向量 $\boldsymbol{s}$ 所确定的，故又称之为**直线的点向式方程**.

注意，若向量 $\boldsymbol{s}$ 的坐标 $m,n,p$ 中有某一个为零时，可做如下理解：

(1) 对于形如

$$\frac{x-x_0}{0}=\frac{y-y_0}{n}=\frac{z-z_0}{p}$$

的直线方程，应理解为

$$\begin{cases} x-x_0=0, \\ \dfrac{y-y_0}{n}=\dfrac{z-z_0}{p}, \end{cases}$$

且方向向量为 $\boldsymbol{s}=\{0,n,p\}$. 此直线垂直于 $x$ 轴，且过点 $(x_0,y_0,z_0)$.

(2) 对于形如

$$\frac{x-x_0}{0}=\frac{y-y_0}{0}=\frac{z-z_0}{p}$$

的直线方程，应理解为

$$\begin{cases} x-x_0=0, \\ y-y_0=0, \end{cases}$$

且方向向量为 $\boldsymbol{s}=\{0,0,p\}$. 此直线垂直于 $Oxy$ 面且过点 $(x_0,y_0,0)$.

**3. 直线的参数方程**

在方程(6)中令比值为 $t$，即

$$\frac{x-x_0}{m}=\frac{y-y_0}{n}=\frac{z-z_0}{p}=t,$$

则有

$$\begin{cases} x=x_0+mt, \\ y=y_0+nt, \\ z=z_0+pt. \end{cases} \tag{7}$$

称方程(7)为**直线的参数方程**，其中 $t$ 为参数.

**例 5**　将直线 $L$ 的一般方程

$$\begin{cases} x-y-3z-4=0, \\ 3x-3y+5z+9=0 \end{cases}$$

化为点向式方程和参数方程.

**解** 先求直线 $L$ 的方向向量 $\boldsymbol{s}$. 由于两平面 $x-y-3z-4=0$,$3x-3y+5z+9=0$ 的交线与这两平面的法向量

$$\boldsymbol{n}_1=\{1,-1,-3\},\quad \boldsymbol{n}_2=\{3,-3,5\}$$

都垂直,所以取

$$\boldsymbol{s}=\boldsymbol{n}_1\times\boldsymbol{n}_2=\begin{vmatrix}\boldsymbol{i} & \boldsymbol{j} & \boldsymbol{k}\\ 1 & -1 & -3\\ 3 & -3 & 5\end{vmatrix}=-14\boldsymbol{i}-14\boldsymbol{j}=\{-14,-14,0\}.$$

显然,可取 $\boldsymbol{s}=\{1,1,0\}$ 作为直线 $L$ 的方向向量,这时 $m=1,n=1,p=0$.

再求出直线 $L$ 上的一点 $M_0(x_0,y_0,z_0)$. 不妨取 $x_0=0$,代入所给的一般式方程,得 $y_0=\dfrac{1}{2}$,$z_0=-\dfrac{3}{2}$,即所求直线 $L$ 上的一点为 $M_0\left(0,\dfrac{1}{2},-\dfrac{3}{2}\right)$.

因此,直线 $L$ 的点向式方程为

$$\frac{x}{1}=\frac{y-1/2}{1}=\frac{z+3/2}{0}.$$

设

$$\frac{x}{1}=\frac{y-1/2}{1}=\frac{z+3/2}{0}=t,$$

即得直线 $L$ 的参数方程为

$$\begin{cases}x=t,\\ y=1/2+t,\\ z=-3/2.\end{cases}$$

**例 6** 求过已知点 $M_1(x_1,y_1,z_1)$ 和 $M_2(x_2,y_2,z_2)$ 的直线方程.

**解** 向量 $\overrightarrow{M_1M_2}=\{x_2-x_1,y_2-y_1,z_2-z_1\}$ 就是所求直线的一个方向向量,而且该直线过点 $M_1(x_1,y_1,z_1)$,由(6)式可知所求的直线方程为

$$\frac{x-x_1}{x_2-x_1}=\frac{y-y_1}{y_2-y_1}=\frac{z-z_1}{z_2-z_1}. \tag{8}$$

方程(8)称为**直线的两点式方程**.

**例 7** 求点 $M_0(x_0,y_0,z_0)$ 到平面 $\pi$: $Ax+By+Cz+D=0$ 的距离 $d$.

**解** 过点 $M_0$ 作平面 $\pi$ 的垂线,交平面 $\pi$ 于点 $M_1(x_1,y_1,z_1)$(如图 9-26 所示),则

$$d^2=(x_1-x_0)^2+(y_1-y_0)^2+(z_1-z_0)^2. \tag{9}$$

因为 $\overrightarrow{M_0M_1}=\{x_1-x_0,y_1-y_0,z_1-z_0\}$ 与平面法向量 $\boldsymbol{n}=\{A,B,C\}$ 平行,所以有

$$\frac{x_1-x_0}{A}=\frac{y_1-y_0}{B}=\frac{z_1-z_0}{C}=k,$$

即

$$\begin{cases} x_1 - x_0 = kA, \\ y_1 - y_0 = kB, \\ z_1 - z_0 = kC. \end{cases} \tag{10}$$

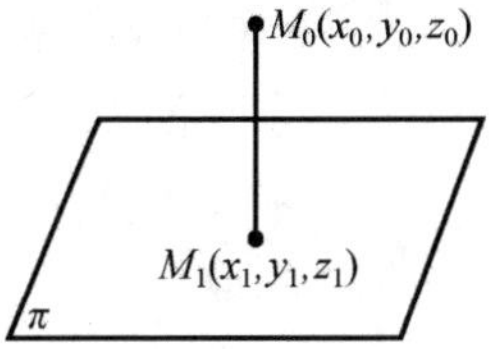


图　9-26

代入(9)式可得

$$d^2 = k^2(A^2 + B^2 + C^2). \tag{11}$$

由于点 $M_1(x_1,y_1,z_1)$在平面 $\pi$ 上,故

$$Ax_1 + By_1 + Cz_1 + D = 0.$$

将(10)式代入上式,得

$$A(x_0 + kA) + B(y_0 + kB) + C(z_0 + kC) + D = 0,$$

即

$$Ax_0 + By_0 + Cz_0 + D + k(A^2 + B^2 + C^2) = 0,$$

所以

$$k = -\frac{Ax_0 + By_0 + Cz_0 + D}{A^2 + B^2 + C^2}.$$

将上式代入(11)式可得

$$d^2 = \frac{(Ax_0 + By_0 + Cz_0 + D)^2}{(A^2 + B^2 + C^2)^2}(A^2 + B^2 + C^2),$$

化简并两边开方得

$$d = \frac{|Ax_0 + By_0 + Cz_0 + D|}{\sqrt{A^2 + B^2 + C^2}}. \tag{12}$$

这就是点 $M_0(x_0,y_0,z_0)$到平面 $Ax+By+Cz+D=0$ 的距离公式.

**例 8**　求点 $M_0(2,-1,3)$到平面 $2x-y+2z+4=0$ 的距离 $d$.

**解**　根据公式(12),得

$$d = \frac{|2\times 2 + (-1)\times(-1) + 2\times 3 + 4|}{\sqrt{2^2 + (-1)^2 + 2^2}} = \frac{15}{\sqrt{9}} = 5.$$

## 习　题　9-3

1. 求下列平面的方程:

(1) 过点(2,0,-3)且垂直于向量 $\boldsymbol{n}=2\boldsymbol{i}-\boldsymbol{j}+3\boldsymbol{k}$ 的平面;

(2) 过点(1,2,-1)且平行于平面 $x+y-z-2=0$ 的平面;

(3) 过点 $P_0(1,-3,2)$且垂直于线段 $OP_0$ 的平面.

2. 求下列平面的方程:

(1) 过三点 $M_1(0,-1,2)$,$M_2(1,2,2)$,$M_3(2,0,-3)$的平面;

(2) 在三条坐标轴上的截距依次为 1,$-2$,3 的平面.

3. 求平面 $3x-2y+z-12=0$ 与各坐标轴的交点.

4. 求过点 $M_1(1,0,0)$,$M_2(0,1,0)$且平行于 $z$ 轴的平面方程.

5. 求点(1,2,1)到平面 $x+2y+2z-10=0$ 的距离.

6. 分别按下列条件求直线方程:

(1) 过点$(1,0,-2)$,平行于向量$\{4,2,-3\}$;

(2) 过点(0,2,3),垂直于平面 $2x+3y=0$;

(3) 过点(2,3,1),平行于 $x$ 轴.

7. 化直线 $L$ 的方程$\begin{cases}x-y+z=1,\\2x+y+z=4\end{cases}$为对称式方程和参数方程.

## 第四节　常见曲面与空间曲线

上一节我们讨论了一种特殊的曲面——平面,并且把空间直线看作两个平面的交线.本节将研究常见的曲面和空间曲线.

下面,作为基本问题(1)的例子,讨论球面及旋转曲面;作为基本问题(2)的例子,讨论柱面.它们都是实际问题中常见的曲面.

### 一、球面

**例 1**　建立球心在点 $M_0(x_0,y_0,z_0)$,半径为 $R$ 的球面方程.

**解**　在空间解析几何中,**球面**就是空间中与某个定点等距离的点的轨迹(定点称为**球心**,定距离称为**半径**).

设 $M(x,y,z)$为该球面上任一点为,于是$|\overrightarrow{M_0M}|=R$.因为

$$|\overrightarrow{M_0M}|=\sqrt{(x-x_0)^2+(y-y_0)^2+(z-z_0)^2},$$

所以
$$\sqrt{(x-x_0)^2+(y-y_0)^2+(z-z_0)^2}=R,$$
即
$$(x-x_0)^2+(y-y_0)^2+(z-z_0)^2=R^2. \tag{1}$$

这就是球心在 $M_0(x_0,y_0,z_0)$,$R$ 为半径的球面方程(如图 9-27 所示).

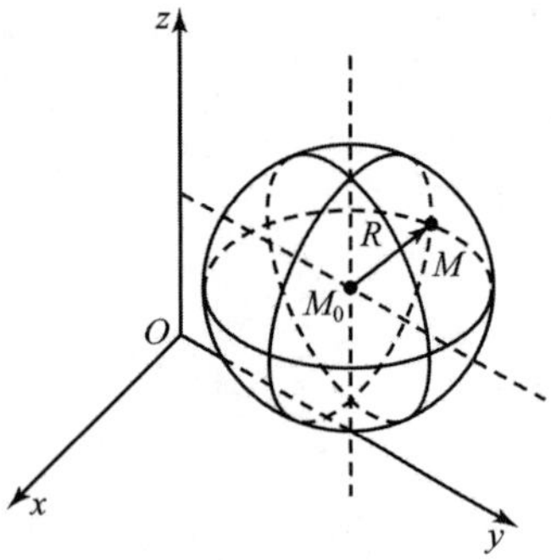

图　9-27

若球心在原点(0,0,0),则球面方程为

$$x^2+y^2+z^2=R^2. \tag{2}$$

**例 2**　已知一球面的方程为 $x^2+y^2+z^2-2x-4y-4=0$,求它的球心坐标和半径.

**解**　将所给的球面方程配方可得

$$(x-1)^2+(y-2)^2+z^2=9,$$

所以球心坐标为$(1,2,0)$,半径$R=3$.

下面给出的是今后常用的几个部分球面的图形和它的方程.

图9-28是球面$x^2+y^2+z^2=R^2$的上半部分,它的方程是

$$z=\sqrt{R^2-x^2-y^2}\quad (x^2+y^2\leqslant R^2).$$

图9-29是球面$x^2+y^2+z^2=R^2$在第一卦限中的部分,它的方程是

$$z=\sqrt{R^2-x^2-y^2}\quad (x\geqslant 0, y\geqslant 0, 且\ x^2+y^2\leqslant R^2).$$

图9-30是球面$x^2+y^2+(z-R)^2=R^2$的下半部分,它的方程是

$$z=R-\sqrt{R^2-x^2-y^2}\quad (x^2+y^2\leqslant R^2).$$

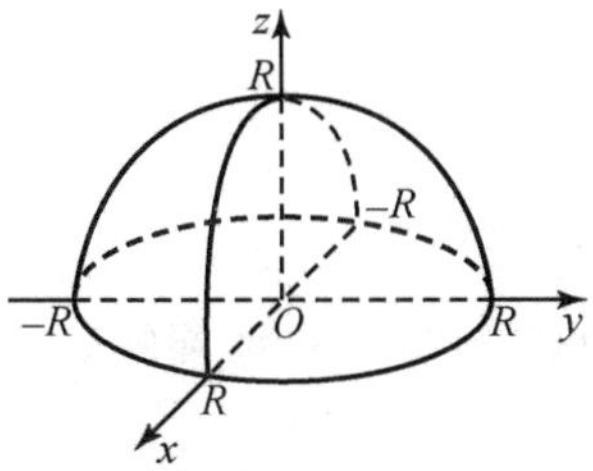


图　9-28

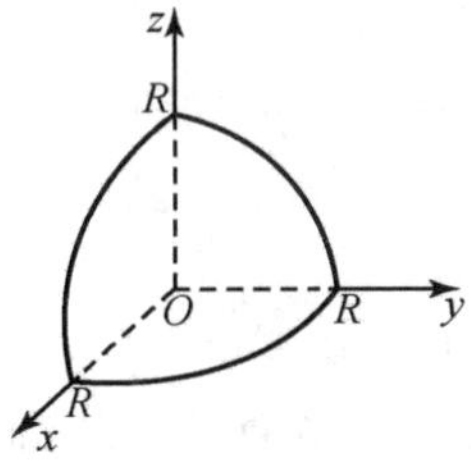


图　9-29

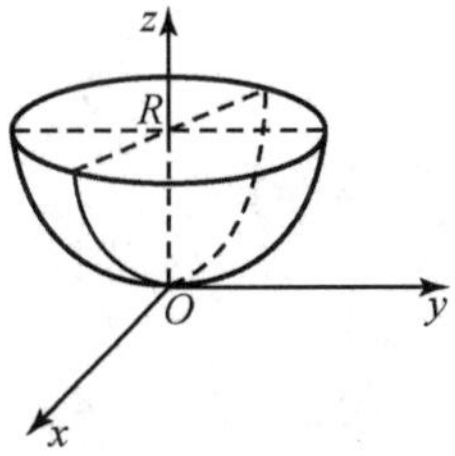


图　9-30

## 二、旋转曲面

**定义1**　一平面曲线$C$绕此平面上的一条定直线$L$旋转一周得到的曲面称为**旋转曲面**,其中定直线$L$称为该旋转曲面的**轴**,曲线$C$称为该旋转曲面的**母线**.

设在$Oyz$面上有一曲线$C$: $f(y,z)=0$,将此曲线绕$z$轴旋转一周得到一个以$z$轴为轴的旋转曲面.现求该旋转曲面的方程.

设$M_1(0,y_1,z_1)$为曲线$C$上任意一点(如图9-31所示),则有$f(y_1,z_1)=0$.当曲线$C$绕$z$轴旋转的时候,点$M_1$也绕$z$轴旋转到另一点$M(x,y,z)$,此时$z=z_1$保持不变,且点$M$与$z$轴的距离$u_1$恒等于$|y_1|$.因$u_1=\sqrt{x^2+y^2}$,故有

$$y_1=\pm\sqrt{x^2+y^2},$$

从而有

$$f(\pm\sqrt{x^2+y^2},z)=0.$$

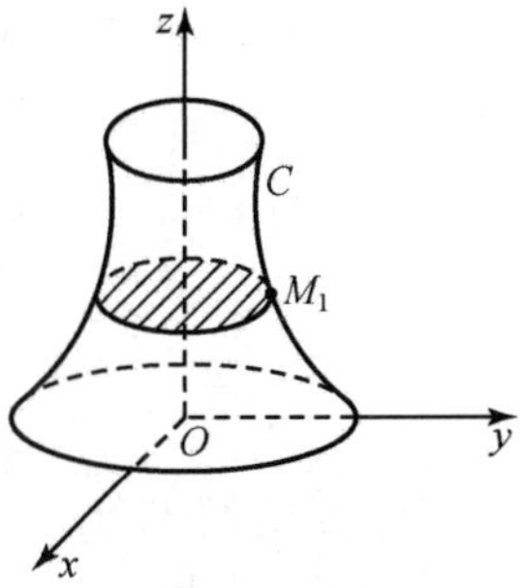


图　9-31

这就是说,该旋转曲面上任一点$M$的坐标$(x,y,z)$必满足此方程.而不在该旋转曲面上的点,其坐标不满足$\sqrt{x^2+y^2}=|y_1|$,也必定不满足此方程.故此方程就是所求

的旋转曲面方程.

同理,$Oyz$ 面上的曲线 $C$：$f(y,z)=0$ 绕 $y$ 轴旋转所成的旋转曲面的方程为

$$f(y, \pm\sqrt{x^2+z^2})=0.$$

同样可以讨论 $Oxy$ 面上的曲线绕 $x$ 轴或 $y$ 轴旋转,或者 $Ozx$ 面上的曲线绕 $z$ 轴或 $x$ 轴旋转所成的旋转曲面的方程.

**例 3** 一直线 $L$ 绕与其夹角为定角 $\alpha$ ($0<\alpha<\pi/2$)的一定直线(如 $z$ 轴),在空间中旋转而成的旋转曲面称为**圆锥面**,其中直线 $L$ 与定直线的交点称为该圆锥面的**顶点**,定直线称为该圆锥面的**轴**. 试求该圆锥面的方程.

**解** 在 $Oyz$ 面内,直线 $L$ 的方程 $z=y\cot\alpha$,定直线就是 $z$ 轴. 因为绕 $z$ 轴旋转,所以该圆锥面的方程为

$$z=\pm\sqrt{x^2+y^2}\cot\alpha.$$

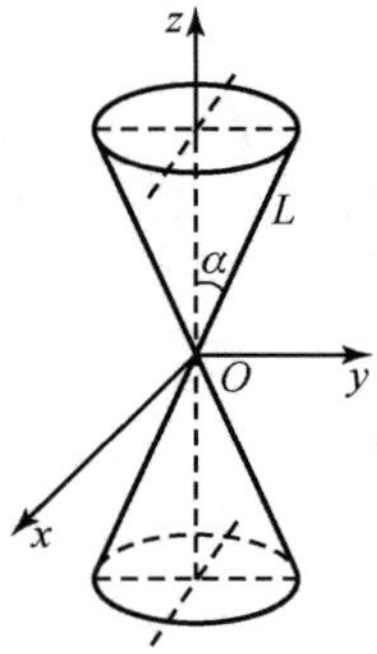


图 9-32

令 $\cot\alpha=a$(常数),则所求的圆锥面方程为

$$z^2=a^2(x^2+y^2), \tag{3}$$

图形如图 9-32 所示.

**例 4** $Oyz$ 面上抛物线 $y^2=2pz$ ($p>0$)分别绕 $z$ 轴和 $y$ 轴旋转而成的旋转曲面均称为**旋转抛物面**. 试求它们的方程.

**解** 绕 $z$ 轴旋转所得的旋转抛物面如图 9-33(a)所示,其方程为

$$x^2+y^2=2pz; \tag{4}$$

绕 $y$ 轴旋转所得的旋转抛物面如图 9-33(b)所示,其方程为

$$y^2=2p\sqrt{x^2+z^2}. \tag{5}$$

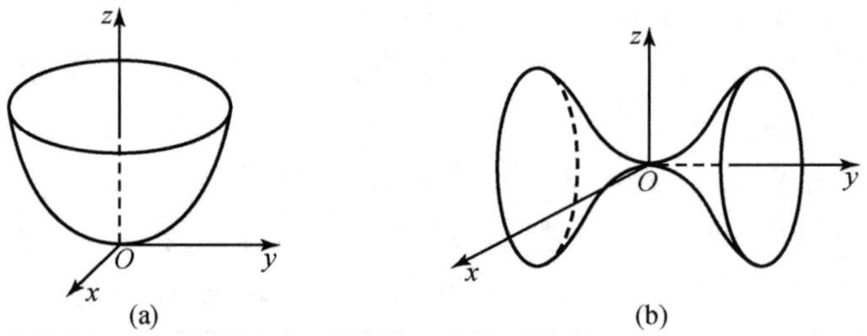


图 9-33

三、柱面

下面我们先分析一个具体的例子.

**例 5** 方程 $x^2+y^2=R^2$ 表示怎样的曲面?

**解** 方程 $x^2+y^2=R^2$ 在 $Oxy$ 面上表示圆心在原点 $O$,半径为 $R$ 的圆. 在空间直角坐标系中,该方程不含竖坐标 $z$,即不论空间点的竖坐标 $z$ 怎样,只要它的横坐标 $x$ 和纵坐标 $y$ 能满足

该方程,那么这些点就在这个曲面上.这就是说,凡是通过 $Oxy$ 面内圆 $x^2+y^2=R^2$ 上的一点 $M(x,y,0)$,且平行于 $z$ 轴的直线 $l$ 都在这个曲面上.因此,这个曲面可以看作由平行于 $z$ 轴的直线 $l$ 沿 $Oxy$ 面上的圆 $x^2+y^2=R^2$ 移动而形成的.这个曲面叫作**圆柱面**(如图 9-34 所示),其中 $Oxy$ 面上的圆 $x^2+y^2=R^2$ 叫作它的**准线**,平行于 $z$ 轴的直线 $l$ 叫作它的**母线**.

一般地,一动直线 $l$ 沿着定曲线 $C$ 移动并保持与定直线平行所形成的轨迹叫作**柱面**,其中定曲线 $C$ 叫作该柱面的**准线**,动直线 $l$ 叫作该柱面的**母线**.

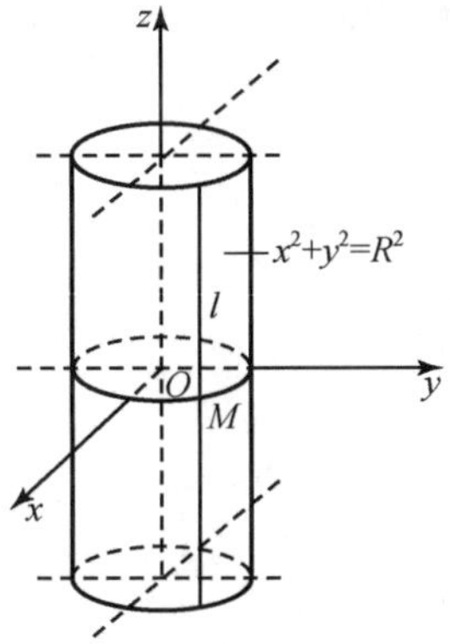

图　9-34

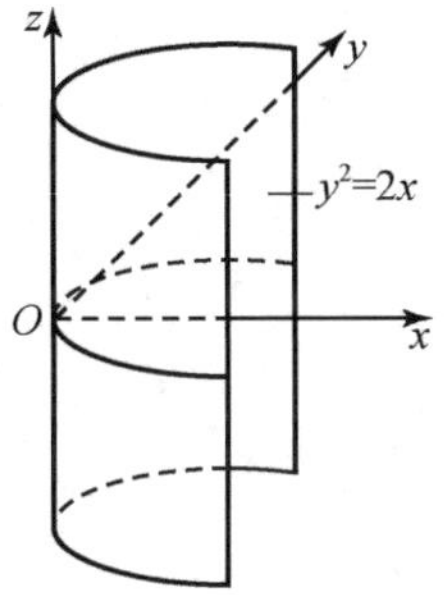

图　9-35

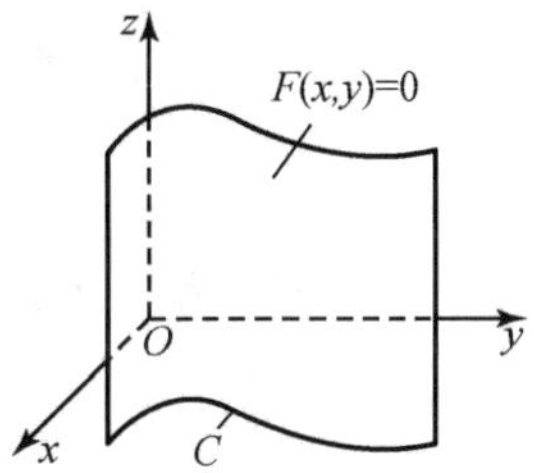

图　9-36

**例 6**　在空间直角坐标系中,$y^2=2x$ 所表示的曲面称为**抛物柱面**,它的母线平行于 $z$ 轴,准线是 $Oxy$ 面上的抛物线 $y^2=2x$(如图 9-35 所示).

一般地,含有 $x,y$ 而不含 $z$ 的方程 $F(x,y)=0$,在空间直角坐标系中表示母线平行于 $z$ 轴的柱面,其准线是 $Oxy$ 面上的曲线 $C$:$F(x,y)=0$(如图 9-36 所示).

类似地,含有 $z,x$ 而不含 $y$ 的方程 $G(z,x)=0$,在空间直角坐标系中表示母线平行于 $y$ 轴的柱面,它的准线是 $Ozx$ 面上的曲线 $G(z,x)=0$.

含有 $y,z$ 而不含 $x$ 的方程 $H(y,z)=0$,在空间直角坐标系中表示母线平行于 $x$ 轴的柱面,它的准线是 $Oyz$ 面上的曲线 $H(y,z)=0$.

## 四、二次曲面

在空间直角坐标系中,三元二次方程所表示的曲面称为**二次曲面**.例如,已经讲过的球面(1),(2),圆锥面(3),旋转抛物面(4),(5),圆柱面,抛物柱面等都是二次曲面.常用的二次曲面还有以下几类:

### 1. 椭球面

由方程

$$\frac{x^2}{a^2}+\frac{y^2}{b^2}+\frac{z^2}{c^2}=1\quad(a>0,b>0,c>0)\tag{6}$$

所确定的曲面称为**椭球面**，其图形如图 9-37 所示.

特别地，当 $a=b=c$ 时，椭球面(6)变成球面 $x^2+y^2+z^2=a^2$.

**2. 椭圆抛物面**

由方程

$$z=\frac{x^2}{2p}+\frac{y^2}{2q}\quad (p \text{ 与 } q \text{ 同号}) \tag{7}$$

所确定的曲面称为**椭圆抛物面**. 如设 $p>0, q>0$，则其图形如图 9-38 所示.

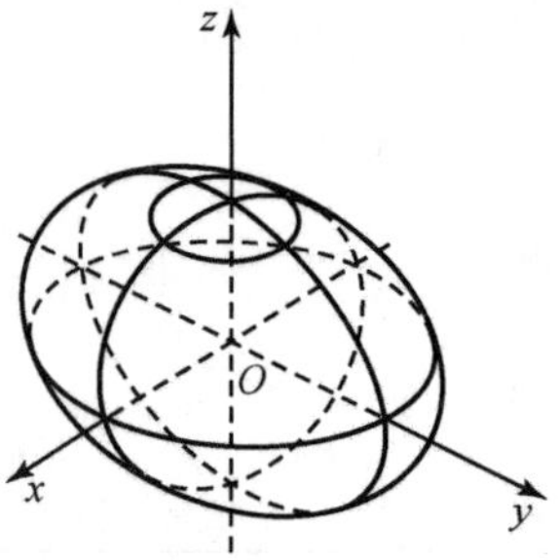


图 9-37

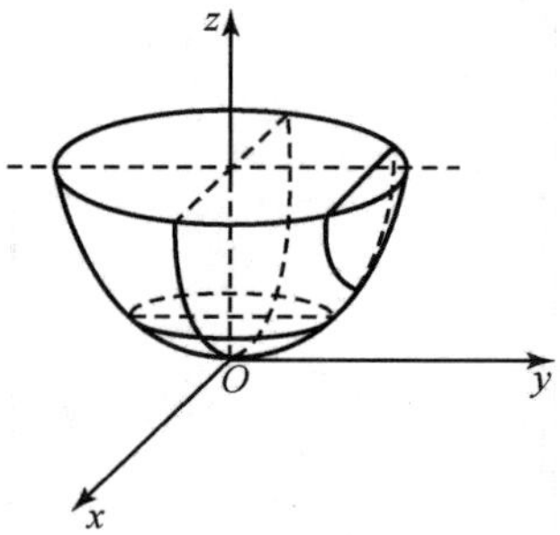


图 9-38

如果 $p=q$，则椭圆抛物面(7)变成

$$x^2+y^2=2pz\quad (p>0).$$

它可看成由 $Oyz$ 面上的抛物线 $y^2=2pz$ 绕 $z$ 轴旋转而成的旋转抛物面.

**3. 单叶双曲面**

由方程

$$\frac{x^2}{a^2}+\frac{y^2}{b^2}-\frac{z^2}{c^2}=1\quad (a>0, b>0, c>0) \tag{8}$$

所确定的曲面称为**单叶双曲面**，其图形如图 9-39 所示.

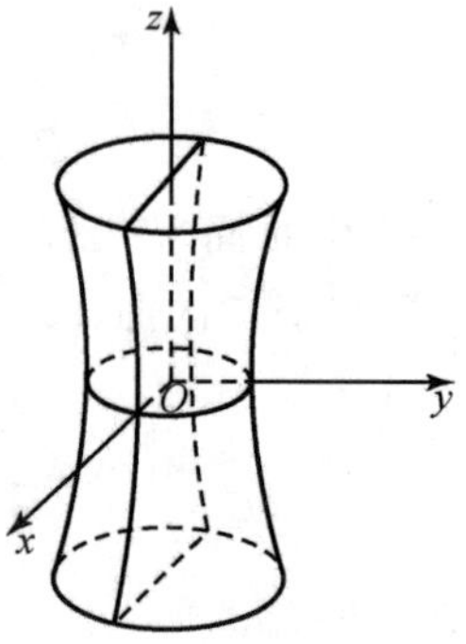


图 9-39

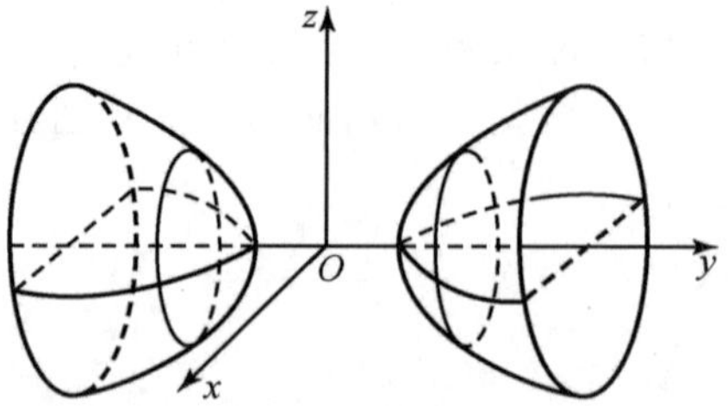


图 9-40

当 $a=b$ 时，方程(8)变成

$$\frac{x^2+y^2}{a^2}-\frac{z^2}{c^2}=1,$$

它可看成由 $Oyz$ 面上的双曲线 $\frac{y^2}{a^2}-\frac{z^2}{c^2}=1$ 绕其虚轴 $z$ 轴旋转而成的曲面. 我们称它为**单叶旋转双曲面**.

**4. 双叶双曲面**

由方程

$$\frac{x^2}{a^2}-\frac{y^2}{b^2}+\frac{z^2}{c^2}=-1 \quad (a>0,b>0,c>0) \tag{9}$$

所确定的曲面称为**双叶双曲面**，它的图形如图 9-40 所示.

当 $a=c$ 时，方程(9)变成

$$\frac{y^2}{b^2}-\frac{x^2+z^2}{a^2}=1,$$

经典二次曲面

它可看成是 $Oyz$ 面上的双曲线 $\frac{y^2}{b^2}-\frac{z^2}{a^2}=1$ 绕其实轴 $y$ 轴旋转而成的曲面. 称此曲面为**双叶旋转双曲面**.

**5. 二次锥面**

由方程

$$\frac{x^2}{a^2}+\frac{y^2}{b^2}-\frac{z^2}{c^2}=0 \quad (a>0,b>0,c>0) \tag{10}$$

所确定的曲面称为**二次锥面**.

特别地，当 $a=b$ 时，方程(10)成为 $z^2=\left(\frac{c}{a}\right)^2(x^2+y^2)$，即圆锥面，它的图形请读者自己给出.

## 五、空间曲线的方程

**1. 空间曲线的一般方程**

空间直线可看作两个平面的交线. 同样，空间曲线也可看作两个曲面的交线. 设 $F(x,y,z)=0$，$G(x,y,z)=0$ 是两个曲面的方程，它们的交线为 $C$（如图 9-41 所示）.

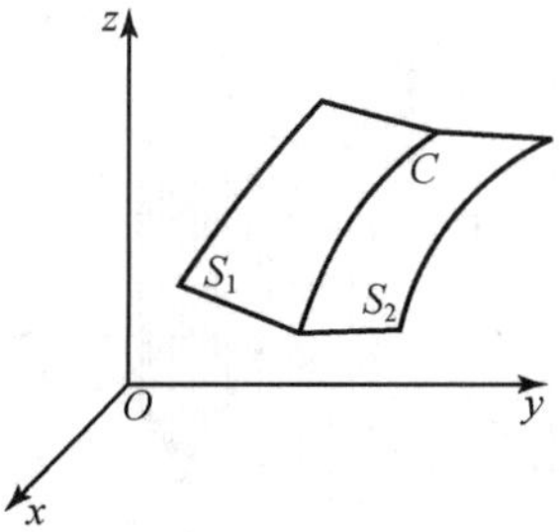


图　9-41

因为曲线 $C$ 上的点同时在这两个曲面上，所以它们的坐标必同时满足这两个曲面方程；反之，如果点 $M$ 不在曲线 $C$ 上，则它的坐标不能同时满足这两个曲面方程. 因此，把这两个曲面方程联立起来，即

$$\begin{cases} F(x,y,z)=0, \\ G(x,y,z)=0 \end{cases}$$

就是曲线 $C$ 的方程,称之为**空间曲线的一般方程**.

**例 7** 方程组 $\begin{cases} x^2+y^2+z^2=9, \\ z=2 \end{cases}$ 表示怎样的空间曲线?

**解** 第一个方程表示中心在原点,半径为 3 的球面;第二个方程表示平行于 $Oxy$ 面,且在 $z$ 轴上的截距为 2 的平面.因此,此方程组所表示的空间曲线就是用平面 $z=2$ 截球面 $x^2+y^2+z^2=9$ 所得的交线(如图 9-42 所示),它是平面 $z=2$ 上中心在点(0,0,2),半径为 $\sqrt{5}$ 的圆.

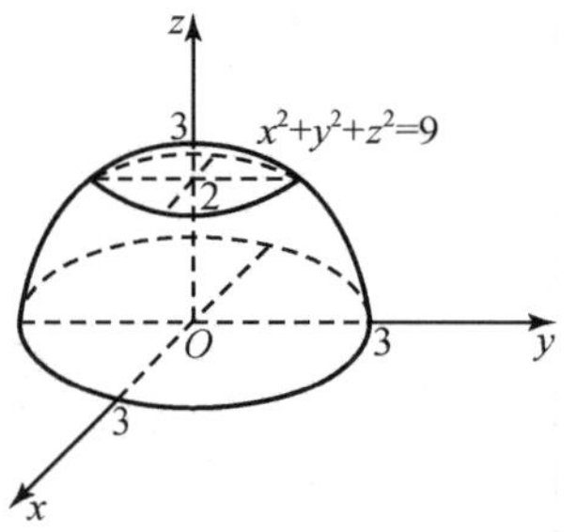


图 9-42

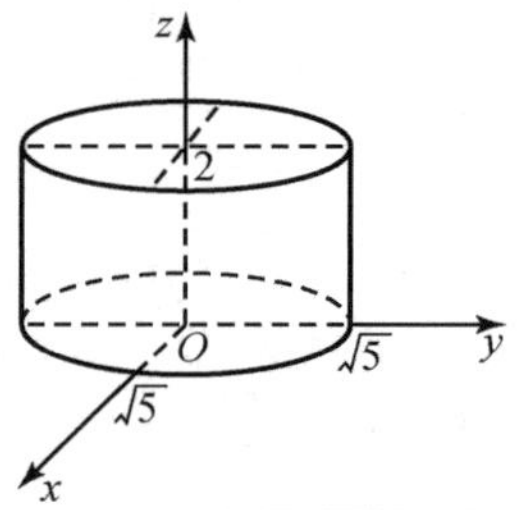


图 9-43

注意,曲线看作两个曲面的交线时,用以表示交线的曲面方程组不是唯一的.例如,上例中的圆,还可以表示为

$$\begin{cases} x^2+y^2=5, \\ z=2. \end{cases}$$

它表示圆柱面 $x^2+y^2=5$ (母线平行于 $z$ 轴,准线为 $Oxy$ 面上的圆 $x^2+y^2=5$)被平面 $z=2$ 所截得到的圆(如图 9-43 所示).

**2. 投影曲线**

**定义 2** 以空间曲线 $C$ 为准线,所作的母线平行于 $z$ 轴(即垂直于 $Oxy$ 面)的柱面,称为空间曲线 $C$ 关于 $Oxy$ 面的**投影柱面**;投影柱面与 $Oxy$ 面的交线 $C_1$(垂足曲线)称为空间曲线 $C$ 在 $Oxy$ 面上的**投影曲线**,简称为**投影**(如图 9-44 所示).

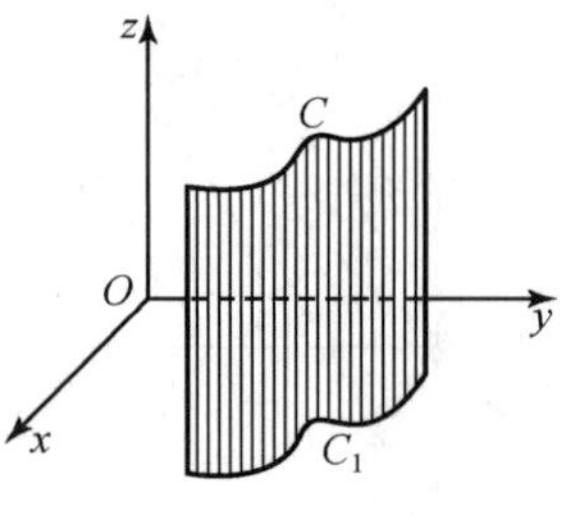


图 9-44

相应地,可定义关于 $Oyz$ 面和关于 $Ozx$ 面的投影柱面和投影曲线.

设空间曲线 $C$ 的一般方程为

$$\begin{cases} F(x,y,z)=0, \\ G(x,y,z)=0, \end{cases} \tag{11}$$

从中消去变量 $z$，得 $H_1(x,y)=0$. 它表示母线平行于 $z$ 轴的柱面，同时因曲线 $C$ 上所有点的坐标满足方程组(11)，故亦满足方程 $H_1(x,y)=0$，即该柱面通过曲线 $C$. 所以，方程 $H_1(x,y)=0$ 所表示的曲面就是空间曲线 $C$ 关于 $Oxy$ 面的投影柱面. 因此，方程组

$$\begin{cases} H_1(x,y)=0, \\ z=0 \end{cases}$$

所表示的曲线就是空间曲线 $C$ 在 $Oxy$ 面上的投影曲线.

同样，设 $H_2(y,z)=0$ 和 $H_3(x,z)=0$ 是曲线 $C$ 的方程(1)分别消去 $x$ 和 $y$ 得到的方程，则方程组

$$\begin{cases} H_2(y,z)=0, \\ x=0 \end{cases} \quad \text{和} \quad \begin{cases} H_3(x,z)=0, \\ y=0 \end{cases}$$

就是空间曲线 $C$ 分别在 $Oyz$ 面和 $Ozx$ 面上的投影曲线方程.

**例 8** 求空间曲线 $C$：$\begin{cases} x^2+y^2-ax=0, \\ x^2+y^2+z^2=a^2 \end{cases}$ $(a>0)$ 在 $Oxy$ 面上的投影曲线.

**解** 方程 $x^2+y^2-ax=0$ 即 $\left(x-\dfrac{a}{2}\right)^2+y^2=\left(\dfrac{a}{2}\right)^2$，表示母线平行于 $z$ 轴的圆柱面. 方程 $x^2+y^2+z^2=a^2$ 表示以原点为中心，以 $a$ 为半径的球面. 于是，所给的方程组表示的是上述圆柱面与球面的交线 $C$（如图 9-45 所示，图形表示的是 $C$ 上半部分的情形）.

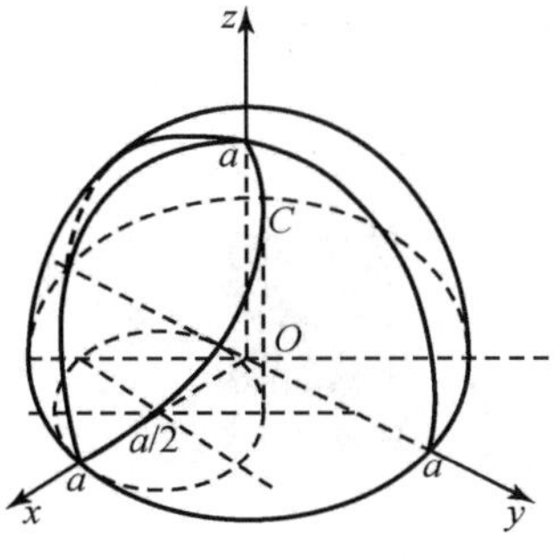


鱼尾线动态演示

图 9-45

显然，柱面 $x^2+y^2-ax=0$ 就是曲线 $C$ 关于 $Oxy$ 面的投影柱面. 因此，方程组

$$\begin{cases} x^2+y^2-ax=0, \\ z=0 \end{cases} \quad \text{或} \quad \begin{cases} \left(x-\dfrac{a}{2}\right)^2+y^2=\left(\dfrac{a}{2}\right)^2, \\ z=0 \end{cases}$$

所表示的曲线就是曲线 $C$ 在 $Oxy$ 面上的投影曲线，它是 $Oxy$ 面上的一个圆.

**3. 空间曲线的参数方程**

空间曲线还可以看作按照一定规律运动的点的轨迹. 这样，空间曲线也可以用参数方程来表示.

设空间曲线 $C$ 上动点 $M(x,y,z)$ 的坐标都可表示为另一个变量 $t$ 的函数:

$$\begin{cases} x = x(t), \\ y = y(t), \quad (a \leqslant t \leqslant b). \\ z = z(t) \end{cases} \tag{12}$$

若当 $t$ 一旦取定 $t_1$ 时,由(12)式可得曲线 $C$ 上的一个点$(x_1,y_1,z_1)$,而随着 $t$ 的连续变动便可得到曲线 $C$ 上的全部点,则称(12)式为**空间曲线 $C$ 的参数方程**,其中 $t$ 称为**参数**.由于参数可能有不同的选择,所以空间曲线 $C$ 的参数方程不是唯一的.

**例 9** 设空间一动点 $M$ 在圆柱面 $x^2+y^2=a^2$ $(a>0)$上以角速度 $\omega$ 绕 $z$ 轴旋转,同时又以线速度 $v$ 沿平行于 $z$ 轴的正方向上升,其中 $\omega,v$ 都是常数,则动点 $M$ 构成的图形称为**螺旋线**.试建立其参数方程.

**解** 取时间 $t$ 为参数.设当 $t=0$ 时,动点 $M$ 与 $x$ 轴上的点 $A(a,0,0)$重合,经过时间 $t$,动点 $M$ 运动到点 $M(x,y,z)$(如图 9-46 所示).记 $M$ 在 $Oxy$ 面上的投影为 $M'$,则 $M'$的坐标为$(x,y,0)$.由于动点 $M$ 在圆柱面上以角速度 $\omega$ 绕 $z$ 轴旋转,所以经过时间 $t$ 后,$\angle AOM'=\omega t$,从而知

$$x = |OM'|\cos\angle AOM' = a\cos\omega t, \quad y = |OM'|\sin\angle AOM' = a\sin\omega t.$$

又因为动点 $M$ 同时以线速度 $v$ 沿平行于 $z$ 轴的正向上升,所以

$$z=|M'M|=vt.$$

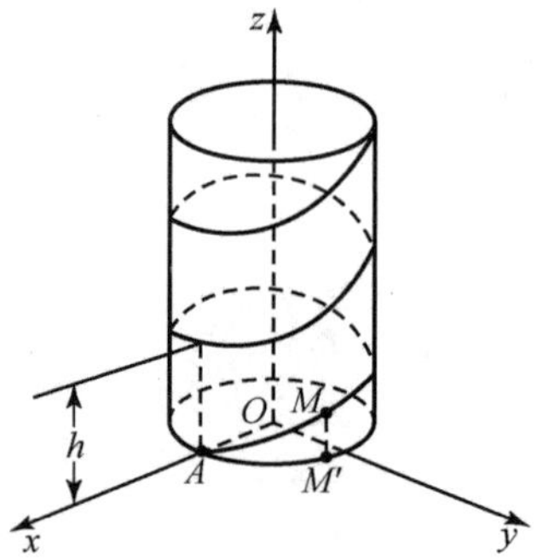


图 9-46

螺旋线动态演示

由此可知,螺旋线的参数方程为

$$\begin{cases} x = a\cos\omega t, \\ y = a\sin\omega t, \\ z = vt. \end{cases}$$

也可以用其他变量作参数,例如令 $\theta=\omega t$,则螺旋线的参数方程可写为

$$\begin{cases} x = a\cos\theta, \\ y = a\sin\theta, \\ z = b\theta, \end{cases}$$

这里 $b=v/\omega$，而参数是 $\theta$.

螺旋线有一个重要性质：当 $\theta$ 从 $\theta_0$ 变到 $\theta_0+\alpha$ 时，$z$ 由 $b\theta_0$ 变到 $b\theta_0+b\alpha$，说明当 $OM'$ 转过角度 $\alpha$ 时，点 $M$ 沿螺旋线上升了高度 $h=b\alpha$，即上升的高度与转过的角度成正比. 特别是当 $OM'$ 转过一周，即 $\alpha=2\pi$ 时，点 $M$ 上升固定的高度 $h=2b\pi$. 这个高度在工程技术上称为**螺距**(如图9-46所示).

## 习　题　9-4

1. 设球面直径的两个端点为(2，−3，5)和(4，1，−3)，求此球面的方程.

2. 求母线平行于 $z$ 轴，准线为

$$\begin{cases}\dfrac{x^2}{4}+\dfrac{y^2}{9}+\dfrac{z^2}{9}=1,\\ z=2\end{cases}$$

的柱面方程.

3. 求曲线 $\begin{cases}x^2+y^2+z^2=16,\\ z=2\end{cases}$ 在 $Oxy$ 面上的投影曲线方程.

4. 指出下列曲面哪些是旋转曲面，并指出它们是什么曲线绕什么轴旋转而成的：

(1) $\dfrac{x^2}{4}-\dfrac{y^2}{4}-z^2=1$；　　(2) $\dfrac{x^2}{2}+\dfrac{y^2}{2}-z^2=1$；　　(3) $x^2+\dfrac{y^2}{4}+z^2=1$.

# 第十章　多元函数微分法及其应用

在自然科学和工程技术中，常常会遇到依赖于多个自变量的函数——多元函数的问题．本章介绍多元函数的概念、极限、连续性、微分及其应用．注意到从一元函数到二元函数将会产生一些本质的差别，但从二元函数到三元及三元以上的函数则没有本质的不同，因而在研究上述问题时以二元函数为主．

## 第一节　多元函数的极限与连续性

### 一、区域

设 $P_0(x_0,y_0)$ 是 $Oxy$ 面上一点，$\delta$ 是某一正数，则点集 $U(P_0,\delta)=\{P \mid |PP_0|<\delta\}$（或者简记为 $U(P_0)$）称为**点 $P_0$ 的 $\delta$ 邻域**．

设 $E$ 是平面上的一个点集，$P$ 是平面上的一个点．如果存在点 $P$ 的某个邻域 $U(P)$，使得 $U(P)\subset E$，则称 $P$ 为 $E$ 的**内点**（如图 10-1 所示）．

如果点集 $E$ 中的点都是内点，则称 $E$ 为**开集**．如果点 $P$ 的任一邻域内既有属于 $E$ 的点，也有不属于 $E$ 的点，则称 $P$ 为 $E$ 的**边界点**（如图 10-2 所示）．显然，$E$ 的边界点可能属于 $E$，也可能不属于 $E$．$E$ 的边界点的全体称为 $E$ 的**边界**．

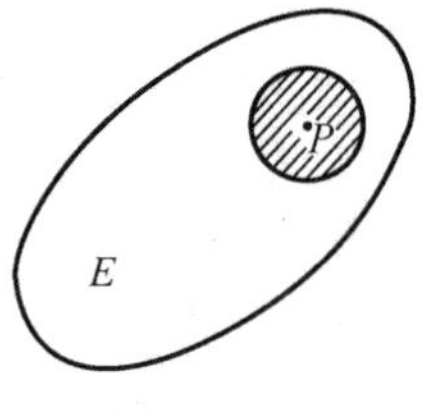


图　10-1

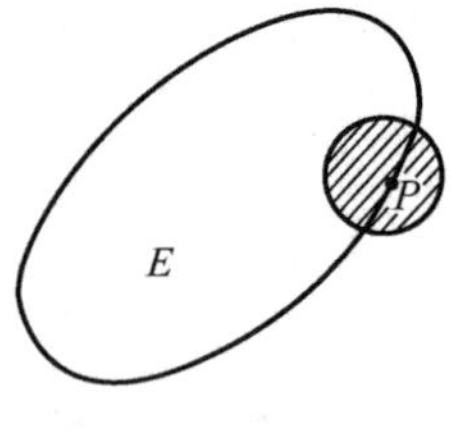


图　10-2

如果对于点集 $E$ 内任意两点，都可用一条折线连接起来，且该折线上的点都属于 $E$，则称点集 $E$ 是**连通**的．

连通的开集称为**区域**或**开区域**．开区域连同它的边界一起，称为**闭区域**．例如，点集 $E_1=\{(x,y) \mid 1\leqslant x^2+y^2\leqslant 4\}$ 是闭区域，而 $x^2+y^2=1$ 和 $x^2+y^2=4$ 是它的边界．有时也将开区域、闭区域及开区域连同它的部边界统称为**区域**．

对于点集 $E$，若存在正数 $M$，使得一切点 $P\in E$ 与某一定点 $A$ 之间的距离 $|AP|$ 都不超过 $M$，即

$$|AP|\leqslant M,\quad 对一切\ P\in E,$$

则称 $E$ 为**有界点集**(当 $E$ 为区域时,$E$ 即为有界区域);否则,称为**无界点集**. 例如,$E_1$ 是有界闭区域;$\{(x,y)|x+y>0\}$是无界区域.

以上关于邻域与区域的概念可推广到空间中.

## 二、多元函数的概念

先看几个例子.

**例 1** 设一圆柱体的底半径为 $r$,高为 $h$,那么该圆柱体的体积为

$$V=\pi r^2 h,$$

这里有三个变量 $r,h$ 和 $V$. 当$(r,h)$在集合$\{(r,h)|r>0,h>0\}$内取定一点$(r,h)$时,就有确定的体积值 $V$ 与之对应.

**例 2** 设 $R$ 是电阻 $R_1,R_2$ 并联后的总电阻,由电学知道它们之间具有关系

$$\frac{1}{R}=\frac{1}{R_1}+\frac{1}{R_2},$$

即

$$R=\frac{R_1R_2}{R_1+R_2},$$

这里也有三个变量 $R_1,R_2$ 和 $R$. 当$(R_1,R_2)$在集合$\{(R_1,R_2)|R_1>0,R_2>0\}$内取定一点$(R_1,R_2)$时,$R$ 的对应值也随之确定.

从这样一些问题中就可抽象出多元函数的定义.

**定义 1** 设有三个变量 $x,y$ 和 $z$,当$(x,y)$在平面上某一点集 $D$ 内任意取定一点 $P(x,y)$ 时,变量 $z$ 依照一定的法则总有确定的数值与之对应,则称 $z$ 是 $x,y$ 的**二元函数**或**点 $P$ 的函数**(简称**函数**),记为

$$z=f(x,y),\ (x,y)\in D\quad (\text{或 } z=f(P),P\in D),$$

也记为

$$z=z(x,y),\ (x,y)\in D\quad (\text{或 } z=z(P),P\in D),$$

其中 $x,y$ 称为**自变量**,$z$ 称为**因变量**,$D$ 称为该函数的**定义域**.

对于给定的$(x_0,y_0)\in D$,$z_0=f(x_0,y_0)$称为二元函数 $z=f(x,y)$在点$(x_0,y_0)$处的**函数值**,函数值的取值范围称为该函数的**值域**.

若对于任意$(x,y)\in D$,$z$ 只有一个对应值,则称 $z$ 为**单值函数**;若存在$(x,y)\in D$,$z$ 有多个对应值,则 $z$ 称为**多值函数**. 在本书中,若无特别声明,函数均指单值函数.

类似地,可定义三元函数 $u=f(x,y,z)$及三元以上的函数.

二元及二元以上的函数统称为**多元函数**.

**例 3** 求二元函数

$$z=\sqrt{a^2-x^2-y^2}$$

的定义域.

**解** 由根式的要求知道,该函数要有意义,必须

$$a^2-x^2-y^2\geqslant 0,$$

即 $$x^2+y^2\leqslant a^2.$$

所以,该函数的定义域为

$$D=\{(x,y)\mid x^2+y^2\leqslant a^2\},$$

如图 10-3 所示的斜线阴影部分.

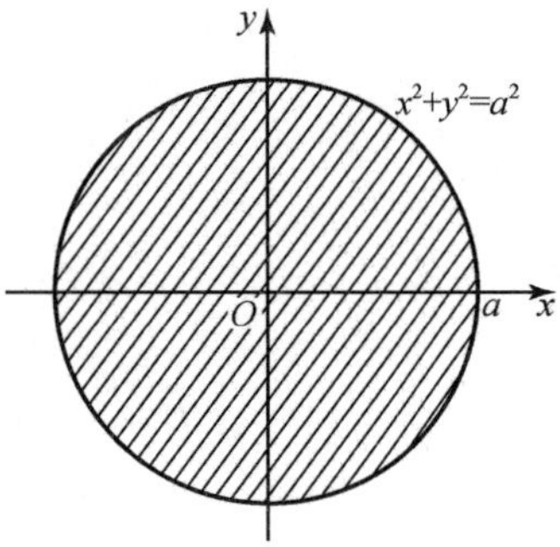


图 10-3

**例 4** 求二元函数 $z=\ln(y-x)+\dfrac{\sqrt{x}}{\sqrt{1-x^2-y^2}}$ 的定义域.

**解** 自变量 $x,y$ 应满足不等式组

$$\begin{cases}y-x>0,\\ x\geqslant 0,\\ x^2+y^2<1,\end{cases}$$

其中 $y-x>0$ 表示不含直线 $y=x$(边界)在内的左上方的半平面 $D_1$;$x\geqslant 0$ 表示含 $y$ 轴(边界)在内的右半平面 $D_2$;而 $x^2+y^2<1$ 表示不含圆周 $x^2+y^2=1$(边界)在内的单位圆内部 $D_3$. 因此,由满足上述不等式组的自变量 $x,y$ 所确定的点集 $D$ 应是 $D_1,D_2$ 和 $D_3$ 的公共部分,即

$$D=D_1\cap D_2\cap D_3,$$

亦即该函数的定义域 $D=\{(x,y)\mid y>x\geqslant 0,x^2+y^2<1\}$ 是由直线 $y=x$,$y$ 轴及圆周 $x^2+y^2=1$ 所围成的包括部分边界 $x=0(0<y<1)$ 在内的有界区域,它既不是闭区域,也不是开区域(如图 10-4 所示).

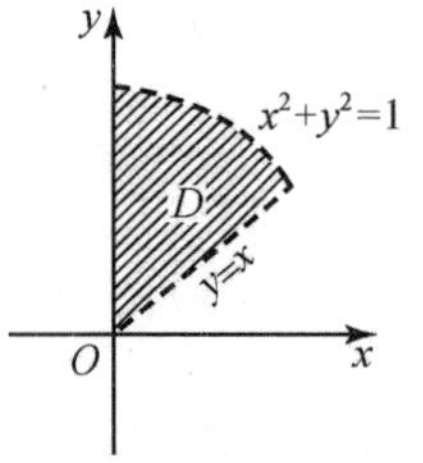


图 10-4

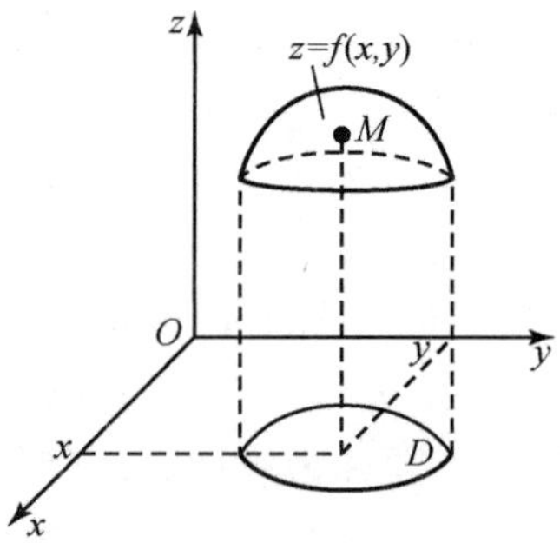


图 10-5

与一元函数一样,二元函数在几何上一般也有直观的表示. 设二元函数 $z=f(x,y)$ 的定义域为 $D$,对于任意取定的点 $P(x,y)\in D$,对应的函数值为 $z=f(x,y)$. 这样,以 $x$ 为横坐标,$y$ 为纵坐标,$z$ 为竖坐标,就可在空间中确定一点 $M(x,y,z)$,当 $(x,y)$ 取遍 $D$ 的一切点时,得到一个空间点集 $\{(x,y,z)\mid z=f(x,y),(x,y)\in D\}$. 这个点集称为函数 $z=f(x,y)$ 的**图形**(如图

10-5 所示). 一般说来,二元函数的图形是一个曲面.

例如,二元函数 $z=1-x-y$ 的图形是在三条坐标轴上的截距均为 1 的平面(如图 10-6(a) 所示);二元函数 $z=x^2+y^2$ 的图形是一个开口向上,顶点在原点 $O$ 的旋转抛物面(如图 10-6(b) 所示).

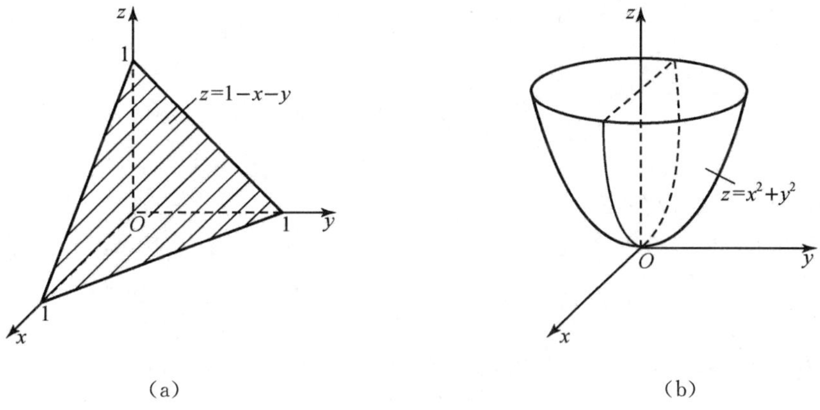


图　10-6

三元及三元以上的函数,已无直观的几何表示.

若把一元函数 $u=f(x)$ 中的自变量 $x$ 看作数轴上点 $P$ 的坐标,把二元函数 $u=f(x,y)$ 中的自变量 $x,y$ 看作平面上点 $P$ 的坐标,把三元函数 $u=f(x,y,z)$ 中的自变量 $x,y,z$ 看作空间中点 $P$ 的坐标,并用 $\Omega$ 统一表示数轴上的区间、平面区域或空间区域,那么变量 $u$ 可以统一看作区域 $\Omega$ 上的点 $P$ 的函数,称为**点函数**,记作 $u=f(P)$,其中 $P\in\Omega$.

上述点函数的概念还可以推广到 $n$ 元函数.

## 三、二元函数的极限与连续

**定义 2**　若二元函数 $f(x,y)$ 在点 $P_0(x_0,y_0)$ 的某个邻域内有定义(点 $P_0(x_0,y_0)$ 可以除外),当该邻域内任意一点 $P(x,y)$ 以任何方式无限趋近于点 $P_0(x_0,y_0)$ 时,对应的函数值 $f(x,y)$ 无限趋近于一个常数 $A$,则称常数 $A$ 为**函数 $f(x,y)$ 当 $x\to x_0,y\to y_0$ 时的极限**,记作

$$\lim_{\substack{x\to x_0\\ y\to y_0}} f(x,y)=A \quad 或 \quad f(x,y)\to A\ (x\to x_0,y\to y_0),$$

也记作

$$\lim_{P\to P_0} f(P)=A \quad 或 \quad f(x,y)\to A\ (P\to P_0).$$

正像一元函数的极限一样,二元函数的极限也有类似的四则运算法则和极限性质. 这里就不一一列举了,可以直接应用.

**例 5** 设二元函数 $f(x,y)=(x^2+y^2)\sin\dfrac{1}{xy}$ $(x\neq 0,y\neq 0)$，求 $\lim\limits_{\substack{x\to 0\\ y\to 0}} f(x,y)$.

**解** 因为当 $x\to 0,y\to 0$ 时，$x^2+y^2$ 为无穷小，且 $\sin\dfrac{1}{xy}$ 有界，所以

$$\lim_{\substack{x\to 0\\ y\to 0}} f(x,y)=0.$$

**例 6** 考查二元函数

$$f(x,y)=\begin{cases}\dfrac{xy}{x^2+y^2}, & (x,y)\neq(0,\,0),\\ 0, & (x,y)=(0,\,0)\end{cases}$$

当 $x\to 0,y\to 0$ 时的极限是否存在.

**解** 我们让点 $P(x,y)$ 沿着直线 $y=kx$（$k$ 为任意常数）趋近于原点 $(0,0)$，于是有

$$\lim_{\substack{x\to 0\\ y\to 0}} f(x,y)=\lim_{x\to 0} f(x,kx)=\lim_{x\to 0}\frac{x\cdot kx}{x^2+k^2x^2}=\frac{k}{1+k^2}.$$

显然，其值随斜率 $k$ 改变而改变. 所以，由定义知 $\lim\limits_{\substack{x\to 0\\ y\to 0}} f(x,y)$ 不存在.

在此例中，若让点 $P(x,y)$ 沿着 $x$ 轴 $(y=0)$ 趋近于原点 $(0,0)$，则有

$$\lim_{\substack{x\to 0\\ y\to 0}} f(x,y)=\lim_{x\to 0} f(x,0)=\lim_{x\to 0}\frac{x\cdot 0}{x^2+0}=0.$$

若让点 $P(x,y)$ 沿着 $y$ 轴 $(x=0)$ 趋近于原点 $(0,0)$，则有

$$\lim_{\substack{x\to 0\\ y\to 0}} f(x,y)=\lim_{y\to 0} f(0,y)=\lim_{y\to 0}\frac{0\cdot y}{0^2+y^2}=0.$$

也就是说，点 $P(x,y)$ 沿这两个特殊方向（$x$ 轴方向和 $y$ 轴方向）趋近于原点 $(0,0)$ 时，$f(x,y)$ 的极限都存在且相等，但这个函数当 $x\to 0,y\to 0$ 时的极限并不存在. 这一事实说明，在讨论多元函数的极限问题时，绝不能以 $P\to P_0$ 的特殊方式推出一般的结论，望读者注意.

下面利用二元函数的极限概念来讨论二元函数的连续性问题.

**定义 3** 若二元函数 $z=f(x,y)$ 在点 $P_0(x_0,y_0)$ 的某个邻域内有定义，而且

$$\lim_{\substack{x\to x_0\\ y\to y_0}} f(x,y)=f(x_0,y_0),$$

则称函数 $f(x,y)$ 在点 $P_0(x_0,y_0)$ 处**连续**.

若记 $x=x_0+\Delta x,y=y_0+\Delta y$，则称

$$f(x,y)-f(x_0,y_0)=f(x_0+\Delta x,y_0+\Delta y)-f(x_0,y_0)$$

为函数 $z=f(x,y)$ 在点 $P_0(x_0,y_0)$ 处的**全增量**，记作 $\Delta z$. 于是，定义 3 中的式子可表示为

$$\lim_{\substack{\Delta x\to 0\\ \Delta y\to 0}}[f(x_0+\Delta x,y_0+\Delta y)-f(x_0,y_0)]=0,$$

即

$$\lim_{\substack{\Delta x\to 0\\ \Delta y\to 0}}\Delta z=0.$$

上式表明，若函数 $f(x,y)$ 在点 $(x_0,y_0)$ 处连续，则当自变量 $x,y$ 有微小变化时，所引起的因变量 $z$ 的变化也很微小，且当 $\Delta x\to 0,\Delta y\to 0$ 时，有 $\Delta z\to 0$.

与一元函数的情形类似，若函数 $f(x,y)$ 在点 $P_0(x_0,y_0)$ 处连续，那么函数 $f(x,y)$ 必须同时满足下列三条：

(1) $f(x,y)$ 在点 $P_0$ 处有定义；

(2) $f(x,y)$ 在点 $P_0$ 处的极限存在；

(3) $\lim\limits_{\substack{x\to x_0\\ y\to y_0}} f(x,y)=f(x_0,y_0)$.

若上述三条之一不满足，即若函数 $f(x,y)$ 在点 $P_0(x_0,y_0)$ 处无定义，或 $\lim\limits_{\substack{x\to x_0\\ y\to y_0}} f(x,y)$ 不存在，或 $\lim\limits_{\substack{x\to x_0\\ y\to y_0}} f(x,y)$ 虽存在，但 $\lim\limits_{\substack{x\to x_0\\ y\to y_0}} f(x,y)\neq f(x_0,y_0)$，那么函数 $f(x,y)$ 在点 $P_0(x_0,y_0)$ 处不连续，此时称函数 $f(x,y)$ 在点 $P_0(x_0,y_0)$ 处**间断**，并称点 $P_0(x_0,y_0)$ 为该函数的一个**间断点**.

例如，对于函数

$$f(x,y)=\begin{cases}\dfrac{xy}{x^2+y^2}, & (x,y)\neq(0,0),\\ 0, & (x,y)=(0,0),\end{cases}$$

因为 $\lim\limits_{\substack{x\to x_0\\ y\to y_0}} f(x,y)$ 不存在，所以原点 $(0,0)$ 是它的一个间断点.

又如，函数 $z=\dfrac{1}{4-x^2-y^2}$ 在整个圆周 $x^2+y^2=4$ 上无定义，因而它的间断点构成一条曲线.

若函数 $f(x,y)$ 在区域 $D$ 内的每一点处都连续，则称 $f(x,y)$ 是**区域 $D$ 内的连续函数**，或称**函数 $f(x,y)$ 在 $D$ 内连续**(在区域边界上的连续性定义可参考一元函数在区间端点的连续性得到).

设函数 $z=f(x,y)$ 在区域 $D$ 内连续，由连续的定义和二元函数的几何意义易知，这时函数 $z=f(x,y)$ 的图形在区域 $D$ 上应是一个连绵无隙的曲面. 例如，$z=\sqrt{x^2+y^2}$ 的图形在其定义域 $D=\{(x,y)\mid x^2+y^2\geqslant 0\}$ (即 $Oxy$ 面)上是一个以原点为顶点，半顶角为 $\alpha=\pi/4$，开口向上的连绵无隙的圆锥面(如图 10-7 所示).

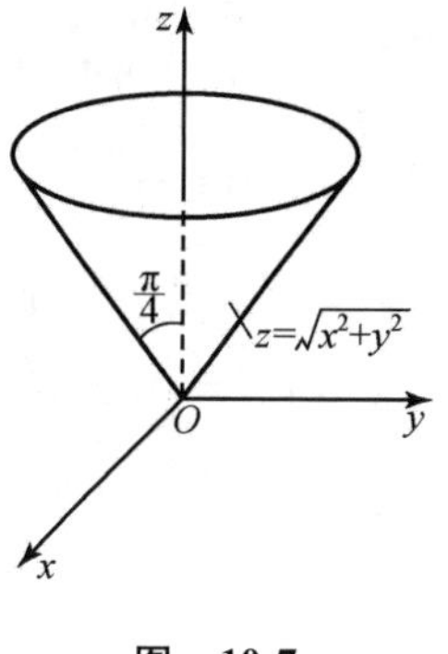


图　10-7

关于一元函数的无穷小定理、连续函数的运算法则和闭区域上连续的性质等，可以推广到多元函数，这里不再赘述. 我们只给出几条今后常用的结论.

**最值定理**　有界闭区域 $D$ 上的连续函数 $f(P)$，必在区域 $D$ 上取得它的最大值和最小值，即必存在点 $P_1,P_2\in D$，使得对于任意 $P\in D$，都有

$$f(P_1)\leqslant f(P)\leqslant f(P_2).$$

**介值定理** 有界闭区域 $D$ 上的连续函数 $f(P)$,必在区域 $D$ 上取得介于其最大值 $M$ 与最小值 $m$ 之间的任何值,即对于满足不等式 $m<\mu<M$ 的一切实数 $\mu$,总存在点 $Q\in D$,使得

$$f(Q)=\mu.$$

**多元初等函数**是指由两个及两个以上自变量(如 $x,y$ 等)各自的基本初等函数与常数经过有限次四则运算和复合运算所构成的可以由一个式子表示的函数.例如,$\dfrac{x^3+x^2-y^2}{1+x^2}$, $\sin(x+y)$, $e^{x+y}$, $\dfrac{1}{x^2+y^2-z^2}$等都是多元初等函数.

多元初等函数在其定义区域(指包含在定义域内的区域)内都是连续函数.

### 习 题 10-1

1.求下列函数的定义域:

(1) $z=\ln(y^2-2x+1)$;  (2) $z=\arcsin\dfrac{y}{x}$;

(3) $z=\sqrt{\ln xy}$;  (4) $z=\dfrac{1}{\sqrt{x+y}}+\dfrac{1}{\sqrt{x-y}}$.

2. 设函数

$$f(x,y)=\begin{cases}\dfrac{xy}{\sqrt{x^2+y^2}}, & x^2+y^2\neq 0,\\ 0, & x^2+y^2=0,\end{cases}$$

求 $f(0,0)$ 及 $f(\Delta x,\Delta y)$,这里 $(\Delta x)^2+(\Delta y)^2\neq 0$.

3. 作出下列函数的图形,并求出它们在 $Oxy$ 面上的投影区域($z\geqslant 0$):

(1) $z=1-\sqrt{x^2+y^2}$;  (2) $z=4-x^2-y^2$.

4. 求下列极限:

(1) $\lim\limits_{\substack{x\to 0\\ y\to 0}}\dfrac{\sin xy}{x}$;  (2) $\lim\limits_{\substack{x\to 0\\ y\to 0}}\dfrac{xy}{\sqrt{xy+1}-1}$;  (3) $\lim\limits_{\substack{x\to 0\\ y\to 1}}\dfrac{1-xy}{x^2+y^2}$.

5. 指出下列函数在何处间断:

(1) $z=\ln\sqrt{x^2+y^2}$;  (2) $z=\cos\dfrac{1}{xy}$;  (3) $z=\dfrac{y^2+2x}{y^2-2x}$.

## 第二节 偏 导 数

多元函数的自变量尽管有多个,但有时只需考虑多元函数对某个自变量的变化率.这时其余自变量可认为是不变的,即可视该函数为一元函数.利用一元函数的导数概念,得到的多元函数对某个自变量的变化率就是多元函数的偏导数.

## 一、偏导数的概念

**定义 1** 设二元函数 $z=f(x,y)$ 在点 $P_0(x_0,y_0)$ 的某个邻域内有定义. 当 $y$ 固定在 $y_0$ 处而 $x$ 在 $x_0$ 处有增量 $\Delta x$ 时,相应地,函数的增量即 $z$ 对 $x$ 的**偏增量**为

$$\Delta_x z = f(x_0+\Delta x, y_0) - f(x_0, y_0).$$

若极限

$$\lim_{\Delta x\to 0}\frac{\Delta_x z}{\Delta x} = \lim_{\Delta x\to 0}\frac{f(x_0+\Delta x, y_0) - f(x_0, y_0)}{\Delta x}$$

存在,则称此极限值为函数 $z=f(x,y)$ 在点 $P_0(x_0,y_0)$ 处**对 $x$ 的偏导数**,记作

$$\left.\frac{\partial z}{\partial x}\right|_{\substack{x=x_0\\y=y_0}},\quad \left.\frac{\partial f}{\partial x}\right|_{\substack{x=x_0\\y=y_0}},\quad z'_x\Big|_{\substack{x=x_0\\y=y_0}}\quad 或\quad f'_x(x_0,y_0).$$

类似地,函数 $z=f(x,y)$ 在点 $P_0(x_0,y_0)$ 处**对 $y$ 的偏导数**定义为

$$\lim_{\Delta y\to 0}\frac{\Delta_y z}{\Delta y} = \lim_{\Delta y\to 0}\frac{f(x_0, y_0+\Delta y) - f(x_0, y_0)}{\Delta y}$$

($\Delta_y z=f(x_0,y_0+\Delta y)-f(x_0,y_0)$ 为 $z$ 对 $y$ 的偏增量),记作

$$\left.\frac{\partial z}{\partial y}\right|_{\substack{x=x_0\\y=y_0}},\quad \left.\frac{\partial f}{\partial y}\right|_{\substack{x=x_0\\y=y_0}},\quad z'_y\Big|_{\substack{x=x_0\\y=y_0}}\quad 或\quad f'_y(x_0,y_0).$$

若函数 $z=f(x,y)$ 在区域 $D$ 内每一点 $(x,y)$ 处对 $x$ 的偏导数都存在,则其偏导数成为 $x,y$ 的函数,把它称为函数 $z=f(x,y)$ **对 $x$ 的偏导函数**,记作

$$\frac{\partial z}{\partial x},\quad \frac{\partial f}{\partial x},\quad z'_x\quad 或\quad f'_x(x,y).$$

由定义知,函数 $z=f(x,y)$ 在点 $P_0(x_0,y_0)$ 处对 $x$ 的偏导数就是 $z$ 对 $x$ 的偏导函数在点 $P_0$ 处的函数值,即

$$f'_x(x_0,y_0) = f'_x(x,y)\Big|_{\substack{x=x_0\\y=y_0}}.$$

类似地,可定义函数 $z=f(x,y)$ **对 $y$ 的偏导函数**,记作

$$\frac{\partial z}{\partial y},\quad \frac{\partial f}{\partial y},\quad z'_y\quad 或\quad f'_y(x,y),$$

且有

$$f'_y(x_0,y_0) = f'_y(x,y)\Big|_{\substack{x=x_0\\y=y_0}}.$$

在不至于引起混淆的场合下,将偏导函数简称为偏导数.

根据定义,要求二元函数对某个自变量的偏导数,就是将另一个自变量固定,而求一元函数的导数. 因此,求偏导数时,完全可以将一元函数的求导法则平移过来,而无须引进新的方法.

**例 1** 求函数 $z=2x^3-3xy^2+y^3+2$ 在点 $(1,2)$ 处的偏导数.

**解** 先求该函数的偏导数:

$$\frac{\partial z}{\partial x}=6x^2-3y^2,\quad \frac{\partial z}{\partial y}=-6xy+3y^2.$$

所以,所给函数在点(1,2)处的偏导数为

$$\left.\frac{\partial z}{\partial x}\right|_{\substack{x=1\\y=2}}=-6,\quad \left.\frac{\partial z}{\partial y}\right|_{\substack{x=1\\y=2}}=0.$$

**例 2** 设函数 $f(x,y)=x+(y-1)\arcsin\sqrt{\frac{x}{y}}$,求 $f'_x\left(\frac{1}{2},1\right)$.

**解** 由于

$$f'_x(x,y)=1+(y-1)\frac{1}{\sqrt{1-\frac{x}{y}}}\cdot\frac{1}{2\sqrt{xy}},$$

所以 $f'_x\left(\frac{1}{2},1\right)=1$.

**例 3** 求函数 $z=x^y$ 的偏导数.

**解** 先求$\frac{\partial z}{\partial x}$. 把 $y$ 看作常数,则 $z=x^y(x>0)$是 $x$ 的幂函数,此时$\frac{\partial z}{\partial x}=yx^{y-1}$.

再求$\frac{\partial z}{\partial y}$. 把 $x$ 看作常数,则 $z=x^y$ 是 $y$ 的指数函数,此时$\frac{\partial z}{\partial y}=x^y\ln x$.

**例 4** 求函数 $z=\sin\frac{x}{y}+xe^{-xy}$的偏导数.

**解** $\frac{\partial z}{\partial x}=\frac{1}{y}\cos\frac{x}{y}+e^{-xy}-xye^{-xy}$, $\frac{\partial z}{\partial y}=\frac{-x}{y^2}\cos\frac{x}{y}-x^2e^{-xy}$.

**例 5** 求函数

$$f(x,y)=\begin{cases}\frac{xy}{x^2+y^2}, & x^2+y^2\neq 0,\\ 0, & x^2+y^2=0\end{cases}$$

在点(0,0)处的偏导数.

**解** 函数 $f(x,y)$在点(0,0)的邻域内由两个式子表示,从而只能根据偏导数的定义求得 $f'_x(0,0)$和 $f'_y(0,0)$:

$$f'_x(0,0)=\lim_{\Delta x\to 0}\frac{f(0+\Delta x,0)-f(0,0)}{\Delta x}=\lim_{\Delta x\to 0}\frac{\frac{(0+\Delta x)\cdot 0}{(0+\Delta x)^2+0^2}}{\Delta x}=0,$$

$$f'_y(0,0)=\lim_{\Delta y\to 0}\frac{f(0,0+\Delta y)-f(0,0)}{\Delta y}=\lim_{\Delta y\to 0}\frac{\frac{0\cdot(0+\Delta y)}{(0+\Delta y)^2+0^2}}{\Delta y}=0.$$

可见,这个函数在点(0,0)处的两个偏导数均存在且都为零. 但由上一节知道,这个函数在点(0,0)处不连续(因为极限不存在). 这说明,二元函数在点 $P_0$ 处各偏导数都存在并不能保证

二元函数在该点处连续.这与一元函数“可导必连续”的性质是截然不同的.

## 二、偏导数的几何意义

与一元函数的导数一样,二元函数的偏导数也有明显的几何意义.

我们知道,二元函数 $z=f(x,y)$ 在空间直角坐标系中一般表示一个曲面.当 $y$ 固定于 $y_0$ 时,在几何上就是

$$\begin{cases} z=f(x,y), \\ y=y_0, \end{cases}$$

它为曲面 $z=f(x,y)$ 与平面 $y=y_0$ 的交线.这条曲线在 $x=x_0$ 处的切线对 $x$ 轴的斜率即为 $f'_x(x_0,y_0)$,亦即 $f'_x(x_0,y_0)=\tan\alpha$,其中 $\alpha$ 为该切线与 $x$ 轴正向的夹角(如图 10-8 所示).

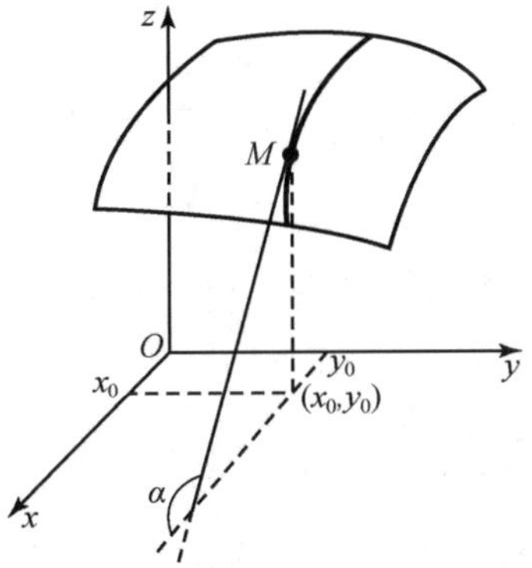


图　10-8

偏导数几何意义
动态演示

同样,$f'_y(x_0,y_0)$ 的几何意义是:曲面 $z=f(x,y)$ 被平面 $x=x_0$ 所截得的曲线在 $y=y_0$ 处的切线对 $y$ 轴的斜率.

## 三、高阶偏导数

设二元函数 $z=f(x,y)$ 在区域 $D$ 内具有偏导数

$$\frac{\partial z}{\partial x}=f'_x(x,y),\quad \frac{\partial z}{\partial y}=f'_y(x,y),$$

那么在 $D$ 内 $f'_x(x,y)$,$f'_y(x,y)$ 都是 $x,y$ 的二元函数.如果这两个函数的偏导数也存在,则称它们为函数 $z=f(x,y)$ 的**二阶偏导数**.按照对变量求偏导数次序的不同,有以下四个二阶偏导数:

$$\frac{\partial}{\partial x}\left(\frac{\partial z}{\partial x}\right)=\frac{\partial^2 z}{\partial x^2}=f''_{xx}(x,y),\qquad \frac{\partial}{\partial y}\left(\frac{\partial z}{\partial x}\right)=\frac{\partial^2 z}{\partial x\partial y}=f''_{xy}(x,y),$$

$$\frac{\partial}{\partial x}\left(\frac{\partial z}{\partial y}\right)=\frac{\partial^2 z}{\partial y\partial x}=f''_{yx}(x,y),\qquad \frac{\partial}{\partial y}\left(\frac{\partial z}{\partial y}\right)=\frac{\partial^2 z}{\partial y^2}=f''_{yy}(x,y),$$

其中第二、第三个偏导数称为**混合偏导数**.类似地可定义三阶偏导数、四阶偏导数……$n$ 阶偏导数.二阶及二阶以上的偏导数统称为**高阶偏导数**.相应地,有时把偏导数称为**一阶偏导数**.

高阶偏导数的计算只是重复一阶偏导数的运算.

**例 6** 求函数 $z=x^3y^2-3xy^3-xy+1$ 的二阶偏导数.

**解** 因为

$$\frac{\partial z}{\partial x}=3x^2y^2-3y^3-y,\quad \frac{\partial z}{\partial y}=2x^3y-9xy^2-x,$$

所以

$$\frac{\partial^2 z}{\partial x^2}=6xy^2,\quad \frac{\partial^2 z}{\partial x\partial y}=6x^2y-9y^2-1,$$

$$\frac{\partial^2 z}{\partial y\partial x}=6x^2y-9y^2-1,\quad \frac{\partial^2 z}{\partial y^2}=2x^3-18xy.$$

从这里看到,其中的两个二阶混合偏导数是相等的,即 $\frac{\partial^2 z}{\partial x\partial y}=\frac{\partial^2 z}{\partial y\partial x}$.这并不是偶然的,实际上有下面的定理成立.

**定理 1** 若函数 $z=f(x,y)$ 的两个二阶混合偏导数 $\frac{\partial^2 z}{\partial x\partial y}$ 与 $\frac{\partial^2 z}{\partial y\partial x}$ 在区域 $D$ 内连续,则在 $D$ 内它们必相等,即

$$\frac{\partial^2 z}{\partial x\partial y}=\frac{\partial^2 z}{\partial y\partial x}.$$

该定理的证明从略.它说明,如果二阶混合偏导数连续,那么它们与求导偏数的次序无关.

可以用类似的方法定义 $n$ 元函数 $u=f(x_1,x_2,\cdots,x_n)(n\geqslant 3)$ 的各阶偏导数,且在各混合偏导数连续的条件下,混合偏导数与求导偏数的次序无关.

**例 7** 求函数 $z=\ln(\mathrm{e}^x+\mathrm{e}^y)$ 的二阶偏导数.

**解** 因为

$$\frac{\partial z}{\partial x}=\frac{\mathrm{e}^x}{\mathrm{e}^x+\mathrm{e}^y},\quad \frac{\partial z}{\partial y}=\frac{\mathrm{e}^y}{\mathrm{e}^x+\mathrm{e}^y},$$

所以

$$\frac{\partial^2 z}{\partial x^2}=\frac{\mathrm{e}^x(\mathrm{e}^x+\mathrm{e}^y)-\mathrm{e}^x\cdot\mathrm{e}^x}{(\mathrm{e}^x+\mathrm{e}^y)^2}=\frac{\mathrm{e}^{x+y}}{(\mathrm{e}^x+\mathrm{e}^y)^2},$$

$$\frac{\partial^2 z}{\partial x\partial y}=\frac{-\mathrm{e}^x\cdot\mathrm{e}^y}{(\mathrm{e}^x+\mathrm{e}^y)^2}=-\frac{\mathrm{e}^{x+y}}{(\mathrm{e}^x+\mathrm{e}^y)^2}=\frac{\partial^2 z}{\partial y\partial x},$$

$$\frac{\partial^2 z}{\partial y^2}=\frac{\mathrm{e}^y(\mathrm{e}^x+\mathrm{e}^y)-\mathrm{e}^y\cdot\mathrm{e}^y}{(\mathrm{e}^x+\mathrm{e}^y)^2}=\frac{\mathrm{e}^{x+y}}{(\mathrm{e}^x+\mathrm{e}^y)^2}.$$

**例 8** 设函数 $u=\frac{1}{\sqrt{x^2+y^2+z^2}}$,试证:$u$ 满足**拉普拉斯**(Laplace)**方程**

$$\frac{\partial^2 u}{\partial x^2}+\frac{\partial^2 u}{\partial y^2}+\frac{\partial^2 u}{\partial z^2}=0.$$

**证**　由于

$$\frac{\partial u}{\partial x}=-\frac{x}{(x^2+y^2+z^2)^{3/2}},$$

$$\frac{\partial^2 u}{\partial x^2}=-\frac{1}{(x^2+y^2+z^2)^{3/2}}-x\cdot\frac{-\frac{3}{2}(x^2+y^2+z^2)^{1/2}\cdot 2x}{(x^2+y^2+z^2)^3}$$
$$=\frac{2x^2-y^2-z^2}{(x^2+y^2+z^2)^{5/2}},$$

而 $u$ 关于 $x,y,z$ 是两两对称的，所以由对称性可得

$$\frac{\partial^2 u}{\partial y^2}=\frac{2y^2-x^2-z^2}{(x^2+y^2+z^2)^{5/2}},\quad \frac{\partial^2 u}{\partial z^2}=\frac{2z^2-x^2-y^2}{(x^2+y^2+z^2)^{5/2}},$$

从而

$$\frac{\partial^2 u}{\partial x^2}+\frac{\partial^2 u}{\partial y^2}+\frac{\partial^2 u}{\partial z^2}=\frac{2x^2-y^2-z^2+2y^2-x^2-z^2+2z^2-x^2-y^2}{(x^2+y^2+z^2)^{5/2}}=0.$$

故 $u$ 满足方程

$$\frac{\partial^2 u}{\partial x^2}+\frac{\partial^2 u}{\partial y^2}+\frac{\partial^2 u}{\partial z^2}=0.$$

**证毕**

## 习　题　10-2

1. 求下列函数的偏导数：

(1) $f(x,y)=x^2y+y^2$，求 $f_x'(2,3)$，$f_y'(2,3)$；　　(2) $z=\ln\left(x+\dfrac{y}{2x}\right)$，求 $\left.\dfrac{\partial z}{\partial x}\right|_{\substack{x=1\\y=0}}$；

(3) $u=\sqrt{\sin^2 x+\sin^2 y+\sin^2 z}$，求 $\left.\dfrac{\partial u}{\partial z}\right|_{\substack{x=0\\y=0\\z=\pi/4}}$.

2. 求下列函数的偏导数：

(1) $z=x^3+y^3-3xy$；　(2) $z=\dfrac{x-y}{x+y}$；　(3) $f(x,y)=\sqrt{x^2-y^2}$；

(4) $z=(1+xy)^y$；　(5) $z=e^{\sin\frac{y}{x}}$；　(6) $z=\ln(x+\ln y)$；

(7) $u=(xy)^z$；　(8) $u=\arctan(x-y)^z$.

3. 设函数 $z=\ln(\sqrt{x}+\sqrt{y})$，证明：$x\dfrac{\partial z}{\partial x}+y\dfrac{\partial z}{\partial y}=\dfrac{1}{2}$.

4. 曲线 $\begin{cases} z=\dfrac{x^2+y^2}{4}, \\ y=4 \end{cases}$ 在点(2,4,5)处的切线与 $x$ 轴正向的夹角是多少？

5. 已知函数 $z=\ln(x+\sqrt{x^2+y^2})$,求 $\frac{\partial z}{\partial x}$ 和 $\frac{\partial^2 z}{\partial x\partial y}$.

6. 设函数 $z=x^2+y^2+\frac{1}{xy}$,求 $\frac{\partial z}{\partial x}$ 和 $\frac{\partial^2 z}{\partial x\partial y}$ 在点(1,1)处的值.

7. 设函数 $f(x,y,z)=xy^2+yz^2+zx^2$,求 $f''_{xx}(0,0,1)$,$f''_{xz}(1,0,2)$,$f''_{yz}(0,-1,0)$,$f'''_{zzx}(2,0,1)$.

8. 求出函数 $u=xy+yz+zx$ 的二阶偏导数.

## 第三节　全　微　分

### 一、全微分的概念与可微的条件

偏导数只给出了二元函数 $f(x,y)$ 沿 $x$ 轴和 $y$ 轴平行方向的变化率,这对二元函数的研究显然是不够的.实践中还需要进一步研究二元函数 $f(x,y)$ 当 $x,y$ 这两个变量同时变化时的变化情况,这就是全微分所要解决的问题.

例如,研究二元函数 $z=x^2y^2$ 当 $x,y$ 分别获得增量 $\Delta x,\Delta y$ 时的变化情况.此时,函数 $z$ 的全增量为

$$\begin{aligned}\Delta z&=(x+\Delta x)^2(y+\Delta y)^2-x^2y^2\\&=[x^2+2x\Delta x+(\Delta x)^2][y^2+2y\Delta y+(\Delta y)^2]-x^2y^2\\&=[2xy^2\Delta x+2x^2y\Delta y]+[x^2(\Delta y)^2+y^2(\Delta x)^2+4xy\Delta x\Delta y\\&\quad+2y(\Delta x)^2\Delta y+2x\Delta x(\Delta y)^2+(\Delta x)^2(\Delta y)^2],\end{aligned}$$

其中最后一个等号右端第一个中括号部分正好是 $\Delta x,\Delta y$ 的线性函数;而第二个中括号部分是 $\Delta x$ 与 $\Delta y$ 的二次以上的项,当 $\Delta x,\Delta y$ 很小时,它们会更小.这就是说,$2xy^2\Delta x+2x^2y\Delta y$ 是 $\Delta z$ 关于 $\Delta x,\Delta y$ 的线性主要部分.与一元函数的微分类似,我们把 $\Delta z$ 关于 $\Delta x,\Delta y$ 的线性主要部分称为该函数的全微分.

**定义 1**　设二元函数 $z=f(x,y)$ 在点 $P(x,y)$ 的某个邻域内有定义.若函数 $z$ 的全增量

$$\Delta z=f(x+\Delta x,y+\Delta y)-f(x,y)$$

可表示为

$$\Delta z=A\Delta x+B\Delta y+o(\rho),\tag{1}$$

其中 $A,B$ 与 $\Delta x,\Delta y$ 无关而仅依赖于 $x,y$,而 $o(\rho)$ 是当 $\rho=\sqrt{(\Delta x)^2+(\Delta y)^2}\to 0$ 时比 $\rho$ 高阶的无穷小,则称函数 $z=f(x,y)$ 在点 $P(x,y)$ 处**可微**,并称 $A\Delta x+B\Delta y$ 为函数 $z=f(x,y)$ 在点 $P(x,y)$ 处的**全微分**,记作 $\mathrm{d}z$,即

$$\mathrm{d}z=A\Delta x+B\Delta y.$$

我们在上一节中曾指出,二元函数在某点处的各偏导数即使都存在,也不能保证二元函数在该点处连续.但是,由全微分的定义容易得到如下结论:可微必连续.具体来说就是:

**定理 1**　若函数 $z=f(x,y)$ 在点 $P(x,y)$ 处可微，则该函数在该点 $P(x,y)$ 处必连续.

**证**　若 $z=f(x,y)$ 在点 $P(x,y)$ 处可微，则由(1)式可得

$$\lim_{\rho\to 0}\Delta z=0,$$

从而

$$\lim_{\substack{\Delta x\to 0\\ \Delta y\to 0}}f(x+\Delta x,y+\Delta y)=\lim_{\rho\to 0}[f(x,y)+\Delta z]=f(x,y),$$

即 $z=f(x,y)$ 在点 $P(x,y)$ 处连续.　**证毕**

下面讨论函数 $z=f(x,y)$ 在点 $P(x,y)$ 处可微的条件.

**定理 2(可微的必要条件)**　若函数 $z=f(x,y)$ 在点 $P(x,y)$ 处可微，则该函数在点 $P(x,y)$ 处的偏导数 $\dfrac{\partial z}{\partial x},\dfrac{\partial z}{\partial y}$ 必存在，且 $z=f(x,y)$ 在点 $P(x,y)$ 处的全微分为

$$\mathrm{d}z=\frac{\partial z}{\partial x}\Delta x+\frac{\partial z}{\partial y}\Delta y. \tag{2}$$

**证**　设 $z=f(x,y)$ 在点 $P(x,y)$ 处可微. 由定义知，对于点 $P$ 的某个邻域内的任意异于 $P$ 的点 $P'(x+\Delta x,y+\Delta y)$，(1)式总成立. 特别地，当 $\Delta y=0$ 时，(1)式也成立. 此时 $\rho=|\Delta x|$，且 $\Delta x\neq 0$，所以(1)式成为

$$f(x+\Delta x,y)-f(x,y)=A\Delta x+o(|\Delta x|).$$

上式两边各除以 $\Delta x$，再令 $\Delta x\to 0$，取极限，便得

$$\lim_{\Delta x\to 0}\frac{f(x+\Delta x,y)-f(x,y)}{\Delta x}=A,$$

从而偏导数 $\dfrac{\partial z}{\partial x}$ 存在且等于 $A$. 同样可证 $\dfrac{\partial z}{\partial y}$ 也存在且等于 $B$. 所以(2)式成立.　**证毕**

值得注意的是，在一元函数中，函数在某点处可导与可微等价，但对于多元函数就不等价了. 我们可找到这样的二元函数 $z=f(x,y)$，它在点 $P_0(x_0,y_0)$ 处的偏导数 $z'_x\Big|_{\substack{x=x_0\\y=y_0}}$，$z'_y\Big|_{\substack{x=x_0\\y=y_0}}$ 均存在，而该函数在点 $P_0$ 处的全微分不存在. 但如果函数的偏导数连续，则可推出函数是可微的.

**定理 3(可微的充分条件)**　如果函数 $z=f(x,y)$ 的两个偏导数 $\dfrac{\partial z}{\partial x}$ 和 $\dfrac{\partial z}{\partial y}$ 在点 $P(x,y)$ 处连续，那么 $z=f(x,y)$ 在点 $P(x,y)$ 处可微.

***证**　设点 $(x+\Delta x,y+\Delta y)$ 为函数 $f(x,y)$ 的定义域内任意一点，考查函数 $f(x,y)$ 的全增量

$$\begin{aligned}\Delta z&=f(x+\Delta x,y+\Delta y)-f(x,y)\\&=[f(x+\Delta x,y+\Delta y)-f(x,y+\Delta y)]+[f(x,y+\Delta y)-f(x,y)].\end{aligned} \tag{3}$$

对于(3)式右端第一个中括号内的表达式，因 $y+\Delta y$ 不变，故可看作 $x$ 的一元函数 $f(x,y+\Delta y)$ 的增量. 于是，应用拉格朗日中值定理，得

$$f(x+\Delta x,y+\Delta y)-f(x,y+\Delta y)=f'_x(x+\theta_1\Delta x,y+\Delta y)\Delta x\quad(0<\theta_1<1).$$

又依假设，$f'_x(x,y)$ 在点 $(x,y)$ 处连续，所以上式可写为

$$f(x+\Delta x,y+\Delta y)-f(x,y+\Delta y)=[f_x'(x,y)+\varepsilon_1]\Delta x=f_x'(x,y)\Delta x+\varepsilon_1\Delta x, \quad (4)$$

其中 $\varepsilon_1$ 是 $\Delta x,\Delta y$ 的函数,且当 $\Delta x\to0,\Delta y\to0$ 时,$\varepsilon_1\to0$.

同理,可证(3)式右端第二个中括号内的表达式可写为

$$f(x,y+\Delta y)-f(x,y)=f_y'(x,y)\Delta y+\varepsilon_2\Delta y, \quad (5)$$

其中 $\varepsilon_2$ 是 $\Delta y$ 的函数,且当 $\Delta y\to0$ 时,$\varepsilon_2\to0$.

由(4),(5)两式,全增量 $\Delta z$ 可表示为

$$\Delta z=f_x'(x,y)\Delta x+f_y'(x,y)\Delta y+\varepsilon_1\Delta x+\varepsilon_2\Delta y.$$

又
$$\left|\frac{\varepsilon_1\Delta x+\varepsilon_2\Delta y}{\rho}\right|\leqslant|\varepsilon_1|+|\varepsilon_2|.$$

显然,当 $\Delta x\to0,\Delta y\to0$ 时,上式右端趋近于零.所以,函数 $z=f(x,y)$ 在点 $P(x,y)$ 处可微.

**证毕**

以上关于二元函数全微分的定义及可微的必要条件、充分条件,可以完全类似地推广到三元及三元以上的函数.

由定理 1～3 和第二节中的例 5 可知,多元函数的连续、可导(即偏导数存在)、可微和连续可导(即偏导数连续)之间的关系如图 10-9 所示.

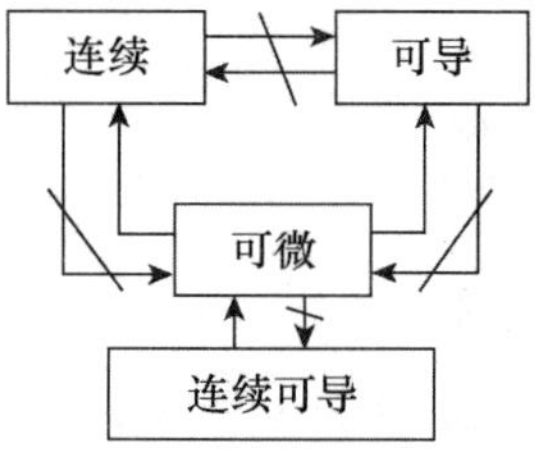


图 10-9

与一元函数的微分一样,习惯上,我们把自变量的增量 $\Delta x,\Delta y$ 分别记作 $\mathrm{d}x,\mathrm{d}y$,并分别称为自变量 $x,y$ 的微分.这样,函数二元 $z=f(x,y)$ 的全微分可写为

$$\mathrm{d}z=\frac{\partial z}{\partial x}\mathrm{d}x+\frac{\partial z}{\partial y}\mathrm{d}y.$$

很自然地,若三元函数 $u=f(x,y,z)$ 是可微的,那么它的全微分就可写为

$$\mathrm{d}u=\frac{\partial u}{\partial x}\mathrm{d}x+\frac{\partial u}{\partial y}\mathrm{d}y+\frac{\partial u}{\partial z}\mathrm{d}z.$$

**例 1** 求函数 $z=y^2\cos x$ 的全微分.

**解** 因为

$$\frac{\partial z}{\partial x}=-y^2\sin x,\quad \frac{\partial z}{\partial y}=2y\cos x,$$

所以
$$\mathrm{d}z=-y^2\sin x\mathrm{d}x+2y\cos x\mathrm{d}y.$$

全微分形式不变性

**例 2** 求函数 $z=x^2y+x\mathrm{e}^{xy}$ 在点(1,2)处的全微分.

**解** 因为

$$\left.\frac{\partial z}{\partial x}\right|_{\substack{x=1\\y=2}}=(2xy+\mathrm{e}^{xy}+xy\mathrm{e}^{xy})\Big|_{\substack{x=1\\y=2}}=4+\mathrm{e}^2+2\mathrm{e}^2=4+3\mathrm{e}^2,$$

$$\left.\frac{\partial z}{\partial y}\right|_{\substack{x=1\\y=2}}=(x^2+x^2\mathrm{e}^{xy})\Big|_{\substack{x=1\\y=2}}=1+\mathrm{e}^2,$$

所以

$$dz = (4+3e^2)dx + (1+e^2)dy.$$

**例 3**　求函数 $u=\ln xy+\sin\frac{y}{2}+e^{yz}$ 的全微分.

**解**　因为

$$\frac{\partial u}{\partial x} = \frac{1}{xy}\cdot y = \frac{1}{x},$$

$$\frac{\partial u}{\partial y} = \frac{1}{xy}\cdot x + \cos\frac{y}{2}\cdot\frac{1}{2} + e^{yz}\cdot z = \frac{1}{y} + \frac{1}{2}\cos\frac{y}{2} + ze^{yz},$$

$$\frac{\partial u}{\partial z} = e^{yz}\cdot y = ye^{yz},$$

所以

$$du=\frac{1}{x}dx+\left(\frac{1}{y}+\frac{1}{2}\cos\frac{y}{2}+ze^{yz}\right)dy+ye^{yz}dz.$$

## 二、全微分的应用

设 $z=f(x,y)$ 为可微函数,则它在其定义域内点 $P_0(x_0,y_0)$ 处的全增量和全微分分别为

$$\Delta z = f(x_0+\Delta x, y_0+\Delta y) - f(x_0,y_0),$$

$$dz\Big|_{\substack{x=x_0\\y=y_0}} = f'_x(x_0,y_0)\Delta x + f'_y(x_0,y_0)\Delta y.$$

于是,当 $\Delta x,\Delta y$ 很小时,有

$$\Delta z \approx dz\Big|_{\substack{x=x_0\\y=y_0}}$$

或

$$f(x_0+\Delta x,y_0+\Delta y)\approx f(x_0,y_0)+f'_x(x_0,y_0)\Delta x+f'_y(x_0,y_0)\Delta y. \tag{6}$$

上式表明,若函数 $z=f(x,y)$ 在点 $P_0(x_0,y_0)$ 处可微,则函数在点 $P_0$ 附近的值可用点 $P_0$ 处的函数值与该点处的全微分之和来近似表示.这就是全微分在近似计算中的应用,见以下两例.

**例 4**　设有一圆柱形铁罐,其内半径为 5 cm,内高为 12 cm,壁厚均为 0.2 cm,试问:制作这个铁罐所需材料的体积大约为多少(包括上、下底)?

**解**　因圆柱体体积为 $V=\pi r^2h$,故制作这个铁罐所需材料的体积是

$$\Delta V = \pi(r+\Delta r)^2(h+\Delta h) - \pi r^2 h,$$

其中 $r=5$ cm,$\Delta r=0.2$ cm,$h=12$ cm,$\Delta h=2\times0.2$ cm$=0.4$ cm.因为 $\Delta r=0.2$ cm,$\Delta h=0.4$ cm 都比较小,所以可用全微分近似代替全增量,即

$$\Delta V \approx dV = \frac{\partial V}{\partial r}dr + \frac{\partial V}{\partial h}dh = 2\pi rh\,dr + \pi r^2\,dh = \pi r(2h\Delta r + r\Delta h).$$

故

$$\Delta V\Big|_{\substack{r=5,h=12\\\Delta r=0.2,\Delta h=0.4}} \approx 5\pi(24\times0.2+5\times0.4) = 34\pi \approx 106.8\ (\text{单位: cm}^3),$$

即所需材料的体积大约为 106.8 $cm^3$.

**例 5**　利用全微分近似计算 $0.98^{2.03}$.

**解** 设函数 $z=f(x,y)=x^y$,则要计算的数值就是该函数在 $x+\Delta x=0.98, y+\Delta y=2.03$ 时的函数值 $f(0.98,2.03)$.

取 $x=1, y=2, \Delta x=-0.02, \Delta y=0.03$,则由公式(6)得

$$f(0.98,2.03)\approx f(1,2)+f_x'(1,2)\times(-0.02)+f_x'(1,2)\times 0.03.$$

因为 $f(1,2)=1, f_x'(x,y)=yx^{y-1}, f_x'(1,2)=2, f_y'(x,y)=x^y\ln x, f_y'(1,2)=0$,所以

$$0.98^{2.03}\approx 1+2\times(-0.02)+0\times 0.03=0.96.$$

### 习 题 10-3

1. 求下列函数的全微分:

(1) $z=x^2y^3$;　(2) $z=\dfrac{x^2-y^2}{x^2+y^2}$;　(3) $z=\sin^2 x+\cos^2 y$;

(4) $f(x,y)=\ln\left(1+\dfrac{x}{y}\right)$;　(5) $u=\sqrt{x^2+y^2+z^2}$;　(6) $u=\arctan\dfrac{xy}{z^2}$.

2. 求函数 $z=\ln\sqrt{1+x^2+y^2}$ 在点(1,1)处的全微分.

3. 求函数 $z=\dfrac{y}{x}$ 当 $x=2, y=1, \Delta x=0.1, \Delta y=0.2$ 时的全微分和全增量.

4. 计算 $1.03^{1.98}$ 的近似值.

5. 计算 $\sin 29°\cdot\tan 46°$ 的近似值.

6. 设有一两头封闭的圆柱形金属桶,它的底半径为 5 cm,高为 18 cm. 如果把该桶的表面涂上一层厚度为 0.01 cm 的涂料,问:约需多少涂料?

## 第四节　多元复合函数求导法则

### 一、多元复合函数求导法则

在一元函数微分学中,我们知道复合函数求导法则很重要. 同样,在多元函数微分学中,复合函数求导法则也起着重要的作用. 由于多元复合函数比一元复合函数要复杂得多,所以我们分一个自变量与多个中间变量、多个自变量与多个中间变量两种情形分别讨论.

**1. 一个自变量与多个中间变量的情形**

设 $z=f(u,v)$ 是 $u,v$ 的函数,而 $u=\varphi(x), v=\psi(x)$ 又是 $x$ 的函数,于是

$$z=f[\varphi(x),\psi(x)]$$

是 $x$ 的复合函数. 这个复合函数的求导法则遵从下述定理:

**定理 1** 设函数 $u=\varphi(x), v=\psi(x)$ 在点 $x$ 处可导,在对应点 $(u,v)$ 处,函数 $z=f(u,v)$ 关于 $u,v$ 具有连续偏导数,则复合函数 $z=f[\varphi(x),\psi(x)]$ 在点 $x$ 处也可导,且

$$\frac{\mathrm{d}z}{\mathrm{d}x}=\frac{\partial f}{\partial u}\cdot\frac{\mathrm{d}u}{\mathrm{d}x}+\frac{\partial f}{\partial v}\cdot\frac{\mathrm{d}v}{\mathrm{d}x}. \tag{1}$$

*$^{*}$***证**　给 $x$ 以增量 $\Delta x$，则 $u=\varphi(x)$，$v=\psi(x)$ 相应的增量分别为 $\Delta u$，$\Delta v$，而函数 $z=f(u,v)$ 关于 $u$，$v$ 具有连续偏导数，所以由第三节中定理 3 的证明知

$$\Delta z=\frac{\partial f}{\partial u}\Delta u+\frac{\partial f}{\partial v}\Delta v+\varepsilon_1\Delta u+\varepsilon_2\Delta v,$$

其中当 $\Delta u\to0$，$\Delta v\to0$ 时，分别有 $\varepsilon_1\to0$，$\varepsilon_2\to0$. 将上式两边除以 $\Delta x$，得

$$\frac{\Delta z}{\Delta x}=\frac{\partial f}{\partial u}\cdot\frac{\Delta u}{\Delta x}+\frac{\partial f}{\partial v}\cdot\frac{\Delta v}{\Delta x}+\varepsilon_1\frac{\Delta u}{\Delta x}+\varepsilon_2\frac{\Delta v}{\Delta x}.$$

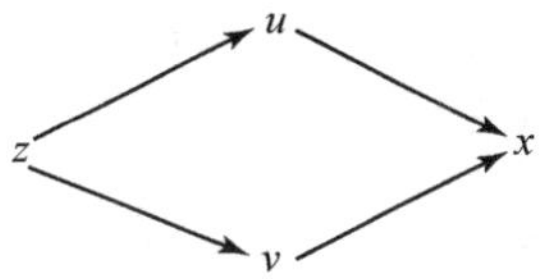


图　10-10

因为当 $\Delta x\to0$ 时，$\Delta u\to0$，$\Delta v\to0$，$\frac{\Delta u}{\Delta x}\to\frac{\mathrm{d}u}{\mathrm{d}x}$，$\frac{\Delta v}{\Delta x}\to\frac{\mathrm{d}v}{\mathrm{d}x}$，所以

$$\lim_{\Delta x\to0}\frac{\Delta z}{\Delta x}=\frac{\partial f}{\partial u}\cdot\frac{\mathrm{d}u}{\mathrm{d}x}+\frac{\partial f}{\partial v}\cdot\frac{\mathrm{d}v}{\mathrm{d}x},$$

即
$$\frac{\mathrm{d}z}{\mathrm{d}x}=\frac{\partial f}{\partial u}\cdot\frac{\mathrm{d}u}{\mathrm{d}x}+\frac{\partial f}{\partial v}\cdot\frac{\mathrm{d}v}{\mathrm{d}x}.$$
**证毕**

为了便于记忆，根据变量之间的关系，可把求导公式(1)的运算图解为图 10-10 所示的关系图，即求复合函数 $z=f[\varphi(x),\psi(x)]$ 对自变量 $x$ 的导数时，只要将 $z$ 对 $u$ 的偏导数乘以 $u$ 对 $x$ 的导数，加上 $z$ 对 $v$ 的偏导数乘以 $v$ 对 $x$ 的导数即可.

**例 1**　设 $z=u^2\mathrm{e}^{3v}$，而 $u=\sin x$，$v=x^2$，求 $\frac{\mathrm{d}z}{\mathrm{d}x}$.

**解**　由公式(1)得

$$\begin{aligned}\frac{\mathrm{d}z}{\mathrm{d}x}&=\frac{\partial z}{\partial u}\cdot\frac{\mathrm{d}u}{\mathrm{d}x}+\frac{\partial z}{\partial v}\cdot\frac{\mathrm{d}v}{\mathrm{d}x}=2u\mathrm{e}^{3v}\cos x+3u^2\mathrm{e}^{3v}\cdot2x\\&=2u\mathrm{e}^{3v}(\cos x+3ux)=2\mathrm{e}^{3x^2}\sin x(\cos x+3x\sin x).\end{aligned}$$

公式(1)中的 $\frac{\mathrm{d}z}{\mathrm{d}x}$ 称为**全导数**，公式(1)也称为**全导数公式**. 它可以推广到 $f$ 有多个中间变量的情形. 例如，若 $z=f(u,v,w)$，而 $u=\varphi(x)$，$v=\psi(x)$，$w=\omega(x)$，则有

$$\frac{\mathrm{d}z}{\mathrm{d}x}=\frac{\partial f}{\partial u}\cdot\frac{\mathrm{d}u}{\mathrm{d}x}+\frac{\partial f}{\partial v}\cdot\frac{\mathrm{d}v}{\mathrm{d}x}+\frac{\partial f}{\partial w}\cdot\frac{\mathrm{d}w}{\mathrm{d}x}. \tag{2}$$

**例 2**　设 $z=u^2-2v^3+w$，而 $u=t^2$，$v=\mathrm{e}^t$，$w=\cos t$，求 $\frac{\mathrm{d}z}{\mathrm{d}t}$.

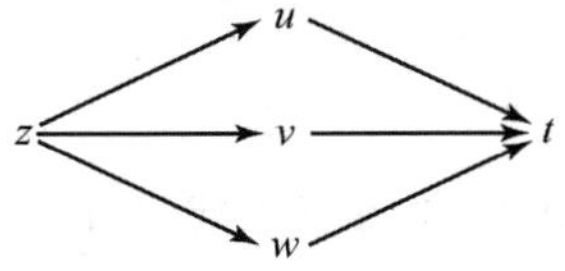


图　10-11

**解**　变量之间的关系图如图 10-11 所示. 由公式(2)得

$$\begin{aligned}\frac{\mathrm{d}z}{\mathrm{d}t}&=\frac{\partial z}{\partial u}\cdot\frac{\mathrm{d}u}{\mathrm{d}t}+\frac{\partial z}{\partial v}\cdot\frac{\mathrm{d}v}{\mathrm{d}t}+\frac{\partial z}{\partial w}\cdot\frac{\mathrm{d}w}{\mathrm{d}t}\\&=2u\cdot2t-6v^2\cdot\mathrm{e}^t+1\cdot(-\sin t)\\&=4t^3-6\mathrm{e}^{3t}-\sin t.\end{aligned}$$

公式(1)还有一些特殊情形. 例如,设 $z=f(x,y)$ 具有连续偏导数,而 $y=\varphi(x)$ 是可导的,则复合函数 $z=f[x,\varphi(x)]$ 可看作公式(1)中 $u=x,v=y=\varphi(x)$ 时的特殊情形. 因为 $\frac{\mathrm{d}u}{\mathrm{d}x}=1$,所以

$$\frac{\mathrm{d}z}{\mathrm{d}x}=\frac{\partial f}{\partial x}+\frac{\partial f}{\partial y}\cdot\frac{\mathrm{d}y}{\mathrm{d}x}. \tag{3}$$

再如,若 $z=f(u,v,t)$,而 $u=\varphi(t),v=\psi(t)$,则复合函数 $z=f[\varphi(t),\psi(t),t]$ 对 $t$ 的全导数为

$$\frac{\mathrm{d}z}{\mathrm{d}t}=\frac{\partial f}{\partial u}\cdot\frac{\mathrm{d}u}{\mathrm{d}t}+\frac{\partial f}{\partial v}\cdot\frac{\mathrm{d}v}{\mathrm{d}t}+\frac{\partial f}{\partial t}. \tag{4}$$

注意(3)式中 $\frac{\mathrm{d}z}{\mathrm{d}x}$ 与 $\frac{\partial f}{\partial x}$ 不同,$\frac{\partial f}{\partial x}$ 表示 $z=f(x,y)$ 把 $y$ 看作常数,仅对 $x$ 求偏导数. 同样,(4)式中 $\frac{\mathrm{d}z}{\mathrm{d}t}$ 与 $\frac{\partial f}{\partial t}$ 也不同.

**例 3** 设 $r=\sqrt{x^2+y^2}$,而 $y=\sqrt[3]{x}$,求 $\frac{\mathrm{d}r}{\mathrm{d}x}$.

**解** $\frac{\mathrm{d}r}{\mathrm{d}x}=\frac{\partial r}{\partial x}+\frac{\partial r}{\partial y}\cdot\frac{\mathrm{d}y}{\mathrm{d}x}=\frac{2x}{2\sqrt{x^2+y^2}}+\frac{2y}{2\sqrt{x^2+y^2}}\cdot\frac{1}{3\sqrt[3]{x^2}}=\frac{3x+x^{-1/3}}{3\sqrt{x^2+y^2}}$.

**例 4** 设 $z=uv+\sin t$,而 $u=\mathrm{e}^t,v=\cos t$,求全导数 $\frac{\mathrm{d}z}{\mathrm{d}t}$.

**解** 
$$\begin{aligned}\frac{\mathrm{d}z}{\mathrm{d}t}&=\frac{\partial z}{\partial u}\cdot\frac{\mathrm{d}u}{\mathrm{d}t}+\frac{\partial z}{\partial v}\cdot\frac{\mathrm{d}v}{\mathrm{d}t}+\frac{\partial z}{\partial t}=v\mathrm{e}^t-u\sin t+\cos t\\&=\mathrm{e}^t\cos t-\mathrm{e}^t\sin t+\cos t=\mathrm{e}^t(\cos t-\sin t)+\cos t.\end{aligned}$$

**2. 多个自变量与多个中间变量的情形**

我们先讨论两个自变量与两个中间变量的情形.

设 $z=f(u,v)$ 具有连续偏导数,而 $u=\varphi(x,y),v=\psi(x,y)$ 具有对 $x$ 与对 $y$ 的偏导数,则复合函数 $z=f[\varphi(x,y),\psi(x,y)]$ 是 $x,y$ 的二元函数,它的两个偏导数存在,并有下列计算公式:

$$\frac{\partial z}{\partial x}=\frac{\partial f}{\partial u}\cdot\frac{\partial u}{\partial x}+\frac{\partial f}{\partial v}\cdot\frac{\partial v}{\partial x}, \tag{5}$$

$$\frac{\partial z}{\partial y}=\frac{\partial f}{\partial u}\cdot\frac{\partial u}{\partial y}+\frac{\partial f}{\partial v}\cdot\frac{\partial v}{\partial y}. \tag{6}$$

事实上,这里求 $\frac{\partial z}{\partial x}$ 时,将 $y$ 看作常量,因此中间变量 $u,v$ 可看作一元函数而应用定理 1,但由于复合函数 $z=f[\varphi(x,y),\psi(x,y)]$ 和 $u=\varphi(x,y),v=\psi(x,y)$ 都是 $x,y$ 的二元函数,所以应把(1)式中的 d 改为 $\partial$,这样便得到(5)式. 同理,可得到(6)式.

类似地，设 $z=f(u,v,w)$ 具有连续偏导数，而 $u=\varphi(x,y)$，$v=\psi(x,y)$，$w=\omega(x,y)$ 具有对 $x$ 与对 $y$ 的偏导数，则复合函数 $z=f[\varphi(x,y),\psi(x,y),\omega(x,y)]$ 的两个偏导数也存在，且有下列计算公式：

$$\frac{\partial z}{\partial x}=\frac{\partial f}{\partial u}\cdot\frac{\partial u}{\partial x}+\frac{\partial f}{\partial v}\cdot\frac{\partial v}{\partial x}+\frac{\partial f}{\partial w}\cdot\frac{\partial w}{\partial x},\tag{7}$$

$$\frac{\partial z}{\partial y}=\frac{\partial f}{\partial u}\cdot\frac{\partial u}{\partial y}+\frac{\partial f}{\partial v}\cdot\frac{\partial v}{\partial y}+\frac{\partial f}{\partial w}\cdot\frac{\partial w}{\partial y}.\tag{8}$$

这就是两个自变量与三个中间变量的情形.

以上两种情形的求偏导运算可图解为图 10-12(a)，(b)所示的关系图.

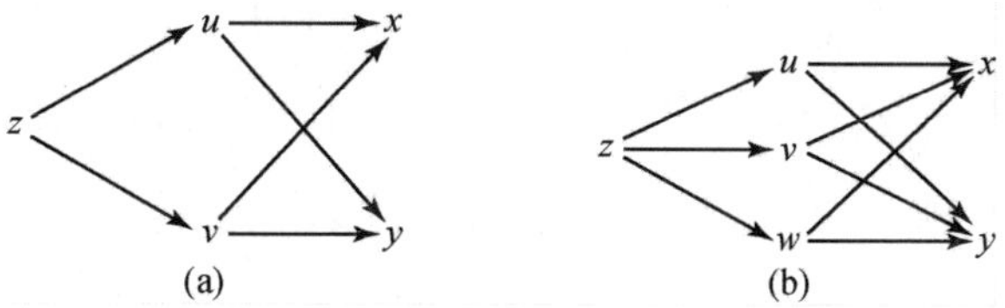


图　10-12

还有如下两种特殊情形：

(1) 设 $z=f(u,x,y)$，而 $u=\varphi(x,y)$，则复合函数 $z=f[\varphi(x,y),x,y]$ 对 $x$ 与对 $y$ 的偏导数分别为

$$\frac{\partial z}{\partial x}=\frac{\partial f}{\partial u}\cdot\frac{\partial u}{\partial x}+\frac{\partial f}{\partial x}\quad\left(因\ \frac{\partial x}{\partial x}=1,\frac{\partial y}{\partial x}=0\right),$$

$$\frac{\partial z}{\partial y}=\frac{\partial f}{\partial u}\cdot\frac{\partial u}{\partial y}+\frac{\partial f}{\partial y}\quad\left(因\ \frac{\partial x}{\partial y}=0,\frac{\partial y}{\partial y}=1\right).$$

这种求偏导运算可图解为图 10-13 所示的关系图.

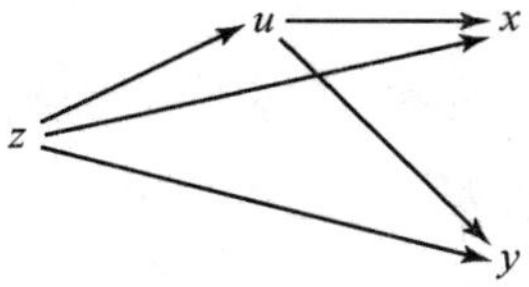


图　10-13

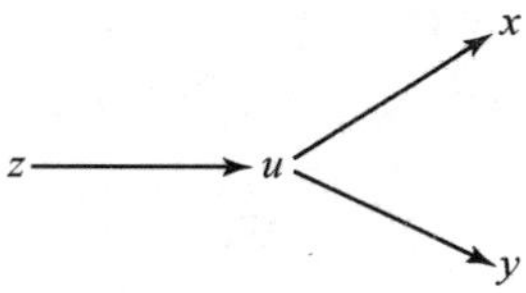


图　10-14

(2) 设 $z=f(u)$，$u=u(x,y)$，即中间变量只有一个，且两函数复合的结果 $z=f[u(x,y)]$ 是 $x,y$ 的二元函数，于是有

$$\frac{\partial z}{\partial x}=\frac{\mathrm{d}z}{\mathrm{d}u}\cdot\frac{\partial u}{\partial x}=f'(u)\,\frac{\partial u}{\partial x},\quad \frac{\partial z}{\partial y}=\frac{\mathrm{d}z}{\mathrm{d}u}\cdot\frac{\partial u}{\partial y}=f'(u)\,\frac{\partial u}{\partial y}.$$

这种函数求偏导运算可图解为图 10-14 所示的关系图.

**例 5** 求函数 $z=e^{xy}\sin(x+y)$ 的偏导数.

**解** 在这个函数中令 $z=e^u\sin v$,而 $u=xy, v=x+y$,则可按复合函数求偏导数的公式(5)和(6)来求它的偏导数:

$$\begin{aligned}\frac{\partial z}{\partial x}&=\frac{\partial z}{\partial u}\cdot\frac{\partial u}{\partial x}+\frac{\partial z}{\partial v}\cdot\frac{\partial v}{\partial x}=e^u\sin v\cdot y+e^u\cos v\cdot 1\\&=e^{xy}[y\sin(x+y)+\cos(x+y)],\\\frac{\partial z}{\partial y}&=\frac{\partial z}{\partial u}\cdot\frac{\partial u}{\partial y}+\frac{\partial z}{\partial v}\cdot\frac{\partial v}{\partial y}=e^u\sin v\cdot x+e^u\cos v\cdot 1\\&=e^{xy}[x\sin(x+y)+\cos(x+y)].\end{aligned}$$

**例 6** 设函数 $z=f[x+\varphi(y)]$,且 $f,\varphi$ 二次可微(即二阶可导),求 $\frac{\partial z}{\partial y},\frac{\partial^2 z}{\partial y^2}$.

**解** 设 $u=x+\varphi(y)$,则 $z=f[x+\varphi(y)]$ 由 $z=f(u)$ 与 $u=x+\varphi(y)$ 复合而成(如图 10-14 所示),所以

$$\frac{\partial z}{\partial y}=\frac{dz}{du}\cdot\frac{\partial u}{\partial y}=f'(u)\varphi'(y)=f'[x+\varphi(y)]\varphi'(y).$$

注意到 $f'(u)$ 仍是 $u$ 的可导函数,因而 $f'(u)$ 是 $x,y$ 的二元复合函数. 于是

$$\begin{aligned}\frac{\partial^2 z}{\partial y^2}&=\frac{\partial}{\partial y}\left(\frac{\partial z}{\partial y}\right)=\frac{\partial}{\partial y}f'(u)\cdot\varphi'(y)+f'(u)\frac{d}{dy}\varphi'(y)\\&=f''(u)\frac{\partial u}{\partial y}\varphi'(y)+f'(u)\varphi''(y)\\&=f''[x+\varphi(y)][\varphi'(y)]^2+f'[x+\varphi(y)]\varphi''(y).\end{aligned}$$

**例 7** 设 $w=f(x+y+z,xyz)$,$f$ 具有二阶连续偏导数,求 $\frac{\partial w}{\partial x}$ 及 $\frac{\partial^2 w}{\partial x\partial z}$.

**解** 令 $u=x+y+z, v=xyz$,则 $w=f(u,v)$

因所给函数由 $w=f(u,v)$ 及 $u=x+y+z, v=xyz$ 复合而成,根据复合函数求导法则有

$$\begin{aligned}\frac{\partial w}{\partial x}&=\frac{\partial f}{\partial u}\cdot\frac{\partial u}{\partial x}+\frac{\partial f}{\partial v}\cdot\frac{\partial v}{\partial x}=f'_u+yzf'_v,\\\frac{\partial^2 w}{\partial x\partial z}&=\frac{\partial}{\partial z}(f'_u+yzf'_v)=\frac{\partial f'_u}{\partial z}+yf'_v+yz\frac{\partial f'_v}{\partial z}.\end{aligned}$$

求 $\frac{\partial f'_u}{\partial z}$ 及 $\frac{\partial f'_v}{\partial z}$ 时,应注意 $f'_u(u,v)$ 及 $f'_v(u,v)$ 中 $u,v$ 是中间变量. 根据复合函数求导法则,有

$$\begin{aligned}\frac{\partial f'_u}{\partial z}&=\frac{\partial f'_u}{\partial u}\cdot\frac{\partial u}{\partial z}+\frac{\partial f'_u}{\partial v}\cdot\frac{\partial v}{\partial z}=f''_{uu}+xyf''_{uv},\\\frac{\partial f'_v}{\partial z}&=\frac{\partial f'_v}{\partial u}\cdot\frac{\partial u}{\partial z}+\frac{\partial f'_v}{\partial v}\cdot\frac{\partial v}{\partial z}=f''_{vu}+xyf''_{vv},\end{aligned}$$

于是

$$\frac{\partial^2 w}{\partial x \partial z} = f''_{uu} + xyf''_{uv} + yf'_v + yzf''_{vu} + xy^2zf''_{vv}$$

$$= f''_{uu} + y(x+z)f''_{uv} + xy^2zf''_{vv} + yf'_v.$$

有时，为表达简便起见，引入以下记号：

$$f'_1(u,v) = f'_u(u,v), \quad f'_2(u,v) = f'_v(u,v), \quad f''_{12}(u,v) = f''_{uv}(u,v),$$

这里下标 1 表示对第一个变量 $u$ 求偏导数，下标 2 表示对第二个变量 $v$ 求偏导数；同理有 $f''_{11}$，$f''_{22}$，$f''_{21}$ 等. 利用这种记号，例 7 的结果可表示为

$$\frac{\partial w}{\partial x} = f'_1 + yzf'_2, \quad \frac{\partial^2 w}{\partial x \partial z} = f''_{11} + y(x+z)f''_{12} + xy^2zf''_{22} + yf'_2.$$

## 二、隐函数求导法则

### 1. 一个方程的情形

在介绍一元函数的微分法时，我们已经给出了隐函数的概念，并且利用复合函数求导法则，解决了不经过显化直接由方程

$$F(x,y) = 0 \tag{9}$$

求其所确定的隐函数的导数问题. 但是，是否任何一个方程都可确定一个隐函数呢？所确定的隐函数的导数公式如何？下面我们不加证明地叙述两个关于隐函数存在的定理.

**定理 2** 假设函数 $F(x,y)$ 满足：

(1) 在点 $P_0(x_0,y_0)$ 的某个邻域内具有连续偏导数；

(2) $F(x_0,y_0)=0$；

(3) $F'_y(x_0,y_0)\neq 0$，

则方程(9)在点 $P_0(x_0,y_0)$ 的某个邻域内能唯一确定一个单值、连续且具有连续导数的函数 $y=f(x)$，它满足条件 $y_0=f(x_0)$，并有

$$\frac{\mathrm{d}y}{\mathrm{d}x} = -\frac{F'_x}{F'_y}. \tag{10}$$

公式(10)就是隐函数的导数公式. 下面我们推导该公式.

将方程(9)所确定的函数 $y=f(x)$ 代入(9)，得恒等式

$$F[x,f(x)] \equiv 0,$$

它的左边可看作 $x$ 的一个复合函数. 求这个函数的全导数，则由于恒等式两边求导数仍然恒等，即得

$$\frac{\partial F}{\partial x} + \frac{\partial F}{\partial y} \cdot \frac{\mathrm{d}y}{\mathrm{d}x} = 0.$$

因为 $F'_y$ 连续，且 $F'_y(x_0,y_0)\neq 0$，所以存在点 $P_0(x_0,y_0)$ 的一个邻域，在这个邻域内 $F'_y\neq 0$，于是

$$\frac{\mathrm{d}y}{\mathrm{d}x}=-\frac{F_x'}{F_y'}.$$

**例 8** 求由方程 $\frac{x^2}{a^2}+\frac{y^2}{b^2}=1$ 所确定的隐函数 $y=y(x)$ 的一阶、二阶导数.

**解** 设 $F(x,y)=\frac{x^2}{a^2}+\frac{y^2}{b^2}-1$，则 $F_x'=\frac{2x}{a^2}$，$F_y'=\frac{2y}{b^2}$. 所以

$$\frac{\mathrm{d}y}{\mathrm{d}x}=-\frac{F_x'}{F_y'}=-\frac{2x/a^2}{2y/b^2}=-\frac{b^2x}{a^2y}.$$

欲求二阶导数，只要在一阶导数的基础上继续对 $x$ 求导数即可，但要注意一阶导数中 $y$ 是 $x$ 的函数. 因此

$$\begin{aligned}\frac{\mathrm{d}^2y}{\mathrm{d}x^2}&=\frac{\mathrm{d}}{\mathrm{d}x}\left(-\frac{b^2x}{a^2y}\right)=-\frac{b^2}{a^2}\cdot\frac{\mathrm{d}}{\mathrm{d}x}\left(\frac{x}{y}\right)=-\frac{b^2}{a^2}\cdot\frac{y-xy'}{y^2}=-\frac{b^2}{a^2}\cdot\frac{y-x\left(-\frac{b^2x}{a^2y}\right)}{y^2}\\&=-\frac{b^2}{a^4}\cdot\frac{a^2y^2+b^2x^2}{y^3}=-\frac{b^2}{a^4}\cdot\frac{a^2b^2}{y^3}=-\frac{b^4}{a^2y^3}.\end{aligned}$$

隐函数存在定理可以推广到多元函数. 既然一个二元方程(9)可以确定一个一元隐函数，那么一个三元方程

$$F(x,y,z)=0 \tag{11}$$

就有可能确定一个二元隐函数. 于是，有下面的定理.

**定理 3** 设函数 $F(x,y,z)$ 满足：

(1) 在点 $P_0(x_0,y_0,z_0)$ 的某个邻域内有连续偏导数；

(2) $F(x_0,y_0,z_0)=0$；

(3) $F_z'(x_0,y_0,z_0)\neq 0$，

则方程(11)在点 $P_0(x_0,y_0,z_0)$ 的某个邻域内能唯一确定一个单值、连续且有连续偏导数的二元函数 $z=f(x,y)$，它满足条件 $z_0=f(x_0,y_0)$，并有

$$\frac{\partial z}{\partial x}=-\frac{F_x'}{F_z'},\quad \frac{\partial z}{\partial y}=-\frac{F_y'}{F_z'}. \tag{12}$$

**例 9** 设 $x^2+y^2+z^2-4z=0$，求 $\frac{\partial z}{\partial x}$，$\frac{\partial z}{\partial y}$ 及 $\frac{\partial^2 z}{\partial x^2}$.

**解** 设 $F(x,y,z)=x^2+y^2+z^2-4z$，则

$$F_x'=2x,\quad F_y'=2y,\quad F_z'=2z-4.$$

于是，由公式(12)得

$$\frac{\partial z}{\partial x}=-\frac{F_x'}{F_z'}=\frac{x}{2-z},\quad \frac{\partial z}{\partial y}=-\frac{F_y'}{F_z'}=\frac{y}{2-z},$$

$$\frac{\partial^2 z}{\partial x^2}=\frac{2-z+x\dfrac{\partial z}{\partial x}}{(2-z)^2}=\frac{2-z+x\left(\dfrac{x}{2-z}\right)}{(2-z)^2}=\frac{(2-z)^2+x^2}{(2-z)^3}.$$

**2. 方程组的情形**

隐函数的存在性还可做另一方面的推广. 例如，考虑如下方程组所确定的隐函数：

$$\begin{cases}F(x,y,u,v)=0,\\G(x,y,u,v)=0.\end{cases}\tag{13}$$

此时，在四个变量中，一般只有两个变量独立变化，所以方程组(13)就有可能确定两个二元函数. 我们不加证明地给出下面的隐函数存在定理.

**定理 4**　设函数 $F(x,y,u,v)$，$G(x,y,u,v)$ 在点 $P(x_0,y_0,u_0,v_0)$ 的某个邻域内具有连续偏导数，又 $F(x_0,y_0,u_0,v_0)=0$，$G(x_0,y_0,u_0,v_0)=0$，且偏导数所组成的函数行列式[称为**雅可比**(Jacobi)**行列式**]

$$J=\frac{\partial(F,G)}{\partial(u,v)}=\begin{vmatrix}F'_u & F'_v\\G'_u & G'_v\end{vmatrix}$$

在点 $P(x_0,y_0,u_0,v_0)$ 处不等于零，则方程组(13)在点 $P(x_0,y_0,u_0,v_0)$ 的某个邻域内能唯一确定一组单值、连续且具有连续偏导数的函数 $u=u(x,y)$，$v=v(x,y)$，它们满足条件 $u_0=u(x_0,y_0)$，$v_0=v(x_0,y_0)$，并有

$$\begin{aligned}&\frac{\partial u}{\partial x}=-\frac{1}{J}\cdot\frac{\partial(F,G)}{\partial(x,v)}=-\frac{\begin{vmatrix}F'_x & F'_v\\G'_x & G'_v\end{vmatrix}}{\begin{vmatrix}F'_u & F'_v\\G'_u & G'_v\end{vmatrix}},\quad \frac{\partial u}{\partial y}=-\frac{1}{J}\cdot\frac{\partial(F,G)}{\partial(y,v)}=-\frac{\begin{vmatrix}F'_y & F'_v\\G'_y & G'_v\end{vmatrix}}{\begin{vmatrix}F'_u & F'_v\\G'_u & G'_v\end{vmatrix}},\\&\frac{\partial v}{\partial x}=-\frac{1}{J}\cdot\frac{\partial(F,G)}{\partial(u,x)}=-\frac{\begin{vmatrix}F'_u & F'_x\\G'_u & G'_x\end{vmatrix}}{\begin{vmatrix}F'_u & F'_v\\G'_u & G'_v\end{vmatrix}},\quad \frac{\partial v}{\partial y}=-\frac{1}{J}\cdot\frac{\partial(F,G)}{\partial(u,y)}=-\frac{\begin{vmatrix}F'_u & F'_y\\G'_u & G'_y\end{vmatrix}}{\begin{vmatrix}F'_u & F'_v\\G'_u & G'_v\end{vmatrix}}.\end{aligned}\tag{14}$$

利用二元线性方程组求解的克拉默法则(在线性代数中有详细介绍)，公式(14)可如下推导：由于

$$F[x,y,u(x,y),v(x,y)]\equiv 0,\quad G[x,y,u(x,y),v(x,y)]\equiv 0,$$

将恒等式两边分别对 $x$ 求偏导数，应用复合函数求导法则得

$$\begin{cases}F'_x+F'_u\dfrac{\partial u}{\partial x}+F'_v\dfrac{\partial v}{\partial x}=0,\\[2ex]G'_x+G'_u\dfrac{\partial u}{\partial x}+G'_v\dfrac{\partial v}{\partial x}=0.\end{cases}$$

这是关于 $\frac{\partial u}{\partial x},\frac{\partial v}{\partial x}$ 的线性方程组,由假设可知在点 $P(x_0,y_0,u_0,v_0)$ 的某个邻域内,系数行列式

$$J=\begin{vmatrix}F'_u & F'_v\\ G'_u & G'_v\end{vmatrix}\neq 0,$$

从而由克拉默法则可解出 $\frac{\partial u}{\partial x},\frac{\partial v}{\partial x}$,得

$$\frac{\partial u}{\partial x}=-\frac{1}{J}\cdot\frac{\partial(F,G)}{\partial(x,v)},\quad \frac{\partial v}{\partial x}=-\frac{1}{J}\cdot\frac{\partial(F,G)}{\partial(u,x)}.$$

同理可得

$$\frac{\partial u}{\partial y}=-\frac{1}{J}\cdot\frac{\partial(F,G)}{\partial(y,v)},\quad \frac{\partial v}{\partial y}=-\frac{1}{J}\cdot\frac{\partial(F,G)}{\partial(u,y)}.$$

**例 10** 设 $xu-yv=0$, $yu+xv=1$,求 $\frac{\partial u}{\partial x},\frac{\partial u}{\partial y},\frac{\partial v}{\partial x},\frac{\partial v}{\partial y}$.

**解** 可直接代入公式(14)得到结果,但也可依照推导公式(14)的方法如下求解:将所给方程的两边对 $x$ 求偏导数并移项,得

$$\begin{cases}x\frac{\partial u}{\partial x}-y\frac{\partial v}{\partial x}=-u,\\ y\frac{\partial u}{\partial x}+x\frac{\partial v}{\partial x}=-v.\end{cases}$$

在 $J=\begin{vmatrix}x & -y\\ y & x\end{vmatrix}=x^2+y^2\neq0$ 的条件下,有

$$\frac{\partial u}{\partial x}=\frac{\begin{vmatrix}-u & -y\\ -v & x\end{vmatrix}}{\begin{vmatrix}x & -y\\ y & x\end{vmatrix}}=-\frac{xu+yv}{x^2+y^2},\quad \frac{\partial v}{\partial x}=\frac{\begin{vmatrix}x & -u\\ y & -v\end{vmatrix}}{\begin{vmatrix}x & -y\\ y & x\end{vmatrix}}=\frac{yu-xv}{x^2+y^2}.$$

将所给方程的两边对 $y$ 求偏导数,用同样方法在 $J=x^2+y^2\neq0$ 的条件下可得

$$\frac{\partial u}{\partial y}=\frac{xv-yu}{x^2+y^2},\quad \frac{\partial v}{\partial y}=-\frac{xu+yv}{x^2+y^2}.$$

## 习 题 10-4

1. 若 $z=\frac{u}{v}$,其中 $u=e^t$,$v=\ln t$,求 $\frac{dz}{dt}$.

2. 设 $z=u^v$,其中 $u,v$ 均是 $x$ 的可微函数,求 $\frac{dz}{dx}$.

3. 设 $z=\arctan\frac{x}{y}$,其中 $x=u+v$,$y=u-v$,求 $dz$.

4. 设 $z=f[\varphi(x)+y]$，其中 $f,\varphi$ 二次可微，求 $\dfrac{\partial^2 z}{\partial x\partial y}$.

5. 设 $z=f(u)$，其中 $u=xy+\dfrac{y}{x}$，求 $\dfrac{\partial z}{\partial x}$ 和 $\dfrac{\partial z}{\partial y}$.

6. 设 $z=f\left(\dfrac{y}{x},y\right)$，求 $\dfrac{\partial^2 z}{\partial x^2}$.

7. 设 $u=f(x,y,z)$，其中 $y=\varphi(x)$，$z=\psi(x,y)$，求 $\dfrac{\mathrm{d}u}{\mathrm{d}x}$.

8. 证明：函数 $z=xy+x\varphi\left(\dfrac{y}{x}\right)$ 满足方程 $x\dfrac{\partial z}{\partial x}+y\dfrac{\partial z}{\partial y}=xy+z$.

9. 已知 $z=f(\sin x,\cos y,\mathrm{e}^{x+y})$，且 $f$ 具有二阶连续偏导数，求 $\dfrac{\partial^2 z}{\partial x\partial y}$ 和 $\dfrac{\partial^2 z}{\partial y^2}$.

10. 设 $y=1+y^x$，求 $\dfrac{\mathrm{d}y}{\mathrm{d}x}$.

11. 设 $\arctan\dfrac{x+y}{a}-\dfrac{y}{a}=0$，求 $\dfrac{\mathrm{d}y}{\mathrm{d}x}$.

12. 设 $x^2-2xy+y^2+x+y-2=0$，求 $\left.\dfrac{\mathrm{d}y}{\mathrm{d}x}\right|_{x=1}$ 和 $\left.\dfrac{\mathrm{d}^2 y}{\mathrm{d}x^2}\right|_{x=1}$.

13. 求由方程 $\cos^2 x+\cos^2 y+\cos^2 z=1$ 确定的函数 $z=f(x,y)$ 的全微分.

14. 设 $z^3-3xyz=0$，求 $\dfrac{\partial^2 z}{\partial x\partial y}$.

15. 求由下列方程组所确定的函数的导数或偏导数：

(1) 设 $\begin{cases}z=x^2+y^2,\\ x^2+2y^2+3z^2=15,\end{cases}$ 求 $\dfrac{\mathrm{d}y}{\mathrm{d}x},\dfrac{\mathrm{d}z}{\mathrm{d}x}$；　　(2) 设 $\begin{cases}x=\mathrm{e}^u+u\sin v,\\ y=\mathrm{e}^u-u\cos v,\end{cases}$ 求 $\dfrac{\partial u}{\partial x},\dfrac{\partial v}{\partial x},\dfrac{\partial u}{\partial y},\dfrac{\partial v}{\partial y}$.

## 第五节　偏导数的几何应用

在一元函数中，我们把平面曲线在一点处的切线定义为割线的极限位置，并就曲线方程的各种不同表达形式导出相应的切线方程. 对平面曲线的切线概念在空间做两方面的推广，可得空间曲线在一点处的切线和曲面在一点处的切平面.

### *一、一元向量值函数及其导数

设空间曲线 $\Gamma$ 的参数方程为

$$\begin{cases}x=\varphi(t),\\ y=\psi(t),\quad t\in[a,b],\\ z=\omega(t),\end{cases}\tag{1}$$

它也可以写成如下向量方程的形式：

$$\boldsymbol{r}=\boldsymbol{f}(t),\quad t\in[a,b],\tag{2}$$

其中 $\boldsymbol{r}=x\boldsymbol{i}+y\boldsymbol{j}+z\boldsymbol{k}$，$\boldsymbol{f}(t)=\varphi(t)\boldsymbol{i}+\psi(t)\boldsymbol{j}+\omega(t)\boldsymbol{k}$.

方程(2)确定了一个映射 $\boldsymbol{f}$：$[a,b]\to\mathbf{R}^3=\{\{x,y,z\}\mid x,y,z\in\mathbf{R}\}$. 这个映射将每一个 $t\in[a,b]$，映射成一个向量 $\boldsymbol{f}(t)\in\mathbf{R}^3$.

**定义 1** 设数集 $D\subset\mathbf{R}$，称映射 $\boldsymbol{f}$：$D\to\mathbf{R}^n=\{\{x_1,x_2,\cdots,x_n\}\mid x_1,x_2,\cdots,x_n\in\mathbf{R}\}$为**一元向量值函数**，记为

$$\boldsymbol{r}=\boldsymbol{f}(t),\quad t\in D,$$

其中数集 $D$ 称为一元向量值函数的**定义域**，$t$ 称为**自变量**，$\boldsymbol{r}$ 称为**因变量**.

一元向量值函数是普通一元函数的推广. 为了区别，以下将一元向量值函数称为向量值函数，把普通的实值函数称为数量函数.

在 $\mathbf{R}^3$ 中，向量值函数具有以下形式：

$$\boldsymbol{f}(t)=f_1(t)\boldsymbol{i}+f_2(t)\boldsymbol{j}+f_3(t)\boldsymbol{k},\quad t\in D\tag{3}$$

或

$$\boldsymbol{f}(t)=\{f_1(t),f_2(t),f_3(t)\},\quad t\in D,\tag{4}$$

其中 $f_i(i=1,2,3)$为定义在 $D$ 上的数量函数. 下面主要讨论 $\mathbf{R}^3$ 中的向量值函数.

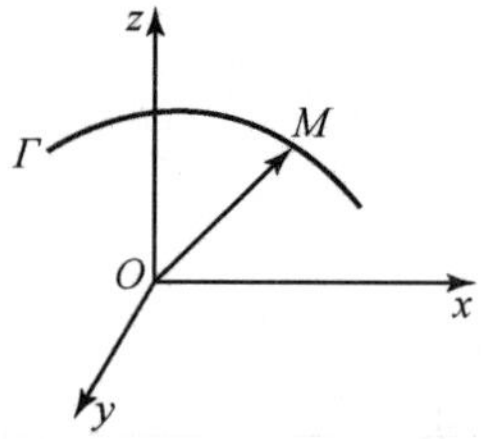


图 10-15

对于向量值函数 $\boldsymbol{r}=\boldsymbol{f}(t)=\{f_1(t),f_2(t),f_3(t)\}(t\in D)$，设 $\boldsymbol{r}=\overrightarrow{OM}$，即 $\boldsymbol{r}$ 是终点为点 $M$ 的向径(如图 10-15 所示)，当 $t$ 改变时，$\boldsymbol{r}$ 跟着改变，终点 $M$ 也随之改变. 记终点 $M$ 的轨迹为曲线 $\Gamma$，称之为向量值函数 $\boldsymbol{r}=\boldsymbol{f}(t)(t\in D)$的**终端曲线**，而称 $\boldsymbol{r}=\boldsymbol{f}(t)(t\in D)$为曲线 $\Gamma$ 的**向量方程**.

根据 $\mathbf{R}^3$ 中向量的线性运算和模的概念，可以依据数量函数的极限、连续、导数等概念定义向量值函数的相应概念.

**定义 2** 设向量值函数 $\boldsymbol{f}(t)=\{f_1(t),f_2(t),f_3(t)\}$在点 $t_0$ 的某个空心邻域内有定义. 如果存在一个常向量 $\boldsymbol{r}_0$，对于任意给定的正数 $\varepsilon$，总存在正数 $\delta$，使得对于适合不等式 $0<|t-t_0|<\delta$ 的一切 $t$，恒有

$$|\boldsymbol{f}(t)-\boldsymbol{r}_0|<\varepsilon,$$

则称常向量 $\boldsymbol{r}_0$ 为**向量值函数 $\boldsymbol{f}(t)$ 当 $t\to t_0$ 时的极限**，记作

$$\lim_{t\to t_0}\boldsymbol{f}(t)=\boldsymbol{r}_0\quad 或\quad \boldsymbol{f}(t)\to\boldsymbol{r}_0(t\to t_0),\tag{5}$$

这时

$$\lim_{t\to t_0}\boldsymbol{f}(t)=\{\lim_{t\to t_0}f_1(t),\lim_{t\to t_0}f_2(t),\lim_{t\to t_0}f_3(t)\}.\tag{6}$$

**定义 3** 设向量值函数 $\boldsymbol{f}(t)=\{f_1(t),f_2(t),f_3(t)\}$在点 $t_0$ 的某个邻域内有定义. 如果

$$\lim_{t\to t_0}\boldsymbol{f}(t)=\boldsymbol{f}(t_0),$$

则称向量值函数 $\boldsymbol{f}(t)$在点 $t_0$ 处**连续**.

设有向量值函数 $\boldsymbol{f}(t)=\{f_1(t),f_2(t),f_3(t)\}(t\in D)$. 若 $D_1\subset D$，$\boldsymbol{f}(t)$在 $D_1$ 中的每一点处

都连续，则称 $\boldsymbol{f}(t)$ 在 $D_1$ 上连续.

**定义 4** 设向量值函数 $\boldsymbol{r}=\boldsymbol{f}(t)=\{f_1(t),f_2(t),f_3(t)\}$ 在点 $t_0$ 的某个邻域内有定义. 如果

$$\lim_{\Delta t\to 0}\frac{\Delta \boldsymbol{r}}{\Delta t}=\lim_{\Delta t\to 0}\frac{\boldsymbol{f}(t_0+\Delta t)-\boldsymbol{f}(t_0)}{\Delta t}$$

存在，则称此极限向量为向量值函数 $\boldsymbol{r}=\boldsymbol{f}(t)$ 在点 $t_0$ 处的**导数**或**导向量**，记作 $\boldsymbol{f}'(t_0)$ 或 $\left.\dfrac{\mathrm{d}\boldsymbol{r}}{\mathrm{d}t}\right|_{t=t_0}$.

当 $\boldsymbol{f}(t)=\{f_1(t),f_2(t),f_3(t)\}$ 在点 $t_0$ 处可导时，其导数为

$$\boldsymbol{f}'(t_0)=f_1'(t_0)\boldsymbol{i}+f_2'(t_0)\boldsymbol{j}+f_3'(t_0)\boldsymbol{k}.$$

向量值函数的导数运算法则与数量函数的导数运算法则形式相同：

(1) $\dfrac{\mathrm{d}}{\mathrm{d}t}\boldsymbol{C}=\boldsymbol{0}$ ($\boldsymbol{C}$ 为常向量)；

(2) $\dfrac{\mathrm{d}}{\mathrm{d}t}[C\boldsymbol{u}(t)]=C\boldsymbol{u}'(t)$ ($C$ 为常数)；

(3) $\dfrac{\mathrm{d}}{\mathrm{d}t}[\boldsymbol{u}(t)\pm\boldsymbol{v}(t)]=\boldsymbol{u}'(t)\pm\boldsymbol{v}'(t)$；

(4) $\dfrac{\mathrm{d}}{\mathrm{d}t}[\varphi(t)\boldsymbol{u}(t)]=\varphi'(t)\boldsymbol{u}(t)+\varphi(t)\boldsymbol{u}'(t)$；

(5) $\dfrac{\mathrm{d}}{\mathrm{d}t}[\boldsymbol{u}(t)\cdot\boldsymbol{v}(t)]=\boldsymbol{u}'(t)\cdot\boldsymbol{v}(t)+\boldsymbol{u}(t)\cdot\boldsymbol{v}'(t)$；

(6) $\dfrac{\mathrm{d}}{\mathrm{d}t}[\boldsymbol{u}(t)\times\boldsymbol{v}(t)]=\boldsymbol{u}'(t)\times\boldsymbol{v}(t)+\boldsymbol{u}(t)\times\boldsymbol{v}'(t)$；

(7) $\dfrac{\mathrm{d}}{\mathrm{d}t}\boldsymbol{u}[\varphi(t)]=\varphi'(t)\boldsymbol{u}'[\varphi(t)]$.

**例 1** 设向量值函数 $\boldsymbol{f}(t)=(kt)\boldsymbol{i}+(a\cos t)\boldsymbol{j}+(a\sin t)\boldsymbol{k}$，求 $\lim\limits_{t\to\pi/3}\boldsymbol{f}(t)$ 和 $\boldsymbol{f}(t)$ 在点 $t_0=\pi/3$ 处的导数.

**解** $\lim\limits_{t\to\pi/3}\boldsymbol{f}(t)=(\lim\limits_{t\to\pi/3}kt)\boldsymbol{i}+(\lim\limits_{t\to\pi/3}a\cos t)\boldsymbol{j}+(\lim\limits_{t\to\pi/3}a\sin t)\boldsymbol{k}=\dfrac{\pi}{3}k\boldsymbol{i}+\dfrac{1}{2}a\boldsymbol{j}+\dfrac{\sqrt{3}}{2}a\boldsymbol{k}$,

$$\boldsymbol{f}'(t)=\{k,-a\sin t,a\cos t\},\quad \boldsymbol{f}'\left(\frac{\pi}{3}\right)=\left\{k,-\frac{\sqrt{3}}{2}a,\frac{1}{2}a\right\}.$$

## 二、空间曲线的切线与法平面

设空间曲线 $\Gamma$ 的参数方程为

$$\begin{cases}x=\varphi(t),\\ y=\psi(t),\quad t\in[a,b],\\ z=\omega(t),\end{cases}$$

其中 $\varphi(t),\psi(t),\omega(t)$ 均可导且导数不同时为零，当 $t=t_0$ 时，$\Gamma$ 上对应的点为 $M_0(x_0,y_0,z_0)$（如

图 10-16 所示),当 $t=t_0+\Delta t$ 时,$\Gamma$ 上对应的点为 $M(x_0+\Delta x,y_0+\Delta y,z_0+\Delta z)$,则割线 $M_0M$ 的方程为

$$\frac{x-x_0}{\Delta x}=\frac{y-y_0}{\Delta y}=\frac{z-z_0}{\Delta z}.$$

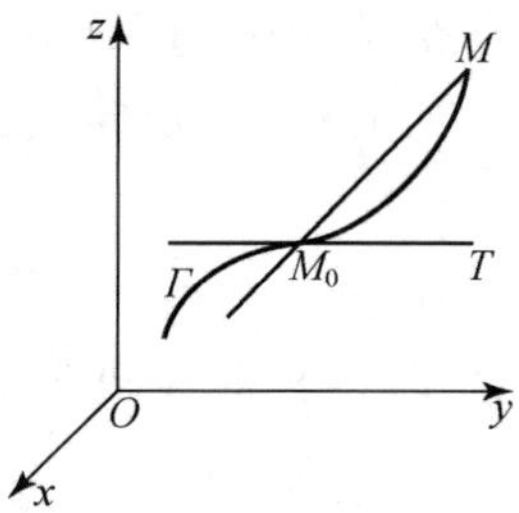

图 10-16

当点 $M$ 沿着曲线 $\Gamma$ 趋于点 $M_0$ 时,割线 $M_0M$ 的极限位置 $M_0T$ 就是曲线 $\Gamma$ 在点 $M_0$ 处的**切线**. 用 $\Delta t$ 除以上式的各分母,得

$$\frac{x-x_0}{\frac{\Delta x}{\Delta t}}=\frac{y-y_0}{\frac{\Delta y}{\Delta t}}=\frac{z-z_0}{\frac{\Delta z}{\Delta t}}.$$

当点 $M$ 沿曲线 $\Gamma$ 趋于点 $M_0$ 时,即 $\Delta t\to 0$ 时,对上式取极限,即得曲线 $\Gamma$ 在点 $M_0$ 处的切线方程

$$\frac{x-x_0}{\varphi'(t_0)}=\frac{y-y_0}{\psi'(t_0)}=\frac{z-z_0}{\omega'(t_0)}. \tag{7}$$

曲线 $\Gamma$ 的切线的方向向量称为曲线 $\Gamma$ 的**切向量**. 向量

$$\boldsymbol{T}=\{\varphi'(t_0),\psi'(t_0),\omega'(t_0)\}$$

就是曲线 $\Gamma$ 在点 $M_0$ 处的一个切向量.

过点 $M_0$ 并且与曲线 $\Gamma$ 在该点处的切线垂直的平面称为曲线 $\Gamma$ 在点 $M_0$ 处的**法平面**. 此法平面是过点 $M_0(x_0,y_0,z_0)$ 且以 $\boldsymbol{T}$ 为法向量的平面,所以它的方程为

$$\varphi'(t_0)(x-x_0)+\psi'(t_0)(y-y_0)+\omega'(t_0)(z-z_0)=0. \tag{8}$$

如果空间曲线 $\Gamma$ 的方程为 $\begin{cases}y=\varphi(x),\\z=\psi(x),\end{cases}$ 取 $x$ 为参数,则曲线 $\Gamma$ 的方程可写为

$$\begin{cases}x=x,\\y=\varphi(x),\\z=\psi(x).\end{cases}$$

若 $\varphi(x),\psi(x)$ 在点 $x=x_0$ 处均可导,那么根据前面的讨论知曲线 $\Gamma$ 在点 $M_0(x_0,y_0,z_0)$ 处的切向量为 $\boldsymbol{T}=\{1,\varphi'(x_0),\psi'(x_0)\}$(这里 $y_0=y(x_0),z_0=z(x_0)$),于是曲线 $\Gamma$ 在点 $M_0(x_0,y_0,z_0)$ 处的切线方程为

$$\frac{x-x_0}{1}=\frac{y-y_0}{\varphi'(x_0)}=\frac{z-z_0}{\psi'(x_0)}, \tag{9}$$

而法平面方程为

$$(x-x_0)+\varphi'(x_0)(y-y_0)+\psi'(x_0)(z-z_0)=0. \tag{10}$$

**例 2** 求曲线 $\begin{cases}x=t,\\y=t^2,\\z=t^3\end{cases}$ 在点(1,1,1)处的切线方程与法平面方程.

**解** 因为 $x'_t=1,y'_t=2t,z'_t=3t^2$,而点(1,1,1)对应于参数 $t=1$,所以切线方程为

$$\frac{x-1}{1}=\frac{y-1}{2}=\frac{z-1}{3},$$

法平面方程为

$$x-1+2(y-1)+3(z-1)=0,\quad \text{即}\quad x+2y+3z=6.$$

**例 3**　求曲线 $\begin{cases}y=2x^2,\\ z=1-x\end{cases}$ 在点 $(-2,8,3)$ 处的切线方程与法平面方程.

**解**　因为 $y'=4x$，$z'=-1$，所以在点 $(-2,8,3)$ 处的切线方程为

$$\frac{x+2}{1}=\frac{y-8}{-8}=\frac{z-3}{-1},$$

法平面方程为

$$x+2-8(y-8)-(z-3)=0,\quad \text{即}\quad x-8y-z+69=0.$$

## 三、曲面的切平面与法线

设曲面 $\Sigma$ 的方程为

$$F(x,y,z)=0,$$

$M_0(x_0,y_0,z_0)$ 为曲面 $\Sigma$ 上的一点. 假设函数 $F(x,y,z)$ 的偏导数在点 $M_0$ 处连续，且 $F'_x,F'_y,F'_z$ 在点 $M_0$ 处不全为零.

在曲面 $\Sigma$ 上过点 $M_0$ 任意引一条曲线 $\Gamma$（如图 10-17 所示），并设曲线 $\Gamma$ 的参数方程为

$$\begin{cases}x=\varphi(t),\\ y=\psi(t),\\ z=\omega(t).\end{cases}$$

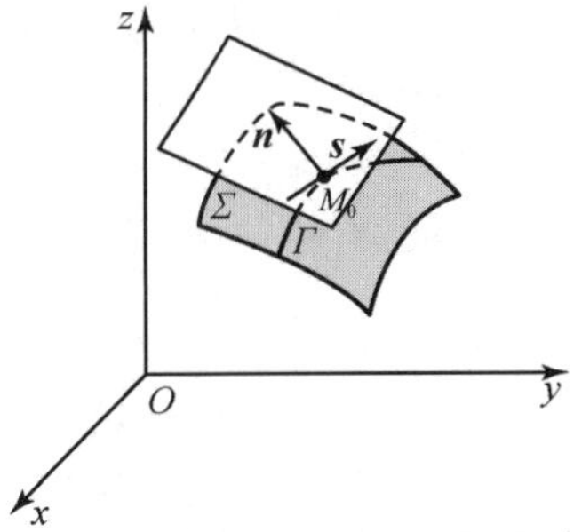


**图　10-17**

由于曲线 $\Gamma$ 在曲面 $\Sigma$ 上，所以 $F[\varphi(t),\psi(t),\omega(t)]\equiv 0$. 若点 $M_0$ 对应的参数是 $t_0$，而 $\varphi(t),\psi(t),\omega(t)$ 在 $t_0$ 处可导且导数不全为零，则 $F[\varphi(t),\psi(t),\omega(t)]$ 在 $t_0$ 处的全导数为

$$F'_x(x_0,y_0,z_0)\varphi'(t_0)+F'_y(x_0,y_0,z_0)\psi'(t_0)+F'_z(x_0,y_0,z_0)\omega'(t_0)=0.$$

把上式写成向量的数量积形式

$$\{F'_x(x_0,y_0,z_0),F'_y(x_0,y_0,z_0),F'_z(x_0,y_0,z_0)\}\cdot\{\varphi'(t_0),\psi'(t_0),\omega'(t_0)\}=0,$$

其中向量 $\boldsymbol{T}=\{\varphi'(t_0),\psi'(t_0),\omega'(t_0)\}$ 是曲线 $\Gamma$ 在点 $M_0$ 处的切向量，向量

$$\boldsymbol{n}=\{F'_x(x_0,y_0,z_0),\ F'_y(x_0,y_0,z_0),F'_z(x_0,y_0,z_0)\}$$

完全由曲面 $\Sigma$ 确定，只要点 $M_0$ 确定，它就是一个确定的向量. 因此上式说明，曲面 $\Sigma$ 上过点 $M_0$ 的任一条曲线的切线都与 $\boldsymbol{n}$ 垂直，也就是都在过点 $M_0$ 且与 $\boldsymbol{n}$ 垂直的平面 $\pi$ 上. 这个平面 $\pi$ 就定义为曲面 $\Sigma$ 在点 $M_0$ 处的**切平面**. 向量 $\boldsymbol{n}$ 就是切平面 $\pi$ 的法向量，从而得曲面 $\Sigma$ 在点 $M_0$ 处的切平面 $\pi$ 的方程为

$$F'_x(x_0,y_0,z_0)(x-x_0)+F'_y(x_0,y_0,z_0)(y-y_0)+F'_z(x_0,y_0,z_0)(z-z_0)=0. \tag{11}$$

过点 $M_0$ 且与切平面 $\pi$ 垂直的直线 $L$ 称为曲面 $\Sigma$ 在点 $M_0$ 处的**法线**,其方程为

$$\frac{x-x_0}{F'_x(x_0,y_0,z_0)}=\frac{y-y_0}{F'_y(x_0,y_0,z_0)}=\frac{z-z_0}{F'_z(x_0,y_0,z_0)}. \tag{12}$$

如果曲面 $\Sigma$ 的方程为 $z=f(x,y)$,令 $F(x,y,z)=f(x,y)-z$,可得

$$F'_x(x,y,z)=f'_x(x,y),\quad F'_y(x,y,z)=f'_y(x,y),\quad F'_z(x,y,z)=-1,$$

故当 $f(x,y)$ 的偏导数 $f'_x(x,y)$,$f'_y(x,y)$ 在点 $(x_0,y_0)$ 处连续时,曲面 $\Sigma$ 在点 $M_0(x_0,y_0,z_0)$ 处的切平面方程为

$$z-z_0=f'_x(x_0,y_0)(x-x_0)+f'_y(x_0,y_0)(y-y_0), \tag{13}$$

而法线方程为

$$\frac{x-x_0}{f'_x(x_0,y_0)}=\frac{y-y_0}{f'_y(x_0,y_0)}=\frac{z-z_0}{-1}. \tag{14}$$

**全微分的几何意义** 函数 $z=f(x,y)$ 在点 $(x_0,y_0)$ 处的全微分,在几何上表示曲面 $z=f(x,y)$ 在点 $M_0(x_0,y_0,z_0)$ 处的切平面上点的竖坐标的增量(如图 10-18 所示).这是因为方程(13)的右端恰好是函数 $z=f(x,y)$ 在点 $(x_0,y_0)$ 处的全微分(因为 $x-x_0$ 是 $x$ 在 $x_0$ 处的增量 $\Delta x$,$y-y_0$ 是 $y$ 在 $y_0$ 处的增量 $\Delta y$),而左端是切平面上点的竖坐标的增量.

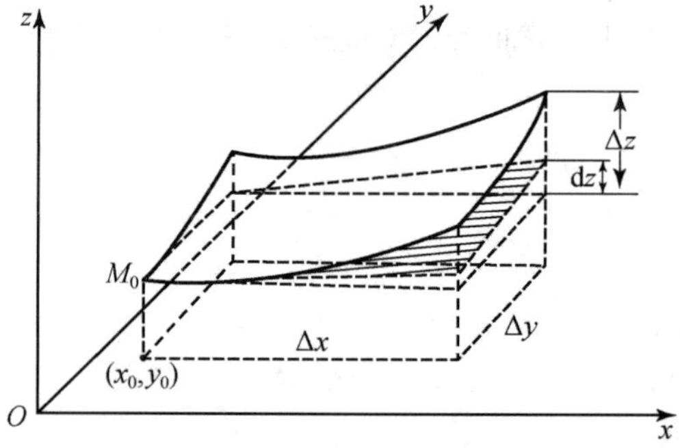


图 10-18

如果用 $\alpha,\beta,\gamma$ 表示曲面 $z=f(x,y)$ 在点 $(x_0,y_0)$ 处法向量的方向角,并假定法向量的方向是向上的,即法向量与 $z$ 轴正向所成的角 $\gamma$ 是锐角,则法向量的方向余弦为

$$\cos\alpha=\frac{-f'_x}{\sqrt{1+f'^2_x+f'^2_y}},\quad \cos\beta=\frac{-f'_y}{\sqrt{1+f'^2_x+f'^2_y}},\quad \cos\gamma=\frac{1}{\sqrt{1+f'^2_x+f'^2_y}},$$

这里把 $f'_x(x_0,y_0)$,$f'_y(x_0,y_0)$ 分别记作 $f'_x$,$f'_y$.

**例 4** 求球面 $(x-1)^2+y^2+z^2=9$ 在点 $(-1,2,-1)$ 处的切平面方程与法线方程.

**解** 设 $F(x,y,z)=(x-1)^2+y^2+z^2-9$,则

$$F'_x(-1,2,-1)=2(x-1)\big|_{(-1,2,-1)}=-4,\quad F'_y(-1,2,-1)=2y\big|_{(-1,2,-1)}=4,$$

$$F_z'(-1,2,-1) = 2z\Big|_{(-1,2,-1)} = -2.$$

由公式(13)得切平面方程

$$-4(x+1)+4(y-2)-2(z+1)=0, \quad \text{即} \quad 2x-2y+z+7=0.$$

由公式(14)得法线方程

$$\frac{x+1}{-4}=\frac{y-2}{4}=\frac{z+1}{-2}, \quad \text{即} \quad \frac{x+1}{2}=\frac{y-2}{-2}=\frac{z+1}{1}.$$

**例 5**　求旋转抛物面 $z=x^2+y^2-1$ 的与平面 $4x+2y-z-1=0$ 平行的切平面方程.

**解**　设旋转抛物面 $z=x^2+y^2-1$ 上点 $(x_0,y_0,z_0)$ 处的切平面与所给的平面平行. 记函数 $f(x,y)=x^2+y^2-1$,则

$$f_x'(x_0,y_0)=2x_0, \quad f_y'(x_0,y_0)=2y_0.$$

所以,在点 $(x_0,y_0,z_0)$ 处的切平面方程为

$$2x_0(x-x_0)+2y_0(y-y_0)-(z-z_0)=0. \tag{15}$$

根据两平面平行的充要条件,得

$$\frac{2x_0}{4}=\frac{2y_0}{2}=\frac{-1}{-1}=1.$$

易见,$x_0=2$,$y_0=1$. 把它们代入旋转抛物面方程,得 $z_0=4$. 故在点(2,1,4)处的切平面与所给的平面平行. 由(15)式知,该切平面的方程为

$$4(x-2)+2(y-1)-(z-4)=0, \quad \text{即} \quad 4x+2y-z-6=0.$$

## 习　题　10-5

1. 求曲线 $\begin{cases} x=t, \\ y=2t^2, \\ z=t^2 \end{cases}$ 在 $t=1$ 处的切线方程与法平面方程.

2. 求曲线 $\begin{cases} x=t-\sin t, \\ y=1-\cos t, \\ z=4\sin\dfrac{t}{2} \end{cases}$ 在点 $\left(\dfrac{\pi}{2}-1,\ 1,\ 2\sqrt{2}\right)$ 处的切线方程与法平面方程.

3. 求曲线 $\begin{cases} x=t, \\ y=t^2, \\ z=t^3 \end{cases}$ 上的点,使该点的切线平行于平面 $x+2y+z=4$.

4. 求曲面 $3x^2+y^2-z^2=27$ 在点(3,1,1)处的切平面方程与法线方程.

5. 求曲面 $e^z-z+xy=3$ 在点(2,1,0)处的切平面方程与法线方程.

6. 求曲面 $z=\arctan\dfrac{y}{x}$ 在点 $\left(1,\ 1,\ \dfrac{\pi}{4}\right)$ 处的切平面方程与法线方程.

7. 在曲面 $z=xy$ 上求一点,使这点处的法线垂直于平面 $x+3y+z+9=0$,并写出该法线的方程.

8. 试证:曲面 $\sqrt{x}+\sqrt{y}+\sqrt{z}=\sqrt{a}\ (a>0)$ 上任何点处的切平面在各坐标轴上的截距之和都等于 $a$.

## 第六节　方向导数与梯度

### 一、方向导数

偏导数反映的是当其中一个变量固定,另一个变量变化时,函数沿坐标轴方向的变化率.实际中许多问题需要考虑函数沿某个方向的变化率.例如,预报某地区的风力和风向,就要知道气压在该处沿某些方向的变化率.因此,需要讨论多元函数在一点处沿指定方向的变化率.

下面给出二元函数 $z=f(x,y)$ 在某一点 $P_0(x_0,y_0)$ 处沿指定方向的方向导数的定义.

**定义 1**　设函数 $z=f(x,y)$ 在点 $P_0(x_0,y_0)$ 的某个邻域 $U(P_0)$ 内有定义,过点 $P_0(x_0,y_0)$ 作射线 $\boldsymbol{l}$ (如图 10-19 所示),$P(x_0+\Delta x,y_0+\Delta y)$ 是 $\boldsymbol{l}$ 上另一点,且 $P\in U(P_0)$.若极限

$$\lim_{\rho\to 0}\frac{f(P)-f(P_0)}{\rho}=\lim_{\rho\to 0}\frac{f(x_0+\Delta x,y_0+\Delta y)-f(x_0,y_0)}{\rho}$$

存在,其中 $\rho=\sqrt{(\Delta x)^2+(\Delta y)^2}$ 为点 $P$ 到点 $P_0$ 的距离,则称此极限值为函数 $z=f(x,y)$ 在点 $P_0(x_0,y_0)$ 处沿方向 $\boldsymbol{l}$ 的**方向导数**,记作 $\left.\frac{\partial f}{\partial \boldsymbol{l}}\right|_{(x_0,y_0)}$,即

$$\left.\frac{\partial f}{\partial \boldsymbol{l}}\right|_{(x_0,y_0)}=\lim_{\rho\to 0}\frac{f(x_0+\Delta x,y_0+\Delta y)-f(x_0,y_0)}{\rho}.$$

从方向导数的定义可知,方向导数 $\left.\frac{\partial f}{\partial \boldsymbol{l}}\right|_{(x_0,y_0)}$ 就是函数 $f(x,y)$ 在点 $P_0(x_0,y_0)$ 处沿方向 $\boldsymbol{l}$ 的变化率.

如果函数 $z=f(x,y)$ 在点 $P_0(x_0,y_0)$ 处的偏导数存在,取 $\boldsymbol{l}$ 为 $x$ 轴的正向,则

$$\left.\frac{\partial f}{\partial \boldsymbol{l}}\right|_{(x_0,y_0)}=\lim_{\Delta x\to 0^+}\frac{f(x_0+\Delta x,y_0)-f(x_0,y_0)}{\Delta x}=f'_x(x_0,y_0);$$

同理,取 $\boldsymbol{l}$ 为 $y$ 轴的正向,则

$$\left.\frac{\partial f}{\partial \boldsymbol{l}}\right|_{(x_0,y_0)}=\lim_{\Delta y\to 0^+}\frac{f(x_0,y_0+\Delta y)-f(x_0,y_0)}{\Delta y}=f'_y(x_0,y_0).$$

如果函数 $z=f(x,y)$ 在点 $P_0(x_0,y_0)$ 处的偏导数存在,则沿 $x$ 轴和 $y$ 轴(正向或负向)的方向导数存在.但当 $f(x,y)$ 在点 $P_0(x_0,y_0)$ 处的方向导数存在时,偏导数不一定存在.例如,函数 $z=\sqrt{x^2+y^2}$ 在原点 $O(0,0)$ 沿任何方向 $\boldsymbol{l}$ 的方向导数均为 1,但其偏导数不存在.

**定理 1**　如果函数 $f(x,y)$ 在点 $P_0(x_0,y_0)$ 处可微,则函数在该点沿任何方向 $\boldsymbol{l}$ 的方向导数

都存在，而且有

$$\left.\frac{\partial f}{\partial \boldsymbol{l}}\right|_{(x_0,y_0)}=f_x'(x_0,y_0)\cos\alpha+f_y'(x_0,y_0)\cos\beta,$$

其中 $\cos\alpha,\cos\beta$ 是方向 $\boldsymbol{l}$ 的方向余弦(如图 10-19 所示).

**证**　由于 $f(x,y)$ 在点 $P_0(x_0,y_0)$ 处可微分，故有

$$f(x_0+\Delta x,y_0+\Delta y)-f(x_0,y_0)=f_x'(x_0,y_0)\Delta x+f_y'(x_0,y_0)\Delta y+o(\rho),$$

其中 $\rho=\sqrt{(\Delta x)^2+(\Delta y)^2}$. 因此

$$\begin{aligned}\left.\frac{\partial f}{\partial \boldsymbol{l}}\right|_{(x_0,y_0)}&=\lim_{\rho\to 0}\frac{f(x_0+\Delta x,y_0+\Delta y)-f(x_0,y_0)}{\rho}\\&=\lim_{\rho\to 0}\left[f_x'(x_0,y_0)\frac{\Delta x}{\rho}+f_y'(x_0,y_0)\frac{\Delta y}{\rho}+\frac{o(\rho)}{\rho}\right]\\&=f_x'(x_0,y_0)\cos\alpha+f_y'(x_0,y_0)\cos\beta,\end{aligned}$$

其中 $\cos\alpha,\cos\beta$ 是方向 $\boldsymbol{l}$ 的方向余弦.　　**证毕**

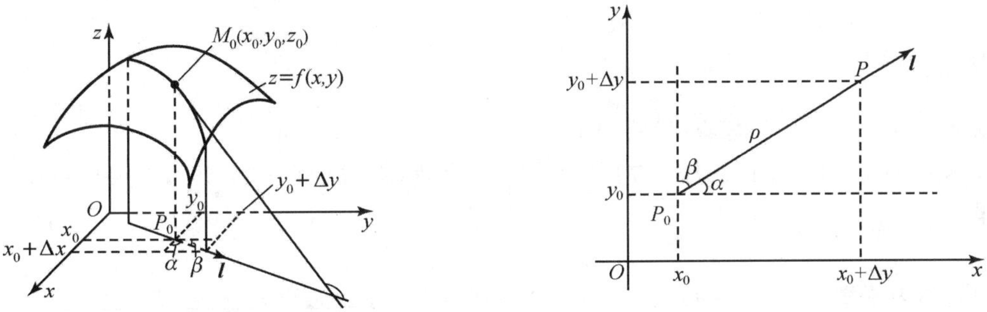


(a)　　　　(b)

**图　10-19**

方向导数的概念可以推广到三元函数的情形，且同理可证：如果三元函数 $f(x,y,z)$ 在点 $P_0(x_0,y_0,z_0)$ 处可微，则 $f(x,y,z)$ 在该点沿方向 $\boldsymbol{l}^0=\{\cos\alpha,\cos\beta,\cos\gamma\}$ 的方向导数为

$$\left.\frac{\partial f}{\partial \boldsymbol{l}}\right|_{(x_0,y_0,z_0)}=f_x'(x_0,y_0,z_0)\cos\alpha+f_y'(x_0,y_0,z_0)\cos\beta+f_z'(x_0,y_0,z_0)\cos\gamma.$$

**例 1**　求函数 $z=x^2y^3-4y$ 在点 $P(2,-1)$ 处沿从点 $P(2,-1)$ 到点 $Q(3,-2)$ 方向的方向导数.

**解**　这里 $\boldsymbol{l}$ 方向为 $\overrightarrow{PQ}=\{1,-1\}$，$\boldsymbol{l}$ 方向的单位向量为 $\boldsymbol{l}^0=\left\{\frac{1}{\sqrt{2}},-\frac{1}{\sqrt{2}}\right\}$，又由于

$$\left.\frac{\partial z}{\partial x}\right|_{(2,-1)}=2xy^3\Big|_{(2,-1)}=-4,\quad \left.\frac{\partial z}{\partial y}\right|_{(2,-1)}=(3x^2y^2-4)\Big|_{(2,-1)}=8,$$

因此得所求的方向导数为

$$\left.\frac{\partial z}{\partial \boldsymbol{l}}\right|_{(2,-1)}=(-4)\cdot\frac{1}{\sqrt{2}}+8\cdot\left(-\frac{1}{\sqrt{2}}\right)=-6\sqrt{2}.$$

**例 2** 求函数 $f(x,y,z)=xy+yz+zx$ 在点(1,1,2)处沿方向 $\boldsymbol{l}$ 的方向导数,其中 $\boldsymbol{l}$ 的方向角分别为 60°,45°,60°.

**解** 与 $\boldsymbol{l}$ 同方向的单位向量为

$$\boldsymbol{l}^0=\{\cos 60°,\cos 45°,\cos 60°\}=\left\{\frac{1}{2},\frac{\sqrt{2}}{2},\frac{1}{2}\right\},$$

因此

$$\begin{aligned}\left.\frac{\partial f}{\partial \boldsymbol{l}}\right|_{(1,1,2)}&=f_x'(1,1,2)\cos 60°+f_y'(1,1,2)\cos 45°+f_z'(1,1,2)\cos 60°\\&=(y+z)\big|_{(1,1,2)}\cos 60°+(x+z)\big|_{(1,1,2)}\cos 45°+(x+y)\big|_{(1,1,2)}\cos 60°\\&=3\cdot\frac{1}{2}+3\cdot\frac{\sqrt{2}}{2}+2\cdot\frac{1}{2}=\frac{1}{2}(5+3\sqrt{2}).\end{aligned}$$

## 二、梯度

梯度是一个与方向导数有关联的概念.

设函数 $f(x,y)$ 在平面区域 $D$ 内具有连续偏导数,则对于每一点 $P(x_0,y_0)\in D$,可给出一个向量

$$f_x'(x_0,y_0)\boldsymbol{i}+f_y'(x_0,y_0)\boldsymbol{j}.$$

这个向量称为函数 $f(x,y)$ 在点 $P(x_0,y_0)$ 处的**梯度**,记为 $\mathbf{grad}f(x_0,y_0)$,即

$$\mathbf{grad}f(x_0,y_0)=f_x'(x_0,y_0)\boldsymbol{i}+f_y'(x_0,y_0)\boldsymbol{j}.$$

如果 $\boldsymbol{l}^0=\{\cos\alpha,\cos\beta\}$ 是与方向 $\boldsymbol{l}$ 同方向的单位向量,则

$$\begin{aligned}\left.\frac{\partial f}{\partial \boldsymbol{l}}\right|_{(x_0,y_0)}&=f_x'(x_0,y_0)\cos\alpha+f_y'(x_0,y_0)\cos\beta\\&=\mathbf{grad}f(x_0,y_0)\cdot\boldsymbol{l}^0=|\mathbf{grad}f(x_0,y_0)|\cos\theta,\end{aligned}$$

其中 $\theta$ 是 $\mathbf{grad}f(x_0,y_0)$ 与 $\boldsymbol{l}^0$ 的夹角. 由此可知:当 $\theta=0$ 时,方向导数取得最大值,即沿梯度方向,函数的方向导数取得最大值,其最大值等于梯度的模 $|\mathbf{grad}f(x_0,y_0)|$. 这就是说,函数在一点处的梯度是一个向量,它的方向是函数在该点处的方向导数取得最大值的方向,它的模就等于方向导数的最大值.

我们知道曲面 $z=f(x,y)$ 被平面 $z=c$ ($c$ 是常数)所截得的曲线 $L$ 的方程为

$$\begin{cases}z=f(x,y),\\z=c.\end{cases}$$

这条曲线 $L$ 在 $Oxy$ 面上的投影是一条平面曲线 $L^*$(如图 10-20 所示),它在 $Oxy$ 面上的方程为

$$f(x,y)=c.$$

对于曲线 $L^*$ 上的一切点，函数 $f(x,y)$ 的函数值都是 $c$，所以我们称平面曲线 $L^*$ 为函数 $f(x,y)$ 的**等值线**.

当 $f_x',f_y'$ 不同时为零时，等值线 $f(x,y)=c$ 上任一点 $P_0(x_0,y_0)$ 处的一个单位法向量为

$$\boldsymbol{n}=\frac{1}{\sqrt{f_x'^2(x_0,y_0)+f_y'^2(x_0,y_0)}}\{f_x'(x_0,y_0),f_y'(x_0,y_0)\}.$$

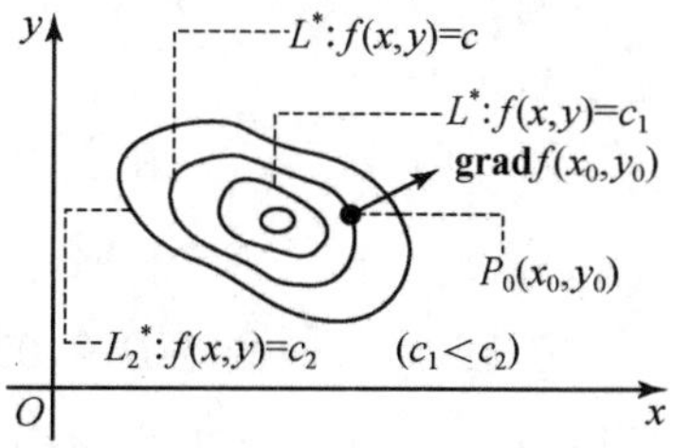


图 10-20

这表明梯度 $\mathbf{grad}f(x_0,y_0)$ 的方向与等值线上点 $P_0$ 处的一个法线方向相同，而 $|\mathbf{grad}f(x_0,y_0)|$ 是沿这个法线方向的方向导数 $\dfrac{\partial f}{\partial \boldsymbol{n}}$，于是

$$\mathbf{grad}f(x_0,y_0)=\frac{\partial f}{\partial \boldsymbol{n}}\boldsymbol{n}.$$

梯度的概念可以推广到三元函数的情形. 设函数 $u=f(x,y,z)$ 在空间区域 $G$ 内具有连续偏导数，则对于每一点 $P_0(x_0,y_0,z_0)\in G$，都可定出一个向量

$$f_x'(x_0,y_0,z_0)\boldsymbol{i}+f_y'(x_0,y_0,z_0)\boldsymbol{j}+f_z'(x_0,y_0,z_0)\boldsymbol{k}.$$

这个向量称为函数 $f(x,y,z)$ 在点 $P_0(x_0,y_0,z_0)$ 处的**梯度**，记为 $\mathbf{grad}f(x_0,y_0,z_0)$，即

$$\mathbf{grad}f(x_0,y_0,z_0)=f_x'(x_0,y_0,z_0)\boldsymbol{i}+f_y'(x_0,y_0,z_0)\boldsymbol{j}+f_z'(x_0,y_0,z_0)\boldsymbol{k}.$$

类似可知，三元函数的梯度也是这样一个向量，它的方向是三元函数在这一点处的方向导数取得最大值的方向，它的模等于方向导数的最大值.

我们称曲面

$$f(x,y,z)=c$$

为函数 $f(x,y,z)$ 的**等值面**. 显然，函数 $u=f(x,y,z)$ 在点 $P_0(x_0,y_0,z_0)$ 处梯度的方向与等值面 $f(x,y,z)=c$ 在点 $P_0$ 处法线的一个方向相同，且该梯度的模等于函数 $u=f(x,y,z)$ 沿这个法线方向的方向导数.

**例 3** 求梯度 $\mathbf{grad}\,\dfrac{1}{x^2+y^2}$.

**解** 这里 $f(x,y)=\dfrac{1}{x^2+y^2}$. 因为

$$\frac{\partial f}{\partial x}=-\frac{2x}{(x^2+y^2)^2},\quad \frac{\partial f}{\partial y}=-\frac{2y}{(x^2+y^2)^2},$$

所以

$$\mathbf{grad}\,\frac{1}{x^2+y^2}=-\frac{2x}{(x^2+y^2)^2}\boldsymbol{i}-\frac{2y}{(x^2+y^2)^2}\boldsymbol{j}.$$

**例 4** 设函数 $f(x,y,z)=x^2+y^2+z^2$，求梯度 $\mathbf{grad}f(1,-1,2)$.

**解** $\mathbf{grad}f=\{f_x',f_y',f_z'\}=\{2x,2y,2z\}$，$\mathbf{grad}f(1,-1,2)=\{2,-2,4\}$.

**例 5** 设函数 $f(x,y)=xe^y$，问：$f(x,y)$在点 $P(2,0)$处沿哪个方向的变化率最大？最大变化率是多少？

**解** 函数 $f(x,y)$在点 $P(2,0)$处的梯度为

$$\mathbf{grad}f(2,0)=\{f_x',f_y'\}\Big|_{(2,0)}=\{e^y,xe^y\}\Big|_{(2,0)}=\{1,2\}.$$

函数 $f(x,y)$在点 $P(2,0)$处沿梯度 $\mathbf{grad}f\Big|_{(2,0)}$的方向增加最快，沿 $-\mathbf{grad}f\Big|_{(2,0)}$的方向减少最快，在这两个方向的变化率分别为

$$|\mathbf{grad}f(2,0)|=\sqrt{1+2^2}=\sqrt{5},\quad -|\mathbf{grad}f(2,0)|=-\sqrt{1+2^2}=-\sqrt{5}.$$

下面简单介绍数量场与向量场的概念.

如果对于空间区域 $G$ 内的任一点 $M$，都有一个确定的数量 $f(M)$与之对应，则称在这空间区域 $G$ 内确定了一个**数量场**(如温度场、密度场等). 一个数量场可用一个数量函数 $f(M)$来表示. 如果与点 $M$ 相对应的是一个向量 $\boldsymbol{F}(M)$，则称在这空间区域 $G$ 内确定了一个**向量场**(如力场、速度场等). 一个向量场可用一个向量值函数 $\boldsymbol{F}(M)$来表示，而

$$\boldsymbol{F}(M)=P(M)\boldsymbol{i}+Q(M)\boldsymbol{j}+R(M)\boldsymbol{k},$$

其中 $P(M)$，$Q(M)$，$R(M)$是点 $M$ 的数量函数.

根据向量场的概念，我们可以说向量值函数 $\mathbf{grad}f(M)$确定了一个向量场——**梯度场**，它是由数量场 $f(M)$产生的. 通常称函数 $f(M)$为这个向量场的势，因而这个向量场又称为**势场**. 任意一个向量场不一定都是势场，因为它不一定是某个数量函数的梯度.

**例 6** 试求由数量场 $\frac{m}{r}$ 所产生的梯度场，其中常数 $m>0$，$r=\sqrt{x^2+y^2+z^2}$ 为原点 $O$ 与点 $M(x,y,z)$间的距离.

**解** 由已知条件得

$$\frac{\partial}{\partial x}\left(\frac{m}{r}\right)=-\frac{m}{r^2}\cdot\frac{\partial r}{\partial x}=-\frac{mx}{r^3},$$

同理

$$\frac{\partial}{\partial y}\left(\frac{m}{r}\right)=-\frac{my}{r^3},\quad \frac{\partial}{\partial z}\left(\frac{m}{r}\right)=-\frac{mz}{r^3},$$

从而

$$\mathbf{grad}\,\frac{m}{r}=-\frac{m}{r^2}\left(\frac{x}{r}\boldsymbol{i}+\frac{y}{r}\boldsymbol{j}+\frac{z}{r}\boldsymbol{k}\right).$$

记 $\boldsymbol{r}^0=\frac{x}{r}\boldsymbol{i}+\frac{y}{r}\boldsymbol{j}+\frac{z}{r}\boldsymbol{k}$，它是与 $\overrightarrow{OM}$ 同方向的单位向量，则

$$\mathbf{grad}\,\frac{m}{r}=-\frac{m}{r^2}\boldsymbol{r}^0.$$

上式右端在力学上可解释为位于原点 $O$ 且质量为 $m$ 的质点对位于点 $M$ 且质量为 1 的质点的引力. 因此，数量场 $\frac{m}{r}$ 的势场$\left(\text{即 }\mathbf{grad}\,\frac{m}{r}\right)$称为**引力场**，函数 $\frac{m}{r}$ 称为**引力势**.

## 习 题 10-6

1. 求函数 $f(x,y)=x^2-y^2$ 在点 $P(1,1)$ 处沿方向 $\boldsymbol{l}=\{-1,2\}$ 的方向导数.

2. 求函数 $u=xy^2+z^3-xyz$ 在点 $(1,1,2)$ 处沿方向角为 $\alpha=\frac{\pi}{3},\beta=\frac{\pi}{4},\gamma=\frac{\pi}{3}$ 的方向的方向导数.

3. 求函数 $z=1-\left(\frac{x^2}{a^2}+\frac{y^2}{b^2}\right)$ 在点 $\left(\frac{a}{\sqrt{2}},\frac{b}{\sqrt{2}}\right)$ 处沿曲线 $\frac{x^2}{a^2}+\frac{y^2}{b^2}=1$ 的内法线方向的方向导数.

4. 求下列函数的梯度：

(1) $f(x,y)=\frac{x}{y}$；　　(2) $f(x,y)=\arctan xy$；

(3) $f(x,y,z)=x^2+2y^2+3z^2+xy+3x-2y-6z$.

5. 求函数 $f(x,y)=x^2-xy+y^2$ 在点 $P(1,1)$ 处沿与 $x$ 轴正向成 $\alpha$ 角的方向 $\boldsymbol{l}$ 的方向导数,并求当 $\alpha$ 为何值时,方向导数取最大值.

# 第七节 多元函数的极值问题

## 一、二元函数极值的概念与求法

**定义 1** 设二元函数 $z=f(x,y)$ 在区域 $D$ 上有定义,$P_0(x_0,y_0)$ 是 $D$ 的内点.若对于 $P_0$ 的某个邻域内异于点 $P_0$ 的一切点 $P(x,y)$,都有 $f(x,y)<f(x_0,y_0)$ 成立,则称函数 $f(x,y)$ 在点 $P_0$ 处取得**极大值** $f(x_0,y_0)$；若都有 $f(x,y)>f(x_0,y_0)$ 成立,则称函数 $f(x,y)$ 在点 $P_0$ 处取得**极小值** $f(x_0,y_0)$.极大值、极小值统称为**极值**,而使函数 $f(x,y)$ 取得极值的点 $P_0$ 称为**极值点**.

**例 1** 函数 $z=\sqrt{1-x^2-y^2}$ 在点 $(0,0)$ 处取得极大值 $z=1$.因为在点 $(0,0)$ 处函数值为 1,而对于点 $(0,0)$ 的任一邻域内异于 $(0,0)$ 的点,函数值都小于 1.从几何上看,这是显然的.这个函数的图形为上半球面(如图 10-21 所示),在点 $(0,0)$ 处,$z=1$；在点 $(0,0)$ 的任一邻域内且异于 $(0,0)$ 点处,$z$ 都小于 1.

**例 2** 函数 $z=\sqrt{x^2+y^2}$ 在点 $(0,0)$ 处取得极小值 $z=0$,因为对于点 $(0,0)$ 的任一邻域内异于 $(0,0)$ 的点,函数值都大于零(如图 10-22 所示).

以上关于二元函数的极值概念,可推广到 $n$ 元函数,这里不再赘述.

二元函数 $z=f(x,y)$ 在点 $(x_0,y_0)$ 处满足什么条件才能取得极值呢？下面的两个定理可以回答这个问题.

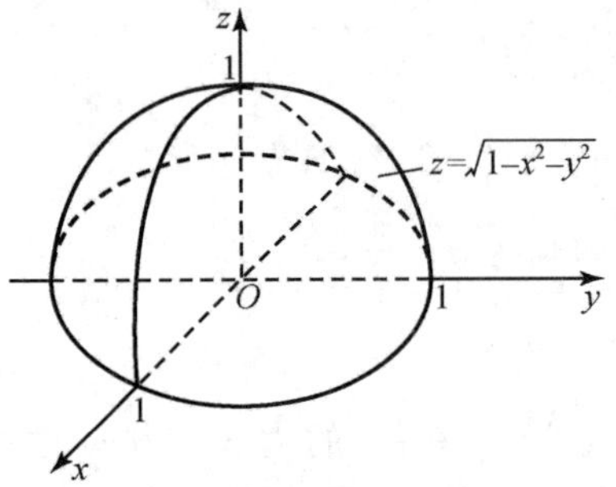


图 10-21

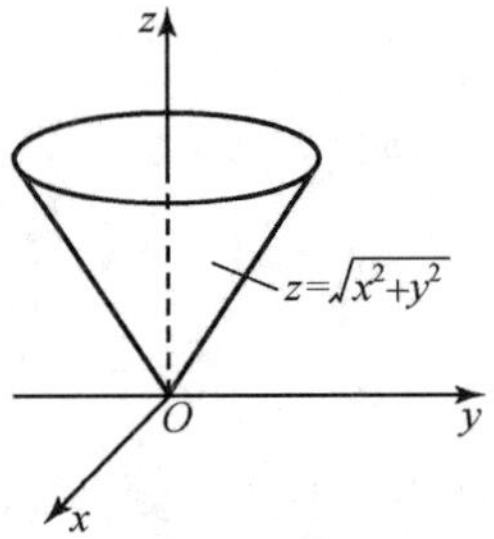


图 10-22

**定理 1(极值的必要条件)** 设函数 $z=f(x,y)$ 在点 $(x_0,y_0)$ 处具有偏导数,且在点 $(x_0,y_0)$ 处取得极值,则它在该点的偏导数必为零,即

$$f_x'(x_0,y_0)=0,\quad f_y'(x_0,y_0)=0.$$

**证** 不妨设函数 $f(x,y)$ 在点 $(x_0,y_0)$ 处取得极大值.根据极大值的定义,对于点 $(x_0,y_0)$ 的某个邻域内异于 $(x_0,y_0)$ 的点 $(x,y)$,总有 $f(x,y)<f(x_0,y_0)$.特别地,对于固定 $y=y_0$,而 $x\neq x_0$ 的点 $(x,y_0)$,也总有 $f(x,y_0)<f(x_0,y_0)$.而 $f(x,y_0)$ 是 $x$ 的一元函数,按一元函数 $f(x,y_0)$ 在点 $x=x_0$ 处有极大值的必要条件,应有

$$\left.\frac{\mathrm{d}f(x,y_0)}{\mathrm{d}x}\right|_{x=x_0}=0,\quad 即\quad f_x'(x_0,y_0)=0.$$

同理可证

$$f_y'(x_0,y_0)=0.$$

**证毕**

与一元函数类似,使 $f_x'(x,y)=0$,$f_y'(x,y)=0$ 同时成立的点 $(x_0,y_0)$ 称为二元函数 $f(x,y)$ 的**驻点**(**或稳定点**).由定理 1 知,具有偏导数的函数其极值点必是驻点.但函数的驻点不一定是极值点.例如,点 $(0,0)$ 是函数 $z=xy$ 的驻点,但点 $(0,0)$ 却不是该函数的极值点.事实上,在点 $(0,0)$ 任何邻域内,既有使函数值为正的点(一、三象限内),又有使函数值为负的点(二、四象限内),而在点 $(0,0)$ 处,$z=0$,所以点 $(0,0)$ 不是极值点.

**定理 2(极值的充分条件)** 设函数 $z=f(x,y)$ 在点 $(x_0,y_0)$ 的某个邻域内连续且有一阶及二阶连续偏导数,又 $f_x'(x_0,y_0)=0$,$f_y'(x_0,y_0)=0$,令

$$f_{xx}''(x_0,y_0)=A,\quad f_{xy}''(x_0,y_0)=B,\quad f_{yy}''(x_0,y_0)=C,$$

则 $f(x,y)$ 在点 $(x_0,y_0)$ 处的极值情况如下:

(1) 当 $AC-B^2>0$ 时取得极值,且当 $A<0$ 时取得极大值,当 $A>0$ 时取得极小值;

(2) 当 $AC-B^2<0$ 时没有极值;

(3) 当 $AC-B^2=0$ 时可能取得极值,也可能没有极值,还需另做讨论.(证明从略)

由上述定理,我们把求具有二阶连续偏导数的函数 $z=f(x,y)$ 的极值的方法归纳如下:

第一步,解方程组 $\begin{cases} f_x'(x,y)=0, \\ f_y'(x,y)=0, \end{cases}$ 求出它的一切实数根,即可得函数的所有驻点;

第二步,求出函数 $f(x,y)$ 在每一驻点处的二阶偏导数,确定 $A$,$B$ 和 $C$ 的值;

第三步,利用判别式 $AC-B^2$ 的符号,并按定理 2 的结论判定函数 $f(x,y)$ 在各驻点处是否取得极值,是极大值还是极小值,然后求出相应的极值.

**例 3**　求函数 $z=f(x,y)=x^3+y^3-3xy$ 的极值.

**解**　由方程组

$$\begin{cases} f_x'(x,y) = 3x^2-3y = 0, \\ f_y'(x,y) = 3y^2-3x = 0 \end{cases}$$

解得驻点 $(0,0)$ 和 $(1,1)$.

再求二阶偏导数,得

$$f_{xx}'' = 6x, \quad f_{xy}'' = -3, \quad f_{yy}'' = 6y.$$

在点 $(0,0)$ 处,$A=0$,$B=-3$,$C=0$,从而 $AC-B^2=0-9<0$,所以点 $(0,0)$ 不是极值点,因而函数 $f(x,y)$ 在点 $(0,0)$ 处没有极值.

在点 $(1,1)$ 处,$A=6$,$B=-3$,$C=6$,从而 $AC-B^2=36-9>0$ 且 $A=6>0$,所以函数 $f(x,y)$ 在点 $(1,1)$ 处取得极小值 $f(1,1)=-1$.

## 二、最大值与最小值的求法

与一元函数类似,有时要求多元函数在有界闭区域上的最大值和最小值. 尤其是在一些实际问题中,要解决类似经济效益最高、消耗材料最少等问题,这些往往可归结为多元函数的最大值或最小值问题.

我们知道,有界闭区域上的连续函数必有最大值和最小值. 此类最大值和最小值,可能在区域的内部取得,也可能在区域的边界上取得,所以只要把区域内的极值和边界上的最大值及最小值加以比较就可得到所需的最值,其中最大者为最大值,最小者为最小值.

在实际问题中,若根据问题的性质,知道函数的最大值或最小值一定在区域的内部取得,而函数在区域的内部只有一个驻点,那么可以肯定该驻点处的函数值就是函数的最大值或最小值.

**例 4**　求函数 $f(x,y)=\sqrt{2-x^2-y^2}$ 在圆域 $x^2+y^2\leqslant 1$ 上的最大值.

**解**　在圆域 $x^2+y^2\leqslant 1$ 的边界 $x^2+y^2=1$ 上,函数值为常数:

$$f(x,y) = \sqrt{2-1} = 1.$$

为了求圆域内的驻点,令

$$\begin{cases} f_x'(x,y) = -\dfrac{x}{\sqrt{2-x^2-y^2}} = 0, \\ f_y'(x,y) = -\dfrac{y}{\sqrt{2-x^2-y^2}} = 0. \end{cases}$$

解得驻点为(0,0). 该驻点处,函数值为

$$f(0,0) = \sqrt{2},$$

从而知道函数 $f(x,y)$ 在点(0,0)处取得最大值 $\sqrt{2}$.

**例 5** 设长方体内接于半径为 $a$ 的球,问: 长方体的边长各等于多少时体积最大?

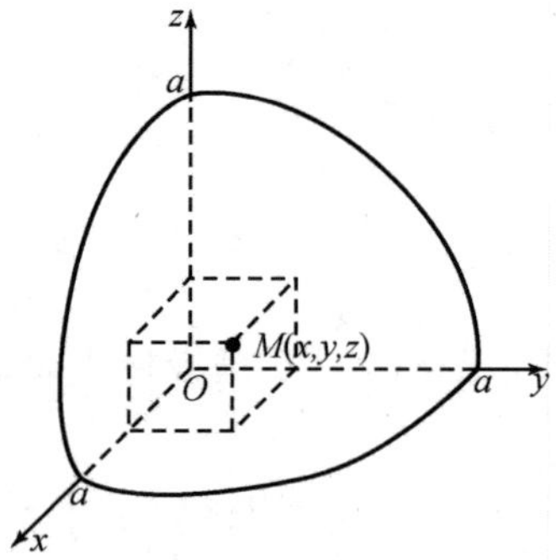


图 10-23

**解** 取球心为原点,坐标轴平行于内接长方体的棱. 由于球和长方体都具有对称性,故只需考虑第一卦限的部分(如图 10-23 所示).

设长方体的顶点为 $M(x,y,z)$,则长方体的体积为

$$V = 8xyz.$$

由于长方体内接于球,其顶点 $M(x,y,z)$ 应在球面上,所以点 $M(x,y,z)$ 满足球面方程

$$x^2 + y^2 + z^2 = a^2.$$

解出 $z = \sqrt{a^2-x^2-y^2}$,故长方体的体积为

$$V = 8xy\sqrt{a^2-x^2-y^2} \quad (x^2+y^2<a^2 \text{ 且 } x>0, y>0),$$

从而

$$\frac{\partial V}{\partial x} = 8y\sqrt{a^2-x^2-y^2} + 8xy\frac{-x}{\sqrt{a^2-x^2-y^2}} = \frac{8y(a^2-2x^2-y^2)}{\sqrt{a^2-x^2-y^2}}.$$

同理

$$\frac{\partial V}{\partial y} = \frac{8x(a^2-x^2-2y^2)}{\sqrt{a^2-x^2-y^2}}.$$

令 $\dfrac{\partial V}{\partial x}=0, \dfrac{\partial V}{\partial y}=0$,联立化简,可得

$$\begin{cases} 2x^2+y^2 = a^2, \\ x^2+2y^2 = a^2, \end{cases} \quad \text{解得} \quad x = y = \frac{\sqrt{3}a}{3}.$$

可见,在区域 $x^2+y^2<a^2$ 内有唯一的驻点 $(\sqrt{3}a/3, \sqrt{3}a/3)$,且

$$z\Big|_{(a\sqrt{3}a/3,\, a\sqrt{3}a/3)} = \sqrt{3}a/3.$$

所以,长方体的长、宽、高皆为 $2\sqrt{3}a/3$ 时体积最大.

## 三、条件极值与拉格朗日乘数法

在讨论函数 $z=f(x,y)$ 的极值时，若只限制其自变量 $x,y$ 在函数的定义域内，而无其他的条件，则称这种极值为**无条件极值**. 若对自变量 $x,y$ 除了要在函数的定义域之内，还要限制满足另外的条件，则称这种极值为**条件极值**. 例如，例 5 实际上就是求条件极值，因为是求函数 $V=8xyz$ 在条件 $x^2+y^2+z^2=a^2$ 下的极值.

在求例 5 的极值时，我们先从方程 $x^2+y^2+z^2=a^2$ 中解出 $z$，再代入 $V$ 的表达式，这是一个把条件极值转化为无条件极值的过程. 此外，我们将对条件极值不做转化而直接求解，这就是下面介绍的拉格朗日乘数法.

**拉格朗日乘数法**　要求函数 $z=f(x,y)$ 在条件 $\varphi(x,y)=0$ 下的极值，先作辅助函数

$$F(x,y)=f(x,y)+\lambda\varphi(x,y)$$

（这里 $\lambda$ 为某一常数），然后求 $F(x,y)$ 对 $x$ 与 $y$ 的一阶偏导数，并求出方程组

$$\begin{cases}F_x'(x,y)=f_x'(x,y)+\lambda\varphi_x'(x,y)=0,\\ F_y'(x,y)=f_y'(x,y)+\lambda\varphi_y'(x,y)=0,\\ \varphi(x,y)=0\end{cases}\tag{1}$$

的解 $x,y,\lambda$，则其中 $x,y$ 就是可能极值点的坐标.

**例 6**　求双曲抛物面 $z=xy$ 在平面 $x+y=1$ 上的极大值.

**解**　这个问题显然是求函数 $z=xy$ 在条件 $x+y=1$ 下的极值，用拉格朗日乘数法求解.

作函数

$$F(x,y)=xy+\lambda(x+y-1).$$

令 $F_x'(x,y)=y+\lambda=0, F_y'(x,y)=x+\lambda=0$，并与方程 $x+y=1$ 联立：

$$\begin{cases}F_x'(x,y)=y+\lambda=0,\\ F_y'(x,y)=x+\lambda=0,\\ x+y=1,\end{cases}$$

可解得

$$x=1/2,\quad y=1/2.$$

所以，驻点为 $(1/2,1/2)$. 这里只有一个驻点，故该点对应的函数值就是所求的极大值，即极大值为

$$z\Big|_{(1/2,1/2)}=1/4.$$

拉格朗日乘数法可以推广到自变量多于两个且条件多于一个的情形. 例如，要求函数 $u=f(x,y,z)$ 在条件 $\varphi(x,y,z)=0$ 和 $\psi(x,y,z)=0$ 下的极值，可先作辅助函数

$$F(x,y,z)=f(x,y,z)+\lambda_1\varphi(x,y,z)+\lambda_2\psi(x,y,z),$$

其中 $\lambda_1,\lambda_2$ 均为常数，然后求其一阶偏导数，并求出方程组

$$\begin{cases} F_x' = f_x'(x,y,z) + \lambda_1 \varphi_x'(x,y,z) + \lambda_2 \psi_x'(x,y,z) = 0, \\ F_y' = f_y'(x,y,z) + \lambda_1 \varphi_y'(x,y,z) + \lambda_2 \psi_y'(x,y,z) = 0, \\ F_z' = f_z'(x,y,z) + \lambda_1 \varphi_z'(x,y,z) + \lambda_2 \psi_z'(x,y,z) = 0, \\ \varphi(x,y,z) = 0, \\ \psi(x,y,z) = 0 \end{cases} \tag{2}$$

的解 $x,y,z$ 及 $\lambda_1,\lambda_2$,则其中 $x,y,z$ 就是函数 $f(x,y,z)$的可能极值点的坐标.

**例 7** 求表面积为 6 而体积为最大的长方体的体积.

**解** 设长方体三棱长分别为 $x,y,z$,则本题就是求函数 $V=xyz$ $(x>0,y>0,z>0)$在条件 $\varphi(x,y,z)=2(xy+xz+yz)-6=0$ 下的最大值.

构造函数

$$F(x,y,z) = xyz + \lambda[2(xy+xz+yz)-6],$$

求其对 $x,y,z$ 的偏导数,并令其等于零,且与 $\varphi(x,y,z)=0$ 联立,得

$$\begin{cases} yz + 2\lambda(y+z) = 0, \\ xz + 2\lambda(x+z) = 0, \\ xy + 2\lambda(y+x) = 0, \\ 2(xy+xz+yz) = 6. \end{cases}$$

由此方程组的第一、第二个方程分别乘以 $x$ 与 $y$,然后相减,可得 $x=y$,再由第二、第三个方程分别乘以 $y$ 与 $z$ 后相减,可得 $y=z$,从而有 $x=y=z$. 代入第四个方程,可得 $x=y=z=1$. 这就是唯一可能的极值点,所以体积的最大值只能在此点取得,且最大体积为 1.

**例 8** 设销售收入 $R$(单位:万元)与花费在两种广告宣传的费用 $x,y$(单位:万元)之间的关系为

$$R = \frac{200x}{x+5} + \frac{100y}{10+y},$$

利润额相当于五分之一的销售收入,并要扣除广告费用. 已知广告费用总预算金是 25 万元,试问:如何分配两种广告费用可使利润最大?

**解** 设利润为 $L$(单位:万元),则有

$$L = \frac{1}{5}R - x - y = \frac{40x}{x+5} + \frac{20y}{10+y} - x - y,$$

限制条件为 $x+y=25$. 这是求条件极值的问题. 令

$$F(x,y) = \frac{40x}{x+5} + \frac{20y}{10+y} - x - y + \lambda(x+y-25).$$

从方程组

$$\begin{cases} F_x' = \dfrac{200}{(x+5)^2} - 1 + \lambda = 0, \\ F_y' = \dfrac{200}{(y+10)^2} - 1 + \lambda = 0, \\ x + y = 25 \end{cases}$$

的前两个方程得

$$(x+5)^2=(y+10)^2,$$

又 $y=25-x$，解得 $x=15$，$y=10$. 根据问题本身的意义及驻点的唯一性即知，当投入两种广告的费用分别为 15 万元和 10 万元时，可使利润最大.

## 习　题　10-7

1. 求函数 $f(x,y)=x^3-y^3+3x^2+3y^2-9x$ 的极值.

2. 在第一卦限内作球面 $x^2+y^2+z^2=1$ 的切平面，使切平面与三个坐标面所围四面体的体积最小，求切点的坐标.

3. 用拉格朗日乘数法求抛物线 $y=x^2$ 与直线 $x+y+2=0$ 之间的最短距离.

4. 从斜边之长为 $l$ 的直角三角形中，求有最大周界的直角三角形.

5. 用钢板制作容积为 $V$ 的无盖长方形盒子，问：怎样选取长、宽和高，才能使用料最省？

6. 形状为椭球 $4x^2+y^2+4z^2\leqslant 16$ 的空间探测器进入地球大气层，其表面开始受热，1 小时后在探测器的点 $(x,y,z)$ 处的温度为 $T=8x^2+4yz-16z+600$，求探测器表面最热的点.

# 第十一章　多元函数积分法及其应用

在一元函数积分学中，我们已经知道，定积分表示某种特定和式的极限，其中被积函数是一元函数，积分范围是一个区间. 实际问题中往往还需要我们把定积分的概念加以推广，把被积函数从一元函数推广到多元函数，而把积分范围从数轴上的某个区间，推广到平面或空间中的区域、曲线及曲面的情形，相应地便得到多元函数的重积分、曲线积分及曲面积分的概念. 本章将介绍重积分、曲线积分及曲面积分的概念、计算方法及其在几何学与物理学中的一些应用.

## 第一节　二重积分的概念与性质

### 一、两个实例

#### 1. 曲顶柱体的体积

所谓**曲顶柱体**是指这样一种立体，它的底是 $Oxy$ 面上的闭区域 $D$，侧面是以 $D$ 的边界曲线为准线而母线平行于 $z$ 轴的柱面，顶是曲面 $z=f(x,y)$，这里假定函数 $f(x,y)$ 在 $D$ 上连续，且 $f(x,y)\geqslant 0$（如图 11-1 所示）. 此曲顶柱体也可以用点集的形式表示为

$$\{(x,y,z)\,|\,0\leqslant z\leqslant f(x,y),(x,y)\in D\}. \tag{1}$$

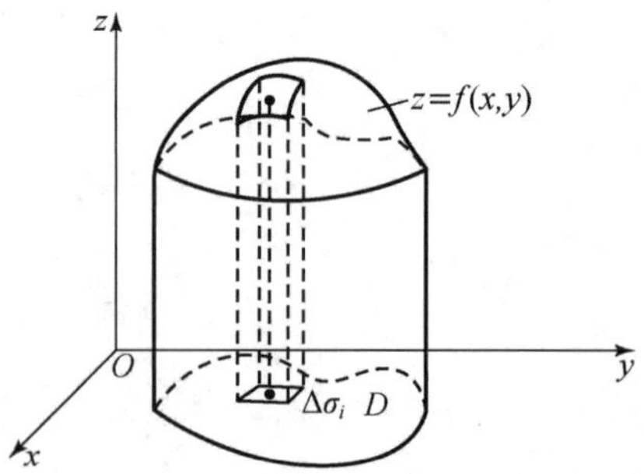


图　11-1

曲顶柱体体积
动态演示

现在计算这个曲顶柱体的体积 $V$.

我们知道，柱体的体积可以用公式

$$体积=底面积\times高$$

来计算. 由于该曲顶柱体的高，即曲顶 $z=f(x,y)$ 的竖坐标 $z$ 是变化的，因此它的体积不能按上述公式直接求得. 又注意到函数 $f(x,y)$ 在区域 $D$ 上是连续的，因而其高度在局部范围内变化

不大.完全类似于引入定积分的概念时求曲边梯形面积的方法,我们可以解决曲顶柱体的体积问题.具体做法如下:

(1) **分割**:将区域 $D$ 分成 $n$ 个小区域 $\Delta\sigma_1,\Delta\sigma_2,\cdots,\Delta\sigma_n$,仍用这些记号表示各小区域的面积.以每个小区域 $\Delta\sigma_i(i=1,2,\cdots,n)$的边界为准线作母线平行于 $z$ 轴的柱面(如图 11-1 所示),这样就把给定的柱面相应地分成 $n$ 个细长的小曲顶柱体,其体积分别记作 $\Delta V_1,\Delta V_2,\cdots,\Delta V_n$.

(2) **替代**:由于在每个小区域 $\Delta\sigma_i(i=1,2,\cdots,n)$上曲顶的高度变化不大,相应的小曲顶柱体可以近似看作柱体.在 $\Delta\sigma_i$ 上任取一点$(\xi_i,\eta_i)(i=1,2,\cdots,n)$,并以高为 $f(\xi_i,\eta_i)$,底为 $\Delta\sigma_i$ 的柱体的体积作为 $\Delta V_i$ 的近似值,便有

$$\Delta V_i \approx f(\xi_i,\eta_i)\Delta\sigma_i \quad (i=1,2,\cdots,n).$$

(3) **求和**:把 $n$ 个小柱体的体积相加,就得到所求曲顶柱体体积的近似值:

$$V \approx \sum_{i=1}^{n} f(\xi_i,\eta_i)\Delta\sigma_i.$$

(4) **取极限**:区域 $D$ 分割越细,上式右端作为所求体积的近似值,其精确度就越高.但对任何有限的分割,上述和式也只能作为 $V$ 的近似值而已,只有当 $n$ 无限增大并且当每个小区域都无限缩向一点时,上述和式的极限才是体积 $V$ 的精确值.

我们把闭区域上任意两点间的最大距离称为该区域的**直径**.以 $\lambda$ 表示 $n$ 个小区域 $\Delta\sigma_1$,$\Delta\sigma_2,\cdots,\Delta\sigma_i$ 中的最大直径,当 $\lambda\to 0$ 时,上述和式的极限就是体积 $V$ 的精确值,即

$$V = \lim_{\lambda\to 0}\sum_{i=1}^{n} f(\xi_i,\eta_i)\Delta\sigma_i.$$

**2. 平面薄片的质量**

设一质量非均匀分布的平面薄片占有 $Oxy$ 面上的区域 $D$,其面密度 $\mu=\mu(x,y)$是 $D$ 上的连续函数,求该薄片的质量 $m$.

用与上例类似的分析方法计算该薄片的质量.将区域 $D$ 分成 $n$ 个小区域 $\Delta\sigma_i(i=1,2,\cdots,n)$,其中 $\Delta\sigma_i$ 也表示该区域的面积.在 $\Delta\sigma_i$ 上任取一点$(\xi_i,\eta_i)(i=1,2,\cdots,n)$,相应地,$\Delta\sigma_i$ 上小薄片的质量 $\Delta m_i$ 用$\mu(\xi_i,\eta_i)\Delta\sigma_i$ 来近似代替(如图 11-2 所示),故有

$$\Delta m_i \approx \mu(\xi_i,\eta_i)\Delta\sigma_i \quad (i=1,2,\cdots,n).$$

把这些近似值相加,可得整个薄片质量的近似值,即

$$m \approx \sum_{i=1}^{n} \mu(\xi_i,\eta_i)\Delta\sigma_i.$$

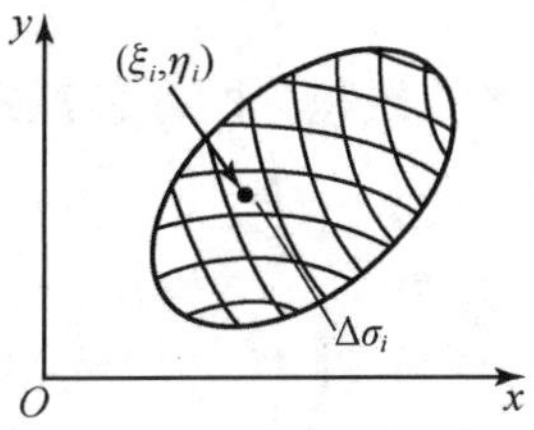


图　11-2

如果以 $\lambda$ 表示 $n$ 个小区域 $\Delta\sigma_1,\Delta\sigma_2,\cdots,\Delta\sigma_i$ 中的最大直径,则当 $\lambda\to 0$ 时,上述和式的极限就是平面薄片质量 $m$,即

$$m = \lim_{\lambda\to 0}\sum_{i=1}^{n} \mu(\xi_i,\eta_i)\Delta\sigma_i.$$

## 二、二重积分的概念

以上两例的实际意义虽然各不相同,但对问题的求解却可用相同的分析方法归结为同一类型的和式极限.这种和式极限与定积分的和式极限有着完全相同的结构,它把其中在某区间上的一元函数推广到某平面区域上的二元函数.类似的和式极限在解决平面薄片的质心、转动惯量等问题时也会遇到.为此,我们引入二重积分的概念.

**定义 1** 设函数 $z=f(x,y)$ 在有界闭区域 $D$ 上有定义.将 $D$ 任意分为 $n$ 个小区域 $\Delta\sigma_i(i=1,2,\cdots,n)$,其面积仍记作 $\Delta\sigma_i$.在每个小区域 $\Delta\sigma_i(i=1,2,\cdots,n)$ 上任取一点 $(\xi_i,\eta_i)$,并以 $\lambda$ 表示这 $n$ 个小区域中的最大直径.若和式的极限

$$\lim_{\lambda\to 0}\sum_{i=1}^{n} f(\xi_i,\eta_i)\Delta\sigma_i$$

存在,则该极限值称为函数 $f(x,y)$ 在区域 $D$ 上的**二重积分**,记作 $\iint\limits_D f(x,y)\mathrm{d}\sigma$,即

$$\iint\limits_D f(x,y)\mathrm{d}\sigma=\lim_{\lambda\to 0}\sum_{i=1}^{n} f(\xi_i,\eta_i)\Delta\sigma_i,$$

其中 $f(x,y)$ 称为**被积函数**,$x,y$ 称为**积分变量**,$D$ 称为**积分区域**,$\mathrm{d}\sigma$ 称为**面积微元**,$f(x,y)\mathrm{d}\sigma$ 称为**被积表达式**.此时,也称函数 $f(x,y)$ 在 $D$ 上**可积**.

若在定义中假定函数 $f(x,y)$ 在有界闭区域 $D$ 上连续,则可保证上述和式的极限一定存在.在本书中凡涉及二重积分的问题,我们都做这样的假定.此外,若 $f(x,y)$ 在 $D$ 上可积,则可对区域 $D$ 采取一些特殊的分法来计算二重积分的值.

根据二重积分的定义,曲顶柱体的体积 $V$ 和平面薄片的质量 $m$ 分别是曲顶函数 $f(x,y)$ 与面密度函数 $\mu(x,y)$ 在相应区域上的二重积分,即

$$V=\iint\limits_D f(x,y)\mathrm{d}\sigma,\quad m=\iint\limits_D \mu(x,y)\mathrm{d}\sigma.$$

二重积分的**几何意义**如下:

(1) 当 $f(x,y)\geqslant 0$ 时,$\iint\limits_D f(x,y)\mathrm{d}\sigma$ 表示曲顶柱体(1)的体积.

(2) 当 $f(x,y)\leqslant 0$ 时,$-\iint\limits_D f(x,y)\mathrm{d}\sigma$ 表示倒置着的曲顶柱体(1)的体积.

特别地,当 $f(x,y)\equiv 1$ 时,$\iint\limits_D 1\mathrm{d}\sigma=\iint\limits_D \mathrm{d}\sigma$ 在数值上等于平面区域 $D$ 的面积 $\sigma$,即 $\sigma=\iint\limits_D \mathrm{d}\sigma$.该公式给出用二重积分求平面图形面积的又一方法.

## 三、二重积分的性质

二重积分与定积分有完全类似的性质,现列举如下:

**性质 1**　$\iint\limits_D kf(x,y)\mathrm{d}\sigma = k\iint\limits_D f(x,y)\mathrm{d}\sigma$ ($k$ 为常数).

**性质 2**　$\iint\limits_D [f(x,y)\pm g(x,y)]\mathrm{d}\sigma = \iint\limits_D f(x,y)\mathrm{d}\sigma \pm \iint\limits_D g(x,y)\mathrm{d}\sigma$.

**性质 3**　对于二重积分 $\iint\limits_D f(x,y)$,若用曲线将积分区域 $D$ 分成若干部分,则该二重积分可表示为 $f(x,y)$ 在这若干部分上的二重积分之和.

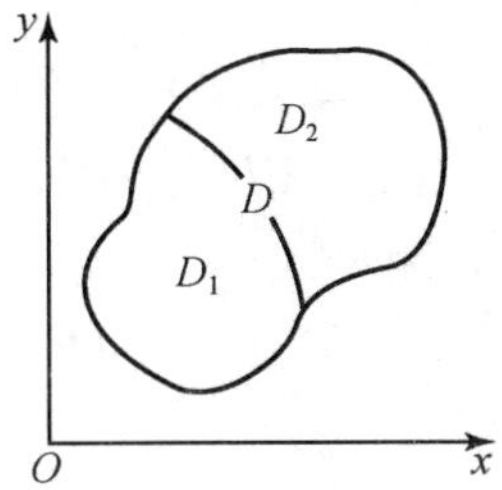

图　11-3

例如,分 $D$ 为 $D_1$ 和 $D_2$(如图 11-3 所示),有

$$\iint\limits_D f(x,y)\mathrm{d}\sigma = \iint\limits_{D_1} f(x,y)\mathrm{d}\sigma + \iint\limits_{D_2} f(x,y)\mathrm{d}\sigma.$$

如果 $z=f(x,y)$ 在 $D$ 上不是恒取定号,则可利用 $Oxy$ 面与曲面 $z=f(x,y)$ 的交线将 $D$ 分成若干部分,使在每一部分区域上 $f(x,y)$ 恒取定号,并把立于 $Oxy$ 面上方的曲顶柱体体积取正值,而把倒置于 $Oxy$ 面下方的曲顶柱体体积取负值,那么二重积分 $\iint\limits_D f(x,y)\mathrm{d}\sigma$ 就表示各部分区域上曲顶柱体体积的代数和.

**性质 4**　若在闭区域 $D$ 上 $f(x,y)\leqslant g(x,y)$,则

$$\iint\limits_D f(x,y)\mathrm{d}\sigma \leqslant \iint\limits_D g(x,y)\mathrm{d}\sigma.$$

**性质 5**　以 $M$ 和 $m$ 分别表示函数 $f(x,y)$ 在有界闭区域 $D$ 上的最大值和最小值,则

$$m\sigma \leqslant \iint\limits_D f(x,y)\mathrm{d}\sigma \leqslant M\sigma,$$

其中 $\sigma$ 是区域 $D$ 的面积.

根据这个不等式就可以利用函数的最大值和最小值估计二重积分的值.

**性质 6(二重积分中值定理)**　设函数 $f(x,y)$ 在有界闭区域 $D$ 上连续,$\sigma$ 是区域 $D$ 的面积,则在 $D$ 上至少存在一点 $(\xi,\eta)$,使得

$$\iint\limits_D f(x,y)\mathrm{d}\sigma = f(\xi,\eta)\sigma.$$

该性质的几何意义是:以 $D$ 为底,$z=f(x,y)$ 为顶的曲顶柱体的体积等于以 $f(\xi,\eta)$ 为高的同底柱体的体积.

## 习　题　11-1

1. 试用二重积分表示以下列曲面为顶,区域 $D$ 为底的曲顶柱体的体积:

(1) $z=x+2y+1$,$D$ 是矩形域:$0\leqslant x\leqslant 2, 0\leqslant y\leqslant 1$;

(2) $z=1-x^2-y^2$,$D$ 是圆域:$x^2+y^2\leqslant 1$.

2. 试用二重积分的性质比较下列二重积分的大小:

(1) $\iint\limits_D (x+y)^2 \mathrm{d}\sigma$ 与 $\iint\limits_D (x+y)^3 \mathrm{d}\sigma$,其中 $D$ 是由 $x$ 轴、$y$ 轴及直线 $x+y=1$ 所围成的闭区域.

(2) $\iint\limits_D \ln(x+y) \mathrm{d}\sigma$ 与 $\iint\limits_D [\ln(x+y)]^2 \mathrm{d}\sigma$,其中 $D$ 是矩形区域:$3 \leqslant x \leqslant 5, 0 \leqslant y \leqslant 1$.

3. 设闭区域 $D$ 关于 $y$ 轴对称(即任意$(x,y) \in D \Longrightarrow (-x,y) \in D$),试根据二重积分的几何意义说明:

(1) 若 $f(x,y)$是关于 $x$ 的奇函数,即 $f(-x,y)=-f(x,y)$,则

$$\iint\limits_D f(x,y) \mathrm{d}\sigma = 0;$$

(2) 若 $f(x,y)$是关于 $x$ 的偶函数,即 $f(-x,y)=f(x,y)$,则

$$\iint\limits_D f(x,y) \mathrm{d}\sigma = 2\iint\limits_{D_1} f(x,y) \mathrm{d}\sigma,$$

其中 $D_1$ 是区域 $D$ 位于 $y$ 轴一侧的部分.

## 第二节　二重积分的计算

设函数 $z=f(x,y)$在有界闭区域 $D$ 上连续.由于二重积分的值与积分区域 $D$ 的分法无关,下面仅就积分区域 $D$ 的一些特殊分法来计算二重积分 $\iint\limits_D f(x,y) \mathrm{d}\sigma$.

### 一、直角坐标情形

在直角坐标系中,用平行于坐标轴的直线网来划分区域 $D$,所得的小区域除靠边界者外,均为小矩形,其面积为 $\Delta\sigma_i=\Delta x_i \Delta y_i$.这时面积微元为 $\mathrm{d}\sigma=\mathrm{d}x\mathrm{d}y$.因此,直角坐标系中二重积分也常记作

$$\iint\limits_D f(x,y) \mathrm{d}x\mathrm{d}y.$$

为了导出二重积分的计算公式,先说明平面区域在直角坐标系中的表示法.

设区域 $D$ 由不等式组

$$\begin{cases} y_1(x) \leqslant y \leqslant y_2(x), \\ a \leqslant x \leqslant b \end{cases}$$

所确定(如图 11-4 所示),其特点是:穿过区域 $D$ 内部且平行于 $y$ 轴的直线与 $D$ 的边界曲线相交恰好有两个交点.称这样的积分区域为 **X 型区域**.类似地,**Y 型区域**指的是如图 11-5 所示的积分区域,可表示为

$$D: \begin{cases} x_1(y) \leqslant x \leqslant x_2(y), \\ c \leqslant y \leqslant d. \end{cases}$$

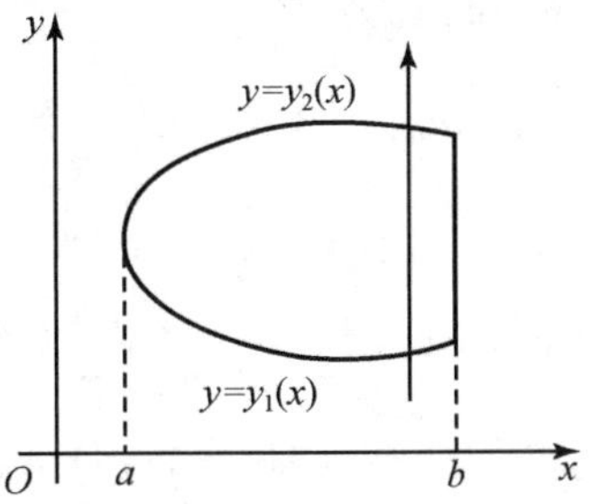


图　11-4

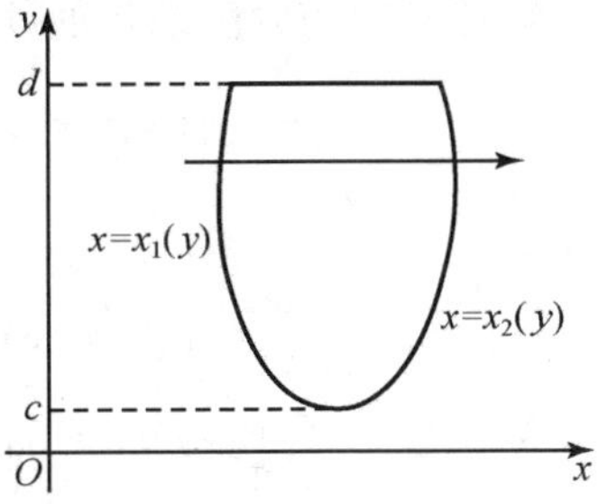


图　11-5

设非负函数 $f(x,y)$在 X 型区域 $D$：$\begin{cases} y_1(x)\leqslant y\leqslant y_2(x), \\ a\leqslant x\leqslant b \end{cases}$ 上连续，$y_1(x)$，$y_2(x)$在区间$[a,b]$上连续. 根据二重积分的几何意义，$\iint\limits_D f(x,y)\mathrm{d}x\mathrm{d}y$ 在数值上等于以区域 $D$ 为底，曲面 $z=f(x,y)$ 为顶的曲顶柱体的体积 $V$.

下面再根据微元法，利用平面切片的方法来求这个曲顶柱体的体积 $V$.

设 $x_0$ 是区间$[a,b]$上的任一定点，以平面 $x=x_0$ 截该曲顶柱体，所得的截面是一个以区间$[y_1(x_0),y_2(x_0)]$为底，$z=f(x_0,y)$为曲边的曲边梯形，见图 11-6 中斜线阴影部分，其面积为

$$A(x_0)=\int_{y_1(x_0)}^{y_2(x_0)} f(x_0,y)\mathrm{d}y.$$

于是，对于区间$[a,b]$上的任一点 $x$，过点 $x$ 且平行于 $Oyz$ 面的平面截该曲顶柱体所得截面的面积是 $x$ 的函数：

$$A(x)=\int_{y_1(x)}^{y_2(x)} f(x,y)\mathrm{d}y.$$

相应地，区间$[x,x+\mathrm{d}x]$上薄片立体体积的近似值，即所求体积的微元为 $\mathrm{d}V=A(x)\mathrm{d}x$. 以 $A(x)\mathrm{d}x$为被积表达式，在区间$[a,b]$上对 $x$ 积分就得到所求的曲顶柱体体积 $V$：

$$V=\int_a^b A(x)\mathrm{d}x=\int_a^b\left[\int_{y_1(x)}^{y_2(x)} f(x,y)\mathrm{d}y\right]\mathrm{d}x.$$

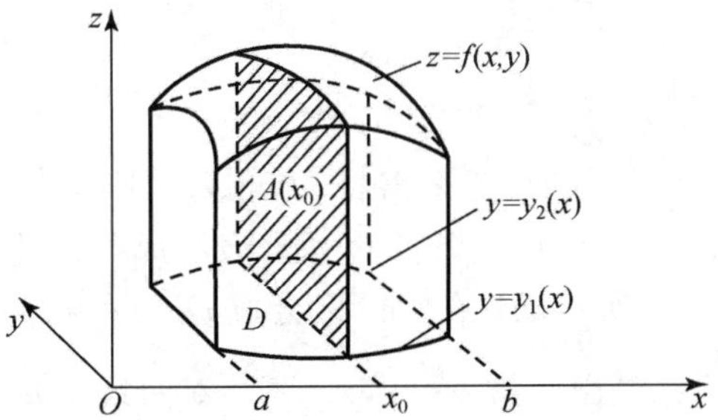


图　11-6

二重积分动态演示

由于用两种不同的方法求得的同一立体的体积应该相等,于是有

$$\iint_D f(x,y)\mathrm{d}x\mathrm{d}y=\int_a^b\left[\int_{y_1(x)}^{y_2(x)}f(x,y)\mathrm{d}y\right]\mathrm{d}x,\tag{1}$$

或记作

$$\iint_D f(x,y)\mathrm{d}x\mathrm{d}y=\int_a^b\mathrm{d}x\int_{y_1(x)}^{y_2(x)}f(x,y)\mathrm{d}y.\tag{1'}$$

这样就把函数 $f(x,y)$ 在区域 $D$ 上的二重积分化作先对 $y$、后对 $x$ 的**二次积分**,或称为**累次积分**. 对 $y$ 积分时,把 $x$ 看成常数,积分的结果是 $x$ 的函数,然后把算得的结果对 $x$ 在区间 $[a,b]$ 上求定积分.

应该注意:(1)式右端内层积分的下限总是小于上限(个别点除外). 若先对 $y$ 积分,要确定内层积分的上、下限,可作平行于 $y$ 轴且穿过积分区域内部的直线,该直线沿 $y$ 轴正向自下而上先后与曲线 $y=y_1(x)$ 及曲线 $y=y_2(x)$ 相交,其交点的纵坐标 $y_1(x)$ 与 $y_2(x)$ 依次就是内层积分的下限与上限(如图 11-4 所示).

顺便指出,公式(1)或(1′)虽然是在假定 $f(x,y)\geqslant 0$ 的条件下导出的,但上述公式对在有界闭区域 $D$ 上连续函数 $f(x,y)$ 既有正值也有负值的一般情形仍然成立.

类似地可以说明,若积分区域 $D$ 是 Y 型区域(如图 11-5 所示),即

$$D:\begin{cases}x_1(y)\leqslant x\leqslant x_2(y),\\ c\leqslant y\leqslant d,\end{cases}$$

则二重积分 $\iint\limits_D f(x,y)\mathrm{d}x\mathrm{d}y$ 可化作先对 $x$、后对 $y$ 的累次积分:

$$\iint_D f(x,y)\mathrm{d}x\mathrm{d}y=\int_c^d\left[\int_{x_1(y)}^{x_2(y)}f(x,y)\mathrm{d}x\right]\mathrm{d}y,\tag{2}$$

或记作

$$\iint_D f(x,y)\mathrm{d}x\mathrm{d}y=\int_c^d\mathrm{d}y\int_{x_1(y)}^{x_2(y)}f(x,y)\mathrm{d}x.\tag{2'}$$

如果积分区域 $D$ 既可表示为 X 型区域,又可以表示为 Y 型区域(如图 11-7 所示),则用两种不同积分次序计算其结果应该相等,即

$$\int_a^b\mathrm{d}x\int_{y_1(x)}^{y_2(x)}f(x,y)\mathrm{d}y=\int_c^d\mathrm{d}y\int_{x_1(y)}^{x_2(y)}f(x,y)\mathrm{d}x.$$

如果积分区域 $D$ 既不是 X 型区域,又不是 Y 型区域,那么需将 $D$ 分成若干部分,使得每个部分要么是 X 型区域,要么是 Y 型区域. 这样就把区域 $D$ 上的二重积分表示成我们所讨论过的部分区域上的二重积分之和. 例如,$D$ 是如图 11-8 所示的区域,把 $D$ 分成 $D_1$,$D_2$ 和 $D_3$ 即可.

**例 1** 计算二重积分 $I=\iint\limits_D\dfrac{x}{y^2}\mathrm{d}x\mathrm{d}y$,其中 $D$ 是由直线 $y=x$,$x=2$ 及双曲线 $xy=1$ 所围成的闭区域.

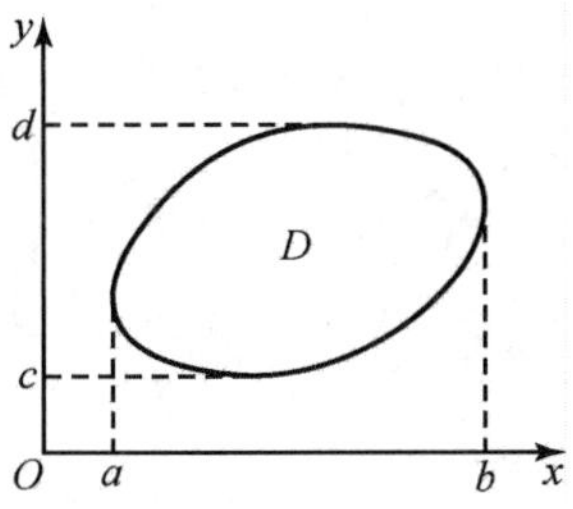


图　11-7

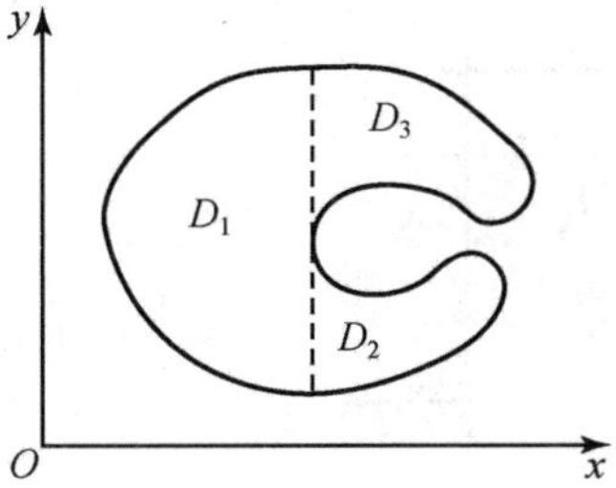


图　11-8

**解**　方法 1　画出区域 $D$,可见 $D$ 为 X 型区域(如图 11-9(a)所示):

$$D:\begin{cases}1/x \leqslant y \leqslant x,\\ 1 \leqslant x \leqslant 2.\end{cases}$$

于是

$$I=\int_1^2 \mathrm{d}x\int_{1/x}^{x} \frac{x}{y^2}\mathrm{d}y=\int_1^2 x\left[-\frac{1}{y}\right]_{1/x}^{x}\mathrm{d}x=\int_1^2 (x^2-1)\mathrm{d}x=\frac{4}{3}.$$

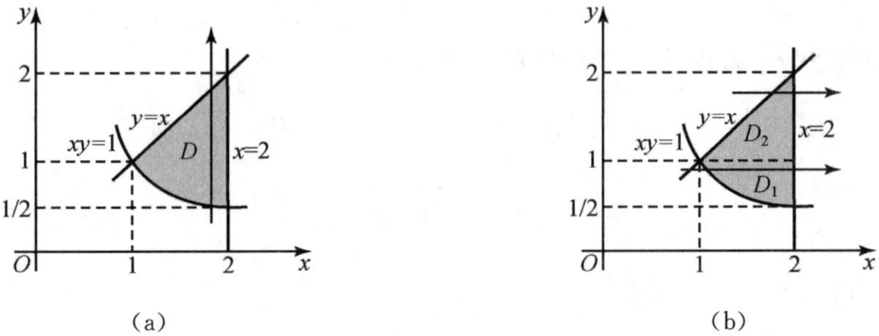


图　11-9

方法 2　先对 $x$ 积分,把 $D$ 分成 $D_1$ 和 $D_2$ 两部分(如图 11-9(b)所示),其中

$$D_1:\begin{cases}1/y \leqslant x \leqslant 2,\\ 1/2 \leqslant y \leqslant 1;\end{cases}\quad D_2:\begin{cases}y \leqslant x \leqslant 2,\\ 1 \leqslant y \leqslant 2.\end{cases}$$

此时

$$I=\iint\limits_{D_1}\frac{x}{y^2}\mathrm{d}x\mathrm{d}y+\iint\limits_{D_2}\frac{x}{y^2}\mathrm{d}x\mathrm{d}y=\int_{1/2}^{1}\mathrm{d}y\int_{1/y}^{2}\frac{x}{y^2}\mathrm{d}x+\int_1^2\mathrm{d}y\int_y^2\frac{x}{y^2}\mathrm{d}x=\frac{4}{3}.$$

这里需要计算两个定积分. 显然,方法 1 比方法 2 简单.

**例 2**　计算二重积分 $I=\iint\limits_{D} y\mathrm{e}^{xy}\mathrm{d}x\mathrm{d}y$, 其中 $D$ 是由直线 $x=2$, $y=2$ 及曲线 $xy=1$ 所围成的闭区域.

**解**　如图 11-10 所示,$D$ 既是 X 型区域,也是 Y 型区域. 先对 $x$ 积分,将 $D$ 表示成 Y 型

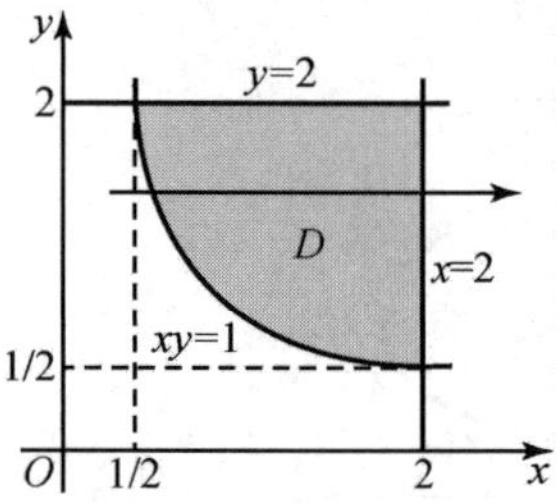


图 11-10

区域：

$$D:\begin{cases}1/y\leqslant x\leqslant 2,\\1/2\leqslant y\leqslant 2.\end{cases}$$

此时

$$I=\int_{1/2}^{2}\mathrm{d}y\int_{1/y}^{2}y\mathrm{e}^{xy}\mathrm{d}x=\int_{1/2}^{2}\left[\mathrm{e}^{xy}\right]_{1/y}^{2}\mathrm{d}y=\int_{1/2}^{2}(\mathrm{e}^{2y}-\mathrm{e})\mathrm{d}y$$

$$=\left[\frac{1}{2}\mathrm{e}^{2y}-\mathrm{e}y\right]_{1/2}^{2}=\frac{1}{2}\mathrm{e}^{4}-2\mathrm{e}.$$

若先对 $y$ 积分,则需要用到分部积分法.

**例 3** 设有两个底圆半径均为 $R$ 且其轴互相垂直的圆柱面,求这两个圆柱面所围立体的体积.

**解** 可设这两个圆柱面的方程分别为

$$x^2+y^2=R^2,\quad x^2+z^2=R^2.$$

由对称性知,所求的立体体积 $V$ 等于该立体在第一卦限部分(如图 11-11 所示)体积 $V_1$ 的 8 倍,其中 $V_1$ 是以

$$D:\begin{cases}0\leqslant y\leqslant\sqrt{R^2-x^2},\\0\leqslant x\leqslant R\end{cases}$$

为底,曲面 $z=\sqrt{R^2-x^2}$ 为顶的曲顶柱体的体积,即

$$V_1=\iint_D\sqrt{R^2-x^2}\mathrm{d}x\mathrm{d}y=\int_0^R\mathrm{d}x\int_0^{\sqrt{R^2-x^2}}\sqrt{R^2-x^2}\mathrm{d}y$$

$$=\int_0^R\sqrt{R^2-x^2}\cdot\sqrt{R^2-x^2}\mathrm{d}x=\left[R^2x-\frac{x^3}{3}\right]_0^R=\frac{2}{3}R^3.$$

故所求的立体体积为 $V=8V_1=\dfrac{16}{3}R^3$.

若先对 $x$ 积分,计算自然要复杂得多.

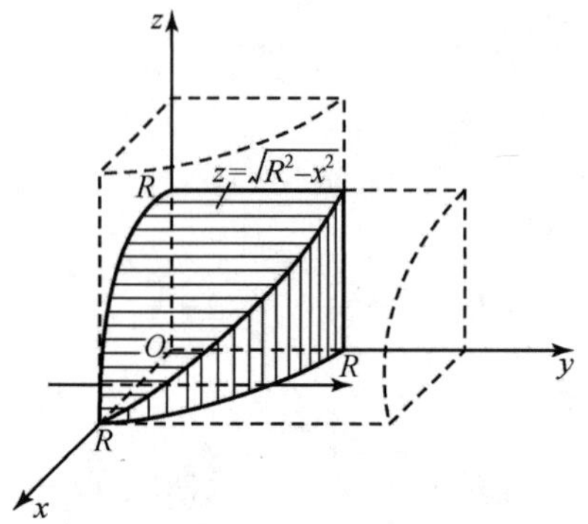


图 11-11

直交圆柱动态演示

**例 4**　计算二重积分 $I=\iint\limits_{D}\mathrm{e}^{-y^2}\mathrm{d}x\mathrm{d}y$，其中区域 $D$ 是由 $y$ 轴与直线 $y=1$，$y=x$ 所围成的闭区域.

**解**　因 $\int\mathrm{e}^{-y^2}\mathrm{d}y$ 不能用初等函数来表示，故所求二重积分不能通过先对 $y$、后对 $x$ 的累次积分来计算.

为了先对 $x$ 积分，将 $D$（如图 11-12 所示）表示为

$$D:\begin{cases}0\leqslant x\leqslant y,\\0\leqslant y\leqslant 1.\end{cases}$$

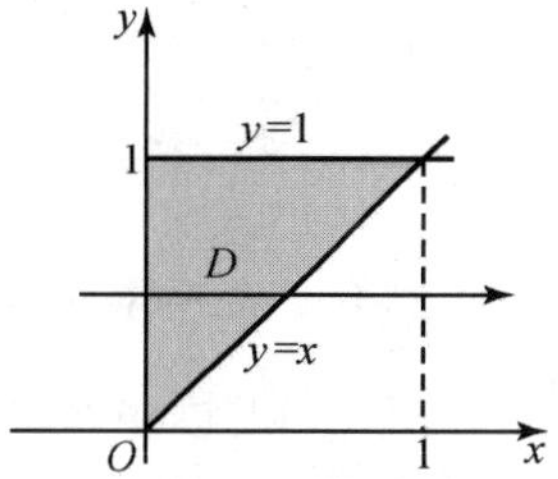

图　11-12

所以

$$I=\int_0^1\mathrm{d}y\int_0^y\mathrm{e}^{-y^2}\mathrm{d}x=\int_0^1 y\mathrm{e}^{-y^2}\mathrm{d}y$$
$$=\left[-\frac{1}{2}\mathrm{e}^{-y^2}\right]_0^1=\frac{1}{2}\left(1-\frac{1}{\mathrm{e}}\right).$$

以上各例说明，计算二重积分的难易程度与积分次序的选择有关，如果积分次序选择不当，不仅会增大计算的难度，有些甚至无法积出. 例如，对被积函数 $\mathrm{e}^{-y^2}$ 和 $\dfrac{\sin y}{y}$，若先对 $y$ 积分，则因其原函数不能用初等函数来表示而无法积出. 若按照某种给定或选取的积分次序不易积出或根本无法积出，则需要交换积分的次序.

**例 5**　计算：$\iint\limits_{D}\sqrt{|y-x^2|}\,\mathrm{d}x\mathrm{d}y$，其中 $D$：$-1\leqslant x\leqslant 1,0\leqslant y\leqslant 2$.

**解**　曲线 $y=x^2$ 将 $D$（如图 11-13 所示）划分为两部分：$D_1\cup D_2$，$D_3\cup D_4$，且 $D$ 关于 $y$ 轴对称，被积函数关于 $x$ 是偶函数，于是有

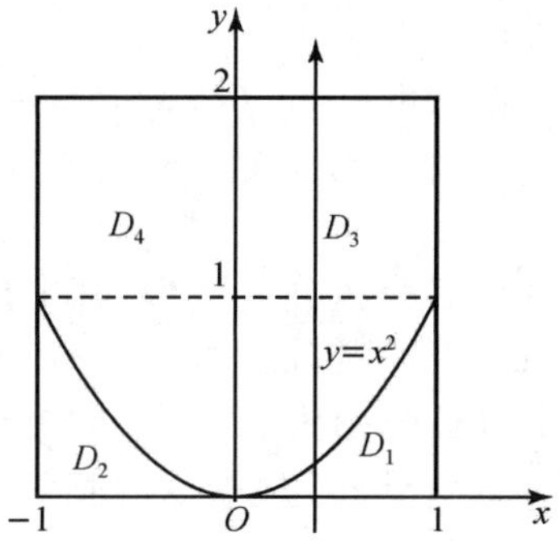

图　11-13

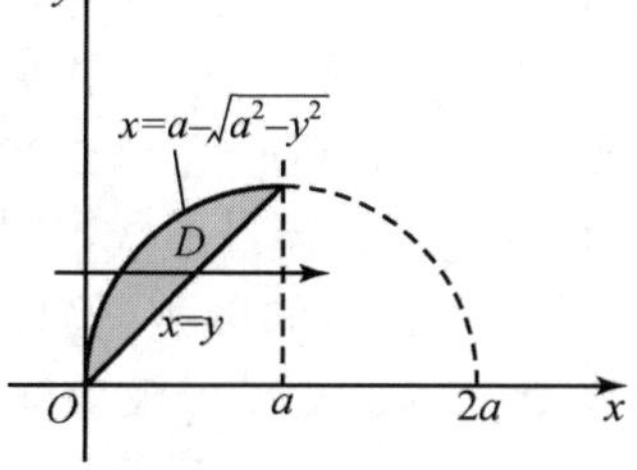

图　11-14

$$\begin{aligned}\iint\limits_D \sqrt{|y-x^2|}\,dxdy &= 2\iint\limits_{D_1}\sqrt{|y-x^2|}\,dxdy + 2\iint\limits_{D_3}\sqrt{|y-x^2|}\,dxdy \\ &= 2\int_0^1 dx\int_0^{x^2}\sqrt{x^2-y}\,dy + 2\int_0^1 dx\int_{x^2}^2\sqrt{y-x^2}\,dy \\ &= 2\int_0^1\left[-\frac{2}{3}(x^2-y)^{\frac{3}{2}}\right]_0^{x^2}dx + 2\int_0^1\left[\frac{2}{3}(y-x^2)^{\frac{3}{2}}\right]_{x^2}^2 dx \\ &= \frac{4}{3}\int_0^1 x^3\,dx + \frac{4}{3}\int_0^1(2-x^2)^{\frac{3}{2}}dx = \frac{5}{3}+\frac{\pi}{2}.\end{aligned}$$

**例 6** 交换累次积分 $I=\int_0^a dx\int_x^{\sqrt{2ax-x^2}} f(x,y)dy\ (a>0)$ 的积分次序.

**解** (1) 按原积分次序把积分区域 $D$ 表示为

$$D:\begin{cases}x\leqslant y\leqslant\sqrt{2ax-x^2},\\ 0\leqslant x\leqslant a;\end{cases}$$

(2) 画出积分区域 $D$,如图 11-14 所示;

(3) 把积分区域 $D$ 表示为 Y 型区域:

$$D:\begin{cases}a-\sqrt{a^2-y^2}\leqslant x\leqslant y,\\ 0\leqslant y\leqslant a;\end{cases}$$

(4) 把原积分表示成先对 $x$、后对 $y$ 的累次积分:

$$I=\int_0^a dy\int_{a-\sqrt{a^2-y^2}}^{y} f(x,y)dx.$$

## 二、极坐标情形

考虑二重积分 $\iint\limits_D e^{-x^2-y^2}dxdy$,其中 $D=\{(x,y)\,|\,x^2+y^2\leqslant a^2\}$. 在直角坐标系下,无论是先对 $x$ 积分,还是先对 $y$ 积分,这个二重积分都无法积出. 注意到被积函数 $f(x,y)=e^{-x^2-y^2}$ 具有形如 $g(x^2+y^2)$ 的特点,积分区域又是中心在原点的圆域,此时利用极坐标计算则比较简单.

下面介绍二重积分在极坐标系中的计算方法.

用中心在原点的一族同心圆和自极点出发的一族射线划分积分区域 $D$,其中典型小区域 $\Delta\sigma$ 由半径为 $r$ 和 $r+\Delta r$ 的圆弧曲线与极角为 $\theta$ 和 $\theta+\Delta\theta$ 的射线所围成(如图 11-15 所示). 如果分割充分细小,这个小区域的面积(仍以 $\Delta\sigma$ 表示)可以用边长分别为 $r\Delta\theta,\Delta r$ 的矩形面积来近似代替,即 $\Delta\sigma\approx r\Delta r\Delta\theta$,于是可得极坐标系下的面积微元 $d\sigma=rdrd\theta$. 根据点的直角坐标与极坐标间的关系

$$x=r\cos\theta,\quad y=r\sin\theta,$$

把 $f(x,y)$ 中的 $x,y$ 分别换成 $r\cos\theta,r\sin\theta$ 即可把 $\iint\limits_D f(x,y)d\sigma$ 化成极坐标系中的二重积分:

$$\iint\limits_{D} f(x,y)\mathrm{d}\sigma=\iint\limits_{D} f(r\cos\theta,r\sin\theta)r\mathrm{d}r\mathrm{d}\theta.$$

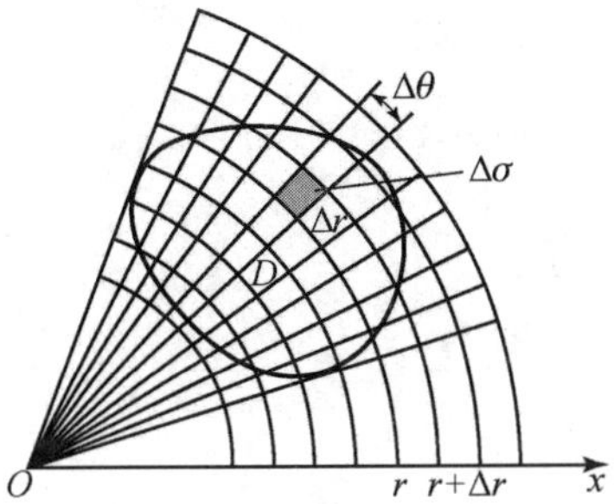


图　11-15

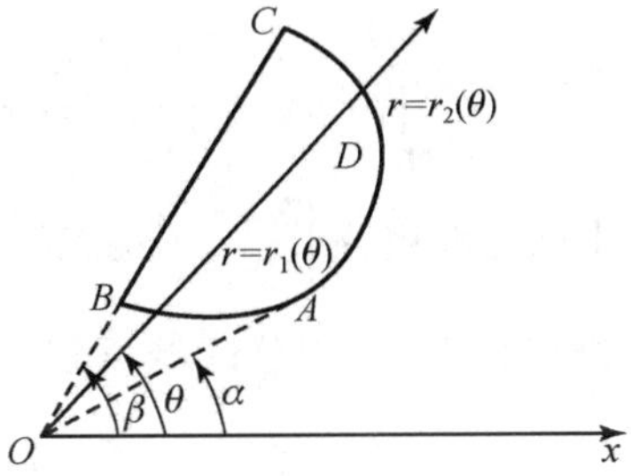


图　11-16

下面就积分区域的各种不同情形说明如何把极坐标系中的二重积分化成先对 $r$、后对 $\theta$ 的累次积分.

假定自极点出发而穿过积分区域 $D$ 内部的射线与区域 $D$ 的边界曲线恰好相交于两点.

(1) 极点在积分区域 $D$ 之外(如图 11-16 所示),自极点出发作穿过区域内部的射线,该射线先后与曲线弧 $\overset{\frown}{AB}$：$r=r_1(\theta)$和曲线弧 $\overset{\frown}{AC}$：$r=r_2(\theta)$相交,此时积分区域表示为

$$D:\begin{cases}r_1(\theta)\leqslant r\leqslant r_2(\theta),\\ \alpha\leqslant\theta\leqslant\beta,\end{cases}$$

故有
$$\iint\limits_{D} f(r\cos\theta,r\sin\theta)r\mathrm{d}r\mathrm{d}\theta=\int_{\alpha}^{\beta}\mathrm{d}\theta\int_{r_1(\theta)}^{r_2(\theta)} f(r\cos\theta,r\sin\theta)r\mathrm{d}r.$$

(2) 极点在积分区域 $D$ 的边界上(如图 11-17 所示),且积分区域为

$$D:\begin{cases}0\leqslant r\leqslant r(\theta),\\ \alpha\leqslant\theta\leqslant\beta,\end{cases}$$

此时
$$\iint\limits_{D} f(r\cos\theta,r\sin\theta)r\mathrm{d}r\mathrm{d}\theta=\int_{\alpha}^{\beta}\mathrm{d}\theta\int_{0}^{r(\theta)} f(r\cos\theta,r\sin\theta)r\mathrm{d}r.$$

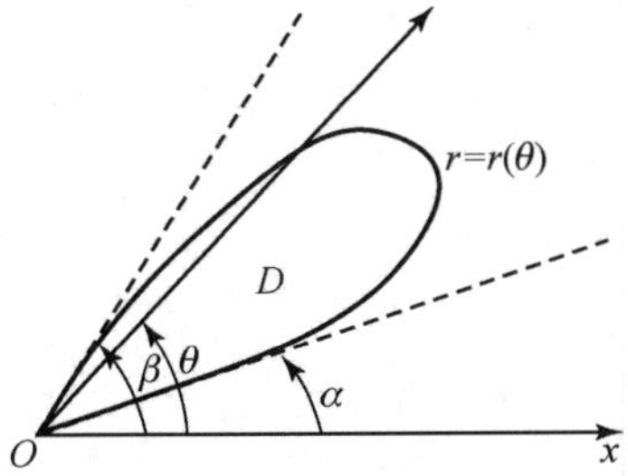


图　11-17

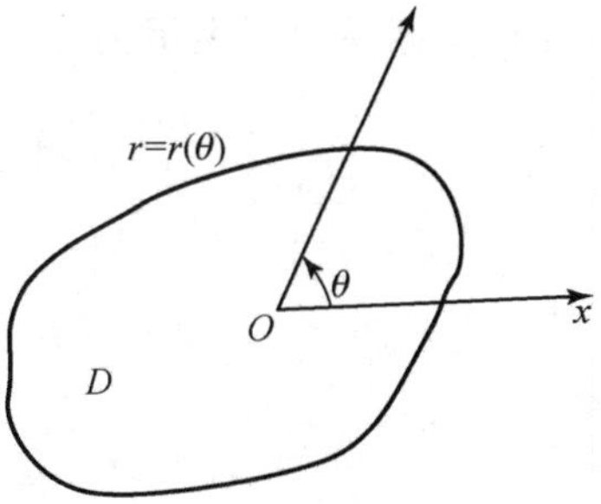


图　11-18

(3) 极点在积分区域 $D$ 的内部(如图 11-18 所示),且积分区域为

$$D:\begin{cases}0\leqslant r\leqslant r(\theta),\\0\leqslant\theta\leqslant 2\pi,\end{cases}$$

此时
$$\iint_D f(r\cos\theta,r\sin\theta)r\mathrm{d}r\mathrm{d}\theta=\int_0^{2\pi}\mathrm{d}\theta\int_0^{r(\theta)}f(r\cos\theta,r\sin\theta)r\mathrm{d}r.$$

**例 7** 计算二重积分 $\iint\limits_D \mathrm{e}^{-x^2-y^2}\mathrm{d}\sigma$,其中 $D$:$x^2+y^2\leqslant a^2$.

**解** 在极坐标系中,积分区域可表示为

$$D:\begin{cases}0\leqslant r\leqslant a,\\0\leqslant\theta\leqslant 2\pi,\end{cases}$$

而被积函数为 $\mathrm{e}^{-x^2-y^2}=\mathrm{e}^{-r^2}$,所以

$$\iint_D \mathrm{e}^{-x^2-y^2}\mathrm{d}\sigma=\iint_D \mathrm{e}^{-r^2}r\mathrm{d}r\mathrm{d}\theta=\int_0^{2\pi}\mathrm{d}\theta\int_0^a r\mathrm{e}^{-r^2}\mathrm{d}r=2\pi\Big[-\frac{1}{2}\mathrm{e}^{-r^2}\Big]_0^a=\pi(1-\mathrm{e}^{-a^2}).\tag{3}$$

这样,利用极坐标系就把一个在直角坐标系中无法积出的二重积分轻而易举地积出来了.

在(3)式中,令 $a\to+\infty$,可得

$$\iint_D \mathrm{e}^{-x^2-y^2}\mathrm{d}\sigma=\lim_{a\to+\infty}\pi(1-\mathrm{e}^{-a^2})=\pi,\tag{4}$$

其中区域 $D$ 在极坐标系下可表示为

$$D:\begin{cases}0\leqslant r\leqslant +\infty,\\0\leqslant\theta\leqslant 2\pi.\end{cases}$$

现在利用(4)式的结果来计算广义积分 $I=\int_{-\infty}^{+\infty}\mathrm{e}^{-x^2}\mathrm{d}x$.

先计算 $I^2$. 因为

$$\begin{aligned}I^2&=\Big(\int_{-\infty}^{+\infty}\mathrm{e}^{-x^2}\mathrm{d}x\Big)\Big(\int_{-\infty}^{+\infty}\mathrm{e}^{-y^2}\mathrm{d}y\Big)=\int_{-\infty}^{+\infty}\Big(\int_{-\infty}^{+\infty}\mathrm{e}^{-y^2}\mathrm{d}y\Big)\mathrm{e}^{-x^2}\mathrm{d}x\\&=\int_{-\infty}^{+\infty}\Big(\int_{-\infty}^{+\infty}\mathrm{e}^{-x^2}\cdot\mathrm{e}^{-y^2}\mathrm{d}y\Big)\mathrm{d}x=\iint_D \mathrm{e}^{-x^2-y^2}\mathrm{d}\sigma,\end{aligned}$$

其中区域 $D$ 在极坐标系中可表示为

$$D:\begin{cases}0\leqslant r\leqslant +\infty,\\0\leqslant\theta\leqslant 2\pi,\end{cases}$$

于是有

$$I^2=\iint_D \mathrm{e}^{-x^2-y^2}\mathrm{d}\sigma=\pi.$$

所以

$$I=\int_{-\infty}^{+\infty}\mathrm{e}^{-x^2}\mathrm{d}x=\sqrt{\pi}\quad 或\quad \int_0^{+\infty}\mathrm{e}^{-x^2}\mathrm{d}x=\frac{\sqrt{\pi}}{2}.$$

**例 8**　求球面 $x^2+y^2+z^2=a^2$ 与圆柱面 $x^2+y^2=ax(a>0)$ 所围成立体(圆柱面内部分)的体积.

**解**　由对称性知所求的立体体积为 $V=4V_1$，其中 $V_1$ 是该立体位于第一卦限部分的体积. 在第一卦限部分的立体是以区域 $D$：$x^2+y^2\leqslant ax\ (y>0)$ 为底，球面 $z=\sqrt{a^2-x^2-y^2}$ 为顶的曲顶柱体(如图 11-19 所示).

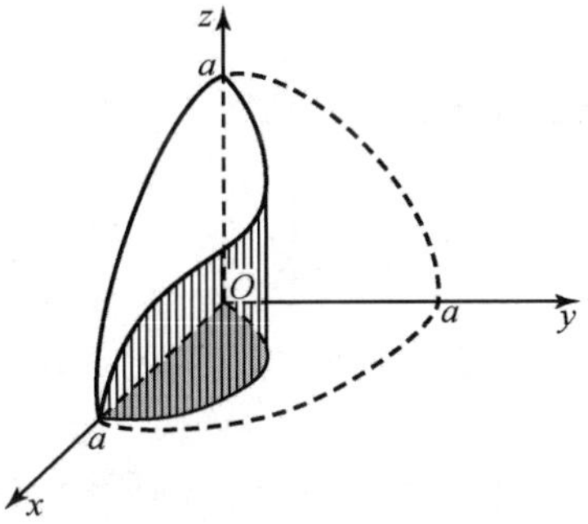


图　11-19

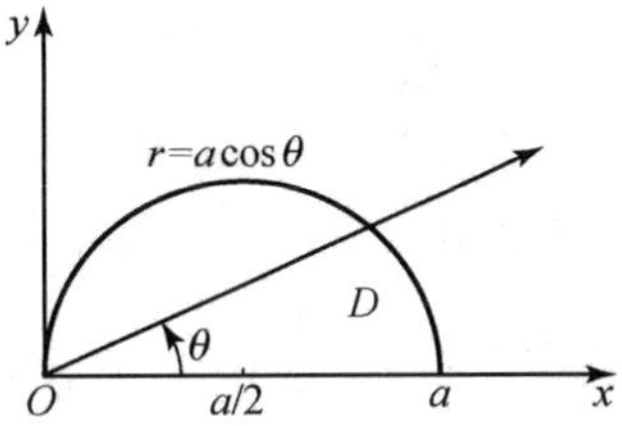


图　11-20

在极坐标系中，区域 $D$ (如图 11-20 所示)可以表示为

$$D:\begin{cases}0\leqslant r\leqslant a\cos\theta,\\ 0\leqslant\theta\leqslant\pi/2,\end{cases}$$

从而有

$$V_1=\iint\limits_D\sqrt{a^2-x^2-y^2}\,\mathrm{d}\sigma=\iint\limits_D\sqrt{a^2-r^2}\,r\mathrm{d}r\mathrm{d}\theta=\int_0^{\pi/2}\mathrm{d}\theta\int_0^{a\cos\theta}\sqrt{a^2-r^2}\,r\mathrm{d}r$$

$$=\frac{1}{3}a^3\int_0^{\pi/2}(1-\sin^3\theta)\mathrm{d}\theta=\frac{1}{3}a^3\left(\frac{\pi}{2}-\frac{2}{3}\right),$$

于是所求的立体体积为 $V=\dfrac{4}{3}a^3\left(\dfrac{\pi}{2}-\dfrac{2}{3}\right)$.

## 习　题　11-2

1. 按照两种不同次序，把二重积分 $I=\iint\limits_D f(x,y)\mathrm{d}\sigma$ 化为累次积分，其中积分区域 $D$ 如下：

(1) $D$ 是由直线 $x+y=1$，$x-y=1$ 及 $y$ 轴所围成的闭区域；

(2) $D$ 是由直线 $y=x$，$y=2x$，$x=1$ 及 $x=2$ 所围成的闭区域；

(3) $D$ 是由抛物线 $y=x^2$ 与 $y=4-x^2$ 所围成的闭区域；

(4) $D$ 是由双曲线 $y=\dfrac{1}{x}$ 与直线 $y=x$，$x=2$，$y=0$ 所围成的闭区域；

(5) $D=\{(x,y)\mid x^2+y^2\leqslant a^2,y\geqslant 0\}$.

2. 改变下列累次积分的积分次序：

(1) $I=\int_0^1 dx\int_x^{\sqrt{x}} f(x,y)dy$；　　(2) $I=\int_{-\sqrt{2}}^{\sqrt{2}} dx\int_0^{\sqrt{2-x^2}} f(x,y)dy$；

(3) $I=\int_{-1}^2 dy\int_{y^2}^{y+2} f(x,y)dx$；　　(4) $I=\int_0^2 dy\int_{y/2}^{y} f(x,y)dx+\int_2^4 dy\int_{y/2}^{2} f(x,y)dx$.

3. 计算下列二重积分：

(1) $\iint\limits_D e^{x+y}dxdy$,其中 $D$ 为正方形域：$0\leqslant x\leqslant 1,0\leqslant y\leqslant 1$；

(2) $\iint\limits_D |y-x^2|dxdy$,其中 $D$ 为矩形域：$-1\leqslant x\leqslant 1,0\leqslant y\leqslant 1$；

(3) $\iint\limits_D \cos(x+y)dxdy$,其中 $D$ 是由直线 $y=x,y=\pi$ 及 $y$ 轴所围成的闭区域；

(4) $\iint\limits_D \sqrt{1-x^2}dxdy$,其中 $D$ 是由单位圆周 $x^2+y^2=1$ 上半部分与 $x$ 轴所围成的闭区域；

(5) $\iint\limits_D e^{y^2}dxdy$,其中 $D$ 是由直线 $y=x,y=2x$ 及 $y=1$ 所围成的闭区域；

(6) $\iint\limits_D \frac{\sin y}{y}dxdy$,其中 $D$ 是由直线 $y=x$ 与抛物线 $x=y^2$ 所围成的闭区域.

4. 设二重积分 $\iint\limits_D f(x,y)dxdy$ 中被积函数 $f(x,y)=f_1(x)f_2(y)$,积分区域 $D$：$a\leqslant x\leqslant b$，$c\leqslant y\leqslant d$,试证：

$$\iint\limits_D f_1(x)f_2(y)dxdy=\left[\int_a^b f_1(x)dx\right]\left[\int_c^d f_2(y)dy\right].$$

5. 将二重积分 $\iint\limits_D f(x,y)d\sigma$ 化为极坐标系中的累次积分,其中积分区域 $D$ 如下：

(1) $D$：$x^2+y^2\leqslant a^2\ (a>0)$；　(2) $D$：$x^2+y^2\leqslant ax\ (a>0)$；

(3) $D$：$x^2+y^2\leqslant 2y$；　(4) $D$ 是由直线 $y=x$ 与抛物线 $y=x^2$ 所围成的闭区域.

6. 把下列累次积分化为极坐标系中的累次积分：

(1) $\int_0^a dx\int_0^{\sqrt{a^2-x^2}} f(x^2+y^2)dy$；　　(2) $\int_0^{\sqrt{2}/2} dx\int_x^{\sqrt{1-x^2}} f(x,y)dy$.

7. 利用极坐标计算下列二重积分：

(1) $\iint\limits_D x\,d\sigma$,其中 $D$ 为圆域 $x^2+y^2\leqslant a^2\ (a>0)$ 在第一象限的部分；

(2) $\iint\limits_D \ln(1+x^2+y^2)d\sigma$,其中 $D=\{(x,y)\mid x^2+y^2\leqslant 1,x\geqslant 0,y\geqslant 0\}$；

(3) $\iint\limits_D \sin\sqrt{x^2+y^2}\,\mathrm{d}\sigma$，其中 $D$ 是环形域：$\pi^2 \leqslant x^2+y^2 \leqslant 4\pi^2$.

8. 计算以圆域 $x^2+y^2 \leqslant ax\ (a>0)$ 为底，曲面 $z=x^2+y^2$ 为顶的曲顶柱体的体积.

## 第三节　二重积分的应用

在一元微积分中，我们曾用定积分的微元法解决具有可加性的非均匀分布整体量的计算问题. 把这种方法推广到二重积分，就可利用二重积分的微元法解决一些实际问题.

设所求量 $I$ 是分布在平面区域 $D$ 上的非均匀分布整体量. 如果 $I$ 对区域 $D$ 具有可加性，那么可以把区域 $D$ 分成许多小区域，并在 $D$ 内任取一个直径很小的典型区域 $\Delta\sigma$，其面积为 $\mathrm{d}\sigma$. 相应于 $\Delta\sigma$ 上部分量的近似值，即所求量 $I$ 的微元 $\mathrm{d}I$，若能表示为 $f(x,y)\mathrm{d}\sigma$，其中 $(x,y)\in\Delta\sigma$，则以 $f(x,y)\mathrm{d}\sigma$ 为被积表达式，在区域 $D$ 上的二重积分就是所求量 $I$，即

$$I=\iint\limits_D f(x,y)\,\mathrm{d}\sigma.$$

### 一、曲面的面积

设曲面 $\Sigma$：$z=f(x,y)$ 在 $Oxy$ 面上的投影区域为 $D_{xy}$，函数 $f(x,y)$ 在 $D_{xy}$ 上具有连续偏导数. 现求该曲面的面积 $A$.

在区域 $D_{xy}$ 内任取一直径很小的典型区域 $\Delta\sigma$，其面积为 $\mathrm{d}\sigma$. 在 $\Delta\sigma$ 内任取一点 $P(x,y)$，相应地，曲面 $\Sigma$ 上有一点 $M(x,y,f(x,y))$. 由偏导数连续知曲面 $\Sigma$ 在点 $M$ 处具有切平面 $\pi$（如图 11-21 所示）. 在点 $M$ 处取指向朝上的法线向量 $\{-f'_x,-f'_y,1\}$，并设它与 $z$ 轴正向（其方向向量可取作 $\{0,0,1\}$）的夹角为 $\gamma\ (0\leqslant\gamma\leqslant\pi/2)$，则

$$\cos\gamma=\frac{1}{\sqrt{1+f'^2_x+f'^2_y}}.$$

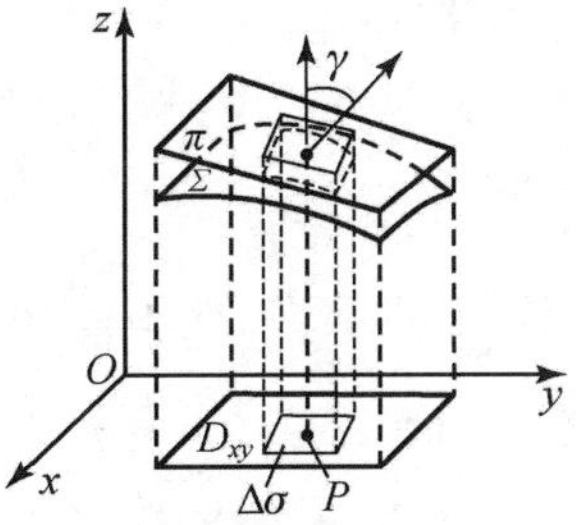


**图　11-21**

以区域 $\Delta\sigma$ 的边界曲线为准线作母线平行于 $z$ 轴的柱面,这个柱面截曲面 $\Sigma$ 得一小块曲面,截切平面得一小块平面(如图 11-21 所示).由于 $\Delta\sigma$ 的直径很小,因而小块曲面的面积可以用小块平面的面积来近似代替.又注意到曲面 $\Sigma$ 在点 $M$ 处的切平面与 $Oxy$ 面的夹角就是 $\gamma$,据此可得小块切平面的面积为 $\dfrac{\mathrm{d}\sigma}{\cos\gamma}$,于是曲面 $\Sigma$ 的面积微元为

$$\mathrm{d}A=\sqrt{1+f_x'^2+f_y'^2}\,\mathrm{d}\sigma.$$

以它为被积表达式,在区域 $D_{xy}$ 上做二重积分,可得曲面 $\Sigma$ 的面积计算公式

$$A=\iint_{D_{xy}}\mathrm{d}A=\iint_{D_{xy}}\sqrt{1+f_x'^2+f_y'^2}\,\mathrm{d}\sigma \quad 或 \quad A=\iint_{D_{xy}}\sqrt{1+\left(\frac{\partial z}{\partial x}\right)^2+\left(\frac{\partial z}{\partial y}\right)^2}\,\mathrm{d}x\mathrm{d}y.$$

若曲面 $\Sigma$ 由方程 $x=g(y,z)$ 或 $y=h(z,x)$ 给出,与上述情形类似地讨论可得相应的曲面 $\Sigma$ 的面积计算公式

$$A=\iint_{D_{yz}}\sqrt{1+\left(\frac{\partial x}{\partial y}\right)^2+\left(\frac{\partial x}{\partial z}\right)^2}\,\mathrm{d}y\mathrm{d}z \quad 或 \quad A=\iint_{D_{zx}}\sqrt{1+\left(\frac{\partial y}{\partial z}\right)^2+\left(\frac{\partial y}{\partial x}\right)^2}\,\mathrm{d}z\mathrm{d}x,$$

其中 $D_{yz}$ 和 $D_{zx}$ 分别是曲面 $\Sigma$ 在 $Oyz$ 面和 $Ozx$ 面上的投影区域.

**例 1** 求球面 $x^2+y^2+z^2=a^2$ 含于柱面 $x^2+y^2=ay$ $(a>0)$ 内的曲面面积.

**解** 由对称性知,所求的曲面面积为 $A=4A_1$,其中 $A_1$ 是该曲面在第一卦限部分(图 11-22 中画圆弧曲线的阴影部分)的面积.

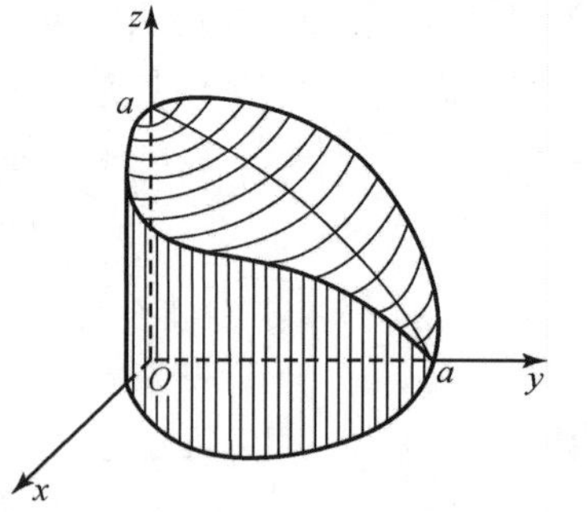


**图 11-22**

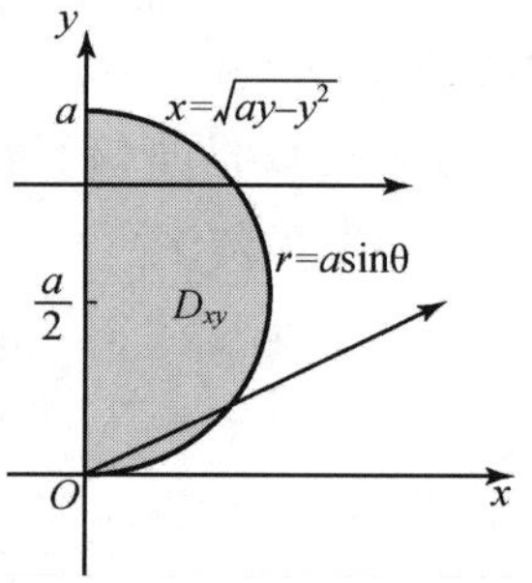


**图 11-23**

在第一卦限的球面方程为 $z=\sqrt{a^2-x^2-y^2}$,其中面积 $A_1$ 对应的部分球面在 $Oxy$ 面上的投影区域(如图 11-23 所示)可表示为

$$D_{xy}:\begin{cases}0\leqslant x\leqslant\sqrt{ay-y^2},\\0\leqslant y\leqslant a.\end{cases}$$

由

$$\frac{\partial z}{\partial x}=\frac{-x}{\sqrt{a^2-x^2-y^2}},\quad \frac{\partial z}{\partial y}=\frac{-y}{\sqrt{a^2-x^2-y^2}}$$

得球面的面积微元

$$\mathrm{d}A=\sqrt{1+\left(\frac{-x}{\sqrt{a^2-x^2-y^2}}\right)^2+\left(\frac{-y}{\sqrt{a^2-x^2-y^2}}\right)^2}\mathrm{d}x\mathrm{d}y=\frac{a}{\sqrt{a^2-x^2-y^2}}\mathrm{d}x\mathrm{d}y.$$

又区域 $D_{xy}$ 在极坐标系中可表示为

$$D_{xy}:\begin{cases}0\leqslant r\leqslant a\sin\theta,\\ 0\leqslant\theta\leqslant\pi/2,\end{cases}$$

故所求的面积为

$$\begin{aligned}A&=4\iint\limits_{D_{xy}}\frac{a}{\sqrt{a^2-x^2-y^2}}\mathrm{d}x\mathrm{d}y=4a\int_0^{\pi/2}\mathrm{d}\theta\int_0^{a\sin\theta}\frac{r}{\sqrt{a^2-r^2}}\mathrm{d}r\\&=4a\int_0^{\pi/2}\left[-\sqrt{a^2-r^2}\right]_0^{a\sin\theta}\mathrm{d}\theta=4a^2\int_0^{\pi/2}(1-\cos\theta)\mathrm{d}\theta=4a^2\left(\frac{\pi}{2}-1\right).\end{aligned}$$

## 二、平面薄片的质心

设一质点系由 $n$ 个质点组成，各质点的质量分别为 $m_1,m_2,\cdots,m_n$，其中第 $i$ $(i=1,2,\cdots,n)$ 个质点位于 $Oxy$ 面的点 $P_i(x_i,y_i)$ 处，此时把这 $n$ 个质点对 $x$ 轴和 $y$ 轴的静力矩之和

$$M_x=\sum_{i=1}^n m_iy_i,\quad M_y=\sum_{i=1}^n m_ix_i$$

分别称为该质点系对 $x$ 轴和 $y$ 轴的**静力矩**.

设想把质点系中各质点的全部质量 $m=\sum\limits_{i=1}^n m_i$ 集中到点 $(\bar{x},\bar{y})$ 处，使质量为 $m$，并且位于点 $(\bar{x},\bar{y})$ 处的质点对各坐标轴的静力矩等于质点系对相应坐标轴的静力矩. 此时，把点 $(\bar{x},\bar{y})$ 称为质点系的**质心**，其坐标分别为

$$\bar{x}=\frac{M_y}{m}=\frac{\sum\limits_{i=1}^n m_ix_i}{\sum\limits_{i=1}^n m_i},\quad \bar{y}=\frac{M_x}{m}=\frac{\sum\limits_{i=1}^n m_iy_i}{\sum\limits_{i=1}^n m_i}.$$

设一平面薄片占有 $Oxy$ 面上的闭区域 $D$，其上任意一点 $(x,y)$ 处的面密度为 $\mu(x,y)$，且 $\mu(x,y)$ 在 $D$ 上连续. 下面用微元法来求该薄片的质心坐标.

在区域 $D$ 上任取一个直径很小的典型区域 $\Delta\sigma$，其面积为 $\mathrm{d}\sigma$，并在 $\Delta\sigma$ 上任取一点 $(x,y)$. 由假设知，该薄片相应于 $\Delta\sigma$ 部分的质量的近似值，即该薄片质量的微元为 $\mathrm{d}m=\mu(x,y)\mathrm{d}\sigma$. 设想把这部分质量集中到点 $(x,y)$ 处，于是可得该薄片对 $x$ 轴和 $y$ 轴的静力矩微元分别为

$$\mathrm{d}M_y=x\mu(x,y)\mathrm{d}\sigma,\quad \mathrm{d}M_x=y\mu(x,y)\mathrm{d}\sigma.$$

以这些微元为被积表达式,在区域 $D$ 上做二重积分可得该薄片的质量 $m$ 以及它对 $x$ 轴和 $y$ 轴的静力矩 $M_x$ 和 $M_y$:

$$m=\iint_D \mu(x,y)\mathrm{d}\sigma,\quad M_x=\iint_D y\mu(x,y)\mathrm{d}\sigma,\quad M_y=\iint_D x\mu(x,y)\mathrm{d}\sigma.$$

于是,该薄片的质心坐标为

$$\bar{x}=\frac{M_y}{m}=\frac{\iint_D x\mu(x,y)\mathrm{d}\sigma}{\iint_D \mu(x,y)\mathrm{d}\sigma},\quad \bar{y}=\frac{M_x}{m}=\frac{\iint_D y\mu(x,y)\mathrm{d}\sigma}{\iint_D \mu(x,y)\mathrm{d}\sigma}.$$

对于质量均匀分布的平面薄片,因密度 $\mu(x,y)$ 为常数,根据积分性质易知其质心坐标为

$$\bar{x}=\frac{1}{\sigma}\iint_D x\,\mathrm{d}\sigma,\quad \bar{y}=\frac{1}{\sigma}\iint_D y\,\mathrm{d}\sigma,$$

其中 $\sigma=\iint_D \mathrm{d}\sigma$ 为区域 $D$ 的面积. 此时,薄片质心只与它的形状有关,因此也把均匀薄片的质心称为**形心**.

注意到形心坐标中二重积分的被积函数分别是关于 $x$ 和关于 $y$ 的奇函数,所以积分区域 $D$ 关于 $y$ 轴对称时 $\bar{x}=0$,积分区域 $D$ 关于 $x$ 轴对称时 $\bar{y}=0$(见习题 11-1 第 3 题).

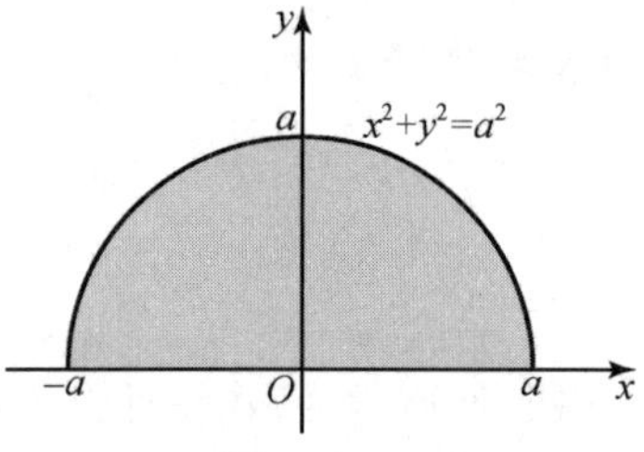


图 11-24

**例 2** 设有一半径为 $a$ 的半圆形薄片,其上任一点处的面密度等于该点到圆心的距离,求此薄片的质心.

**解** 该半圆形薄片在 $Oxy$ 面上所占的区域 $D$ 如图 11-24 所示. 设所求的质心坐标为 $(\bar{x},\bar{y})$. 根据题意,该薄片上点 $(x,y)$ 处的面密度为 $\mu(x,y)=\sqrt{x^2+y^2}$. 由于区域 $D$ 关于 $y$ 轴对称,且 $\mu(x,y)$ 是关于 $x$ 的偶函数,因而 $x\mu(x,y)$ 是关于 $x$ 的奇函数,于是有 $\bar{x}=0$.

由质心坐标的计算公式知

$$\bar{y}=\frac{\iint_D y\sqrt{x^2+y^2}\,\mathrm{d}\sigma}{\iint_D \sqrt{x^2+y^2}\,\mathrm{d}\sigma}=\frac{\int_0^{\pi}\mathrm{d}\theta\int_0^a r^3\sin\theta\mathrm{d}r}{\int_0^{\pi}\mathrm{d}\theta\int_0^a r^2\,\mathrm{d}r}=\frac{\frac{1}{4}a^4\int_0^{\pi}\sin\theta\mathrm{d}\theta}{\frac{1}{3}\pi a^3}=\frac{3a}{2\pi},$$

故所求的质心为 $\left(0,\frac{3a}{2\pi}\right)$.

## *三、平面薄片的转动惯量

设有质量为 $m$ 的质点,它到某已知轴的距离为 $d$. 在物理学中,把乘积 $md^2$ 称为该质点到已知轴的**转动惯量**. 它是质点在绕轴转动时惯性大小的量度.

对于像本节第二小节中给出的质点系,其对 $x$ 轴、$y$ 轴及原点 $O$(或说成过原点而垂直于

$Oxy$ 面的轴)的转动惯量分别为

$$I_x=\sum_{i=1}^{n}m_iy_i^2,\quad I_y=\sum_{i=1}^{n}m_ix_i^2,\quad I_O=\sum_{i=1}^{n}m_i(x_i^2+y_i^2).$$

运用微元法,做与第二小节类似的讨论知,面密度为 $\mu(x,y)$ 的平面薄片对 $x$ 轴、$y$ 轴及原点 $O$ 的转动惯量微元分别为

$$\mathrm{d}I_x=y^2\mu(x,y)\mathrm{d}\sigma,\quad \mathrm{d}I_y=x^2\mu(x,y)\mathrm{d}\sigma,\quad \mathrm{d}I_O=(x^2+y^2)\mu(x,y)\mathrm{d}\sigma.$$

以上述微元为被积表达式在平面薄片所占区域 $D$ 上做二重积分,即得该薄片对 $x$ 轴、$y$ 轴及原点 $O$ 的转动惯量分别为

$$I_x=\iint_D y^2\mu(x,y)\mathrm{d}\sigma,\quad I_y=\iint_D x^2\mu(x,y)\mathrm{d}\sigma,\quad I_O=\iint_D(x^2+y^2)\mu(x,y)\mathrm{d}\sigma.$$

**例 3**　求两圆周 $x^2+y^2=ay$ 和 $x^2+y^2=2ay$ $(a>0)$ 所围成的均质(面密度 $\mu$ 为常数)薄片对 $y$ 轴的转动惯量.

**解**　该薄片在 $Oxy$ 面所占的区域 $D$ 如图 11-25 所示. 由于区域 $D$ 关于 $y$ 轴对称,且该薄片的质量均匀分布,再注意到对 $y$ 轴的转动惯量是关于 $x$ 的二次幂($x$ 的偶函数),故所求的转动惯量 $I_y$ 为该薄片的右半部分(所占区域为 $D_1$)对 $y$ 轴转动惯量的两倍,其中 $D_1$ 是两圆

$$r=a\sin\theta\quad 和\quad r=2a\sin\theta$$

所围成的闭区域在第一象限的部分,即

$$\begin{aligned}I_y&=2\iint_{D_1}x^2\mu\mathrm{d}\sigma=2\mu\int_0^{\pi/2}\mathrm{d}\theta\int_{a\sin\theta}^{2a\sin\theta}r^2\cos^2\theta\cdot r\mathrm{d}r\\&=2\mu\int_0^{\pi/2}\cos^2\theta\left[\frac{1}{4}r^4\right]_{a\sin\theta}^{2a\sin\theta}\mathrm{d}\theta\\&=\frac{15}{2}a^4\mu\int_0^{\pi/2}\cos^2\theta\sin^4\theta\mathrm{d}\theta\\&=\frac{15}{2}a^4\mu\left(\int_0^{\pi/2}\sin^4\theta\mathrm{d}\theta-\int_0^{\pi/2}\sin^6\theta\mathrm{d}\theta\right)\\&=\frac{15}{2}a^4\mu\left(\frac{3}{4}\cdot\frac{1}{2}\cdot\frac{\pi}{2}-\frac{5}{6}\cdot\frac{3}{4}\cdot\frac{1}{2}\cdot\frac{\pi}{2}\right)\\&=\frac{15}{64}\pi a^4\mu=\frac{5}{16}ma^2,\end{aligned}$$

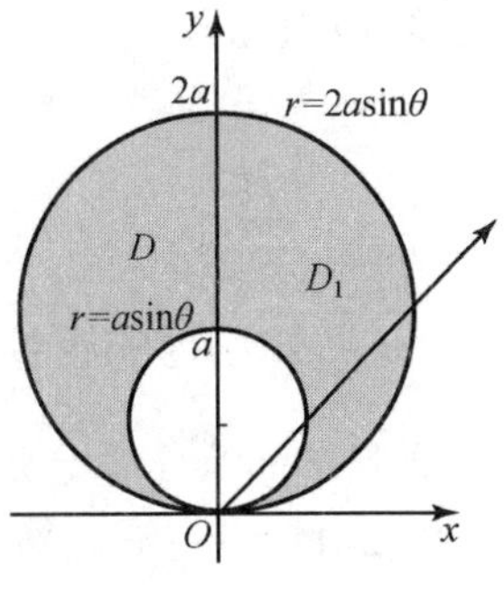

图　11-25

其中 $m=\dfrac{3}{4}\pi a^2\mu$ 为该薄片的质量.

如果采用直角坐标来计算,需将区域 $D$ 分成几部分,因而计算比较麻烦. 另外,如果不充分利用对称性,也需要计算如下一个相当繁杂的定积分:

$$\int_0^{\pi}\theta\cos^2\theta\sin^4\theta\mathrm{d}\theta.$$

## 习 题 11-3

1. 求平面 $\frac{x}{a}+\frac{y}{b}+\frac{z}{c}=1$ 被三个坐标面所截出部分的面积,并利用二重积分求该平面与三个坐标面所围的立体体积.

2. 求锥面 $z=\sqrt{x^2+y^2}$ 被下列曲面所截下部分的面积:

(1) 圆柱面 $x^2+y^2=2x$;　　(2) 抛物柱面 $z^2=2x$.

3. 求由直线 $x+2y=6$ 与两条坐标轴所围成的三角形均匀薄片的质心.

4. 求由两圆周 $r=\cos\theta$ 与 $r=2\cos\theta$ 所围成的均匀薄片的质心.

*5. 设有一质量均匀分布(面密度为常数 $\mu$)的直角三角形薄片,两直角边长分别为 $a$ 和 $b$,求该三角形薄片对两直角边的转动惯量.

*6. 求内半径为 $a$,外半径为 $b$ 的匀质(面密度为常数 $\mu$)圆环形薄片对其直径所在的轴和圆心(或过圆心而垂直于环面的轴)的转动惯量.

*7. 在上题中,若圆环形薄片的质量是非均匀的,且薄片上任一点的面密度等于该点到原点距离的平方,问:这一圆环形薄片的质量等于多少?

8. 求由两圆周 $x^2+y^2=ay$ 和 $x^2+y^2=2ay$ $(a>0)$所围成的闭区域被直线 $y=x$ 分成的两部分区域的面积.

# 第四节　三 重 积 分

## 一、三重积分的概念与性质

仿照二重积分的定义,我们可以给出三重积分的定义.

**定义 1**　设三元函数 $f(x,y,z)$在空间有界闭区域 $D$ 上有定义.将 $D$ 任意分为 $n$ 个小区域 $\Delta V_i$ $(i=1,2,\cdots,n)$,其体积仍记为 $\Delta V_i$.在每个小区域 $\Delta V_i(i=1,2,\cdots,n)$上任取一点 $f(\xi_i,\eta_i,\zeta_i)$,并以 $\lambda$ 表示这 $n$ 个小区域中的最大直径.若和式的极限

$$\lim_{\lambda\to 0}\sum_{i=0}^{n} f(\xi_i,\eta_i,\zeta_i)\Delta V_i$$

存在,则称该极限值为函数 $f(x,y,z)$在区域 $\Omega$ 上的**三重积分**,记作 $\iiint\limits_{\Omega} f(x,y,z)\mathrm{d}V$,即

$$\iiint\limits_{\Omega} f(x,y,z)\mathrm{d}V=\lim_{\lambda\to 0}\sum_{i=0}^{n} f(\xi_i,\eta_i,\zeta_i)\Delta V_i,$$

其中 $\Omega$ 称为**积分区域**,$f(x,y,z)$称为**被积函数**,$\mathrm{d}V$ 称为**体积微元**,$f(x,y,z)\mathrm{d}V$ 称为**被积表达**

**式**. 此时,也称函数 $f(x,y,z)$ 在区域 $\Omega$ 上**可积**.

与二重积分的定义类似,在三重积分的定义中,若假设函数 $f(x,y,z)$ 在有界闭区域 $\Omega$ 上连续,则可保证和式的极限一定存在. 对于本书中涉及三重积分的问题,我们也做这样的约定. 此外,若函数 $f(x,y,z)$ 在区域 $\Omega$ 上可积,则可对区域 $\Omega$ 采取一些特殊的分法来计算三重积分 $\iiint\limits_{\Omega} f(x,y,z)\mathrm{d}V$ 的值.

一般说来,三重积分已没有直观的几何意义了,只当在 $\Omega$ 上 $f(x,y,z)\equiv 1$ 时,以 1 为被积函数的三重积分 $\iiint\limits_{\Omega}\mathrm{d}V$ 在数值上才等于区域 $\Omega$ 的体积.

根据定义不难把二重积分的性质推广到三重积分,这里不再赘述.

## 二、三重积分的计算

### 1. 直角坐标情形

在空间直角坐标系中,用平行于各坐标面的平面族来分割三重积分的积分区域 $\Omega$,所得的小区域除靠边界者外,其余均为小长方体,其体积为

$$\Delta V_i = \Delta x_i \Delta y_i \Delta z_i.$$

这时体积微元为 $\mathrm{d}V=\mathrm{d}x\mathrm{d}y\mathrm{d}z$,因此直角坐标系中的三重积分也常记作

$$\iiint\limits_{\Omega} f(x,y,z)\mathrm{d}x\mathrm{d}y\mathrm{d}z.$$

假定平行于 $z$ 轴而穿过区域 $\Omega$ 内部的任一直线与 $\Omega$ 的边界曲面恰好相交于两点(否则,可将区域 $\Omega$ 分成若干部分,使在每个部分区域上满足上述条件),又 $\Omega$ 在 $Oxy$ 面上的投影区域为 $D_{xy}$,以 $D_{xy}$ 的边界曲线为准线而母线平行于 $z$ 轴的柱面与区域 $\Omega$ 的交线把 $\Omega$ 的边界曲面分成上、下两部分(也可以是母线平行于 $z$ 轴的部分柱面,如图 11-26 所示),其方程分别是

$$\begin{cases}\Sigma_1:\ z = z_1(x,y),\\ \Sigma_2:\ z = z_2(x,y).\end{cases}$$

为了导出三重积分的计算公式,先将 $f(x,y,z)$ 视为体密度(这样导出的公式对一般情形仍适用). 那么,物体 $\Omega$ 的质量为

$$m = \iiint\limits_{\Omega} f(x,y,z)\mathrm{d}V. \tag{1}$$

任取区域 $D_{xy}$ 内一个直径很小的典型区域 $\Delta\sigma$,其面积为 $\mathrm{d}\sigma=\mathrm{d}x\mathrm{d}y$. 在小区域 $\Delta\sigma$ 上任取一点 $(x,y)$,物体 $\Omega$ 中以 $\Delta\sigma$ 为底,$\mathrm{d}z$ 为高的薄片(如图 11-26 所示)的质量近似值为

$$\mathrm{d}m = f(x,y,z)\mathrm{d}\sigma\mathrm{d}z.$$

把这些薄片的质量沿 $z$ 轴方向从曲面 $\Sigma_1$ 到 $\Sigma_2$ 无限累加,即做定积分

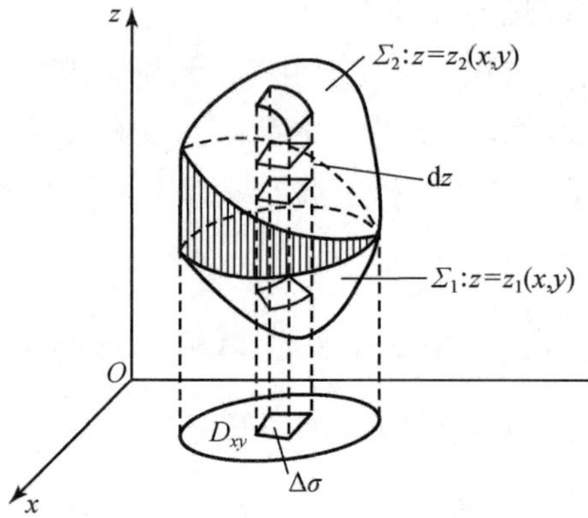


图　11-26

$$\int_{z_1(x,y)}^{z_2(x,y)} f(x,y,z)\mathrm{d}\sigma\mathrm{d}z = \left[\int_{z_1(x,y)}^{z_2(x,y)} f(x,y,z)\mathrm{d}z\right]\mathrm{d}\sigma,$$

就得到物体 $\Omega$ 相应于小区域 $\Delta\sigma$ 部分的小柱体的质量.在做上述定积分时,应把 $x,y$ 看作常数,积分的结果是 $x,y$ 的二元函数.然后把各小区域 $\Delta\sigma$ 上小柱体的质量在区域 $D_{xy}$ 上无限累加,便得到物体 $\Omega$ 的质量 $m$,即

$$m = \iint_{D_{xy}} \left[\int_{z_1(x,y)}^{z_2(x,y)} f(x,y,z)\mathrm{d}z\right]\mathrm{d}x\mathrm{d}y. \tag{2}$$

由(1)式和(2)式可得三重积分的计算公式

$$\iiint_{\Omega} f(x,y,z)\mathrm{d}V = \iint_{D_{xy}} \left[\int_{z_1(x,y)}^{z_2(x,y)} f(x,y,z)\mathrm{d}z\right]\mathrm{d}x\mathrm{d}y. \tag{3}$$

若区域 $D_{xy}$ 是 X 型区域,即可表示为

$$D_{xy}:\begin{cases} y_1(x) \leqslant y \leqslant y_2(x), \\ a \leqslant x \leqslant b, \end{cases}$$

则可将三重积分 $\iiint\limits_{\Omega} f(x,y,z)\mathrm{d}x\mathrm{d}y\mathrm{d}z$ 化作先对 $z$,次对 $y$,后对 $x$ 的**三次积分**(或称累次积分):

$$\iiint_{\Omega} f(x,y,z)\mathrm{d}x\mathrm{d}y\mathrm{d}z = \int_a^b \mathrm{d}x \int_{y_1(x)}^{y_2(x)} \mathrm{d}y \int_{z_1(x,y)}^{z_2(x,y)} f(x,y,z)\mathrm{d}z.$$

若区域 $D_{xy}$ 是 Y 型区域,则三重积分 $\iiint\limits_{\Omega} f(x,y,z)\mathrm{d}x\mathrm{d}y\mathrm{d}z$ 可化为先对 $z$、次对 $x$、后对 $y$ 的累次积分.

**例 1**　计算三重积分 $I = \iiint\limits_{\Omega} z\mathrm{d}x\mathrm{d}y\mathrm{d}z$,其中 $\Omega$ 为球体 $x^2+y^2+z^2\leqslant 1$ 在第一卦限的部分.

**解**　$\Omega$ 如图 11-27 所示,它在 $Oxy$ 面上的投影区域为 $D_{xy}$: $x^2+y^2\leqslant 1$,且 $x,y\geqslant 0$ (如图

11-28 所示).

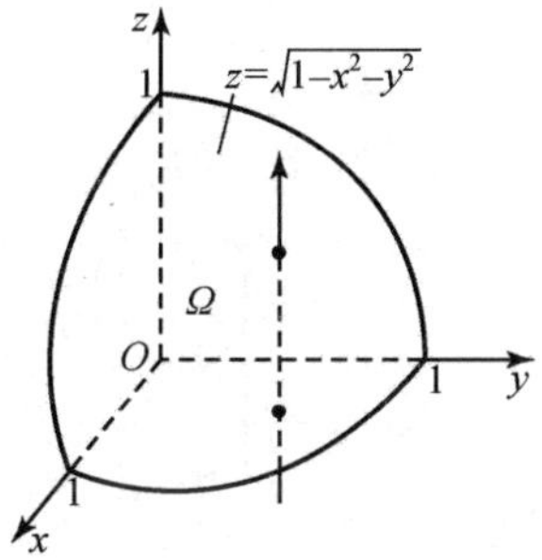


图　11-27

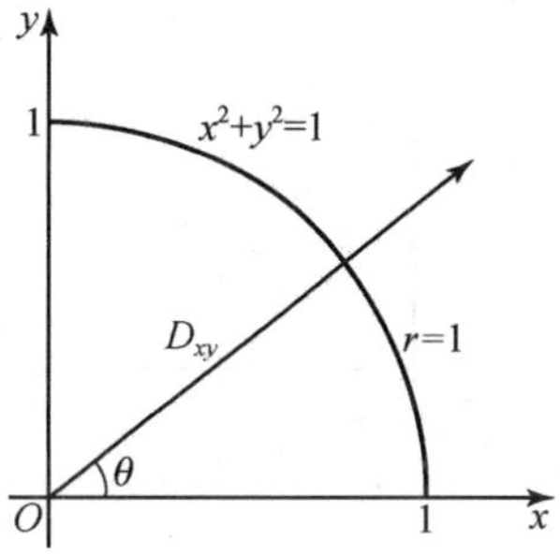


图　11-28

先对 $z$ 积分.作平行于 $z$ 轴而穿过区域 $\Omega$ 内部的直线,该直线自下而上先后与平面 $z=0$ 和球面 $z=\sqrt{1-x^2-y^2}$ 相交(如图 11-27 所示).根据公式(3),得

$$I=\iint\limits_{D_{xy}}\left(\int_0^{\sqrt{1-x^2-y^2}} z\mathrm{d}z\right)\mathrm{d}x\mathrm{d}y=\frac{1}{2}\iint\limits_{D_{xy}}(1-x^2-y^2)\mathrm{d}x\mathrm{d}y.$$

由于 $D_{xy}$ 在极坐标系下可表示为

$$D_{xy}:\begin{cases}0\leqslant r\leqslant 1,\\ 0\leqslant\theta\leqslant\pi/2,\end{cases}$$

对上述积分采用极坐标计算可得

$$I=\frac{1}{2}\int_0^{\pi/2}\mathrm{d}\theta\int_0^1(1-r^2)r\mathrm{d}r=\frac{1}{2}\cdot\frac{\pi}{2}\left[\frac{r^2}{2}-\frac{r^4}{4}\right]_0^1=\frac{\pi}{16}.$$

由本例可见,如果首先对 $z$ 积分,所得的二元函数具有形如 $g(x^2+y^2)$ 的特点,并且区域 $D_{xy}$ 又是中心在原点的圆域(或扇形域),此时采用极坐标计算较为方便.下面介绍的柱面坐标就是平面极坐标在空间中的直接推广.

**2. 柱面坐标情形**

在平面极坐标系中,过极点作垂直于该平面的 $z$ 轴,就构成**(空间)柱面坐标系**.

在直角坐标系中,设空间点 $M$ 的竖坐标为 $z$,它在极坐标平面上的投影为点 $P(r,\theta)$.若限定 $0\leqslant r<+\infty$,$0\leqslant\theta<2\pi$,$-\infty<z<+\infty$,则空间点 $M$ 与三元有序数组 $(r,\theta,z)$ 之间建立了一一对应的关系.称 $(r,\theta,z)$ 为点 $M$ 的**柱面坐标**(如图 11-29 所示).

根据平面点的极坐标和直角坐标的关系易知,空间点 $M$ 的柱面坐标与直角坐标之间的关系为

$$x=r\cos\theta,\quad y=r\sin\theta,\quad z=z,\quad 且\quad x^2+y^2=r^2.$$

在柱面坐标系中,有以下三类坐标面:

$r=r_0$(常数),它表示以 $z$ 轴为中心轴,底半径为 $r_0$ 的圆柱面;

$\theta=\theta_0$(常数),它表示过 $z$ 轴而极角为 $\theta_0$ 的半平面;

$z=z_0$(常数),它表示与 $Oxy$ 面平行且与该坐标面的距离为 $|z_0|$ 的平面.

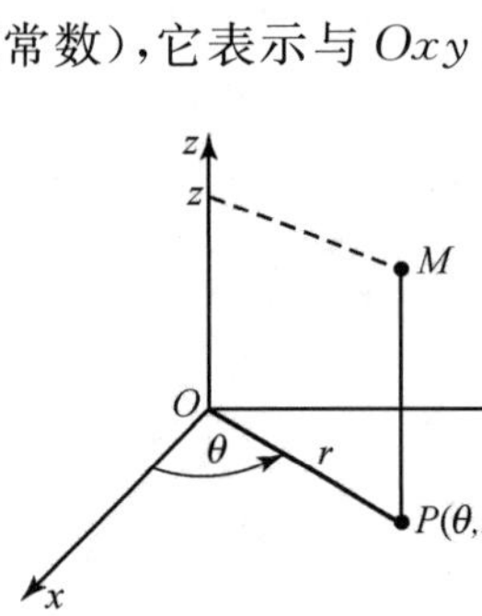


图 11-29

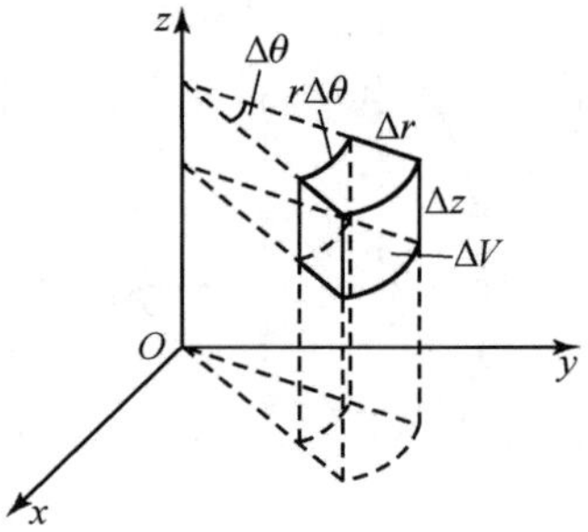


图 11-30

令 $r,\theta,z$ 取不同的常数值,相应的三族坐标面把区域 $\Omega$ 分成许多小区域,任取其中的典型小区域 $\Delta V$(仍用 $\Delta V$ 表示其体积),它可近似看作边长分别为 $\Delta r, r\Delta\theta, \Delta z$ 的小长方体(如图 11-30 所示),因而 $\Delta V \approx r\Delta r\Delta\theta\Delta z$,于是可得三重积分在柱面坐标下的体积微元 $\mathrm{d}V=r\mathrm{d}r\mathrm{d}\theta\mathrm{d}z$.

在化直角坐标为柱面坐标时,除了变换体积微元,再把 $f(x,y,z)$ 中的 $x,y,z$ 分别换成 $r\cos\theta, r\sin\theta, z$,即得三重积分在柱面坐标系中的表达式

$$\iiint\limits_{\Omega} f(x,y,z)\mathrm{d}V=\iiint\limits_{\Omega} f(r\cos\theta, r\sin\theta, z)r\mathrm{d}r\mathrm{d}\theta\mathrm{d}z.$$

对上述三重积分,可仿照直角坐标系中化三重积分为累次积分的方法,把它化为柱面坐标系中先对 $z$、次对 $r$、后对 $\theta$ 的累次积分.

**例 2** 计算三重积分 $I=\iiint\limits_{\Omega}(x^2+y^2)\mathrm{d}V$,其中 $\Omega$ 是由锥面 $z=\sqrt{x^2+y^2}$ 与平面 $z=1$ 所围成的闭区域.

**解** 在柱面坐标系中,锥面 $z=\sqrt{x^2+y^2}$ 即 $z=r$,它与平面 $z=1$ 的交线为 $r=1,z=1$. 易知 $\Omega$ 在 $Oxy$ 面上的投影区域为

$$D_{xy}:\begin{cases}0\leqslant r\leqslant 1,\\ 0\leqslant\theta\leqslant 2\pi.\end{cases}$$

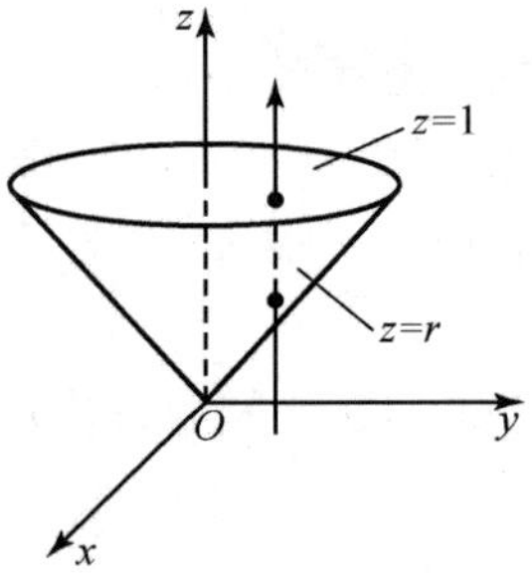


图 11-31

先对 $z$ 积分. 作平行于 $z$ 轴且穿过区域 $\Omega$ 内部的直线,该直线自下而上先后与锥面 $z=r$ 和平面 $z=1$ 相交(如图 11-31 所示),因而区域 $\Omega$ 可表示为

$$\Omega:\begin{cases}r\leqslant z\leqslant 1,\\ 0\leqslant r\leqslant 1,\\ 0\leqslant\theta\leqslant 2\pi.\end{cases}$$

于是,对所求的三重积分采用柱面坐标计算得

$$I=\iiint\limits_{\Omega} r^2 r\mathrm{d}r\mathrm{d}\theta\mathrm{d}z=\int_0^{2\pi}\mathrm{d}\theta\int_0^1 r^3\mathrm{d}r\int_r^1\mathrm{d}z=2\pi\int_0^1 r^3(1-r)\mathrm{d}r=\frac{\pi}{10}.$$

请读者考虑：在例 2 中，若一物体所占的空间区域为 $\Omega$，且其上任一点处的体密度等于该点到 $z$ 轴距离的平方，那么上述三重积分的物理意义是什么？

**3. 球面坐标情形**

地球上某地的位置可以用地图上它所在的经度、纬度和海拔高度来联合表示. 同样，我们也可以用类似的方法表示空间的位置.

在空间直角坐标系中，设点 $M$ 到原点 $O$ 的距离为 $\rho$，向量 $\overrightarrow{OM}$ 与 $z$ 轴正向的夹角为 $\varphi$，又设点 $M$ 在 $Oxy$ 面上的投影为点 $P$，点 $P$ 的极角为 $\theta$. 若限定 $0\leqslant\rho<+\infty$，$0\leqslant\varphi\leqslant\pi$，$0\leqslant\theta\leqslant 2\pi$，则点 $M$ 与三元有序数组 $(\rho,\varphi,\theta)$ 之间建立了一一对应的关系. 称 $(\rho,\varphi,\theta)$ 为点 $M$ 的**球面坐标**（如图 11-32(a)所示）. 球面坐标对应的坐标系称为**球面坐标系**.

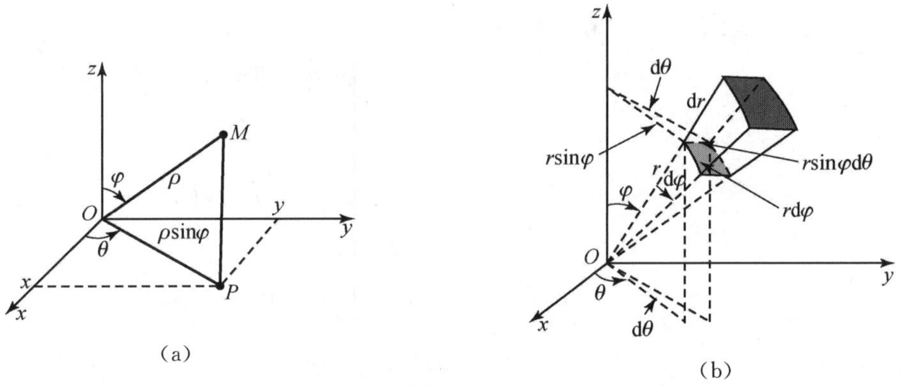


图　11-32

根据图 11-32(a)容易看出，点 $M$ 的球面坐标与直角坐标之间的关系为

$$x=\rho\sin\varphi\cos\theta,\quad y=\rho\sin\varphi\sin\theta,\quad z=\rho\cos\varphi,\quad \text{且}\quad x^2+y^2+z^2=\rho^2.$$

在球面坐标系中，借助图 11-32(b)，可得到三重积分的体积微元为 $\mathrm{d}V=\rho^2\sin\varphi\mathrm{d}\rho\mathrm{d}\varphi\mathrm{d}\theta$，再根据球面坐标与直角坐标的关系式，把 $f(x,y,z)$ 中的 $x,y,z$ 分别换成 $\rho\sin\varphi\cos\theta$，$\rho\sin\varphi\sin\theta$，$\rho\cos\varphi$，即得三重积分在球面坐标系下的表达式

$$\iiint\limits_{\Omega} f(x,y,z)\mathrm{d}V=\iiint\limits_{\Omega} f(\rho\sin\varphi\cos\theta,\rho\sin\varphi\sin\theta,\rho\cos\varphi)\rho^2\sin\varphi\mathrm{d}\rho\mathrm{d}\varphi\mathrm{d}\theta.$$

对上述三重积分，可仿照直角坐标系中化三重积分为累次积分的方法，把它化成球面坐标系中先对 $\rho$、次对 $\varphi$、后对 $\theta$ 的累次积分.

**例 3**　设一物体由曲面 $z=\sqrt{1-x^2-y^2}$ 与 $z=\sqrt{x^2+y^2}$ 围成，其上任一点处的体密度等于该点到原点距离的平方，求此物体的质量 $m$.

**解** 所求的质量为

$$m=\iiint\limits_{\Omega}\mu(x,y,z)\mathrm{d}V,$$

其中 $\Omega$ 是由曲面 $z=\sqrt{1-x^2-y^2}$ 与 $z=\sqrt{x^2+y^2}$ 所围成的区域, $\mu(x,y,z)$ 为该物体的体密度. 由题意知 $\mu(x,y,z)=x^2+y^2+z^2$, 从而

$$m=\iiint\limits_{\Omega}(x^2+y^2+z^2)\mathrm{d}V.$$

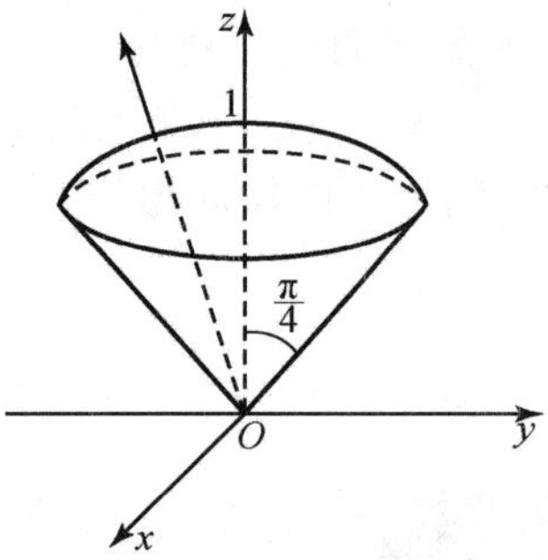


**图 11-33**

因为被积函数具有形如 $g(x^2+y^2+z^2)$ 的特点, 且积分区域 $\Omega$ 由中心在原点的球面与顶点在原点的圆锥面所围成, 所以宜选用球面坐标来计算.

若先对 $\rho$ 积分, 需自原点出发作穿过区域 $\Omega$ 内部的射线, 该射线由内向外先后与 $\rho=0$(因原点在 $\Omega$ 的边界曲面上)和球面 $\rho=1$ 相交(如图 11-33 所示), 它们分别就是首次积分的下限与上限. 易知区域 $\Omega$ 在球面坐标系中可表示为

$$\Omega:\begin{cases}0\leqslant\rho\leqslant 1,\\ 0\leqslant\varphi\leqslant\pi/4,\\ 0\leqslant\theta\leqslant 2\pi,\end{cases}$$

于是

$$m=\iiint\limits_{\Omega}\rho^2\cdot\rho^2\sin\varphi\mathrm{d}\rho\mathrm{d}\varphi\mathrm{d}\theta=\int_0^{2\pi}\mathrm{d}\theta\int_0^{\pi/4}\sin\varphi\mathrm{d}\varphi\int_0^1\rho^4\mathrm{d}\rho$$

$$=\frac{2\pi}{5}[-\cos\varphi]_0^{\pi/4}=\frac{2\pi}{5}\left(1-\frac{\sqrt{2}}{2}\right).$$

本例若采用柱面坐标来计算将要复杂得多, 请读者试算.

把平面薄片求质心坐标的公式推广到空间物体, 可得物体质心 $(\bar{x},\bar{y},\bar{z})$ 的坐标公式, 例如

$$\bar{z}=\frac{\iiint\limits_{\Omega}z\mu(x,y,z)\mathrm{d}V}{\iiint\limits_{\Omega}\mu(x,y,z)\mathrm{d}V},$$

其余类推.

## 习 题 11-4

1. 将三重积分 $\iiint\limits_{\Omega}f(x,y,z)\mathrm{d}V$ 化为直角坐标系中的累次积分, 并计算 $\Omega$ 的体积, 其中 $\Omega$ 是由平面 $\dfrac{x}{a}+\dfrac{y}{b}+\dfrac{z}{c}=1\ (a,b,c>0)$ 与坐标面 $x=0,y=0,z=0$ 所围成的闭区域.

2. 将三重积分 $I=\iiint\limits_{\Omega}f(x,y,z)\mathrm{d}V$ 分别化为直角坐标和柱面坐标系中的累次积分,并求区域 $\Omega$ 的体积,其中 $\Omega$ 是由曲面 $z=3-x^2-y^2$ 和 $z=\frac{1}{2}(x^2+y^2)$ 所围成的闭区域.

3. 计算三重积分 $I=\iiint\limits_{\Omega}x\,\mathrm{d}x\mathrm{d}y\mathrm{d}z$,其中 $\Omega$ 是由平面 $x+2y+z=1$ 与坐标面 $x=0,y=0,z=0$ 所围成的闭区域.

4. 计算三重积分 $I=\iiint\limits_{\Omega}z\,\mathrm{d}V$,其中 $\Omega$ 是由锥面 $z\geqslant\sqrt{x^2+y^2}$ 与球面 $z\leqslant\sqrt{2-(x^2+y^2)}$ 所围成的闭区域.

5. 求由曲面 $x^2+y^2+z^2=1$,$x^2+y^2+z^2=4$ 及 $z=\sqrt{x^2+y^2}$ 所围成立体的体积.

6. 设有两个曲面 $x^2+y^2=2z$,$z=4-\sqrt{x^2+y^2}$,求:

(1) 这两个曲面的交线在 $Oxy$ 面上的投影曲线方程;

(2) 这两个曲面所围成立体的体积.

# 第五节　对弧长的曲线积分

## 一、对弧长的曲线积分的概念与性质

在设计某曲线形构件时,为了合理使用材料,应该根据构件各部分受力情况,把构件上各点处的粗细程度设计得不完全一样.因此,可以认为这一构件的线密度(单位长度的质量)是变量.假设此构件所占的位置是 $Oxy$ 面内的一条曲线弧 $L$,它的端点是 $A,B$,在 $L$ 上任一点 $(x,y)$ 处,它的线密度为 $\mu(x,y)$.现在要计算这一构件的质量 $m$.

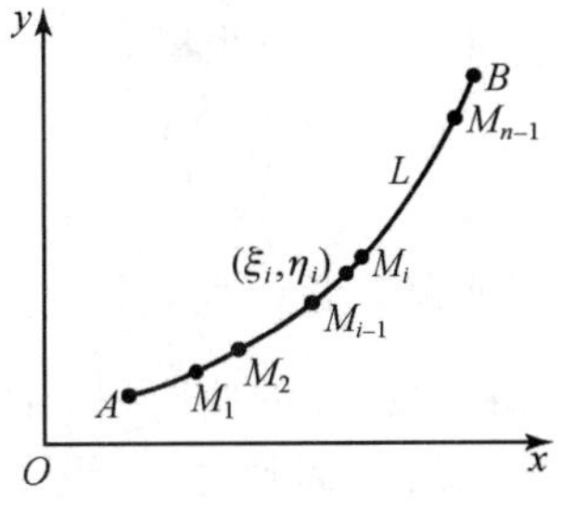


图　11-34

如果此构件的线密度为常量,那么此构件的质量就等于它的线密度与长度的乘积.现在此构件的线密度是变量,就不能直接用上述方法来计算.为了克服这个困难,可以用 $L$ 上的点 $M_1$,$M_2$,…,$M_{n-1}$ 把 $L$ 分成 $n$ 小段,取其中一小段构件 $\widehat{M_{i-1}M_i}$ 来分析(如图 11-34 所示).在线密度连续变化的前提下,只要这一小段很短,就可以用这一小段上任一点 $(\xi_i,\eta_i)$ 处的线密度近似代替这一小段上其他各点处的线密度,从而得到这一小段构件质量的近似值 $\mu(\xi_i,\eta_i)\Delta s_i$,其中 $\Delta s_i$ 表示 $\widehat{M_{i-1}M_i}$ 的长度,于是整个曲线形构件的质量为

$$m\approx\sum_{i=1}^{n}\mu(\xi_i,\eta_i)\Delta s_i.$$

为了计算 $m$ 的精确值，用 $\lambda$ 表示 $n$ 段小弧的最大长度，取上式右端和式当 $\lambda\to 0$ 时的极限，从而得到

$$m=\lim_{\lambda\to 0}\sum_{i=1}^{n}\mu(\xi_i,\eta_i)\Delta s_i.$$

这种和式的极限在研究其他问题时也常常会遇到. 为了更好地研究问题的本质，我们去掉其问题背景，抽象出对弧长的曲线积分的概念.

**定义 1** 设 $L$ 为 $Oxy$ 面内的一条光滑曲线①弧，函数 $f(x,y)$ 在 $L$ 上有界. 将 $L$ 任意分成 $n$ 小段. 设第 $i$ 小段的长度为 $\Delta s_i(i=1,2,\cdots,n)$，又 $(\xi_i,\eta_i)$ 为第 $i$ 小段上任意取定的一点，作乘积 $f(\xi_i,\eta_i)\Delta s_i$，并做和式 $\sum\limits_{i=1}^{n}f(\xi_i,\eta_i)\Delta s_i$. 如果当 $n$ 段小弧长度的最大值 $\lambda\to 0$ 时，这个和式的极限总存在，则称此极限值为函数 $f(x,y)$ 在曲线弧 $L$ 上**对弧长的曲线积分**或**第一类曲线积分**，记作 $\int_L f(x,y)\mathrm{d}s$，即

$$\int_L f(x,y)\mathrm{d}s=\lim_{\lambda\to 0}\sum_{i=1}^{n}f(\xi_i,\eta_i)\Delta s_i,$$

其中 $f(x,y)$ 称为**被积函数**，$L$ 称为**积分弧段**，$\mathrm{d}s$ 称为**弧长微元**.

这里我们指出，当 $f(x,y)$ 在光滑曲线弧 $L$ 上连续时，对弧长的曲线积分 $\int_L f(x,y)\mathrm{d}s$ 是存在的. 以后我们总假定 $f(x,y)$ 在 $L$ 上连续.

根据这个定义，前述曲线形构件的质量 $m$ 当线密度 $\mu(x,y)$ 在 $L$ 上连续时，就等于 $\mu(x,y)$ 在曲线弧 $L$ 上对弧长的曲线积分，即

$$m=\int_L \mu(x,y)\mathrm{d}s.$$

上述定义可以类似地推广到积分弧段为空间曲线弧 $\Gamma$ 的情形，即函数 $f(x,y,z)$ 在曲线弧 $\Gamma$ 上对弧长的曲线积分：

$$\int_\Gamma f(x,y,z)\mathrm{d}s=\lim_{\lambda\to 0}\sum_{i=1}^{n}f(\xi_i,\eta_i,\zeta_i)\Delta s_i.$$

如果 $L$ 是闭曲线，常常把函数 $f(x,y)$ 在闭曲线 $L$ 上对弧长的曲线积分记为 $\oint_L f(x,y)\mathrm{d}s$.

由对弧长的曲线积分的定义可知，它有以下性质：

**性质 1(线性性)** 设 $\alpha,\beta$ 为常数，则

$$\int_L[\alpha f(x,y)+\beta g(x,y)]\mathrm{d}s=\alpha\int_L f(x,y)\mathrm{d}s+\beta\int_L g(x,y)\mathrm{d}s.$$

---

① **光滑曲线**，是指曲线上的每一点都有切线，而且切线的方向随着曲线上的点连续变动而变动；**分段光滑曲线**，是指由光滑曲线弧连接而成的曲线，在连接点处切线不存在. 例如，圆周、抛物线等都是光滑曲线，而三角形的周界是分段光滑曲线.

**性质 2(可加性)**　若积分弧段 $L$ 可分成两段光滑曲线弧 $L_1$ 和 $L_2$(记作 $L=L_1+L_2$),则

$$\int_L f(x,y)\mathrm{d}s = \int_{L_1} f(x,y)\mathrm{d}s + \int_{L_2} f(x,y)\mathrm{d}s.$$

由可加性可将对弧长的曲线积分的定义推广到分段光滑曲线上.

**性质 3**　设在积分弧段 $L$ 上 $f(x,y)\leqslant g(x,y)$,则

$$\int_L f(x,y)\mathrm{d}s \leqslant \int_L g(x,y)\mathrm{d}s.$$

特别地,有

$$\left|\int_L f(x,y)\mathrm{d}s\right| \leqslant \int_L |f(x,y)|\mathrm{d}s.$$

## 二、对弧长的曲线积分的计算

**定理 1**　设函数 $f(x,y)$在曲线弧 $L$ 上有定义且连续,又 $L$ 的参数方程为

$$\begin{cases} x=\varphi(t), \\ y=\psi(t) \end{cases} \quad (\alpha\leqslant t\leqslant\beta),$$

其中 $\varphi(t)$,$\psi(t)$ 在$[\alpha,\beta]$上具有连续导数,且 $\varphi'^2(t)+\psi'^2(t)\neq 0$,则曲线积分$\int_L f(x,y)\mathrm{d}s$存在,且

$$\int_L f(x,y)\mathrm{d}s = \int_\alpha^\beta f[\varphi(t),\psi(t)]\sqrt{\varphi'^2(t)+\psi'^2(t)}\,\mathrm{d}t \quad (\alpha<\beta). \tag{1}$$

公式(1)表明,计算对弧长的曲线积分$\int_L f(x,y)\mathrm{d}s$ 时,只要把 $x,y,\mathrm{d}s$ 依次替换为 $\varphi(t)$,$\psi(t)$,$\sqrt{\varphi'^2(t)+\psi'^2(t)}\,\mathrm{d}t$,然后从 $\alpha$ 到 $\beta$ 作定积分就行了.这里必须注意,定积分的下限 $\alpha$ 一定要小于上限 $\beta$,这是因为弧长 $\Delta s\approx \mathrm{d}s$ 总是正的.

如果曲线弧 $L$ 由方程

$$y=\psi(x) \quad (x_0\leqslant x\leqslant X)$$

给出,那么可以把这种情形看作特殊的参数方程

$$x=x,\quad y=\psi(x) \quad (x_0\leqslant x\leqslant X)$$

的情形,从而由公式(1)得出

$$\int_L f(x,y)\mathrm{d}s = \int_{x_0}^X f[x,\psi(x)]\sqrt{1+\psi'^2(x)}\,\mathrm{d}x \quad (x_0<X) \tag{2}$$

类似地,如果曲线弧 $L$ 由方程

$$x=\varphi(y) \quad (y_0\leqslant y\leqslant Y)$$

给出,则有

$$\int_L f(x,y)\mathrm{d}s = \int_{y_0}^Y f[\varphi(y),y]\sqrt{1+\varphi'^2(y)}\,\mathrm{d}y \quad (y_0<Y). \tag{3}$$

公式(1)中的曲线弧 $L$ 可推广到空间曲线弧 $\Gamma$:设 $\Gamma$ 的参数方程为

$$x=\varphi(t),\quad y=\psi(t),\quad z=\omega(t)\quad(\alpha\leqslant t\leqslant\beta)$$

则有

$$\int_\Gamma f(x,y,z)\mathrm{d}s=\int_\alpha^\beta f[\varphi(t),\psi(t),\omega(t)]\sqrt{\varphi'^2(t)+\psi'^2(t)+\omega'^2(t)}\mathrm{d}t\quad(\alpha<\beta).\tag{4}$$

**例 1** 计算对弧长的曲线积分 $\int_L\sqrt{y}\mathrm{d}s$,其中 $L$ 是抛物线 $y=x^2$ 上点 $O(0,0)$ 到点 $B(1,1)$ 之间的一段弧(如图 11-35 所示).

**解** 由于 $L$ 由方程 $y=x^2$ $(0\leqslant x\leqslant 1)$给出,因此

$$\int_L\sqrt{y}\mathrm{d}s=\int_0^1\sqrt{x^2}\sqrt{1+[(x^2)']^2}\mathrm{d}x=\int_0^1 x\sqrt{1+4x^2}\mathrm{d}x$$
$$=\left[\frac{1}{12}(1+4x^2)^{3/2}\right]_0^1=\frac{1}{12}(5\sqrt{5}-1).$$

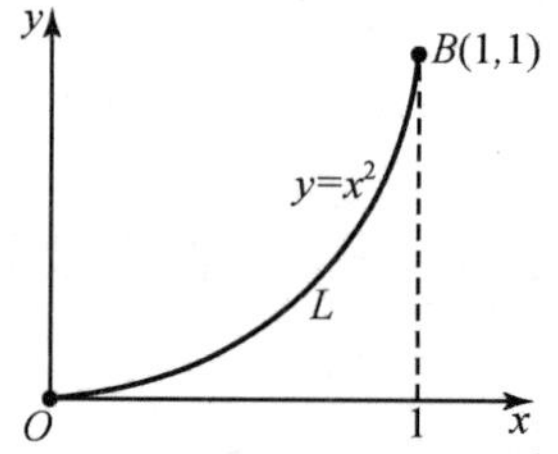


图 11-35

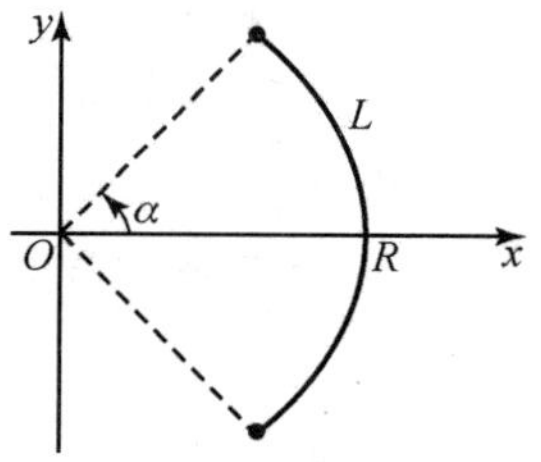


图 11-36

* **例 2** 计算半径为 $R$,中心角为 $2\alpha$ 的圆弧 $L$ 对于它的对称轴的转动惯量 $I$(设线密度为 $\mu=1$).

**解** 取坐标系如图 11-36 所示,则 $I=\int_L y^2\mathrm{d}s$.

为了便于计算,利用 $L$ 的参数方程

$$x=R\cos\theta,\quad y=R\sin\theta\quad(-\alpha\leqslant\theta\leqslant\alpha).$$

于是

$$I=\int_L y^2\mathrm{d}s=\int_{-\alpha}^{\alpha}R^2\sin^2\theta\sqrt{(-R\sin\theta)^2+(R\cos\theta)^2}\mathrm{d}\theta=R^3\int_{-\alpha}^{\alpha}\sin^2\theta\mathrm{d}\theta$$
$$=\frac{R^3}{2}\left[\theta-\frac{\sin2\theta}{2}\right]_{-\alpha}^{\alpha}=\frac{R^3}{2}(2\alpha-\sin2\alpha)=R^3(\alpha-\sin\alpha\cos\alpha).$$

**例 3** 计算对弧长的曲线积分 $\int_\Gamma(x^2+y^2+z^2)\mathrm{d}s$,其中 $\Gamma$ 为螺旋线 $x=a\cos t$, $y=a\sin t$, $z=kt$ 上相应于 $t$ 从 0 到 $2\pi$ 的一段弧.

**解** $$\int_\Gamma(x^2+y^2+z^2)\mathrm{d}s=\int_0^{2\pi}[(a\cos t)^2+(a\sin t)^2+(kt)^2]\sqrt{(-a\sin t)^2+(a\cos t)^2+k^2}\mathrm{d}t$$

$$= \int_0^{2\pi} (a^2 + k^2 t^2)\sqrt{a^2+k^2}\,dt = \sqrt{a^2+k^2}\left[a^2 t + \frac{k^2}{3}t^3\right]_0^{2\pi}$$

$$= \frac{2}{3}\pi\sqrt{a^2+k^2}(3a^2 + 4\pi^2 k^2).$$

## 习　题　11-5

计算下列对弧长的曲线积分：

1. $\oint_L (x^2+y^2)^n \mathrm{d}s$，其中 $L$ 为圆周 $x = a\cos t, y = a\sin t\ (0 \leqslant t \leqslant 2\pi)$；

2. $\int_L (x+y)\mathrm{d}s$，其中 $L$ 为连接 $(1,0)$ 与 $(0,1)$ 两点的直线段；

3. $\int_\Gamma \frac{1}{x^2+y^2+z^2}\mathrm{d}s$，其中 $\Gamma$ 为曲线 $x = \mathrm{e}^t\cos t, y = \mathrm{e}^t \sin t, z = \mathrm{e}^t$ 上相应于 $t$ 从 0 变到 2 的这段弧；

4. $\int_\Gamma x^2 yz\,\mathrm{d}s$，其中 $\Gamma$ 为折线 $ABCD$，这里 $A,B,C,D$ 依次为点 $(0,0,0),(0,0,2),(1,0,2),(1,3,2)$；

5. $\int_L y^2 \mathrm{d}s$，其中 $L$ 为摆线的一拱 $x = a(t-\sin t), y = a(1-\cos t)\ (0 \leqslant t \leqslant 2\pi)$；

6. $\int_L (x^2+y^2)\mathrm{d}s$，其中 $L$ 为曲线弧 $x = a(\cos t + t\sin t), y = a(\sin t - t\cos t)\ (0 \leqslant t \leqslant 2\pi)$.

# 第六节　对坐标的曲线积分

## 一、对坐标的曲线积分的概念与性质

对坐标的曲线积分的概念是从生产实践中产生的. 首先考虑怎样求变力使质点沿曲线运动所做的功.

**例 1**　设一质点在 $Oxy$ 面内受力

$$\boldsymbol{F}(x,y) = P(x,y)\boldsymbol{i} + Q(x,y)\boldsymbol{j}$$

的作用，沿光滑曲线 $L$ 从点 $A$ 移到点 $B$，其中函数 $P(x,y)$，$Q(x,y)$ 在 $L$ 上连续. 求力 $\boldsymbol{F}$ 所做的功 $W$（如图 11-37 所示）.

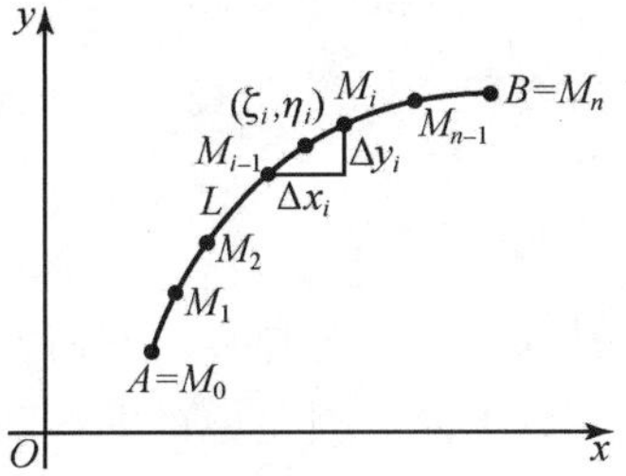


**图　11-37**

**解**　如果 $\boldsymbol{F}$ 为常力，$L$ 为直线，用 $\boldsymbol{l}$ 表示位移向量，则由向量代数的知识易知，力 $\boldsymbol{F}$ 所做的功是 $W = \boldsymbol{F}\cdot\boldsymbol{l}$.

现在 $\boldsymbol{F}$ 是变力，$L$ 是曲线. 我们使用类似于微元法解决问题的方法，将 $L$ 分成 $n$ 小段，取其中第 $i$ 段 $\widehat{M_{i-1}M_i}$ $(i=1,2,\cdots,n,$

$M_0=A, M_n=B$)来分析(如图11-37 所示). 因$\overset{\frown}{M_{i-1}M_i}$很短,可以用有向线段 $\overrightarrow{M_{i-1}M_i}=\Delta x_i\boldsymbol{i}+\Delta y_i\boldsymbol{j}$ 来近似代替,其中 $M_i$ 的坐标为$(x_i, y_i)$, $\Delta x_i=x_i-x_{i-1}$, $\Delta y_i=y_i-y_{i-1}$. 又由于函数 $P(x,y)$, $Q(x,y)$在 $L$ 上连续,可以用小弧段$\overset{\frown}{M_{i-1}M_i}$上任意一点$(\xi_i,\eta_i)$处的力

$$\boldsymbol{F}(\xi_i,\eta_i)=P(\xi_i,\eta_i)\boldsymbol{i}+Q(\xi_i,\eta_i)\boldsymbol{j}$$

来近似代替小弧段$\overset{\frown}{M_{i-1}M_i}$上各点处的力. 于是 $\boldsymbol{F}(x,y)$沿$\overset{\frown}{M_{i-1}M_i}$所做的功为

$$\Delta W_i\approx F(\xi_i,\eta_i)\cdot\overrightarrow{M_{i-1}M_i}=P(\xi_i,\eta_i)\Delta x_i+Q(\xi_i,\eta_i)\Delta y_i,$$

从而

$$W=\sum_{i=1}^{n}\Delta W_i\approx\sum_{i=1}^{n}[P(\xi_i,\eta_i)\Delta x_i+Q(\xi_i,\eta_i)\Delta y_i].$$

令 $\lambda$ 为 $n$ 段小弧的最大弧长,让 $\lambda\to0$,取极限得

$$W=\lim_{\lambda\to0}\sum_{i=1}^{n}[P(\xi_i,\eta_i)\Delta x_i+Q(\xi_i,\eta_i)\Delta y_i].$$

在许多其他实际问题中,也会遇到这种和式的极限. 我们可以从中抽象出下面的曲线积分的定义.

**定义 1** 设 $L$ 为$Oxy$ 面内从点$A$ 到点$B$ 的一条有向光滑曲线弧,函数 $P(x,y)$, $Q(x,y)$ 在 $L$ 上有界. 用 $L$ 上的点 $A=M_0,M_1,M_2,\cdots,M_{n-1},M_i,\cdots,M_n=B$ 将 $L$ 分成 $n$ 段有向小弧$\overset{\frown}{M_{i-1}M_i}$ $(i=1,2,\cdots,n)$. 设 $\Delta x_i=x_i-x_{i-1}$, $\Delta y_i=y_i-y_{i-1}$,点$(\xi_i,\eta_i)$为小弧段$\overset{\frown}{M_{i-1}M_i}$ $(i=1,2,\cdots,n)$ 上任一点. 如果极限 $\lim\limits_{\lambda\to0}\sum\limits_{i=1}^{n}P(\xi_i,\eta_i)\Delta x_i$ 存在,其中 $\lambda$ 为 $n$ 段小弧的最大弧长,则称这个极限值为函数 $P(x,y)$ 在有向曲线弧 $L$ 上**对坐标 $x$ 的曲线积分**,记作$\int_L P(x,y)\mathrm{d}x$, 即

$$\int_L P(x,y)\mathrm{d}x=\lim_{\lambda\to0}\sum_{i=1}^{n}P(\xi_i,\eta_i)\Delta x_i;$$

如果极限 $\lim\limits_{\lambda\to0}\sum\limits_{i=1}^{n}Q(\xi_i,\eta_i)\Delta y_i$ 存在,则称这个极限值为函数 $Q(x,y)$ 在有向曲线弧 $L$ 上**对坐标 $y$ 的曲线积分**,记作$\int_L Q(x,y)\mathrm{d}y$, 即

$$\int_L Q(x,y)\mathrm{d}y=\lim_{\lambda\to0}\sum_{i=1}^{n}Q(\xi_i,\eta_i)\Delta y_i.$$

这时称 $P(x,y)$, $Q(x,y)$为**被积函数**,$L$ 为**积分路径**.

以上两个对坐标的曲线积分也称为**第二类曲线积分**. 通常把这两个对坐标的曲线积分之和 $\int_L P(x,y)\mathrm{d}x+\int_L Q(x,y)\mathrm{d}y$ 简记为 $\int_L P(x,y)\mathrm{d}x+Q(x,y)\mathrm{d}y$, 即

$$\int_L P(x,y)\mathrm{d}x+Q(x,y)\mathrm{d}y=\int_L P(x,y)\mathrm{d}x+\int_L Q(x,y)\mathrm{d}y.$$

按照上述定义，变力 $\boldsymbol{F}(x,y)=P(x,y)\boldsymbol{i}+Q(x,y)\boldsymbol{j}$ 沿光滑曲线 $L$ 从点 $A$ 到点 $B$ 所做的功 $W$ 可以用对坐标的曲线积分来表示，即

$$W=\int_{\widehat{AB}}P(x,y)\mathrm{d}x+Q(x,y)\mathrm{d}y.$$

由两向量数量积的坐标表达式知，向量 $\mathrm{d}\boldsymbol{l}=\mathrm{d}x\boldsymbol{i}+\mathrm{d}y\boldsymbol{j}$ 与 $\boldsymbol{F}(x,y)=P(x,y)\boldsymbol{i}+Q(x,y)\boldsymbol{j}$ 的数量积是

$$\boldsymbol{F}\cdot\mathrm{d}\boldsymbol{l}=P(x,y)\mathrm{d}x+Q(x,y)\mathrm{d}y,$$

所以对坐标的曲线积分又可记为向量形式

$$\int_L P(x,y)\mathrm{d}x+Q(x,y)\mathrm{d}y=\int_L\boldsymbol{F}\cdot\mathrm{d}\boldsymbol{l}.$$

当积分路径 $L$ 是闭曲线(即两端点重合)时，又将 $\int_L P(x,y)\mathrm{d}x+Q(x,y)\mathrm{d}y$ 记为

$$\oint_L P(x,y)\mathrm{d}x+Q(x,y)\mathrm{d}y.$$

与定积分类似，可证：当函数 $P(x,y)$，$Q(x,y)$ 在有向光滑曲线弧 $L$ 上连续时，对坐标的曲线积分 $\int_L P(x,y)\mathrm{d}x$ 和 $\int_L Q(x,y)\mathrm{d}y$ 都存在. 以后总假定函数 $P(x,y)$，$Q(x,y)$ 在 $L$ 上连续.

对于空间有向光滑曲线弧 $\Gamma$，类似地可以定义下列分别对坐标 $x,y,z$ 的曲线积分：

$$\int_\Gamma P(x,y,z)\mathrm{d}x=\lim_{\lambda\to0}\sum_{i=1}^{n}P(\xi_i,\eta_i,\zeta_i)\Delta x_i,$$

$$\int_\Gamma Q(x,y,z)\mathrm{d}y=\lim_{\lambda\to0}\sum_{i=1}^{n}Q(\xi_i,\eta_i,\zeta_i)\Delta y_i,$$

$$\int_\Gamma R(x,y,z)\mathrm{d}z=\lim_{\lambda\to0}\sum_{i=1}^{n}R(\xi_i,\eta_i,\zeta_i)\Delta z_i.$$

同样，这三个对坐标的曲线积分之和可简记为

$$\int_\Gamma P(x,y,z)\mathrm{d}x+Q(x,y,z)\mathrm{d}y+R(x,y,z)\mathrm{d}z.$$

它的向量形式为 $\int_\Gamma\boldsymbol{F}\cdot\mathrm{d}\boldsymbol{l}$，其中

$$\boldsymbol{F}(x,y,z)=P(x,y,z)\boldsymbol{i}+Q(x,y,z)\boldsymbol{j}+R(x,y,z)\boldsymbol{k},\quad \mathrm{d}\boldsymbol{l}=\mathrm{d}x\boldsymbol{i}+\mathrm{d}y\boldsymbol{j}+\mathrm{d}z\boldsymbol{k}.$$

容易验证对坐标的曲线积分具有下列性质(我们仅给出平面曲线积分的情形)：

**性质 1(线性性)**　对坐标的曲线积分具有线性运算性质，即对于任意常数 $a$，$b$，有

$$\int_L[aP_1(x,y)+bP_2(x,y)]\mathrm{d}x=a\int_L P_1(x,y)\mathrm{d}x+b\int_L P_2(x,y)\mathrm{d}x.$$

**性质 2(有向性)**　当改变积分路径 $L$ 的方向时，对坐标的曲线积分的值只改变符号，即

$$\int_{-L}P(x,y)\mathrm{d}x+Q(x,y)\mathrm{d}y=-\int_L P(x,y)\mathrm{d}x+Q(x,y)\mathrm{d}y,$$

其中$-L$是与$L$方向相反的曲线弧,如$L=\overset{\frown}{AB}$时,$-L=\overset{\frown}{BA}$.

事实上,当$L$的方向改变,即将起点与终点交换时,对坐标的曲线积分定义中的有向小弧段在坐标轴上的投影$\Delta x_i$,$\Delta y_i$也要改变符号,从而积分和式改变符号,所以曲线积分改变符号.

**性质3(可加性)** 若$L$是由$L_1$和$L_2$连接而成的有向光滑曲线(记$L=L_1+L_2$),则沿$L$对坐标的曲线积分等于沿$L_1$与沿$L_2$对坐标的曲线积分之和,即

$$\int_L P(x,y)\mathrm{d}x+Q(x,y)\mathrm{d}y=\int_{L_1}P(x,y)\mathrm{d}x+Q(x,y)\mathrm{d}y+\int_{L_2}P(x,y)\mathrm{d}x+Q(x,y)\mathrm{d}y.$$

同样,由可加性可将对坐标的曲线积分的定义推广到分段光滑的有向曲线上.

## 二、对坐标的曲线积分的计算

### 1. 平面曲线情形

设平面有向曲线弧$L$由参数方程$x=\varphi(t)$,$y=\psi(t)$给出,其起点为$A(\varphi(\alpha),\psi(\alpha))$,终点为$B(\varphi(\beta),\psi(\beta))$,函数$\varphi(t)$,$\psi(t)$在以$\alpha$,$\beta$为端点的闭区间(未必有$\alpha<\beta$)上具有连续导数,且当$t$由$\alpha$变到$\beta$时,点$M(x,y)$描出从点$A$到点$B$的有向曲线弧$L$,又函数$P(x,y)$,$Q(x,y)$在$L$上连续,则

$$\int_L P(x,y)\mathrm{d}x+Q(x,y)\mathrm{d}y=\int_\alpha^\beta\{P[\varphi(t),\psi(t)]\varphi'(t)+Q[\varphi(t),\psi(t)]\psi'(t)\}\mathrm{d}t. \tag{1}$$

(1)式给出了对坐标的曲线积分的计算公式.它告诉我们,在计算对坐标的曲线积分时,只要把被积式中的$x,y,\mathrm{d}x,\mathrm{d}y$分别用$\varphi(t),\psi(t),\varphi'(t)\mathrm{d}t,\psi'(t)\mathrm{d}t$代替,然后从$L$的起点所对应的参数$\alpha$到$L$的终点所对应的参数$\beta$计算定积分即可.

特别地,当有向曲线弧$L$由方程$y=\psi(x)$给出时,有

$$\int_L P(x,y)\mathrm{d}x+Q(x,y)\mathrm{d}y=\int_a^b\{P[x,\psi(x)]+Q[x,\psi(x)]\psi'(x)\}\mathrm{d}x, \tag{2}$$

这里下限$a$对应于$L$的起点,上限$b$对应于$L$的终点.

当有向曲线弧$L$由方程$x=\varphi(y)$给出时,有

$$\int_L P(x,y)\mathrm{d}x+Q(x,y)\mathrm{d}y=\int_c^d\{P[\varphi(y),y]\varphi'(y)+Q[\varphi(y),y]\}\mathrm{d}y, \tag{3}$$

式中下限$c$对应于$L$的起点,上限$d$对应于$L$的终点.

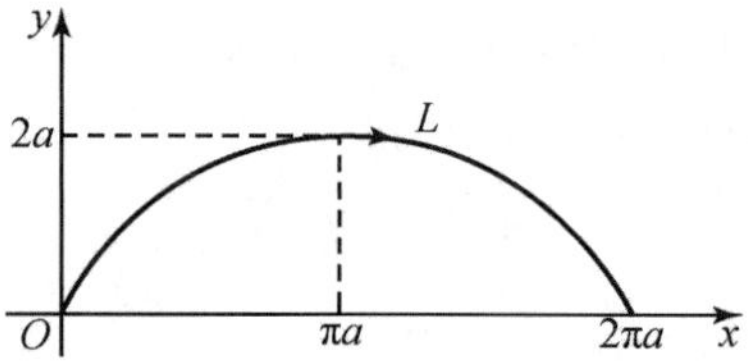


图 11-38

**例2** 计算对坐标的曲线积分

$$I=\int_L(2a-y)\mathrm{d}x-(a-y)\mathrm{d}y,$$

其中$L$为摆线

$$x=a(t-\sin t),\quad y=a(1-\cos t)$$

上从点$O(0,0)$到点$A(2\pi a,0)$的一段弧.

**解** 如图11-38所示,$L$的起点对应$t=0$,终点对应$t=2\pi$.因为$\mathrm{d}x=a(1-\cos t)\mathrm{d}t$,$\mathrm{d}y=$

$a\sin t\mathrm{d}t$，所以代入公式(1)得

$$I=\int_0^{2\pi}\{[2a-a(1-\cos t)]\cdot a(1-\cos t)-[a-a(1-\cos t)]a\sin t\}\mathrm{d}t$$

$$=a^2\int_0^{2\pi}[(1-\cos^2 t)-\sin t\cos t]\mathrm{d}t=a^2\int_0^{2\pi}(\sin^2 t-\sin t\cos t)\mathrm{d}t$$

$$=a^2\int_0^{2\pi}\left(\frac{1-\cos 2t}{2}-\frac{1}{2}\sin 2t\right)\mathrm{d}t=a^2\left[\frac{t}{2}-\frac{\sin 2t-\cos 2t}{4}\right]_0^{2\pi}=\pi a^2.$$

**例 3**　计算对坐标的曲线积分 $I=\int_L xy^2\mathrm{d}x+(x+y)\mathrm{d}y$，其中 $L$ 为：

(1) 抛物线 $y=x^2$ 上从点 $O(0,0)$ 到点 $A(1,1)$ 的一段弧；

(2) 从点 $O(0,0)$ 到点 $A(1,1)$ 的折线 $OB+BA$，如图 11-39 所示.

**解**　(1) 由于积分路径 $L$ 的方程是 $y=x^2$，由公式(2)得

$$I=\int_0^1[x(x^2)^2+(x+x^2)\cdot 2x]\mathrm{d}x=\int_0^1(x^5+2x^3+2x^2)\mathrm{d}x=\frac{4}{3}.$$

(2) 对于折线 $OB+BA$，因为在 $OB$ 上 $x=0$，$\mathrm{d}x=0$，在 $BA$ 上 $y=1$，$\mathrm{d}y=0$，所以由对坐标的曲线积分的可加性和公式(2)，(3)得

$$I=\int_{OB}xy^2\mathrm{d}x+(x+y)\mathrm{d}y+\int_{BA}xy^2\mathrm{d}x+(x+y)\mathrm{d}y$$

$$=\int_0^1 y\mathrm{d}y+\int_0^1 x\mathrm{d}x=1.$$

**注**　从例 3 中的两个曲线积分值不相等可知：一般情况下，曲线积分 $\int_L \boldsymbol{F}\cdot\mathrm{d}\boldsymbol{l}$ 在积分路径 $L$ 的起点和终点固定后，其数值是与路径有关的.

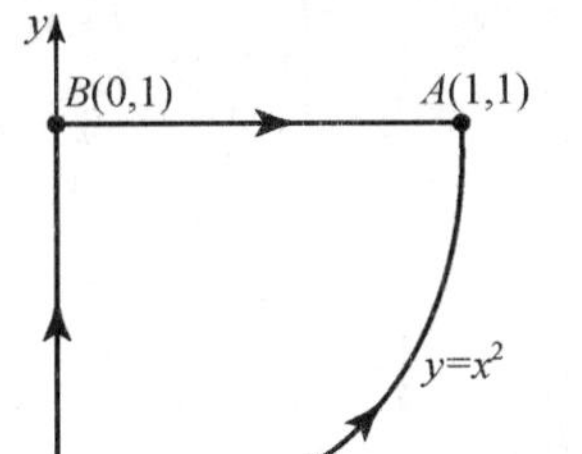


图　11-39

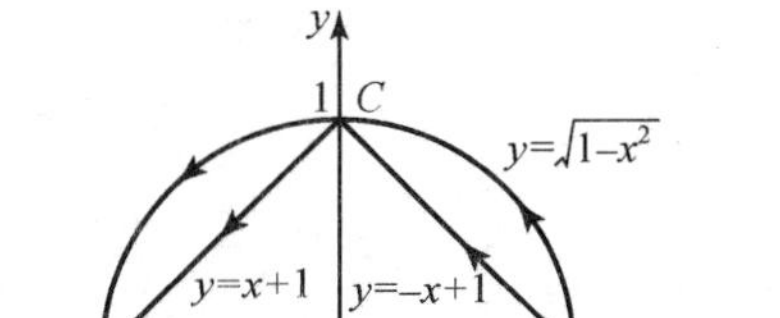


图　11-40

**例 4**　计算对坐标的曲线积分 $I=\int_L(3x^2+y)\mathrm{d}x+(x-2y)\mathrm{d}y$，其中 $L$ 为：

(1) 直线 $y=0$ 上从点 $A(1,0)$ 到点 $B(-1,0)$ 的一段；

(2) 从点 $A(1,0)$ 到点 $B(-1,0)$ 的上半圆周 $y=\sqrt{1-x^2}$ 上;

(3) 从点 $A(1,0)$ 到点 $B(-1,0)$ 的折线 $AC+CB$,其中 $AC$ 和 $CB$ 分别是直线 $y=-x+1$ 和 $y=x+1$ 上的一段,如图 11-40 所示.

**解** (1) 由公式(2)得

$$I=\int_1^{-1} 3x^2\,\mathrm{d}x=-2.$$

(2) 将 $L$ 的方程写成参数形式

$$x=\cos t,\quad y=\sin t\quad(t\text{ 从 }0\text{ 到 }\pi).$$

由公式(1)得

$$\begin{aligned}I&=\int_0^{\pi}[(3\cos^2 t+\sin t)(-\sin t)+(\cos t-2\sin t)\cos t]\mathrm{d}t\\&=\int_0^{\pi}(-3\cos^2 t\sin t+\cos 2t-\sin 2t)\mathrm{d}t=\cos^3 t\Big|_0^{\pi}=-2.\end{aligned}$$

(3) 根据对坐标的曲线积分的可加性和公式(2),得

$$\begin{aligned}I&=\int_1^0\{(3x^2+1-x)+[x-2(1-x)](-1)\}\mathrm{d}x\\&\quad+\int_0^{-1}\{[3x^2+(1+x)]+[x-2(1+x)]\cdot 1\}\mathrm{d}x\\&=\int_1^0(3x^2-4x+3)\mathrm{d}x+\int_0^{-1}(3x^2-1)\mathrm{d}x=-2.\end{aligned}$$

例 4 的曲线积分值对于三种不同的积分路径均相等,这并非偶然的巧合.对于这个问题,即曲线积分与路径无关的问题,将在第七节中再做深入讨论.

**例 5** 计算对坐标的曲线积分 $\oint_L \dfrac{x\mathrm{d}x-y\mathrm{d}y}{x^2+2y^2}$,其中 $L$ 为圆周 $x^2+y^2=1$,取逆时针方向.

**解** *方法 1* 将 $L$ 用参数方程写出:

$$L:\ x=\cos\theta,\quad y=\sin\theta\quad(\theta\text{ 从 }-\pi\text{ 到 }\pi).$$

所以,由公式(1)得

$$\oint_L \frac{x\mathrm{d}x-y\mathrm{d}y}{x^2+2y^2}=\int_{-\pi}^{\pi}\frac{-2\cos\theta\sin\theta}{\cos^2\theta+2\sin^2\theta}\mathrm{d}\theta=0.$$

上式中定积分等于 0 是因为被积函数是 $\theta$ 的奇函数且积分区间关于原点对称.

*方法 2* 在 $L$ 上 $x^2+y^2=1$,所以 $x^2+2y^2=2-x^2=1+y^2$.于是

$$\oint_L \frac{x\mathrm{d}x-y\mathrm{d}y}{x^2+2y^2}=\oint_L \frac{x\mathrm{d}x}{2-x^2}-\oint_L \frac{y\mathrm{d}y}{1+y^2}=0.$$

上式等于 0 是因为对任何光滑曲线弧 $\widehat{AB}$ 及连续函数 $f(x)$,有

$$\int_{\widehat{AB}} f(x)\mathrm{d}x=\int_{x_A}^{x_B} f(x)\mathrm{d}x,$$

其中 $x_A$ 与 $x_B$ 为点 $A$ 与点 $B$ 的横坐标. 特别地，当 $L$ 为闭曲线时，起点与终点重合，即 $x_A=x_B$，从而 $\int_{x_A}^{x_B} f(x)\mathrm{d}x=0$，于是 $\oint_L f(x)\mathrm{d}x=0$. 同理有 $\oint_L f(y)\mathrm{d}y=0$.

**2. 空间曲线情形**

设空间有向光滑曲线弧 $\Gamma$ 的参数方程为 $x=\varphi(t), y=\psi(t), z=\omega(t)$，函数 $P(x,y,z)$，$Q(x,y,z)$，$R(x,y,z)$ 在 $\Gamma$ 上连续，则有

$$\begin{aligned}&\int_\Gamma P(x,y,z)\mathrm{d}x+Q(x,y,z)\mathrm{d}y+R(x,y,z)\mathrm{d}z\\&\quad=\int_\alpha^\beta\{P[\varphi(t),\psi(t),\omega(t)]\varphi'(t)+Q[\varphi(t),\psi(t),\omega(t)]\psi'(t)\\&\qquad+R[\varphi(t),\psi(t),\omega(t)]\omega'(t)\}\mathrm{d}t,\end{aligned}\tag{4}$$

式中下限 $\alpha$ 与上限 $\beta$ 分别对应于 $\Gamma$ 的起点和终点.

**例 6** 设有空间力场 $\boldsymbol{F}=x^2\boldsymbol{i}+3y^2z\boldsymbol{j}-x^2y\boldsymbol{k}$，求质点由点 $O(0,0,0)$ 沿直线 $\Gamma$ 移动到点 $P(3,2,1)$ 时力 $\boldsymbol{F}$ 所做的功.

**解** 由对坐标的曲线积分的物理意义知，力 $\boldsymbol{F}$ 所做的功为

$$W=\int_\Gamma \boldsymbol{F}\cdot\mathrm{d}\boldsymbol{l}=\int_\Gamma x^2\mathrm{d}x+3y^2z\mathrm{d}y-x^2y\mathrm{d}z.$$

而直线 $\Gamma$ 的参数方程是 $x=3t, y=2t, z=t$，起点 $O$ 对应 $t=0$，终点 $P$ 对应 $t=1$，所以由公式(4)得

$$W=\int_0^1 (3t)^2\cdot 3\mathrm{d}t+3(2t)^2\cdot t2\mathrm{d}t-(3t)^2(2t)\mathrm{d}t=\int_0^1(27t^2+6t^3)\mathrm{d}t=\frac{21}{2}.$$

## 三、两类曲线积分间的关系

对弧长的曲线积分和对坐标的曲线积分，从其物理意义和定义看都是不同的，但是它们之间却存在着密切的联系. 下面导出的公式说明，这两类曲线积分可以相互表示.

设 $L$ 为平面有向光滑曲线弧，我们用曲线 $L$ 的方向来规定其上每一点处的切线方向，即切线的指向与曲线的指向相同. 因此切线也成为有方向的了. 设有向切线的方向角(即切线向量与 $x$ 轴及 $y$ 轴正向的夹角)为 $\alpha$ 和 $\beta$(如图 11-41 所示)，则由

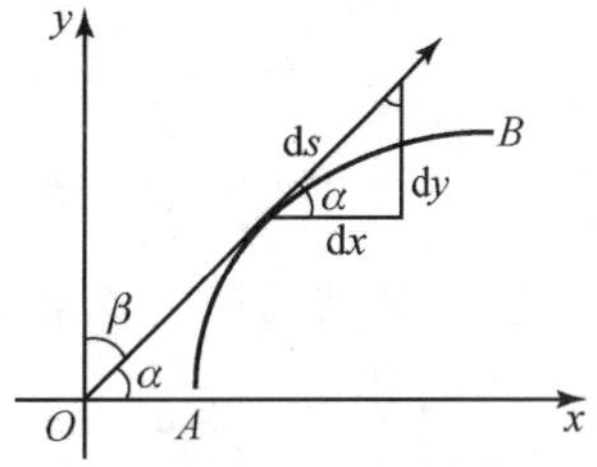


图 11-41

$$\frac{\mathrm{d}x}{\mathrm{d}s}=\cos\alpha,\quad \frac{\mathrm{d}y}{\mathrm{d}s}=\cos\beta,$$

得 $\mathrm{d}x=\cos\alpha\mathrm{d}s$，$\mathrm{d}y=\cos\beta\mathrm{d}s$. 故

$$\int_\Gamma P(x,y)\mathrm{d}x+Q(x,y)\mathrm{d}y=\int_\Gamma[P(x,y)\cos\alpha+Q(x,y)\cos\beta]\mathrm{d}s.\tag{5}$$

这就是两类曲线积分之间的关系式.

同理,空间曲线的两类曲线积分之间有关系式

$$\int_\Gamma P\mathrm{d}x+Q\mathrm{d}y+R\mathrm{d}z=\int_\Gamma(P\cos\alpha+Q\cos\beta+R\cos\gamma)\mathrm{d}s, \tag{6}$$

其中 $\cos\alpha,\cos\beta,\cos\gamma$ 是空间有向曲线弧 $\Gamma$ 的切线向量的方向余弦.

**例 7** 将对坐标的曲线积分 $I=\int_L P(x,y)\mathrm{d}x+Q(x,y)\mathrm{d}y$ 化为对弧长的曲线积分,其中 $L$ 为抛物线 $y=x^2$ 上从点 $O(0,0)$ 到点 $A(1,1)$ 的一段弧.

**解** 由 $y=x^2$ 得 $y'=2x$, $\mathrm{d}s=\sqrt{1+y'^2}\mathrm{d}x=\sqrt{1+4x^2}\mathrm{d}x$,故

$$\cos\alpha=\frac{\mathrm{d}x}{\mathrm{d}s}=\frac{\mathrm{d}x}{\sqrt{1+4x^2}\mathrm{d}x}=\frac{1}{\sqrt{1+4x^2}},\quad \cos\beta=\frac{\mathrm{d}y}{\mathrm{d}s}=\frac{2x\mathrm{d}x}{\sqrt{1+4x^2}\mathrm{d}x}=\frac{2x}{\sqrt{1+4x^2}}.$$

代入公式(5),得

$$\begin{aligned}I&=\int_L\left[P(x,y)\frac{1}{\sqrt{1+4x^2}}+Q(x,y)\frac{2x}{\sqrt{1+4x^2}}\right]\mathrm{d}s\\&=\int_L\frac{P(x,y)+2xQ(x,y)}{\sqrt{1+4x^2}}\mathrm{d}s.\end{aligned}$$

## 习 题 11-6

1. 计算对坐标的曲线积分 $\int_L y^2\mathrm{d}x+x^2\mathrm{d}y$,其中 $L$ 为曲线

$$x=a\cos t,\quad y=a\sin t\quad(0\leqslant t\leqslant\pi/2)$$

上从点 $A(a,0)$ 到点 $B(0,a)$ 的一段弧.

2. 计算对坐标的曲线积分 $I=\int_L(x^2-y^2)\mathrm{d}x+xy\mathrm{d}y$,其中 $L$ 为:

(1) 直线 $y=x$ 上从点(0,0)到点(1,1)的一段;

(2) 抛物线 $y=x^2$ 上从点(0,0)到点(1,1)的一段弧.

3. 计算对坐标的曲线积分 $I=\oint_L xy\mathrm{d}x$,其中 $L$ 为由圆周 $(x-a)^2+y^2=a^2\ (a>0)$ 与 $x$ 轴所围成区域在第一象限部分的整个边界,取逆时针方向.

4. 计算对坐标的曲线积分 $I=\int_L x\mathrm{d}y-y\mathrm{d}x$,其中 $L$ 为:

(1) 椭圆 $\dfrac{x^2}{a^2}+\dfrac{y^2}{b^2}=1$ 上从点 $A(a,0)$ 到点 $B(0,b)$ 的一段弧;

(2) 从点 $A(a,0)$ 到点 $B(0,b)$ 的直线段 $AB$.

5. 计算对坐标的曲线积分 $I=\int_\Gamma x\mathrm{d}x+y\mathrm{d}y+(x+y-1)\mathrm{d}z$,其中 $\Gamma$ 是从点 $A(1,1,1)$ 到

点 $B(2,3,4)$ 的直线段 $AB$.

6. 计算对坐标的曲线积分 $\oint_L \frac{y\mathrm{d}x - x\mathrm{d}y}{x^2+y^2}$,其中 $L$ 为：

(1) 逆时针方向的圆周 $x = a\cos t, y = a\sin t\ (a > 0)$；

(2) 由直线 $x = \pm a, y = \pm b$ 所围成的矩形边界,取逆时针方向.

7. 设有一力场,力的大小与作用点到 $z$ 轴的距离成反比,方向垂直且朝向该轴.试求：当质点沿圆周 $x = \cos t, y = 1, z = \sin t$ 从点 $M(1,1,0)$ 移动到点 $N(0,1,1)$ 时,场力所做的功.

8. 把对坐标的曲线积分 $\int_L P(x,y)\mathrm{d}x + Q(x,y)\mathrm{d}y$ 化成对弧长的曲线积分,其中 $L$ 为：

(1) 在 $Oxy$ 面内从点 $(0,0)$ 到点 $(1,1)$ 的直线段；

(2) 抛物线 $y = x^2$ 上从点 $(0,0)$ 到点 $(1,1)$ 的一段弧；

(3) 上半圆周 $x^2 + y^2 = 2x$ 上从点 $(0,0)$ 到点 $(1,1)$ 的一段弧.

# 第七节　格林公式及其应用

## 一、格林公式

在一元函数微积分中,牛顿-莱布尼茨公式

$$\int_a^b F'(x)\mathrm{d}x = F(b) - F(a)$$

表示：$F'(x)$ 在区间 $[a,b]$ 上的定积分可以通过它的原函数 $F(x)$ 在这个区间端点上的值来表达.下面要介绍的格林(Green)公式告诉我们,在平面有界闭区域 $D$ 上的二重积分可以通过沿闭区域 $D$ 的边界曲线 $L$ 上的曲线积分来表达.

先介绍平面单连通区域的概念.设 $D$ 为平面区域.如果 $D$ 内任一闭曲线所围成的部分都属于 $D$,则称 $D$ 为**单连通区域**；否则,称为**复连通区域**.通俗地说,单连通区域就是不含有“洞”(包括点“洞”)的区域,复连通区域就是含有“洞”的区域.例如,平面上的圆域 $\{(x,y) \mid x^2+y^2<1\}$ 和上半平面 $\{(x,y) \mid y>1\}$ 都是单连通区域,而圆环域 $\{(x,y) \mid 1<x^2+y^2<4\}$ 和 $\{(x,y) \mid 0<x^2+y^2<2\}$ 都是复连通区域.

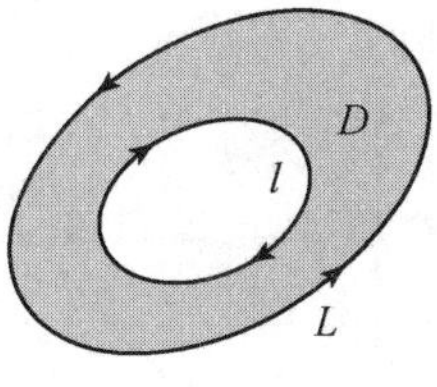

图　11-42

对平面区域 $D$ 的边界曲线 $L$,我们规定 $L$ 的**正向**如下：当观察者沿 $L$ 的这个方向行走时,$D$ 内在他近处的那一部分总在他的左边.例如,$D$ 是由边界曲线 $L$ 和 $l$ 所围成的复连通区域(如图 11-42 所示),作为 $D$ 的正向边界,$L$ 的正向为逆时针方向,而 $l$ 的正向是顺时针方向.

**定理 1**　设平面有界闭区域 $D$ 由分段光滑的曲线 $L$ 所围成,函数 $P(x,y)$,$Q(x,y)$ 在 $D$ 上具有连续偏导数,则有

$$\iint_D\left(\frac{\partial Q}{\partial x}-\frac{\partial P}{\partial y}\right)\mathrm{d}x\mathrm{d}y=\oint_L P\mathrm{d}x+Q\mathrm{d}y, \tag{1}$$

其中 $L$ 是 $D$ 的正向边界曲线.(证明从略)

公式(1)叫作**格林公式**.

**注** 对于复连通区域 $D$,格林公式(1)右端应包括沿区域 $D$ 的全部边界的曲线积分,且边界的方向对区域 $D$ 来说都是正向.

下面说明格林公式的一个简单应用.

在公式(1)中,取 $P=-y,Q=x$,即得

$$2\iint_D\mathrm{d}x\mathrm{d}y=\oint_L x\mathrm{d}y-y\mathrm{d}x.$$

上式左端是区域 $D$ 的面积 $A$ 的两倍,因此有

$$A=\frac{1}{2}\oint_L x\mathrm{d}y-y\mathrm{d}x. \tag{2}$$

**例 1** 求由椭圆 $x=a\cos\theta,y=b\sin\theta\ (a,b>0)$所围成的平面图形的面积 $A$.

**解** 根据公式(2),有

$$A=\frac{1}{2}\oint_L x\mathrm{d}y-y\mathrm{d}x=\frac{1}{2}\int_0^{2\pi}(ab\cos^2\theta+ab\sin^2\theta)\mathrm{d}\theta=\frac{1}{2}ab\int_0^{2\pi}\mathrm{d}\theta=\pi ab,$$

其中 $L$ 为椭圆 $x=a\cos\theta,\ y=b\sin\theta$,取逆时针方向.

**例 2** 设 $L$ 是任意一条分段光滑的有向闭曲线,证明:

$$\oint_L 2xy\mathrm{d}x+x^2\mathrm{d}y=0.$$

**证** 令 $P=2xy,Q=x^2$,则

$$\frac{\partial Q}{\partial x}-\frac{\partial P}{\partial y}=2x-2x=0.$$

因此,由公式(1)有

$$\oint_L 2xy\mathrm{d}x+x^2\mathrm{d}y=\pm\iint_D 0\mathrm{d}x\mathrm{d}y=0,$$

其中 $D$ 是由 $L$ 所围成的区域. **证毕**

**例 3** 计算二重积分 $\iint_D \mathrm{e}^{-y^2}\mathrm{d}x\mathrm{d}y$,其中 $D$ 是以 $O(0,0),A(1,1),B(0,1)$ 为顶点的三角形闭区域(如图 11-43 所示).

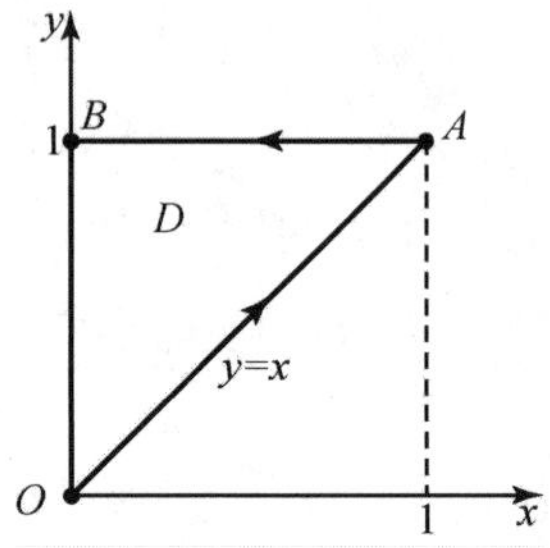

图 11-43

**解** 令 $P=0,Q=x\mathrm{e}^{-y^2}$,则

$$\frac{\partial Q}{\partial x}-\frac{\partial P}{\partial y}=\mathrm{e}^{-y^2}.$$

因此,由公式(1)有

$$\iint_D e^{-y^2}\,dx\,dy = \oint_{OA+AB+BO} x e^{-y^2}\,dy = \int_{OA} x e^{-y^2}\,dy$$

$$= \int_0^1 y e^{-y^2}\,dy = \frac{1}{2}(1-e^{-1}).$$

**例 4** 计算对坐标的曲线积分$\oint_L \frac{x\,dy - y\,dx}{x^2+y^2}$,其中 $L$ 为一条无重点[①]、分段光滑且不经过原点的连续闭曲线,$L$ 的方向为逆时针方向.

**解** 令 $P=\frac{-y}{x^2+y^2}, Q=\frac{x}{x^2+y^2}$,则当 $x^2+y^2\neq 0$ 时,有

$$\frac{\partial Q}{\partial x} = \frac{y^2-x^2}{(x^2+y^2)^2} = \frac{\partial P}{\partial y}.$$

记 $L$ 所围成的闭区域为 $D$. 当$(0,0)\notin D$ 时,由公式(1)便得

$$\oint_L \frac{x\,dy - y\,dx}{x^2+y^2} = 0;$$

当$(0,0)\in D$ 时,选取适当小的 $r>0$,作位于区域 $D$ 内的圆周 $l$:$x^2+y^2=r^2$. 记 $L$ 和 $l$ 所围成的闭区域为 $D_1$(如图 11-44 所示). 对复连通区域 $D_1$ 应用格林公式,得

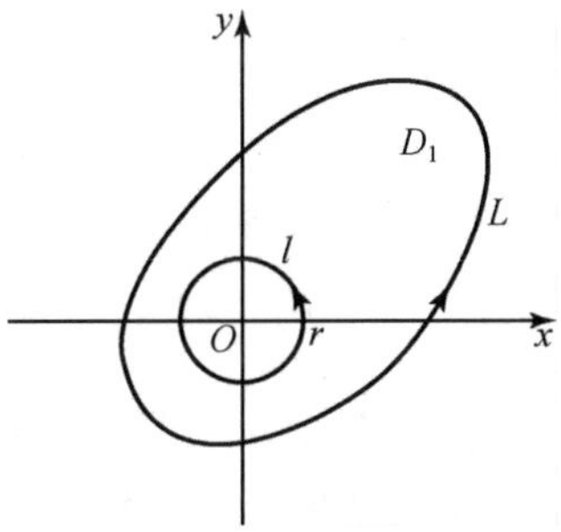

图 11-44

$$\oint_L \frac{x\,dy - y\,dx}{x^2+y^2} - \oint_l \frac{x\,dy - y\,dx}{x^2+y^2} = 0,$$

其中 $l$ 的方向取逆时针方向. 于是

$$\oint_L \frac{x\,dy - y\,dx}{x^2+y^2} = \oint_l \frac{x\,dy - y\,dx}{x^2+y^2} = \int_0^{2\pi} \frac{r^2\cos^2\theta + r^2\sin^2\theta}{r^2}\,d\theta = 2\pi.$$

## 二、平面曲线积分与路径无关的条件

在物理学、力学中要研究所谓的势力场,就是要研究场力所做的功与路径无关的情形. 在什么条件下场力所做的功与路径无关? 这个问题在数学上就是要研究曲线积分与路径无关的条件. 为了研究这个问题,先要明确什么叫作曲线积分$\int_L P\,dx + Q\,dy$ 与路径无关.

设 $G$ 是一个开区域,$P(x,y)$和 $Q(x,y)$在区域 $G$ 内具有连续偏导数. 如果对于 $G$ 内任意指定的两个点 $A$,$B$ 以及 $G$ 内从点 $A$ 到点 $B$ 的任意两条光滑曲线 $L_1$,$L_2$(如图 11-45 所示),等式

$$\int_{L_1} P\,dx + Q\,dy = \int_{L_2} P\,dx + Q\,dy$$

恒成立,则说曲线积分$\int_L P\,dx + Q\,dy$ 在 $G$ 内与**路径无关**;否则,便说与**路径有关**.

---

① 对于连续曲线 $L$:$x=\varphi(t), y=\psi(t), \alpha\leqslant t\leqslant\beta$,如果除 $t=\alpha, t=\beta$ 外,当 $t_1\neq t_2$ 时,$(\varphi(t_1),\psi(t_1))$ 与 $(\varphi(t_2),\psi(t_2))$ 总是相异的点,则称 $L$ 是无重点的曲线.

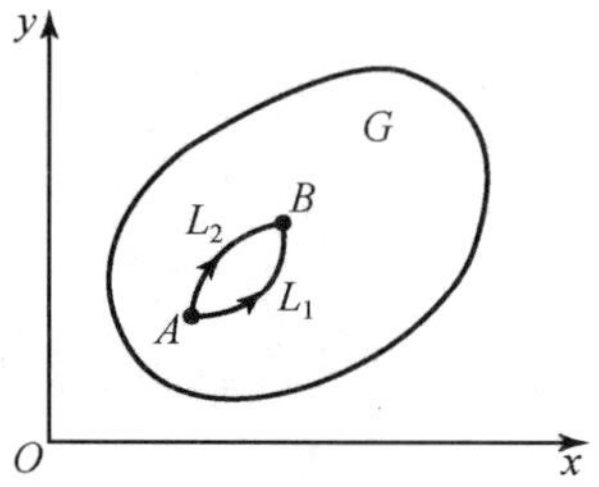


图 11-45

在以上叙述中注意到，如果曲线积分与路径无关，那么

$$\int_{L_1} P\mathrm{d}x + Q\mathrm{d}y = \int_{L_2} P\mathrm{d}x + Q\mathrm{d}y$$

(如图 11-45 所示)，这两个曲线积分均记为

$$\int_A^B P\mathrm{d}x + Q\mathrm{d}y.$$

由于

$$\int_{L_2} P\mathrm{d}x + Q\mathrm{d}y = -\int_{-L_2} P\mathrm{d}x + Q\mathrm{d}y,$$

所以

$$\int_{L_1} P\mathrm{d}x + Q\mathrm{d}y + \int_{-L_2} P\mathrm{d}x + Q\mathrm{d}y = 0, \quad \text{从而} \quad \oint_{L_1+(-L_2)} P\mathrm{d}x + Q\mathrm{d}y = 0.$$

这里 $L_1+(-L_2)$ 是一条分段光滑的有向闭曲线. 因此，由在区域 $G$ 内曲线积分与路径无关可推得在 $G$ 内沿任意闭曲线的曲线积分均为零. 反过来，如果在区域 $G$ 内沿任意闭曲线的曲线积分为零，也可推得在 $G$ 内曲线积分与路径无关. 由此得出结论：曲线积分 $\oint_L P\mathrm{d}x + Q\mathrm{d}y$ 在 $G$ 内与路径无关等价于沿 $G$ 内任意闭曲线 $C$ 的曲线积分 $\oint_C P\mathrm{d}x + Q\mathrm{d}y$ 等于零.

**定理 2** 设开区域 $G$ 是一个单连通区域，函数 $P(x,y)$，$Q(x,y)$ 在 $G$ 内具有连续偏导数，则曲线积分 $\int_L P\mathrm{d}x + Q\mathrm{d}y$ 在 $G$ 内与路径无关(或沿 $G$ 内任意闭曲线的曲线积分为零) 的充要条件是等式

$$\frac{\partial P}{\partial y} = \frac{\partial Q}{\partial x}$$

在 $G$ 内恒成立.(证明从略)

在第六节的例 4 中，起点与终点相同的三个曲线积分 $\int_L (3x^2+y)\mathrm{d}x + (x-2y)\mathrm{d}y$ 相等. 由定理 2 来看，这不是偶然的，因为此时 $\frac{\partial Q}{\partial x} = \frac{\partial P}{\partial y} = 1$ 在整个 $Oxy$ 面内恒成立，而整个 $Oxy$ 面是单连通区域，因此曲线积分 $\int_L (3x^2+y)\mathrm{d}x + (x-2y)\mathrm{d}y$ 在 $Oxy$ 面内与路径无关.

在定理 2 中，要求区域 $G$ 是单连通区域，且函数 $P(x,y)$，$Q(x,y)$ 在 $G$ 内具有连续偏导数. 如果这两个条件之一不能满足，那么定理的结论不能保证成立. 例如，在例 4 中我们已经看到，当 $L$ 所围成的区域含有原点时，虽然除去原点外，恒有 $\frac{\partial Q}{\partial x} = \frac{\partial P}{\partial y}$，但曲线积分 $\oint_L P\mathrm{d}x + Q\mathrm{d}y \neq 0$. 其原因在于区域内含有破坏函数 $P$，$Q$ 及 $\frac{\partial P}{\partial y}$，$\frac{\partial Q}{\partial x}$ 连续性条件的点 $O$，这种点通常称为**奇点**.

## 三、二元函数的全微分求积

现在要讨论：函数 $P(x,y)$，$Q(x,y)$满足什么条件时，表达式 $P(x,y)\mathrm{d}x+Q(x,y)\mathrm{d}y$ 在 $G$ 内为某个二元函数 $u(x,y)$的全微分？当这样的二元函数存在时，如何把它求出来？我们不加证明地给出如下定理：

**定理 3**　设开区域 $G$ 是一个单连通区域，函数 $P(x,y)$，$Q(x,y)$在 $G$ 内具有连续偏导数，则 $P(x,y)\mathrm{d}x+Q(x,y)\mathrm{d}y$ 在 $G$ 内为某一函数 $u(x,y)$的全微分的充要条件是等式

$$\frac{\partial P}{\partial y}=\frac{\partial Q}{\partial x} \tag{3}$$

在 $G$ 内恒成立.

根据上述定理，如果函数 $P(x,y)$，$Q(x,y)$在单连通区域 $G$ 内有连续偏导数，且满足条件(3)，那么 $P\mathrm{d}x+Q\mathrm{d}y$ 是某个函数 $u(x,y)$的全微分，且可以证明

$$u(x,y)=\int_{(x_0,y_0)}^{(x,y)}P(x,y)\mathrm{d}x+Q(x,y)\mathrm{d}y,$$

其中$(x_0,y_0)$为 $G$ 内任一定点.

因为这时的曲线积分与路径无关，为计算简便起见，可以选择平行于坐标轴的直线段连成的折线 $M_0RM$ 或 $M_0SM$ 作为积分路径(如图 11-46 所示)，当然要假定这些折线完全位于 $G$ 内.

当取 $M_0RM$ 为积分路径时，

$$u(x,y)=\int_{x_0}^{x}P(x,y_0)\mathrm{d}x+\int_{y_0}^{y}Q(x,y)\mathrm{d}y; \tag{4}$$

当取 $M_0SM$ 为积分路径时，

$$u(x,y)=\int_{y_0}^{y}Q(x_0,y)\mathrm{d}y+\int_{x_0}^{x}P(x,y)\mathrm{d}x. \tag{5}$$

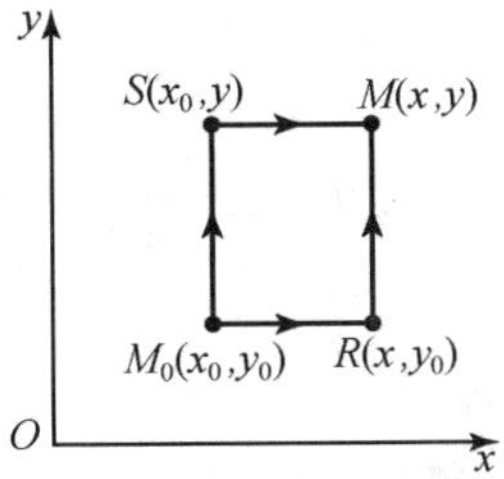


**图　11-46**

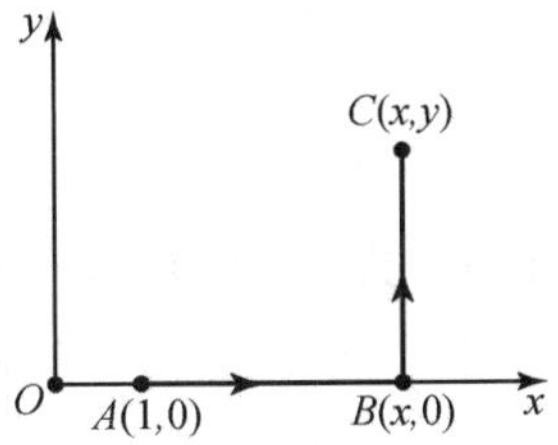


**图　11-47**

**例 5**　验证：$\dfrac{x\mathrm{d}y-y\mathrm{d}x}{x^2+y^2}$ 在右半平面$(x>0)$内是某个函数的全微分；并求出一个这样的函数.

**解** 在例 4 中已经知道,令 $P=\dfrac{-y}{x^2+y^2}$, $Q=\dfrac{x}{x^2+y^2}$,就有

$$\frac{\partial P}{\partial y}=\frac{\partial Q}{\partial x}$$

在右半平面内恒成立,因此在右半平面内 $\dfrac{x\mathrm{d}y-y\mathrm{d}x}{x^2+y^2}$ 是某个函数的全微分.

取积分路径如图 11-47 所示,利用公式(4)得所求的函数为

$$\begin{aligned}u(x,y)&=\int_{(1,0)}^{(x,y)}\frac{x\mathrm{d}y-y\mathrm{d}x}{x^2+y^2}=\int_{AB}\frac{x\mathrm{d}y-y\mathrm{d}x}{x^2+y^2}+\int_{BC}\frac{x\mathrm{d}y-y\mathrm{d}x}{x^2+y^2}\\&=0+\int_0^y\frac{x\mathrm{d}y}{x^2+y^2}=\left[\arctan\frac{y}{x}\right]_0^y=\arctan\frac{y}{x}.\end{aligned}$$

**例 6** 验证:在整个 $Oxy$ 面内,$xy^2\mathrm{d}x+x^2y\mathrm{d}y$ 是某个函数的全微分;并求出一个这样的函数.

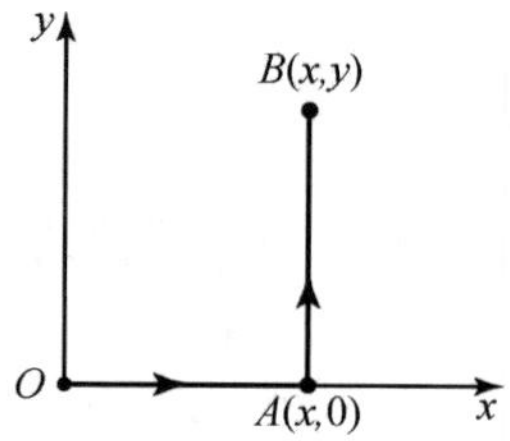


**图 11-48**

**解** 令 $P=xy^2$, $Q=x^2y$,则

$$\frac{\partial Q}{\partial x}=2xy=\frac{\partial P}{\partial y}$$

在整个 $Oxy$ 面内恒成立.因此,在整个 $Oxy$ 面内,$xy^2\mathrm{d}x+x^2y\mathrm{d}y$ 是某个函数的全微分.

取积分路径如图 11-48 所示,利用公式(4)得所求的函数为

$$u(x,y)=\int_{OA}xy^2\mathrm{d}x+\int_{AB}x^2y\mathrm{d}y=0+\int_0^y x^2y\mathrm{d}y=\frac{x^2y^2}{2}.$$

## 习 题 11-7

1. 计算下列曲线积分,并验证格林公式的正确性:

(1) $\oint_L(2xy-x^2)\mathrm{d}x+(x+y^2)\mathrm{d}y$,其中 $L$ 是由抛物线 $y=x^2$ 和 $y^2=x$ 所围成的区域的正向边界曲线;

(2) $\oint_L(x^2-xy^3)\mathrm{d}x+(y^2-2xy)\mathrm{d}y$,其中 $L$ 是四个顶点分别为(0,0),(2,0),(2,2)和(0,2)的正方形区域的正向边界.

2. 利用曲线积分,求下列曲线所围成的平面图形的面积:

(1) 星形线 $x=a\cos^3t$, $y=a\sin^3t$ $(a>0)$; (2) 椭圆 $9x^2+16y^2=144$;

(3) 圆 $x^2+y^2=2ax$ $(a>0)$.

3. 计算曲线积分 $\oint_L\dfrac{y\mathrm{d}x-x\mathrm{d}y}{2(x^2+y^2)}$,其中 $L$ 为圆 $(x-1)^2+y^2=2$,取逆时针方向.

4. 证明下列曲线积分在整个 $Oxy$ 面内与路径无关,并计算其值:

(1) $\int_{(1,1)}^{(2,3)}(x+y)\mathrm{d}x+(x-y)\mathrm{d}y$；　　(2) $\int_{(1,2)}^{(3,4)}(6xy^2-y^3)\mathrm{d}x+(6x^2y-3xy^2)\mathrm{d}y$；

(3) $\int_{(1,0)}^{(2,1)}(2xy-y^4+3)\mathrm{d}x+(x^2-4xy^3)\mathrm{d}y$.

5. 利用格林公式计算下列曲线积分：

(1) $\oint_L(2x-y+4)\mathrm{d}x+(5y+3x-6)\mathrm{d}y$，其中 $L$ 为三顶点分别为(0,0)，(3,0)和(3,2)的三角形区域的正向边界.

(2) $\oint_L(x^2y\cos x+2xy\sin x-y^2\mathrm{e}^x)\mathrm{d}x+(x^2\sin x-2y\mathrm{e}^x)\mathrm{d}y$，其中 $L$ 为正向星形线 $x^{\frac{2}{3}}+y^{\frac{2}{3}}=a^{\frac{2}{3}}$ $(a>0)$.

6. 验证下列式子在整个 $Oxy$ 面内是某个函数 $u(x,y)$ 的全微分，并求出这样的一个 $u(x,y)$：

(1) $(x+2y)\mathrm{d}x+(2x+y)\mathrm{d}y$；　　(2) $2xy\mathrm{d}x+x^2\mathrm{d}y$.

## 第八节　曲 面 积 分

### 一、对面积的曲面积分

#### 1. 对面积的曲面积分的概念与性质

**例 1**　设 $\Sigma$ 是面密度为连续函数 $\rho(x,y,z)$ 的非均匀空间曲面，求其质量 $m$.

**解**　我们利用微元法解决这个问题.

(1) 把曲面 $\Sigma$ 分成 $n$ 小块：$\Delta S_1,\Delta S_2,\cdots,\Delta S_n$ ($\Delta S_i$ 也代表此块小曲面的面积)；

(2) 求质量的近似值：$\sum\limits_{i=1}^{n}\rho(\xi_i,\eta_i,\zeta_i)\Delta S_i$ ($(\xi_i,\eta_i,\zeta_i)$ 是 $\Delta S_i$ 上任意一点)；

(3) 取极限求精确值：$m=\lim\limits_{\lambda\to 0}\sum\limits_{i=1}^{n}\rho(\xi_i,\eta_i,\zeta_i)\Delta S_i$ ($\lambda$ 为各小块曲面直径的最大值).

在许多其他实际问题中，也会遇到这种和式的极限. 我们可以从中抽象出下面的曲面积分的定义.

**定义 1**　设 $\Sigma$ 是光滑曲面①，函数 $f(x,y,z)$ 在 $\Sigma$ 上有界. 把曲面 $\Sigma$ 任意分成 $n$ 块小曲面 $\Delta S_i$ ($\Delta S_i$ 也代表此块小曲面的面积，$i=1,2,\cdots,n$)，在 $\Delta S_i$ 上任取一点 $(\xi_i,\eta_i,\zeta_i)$. 如果当各小块曲面直径的最大值 $\lambda\to 0$ 时，极限 $\lim\limits_{\lambda\to 0}\sum\limits_{i=1}^{n}f(\xi_i,\eta_i,\zeta_i)\Delta S_i$ 总存在，则称此极限值为函数 $f(x,y,z)$ 在

① 对于空间曲面 $\Sigma$：$F(x,y,z)=0$，若 $F'_x,F'_y,F'_z$ 连续且不同时为零，则称 $\Sigma$ 为**光滑曲面**. 而**分片光滑曲面**是指曲面可分成有限块光滑曲面.

曲面 $\Sigma$ 上**对面积的曲面积分**或**第一类曲面积分**，记作 $\iint\limits_{\Sigma} f(x,y,z)\mathrm{d}S$，即

$$\iint\limits_{\Sigma} f(x,y,z)\mathrm{d}S = \lim_{\lambda\to 0}\sum_{i=1}^{n} f(\xi_i,\eta_i,\zeta_i)\Delta S_i,$$

其中 $f(x,y,z)$ 称为**被积函数**，$\Sigma$ 称为**积分曲面**，$\mathrm{d}S$ 称为**面积微元**.

对面积的曲面积分的存在性：当 $f(x,y,z)$ 在光滑曲面 $\Sigma$ 上连续时，对面积的曲面积分是存在的. 今后总假定 $f(x,y,z)$ 在 $\Sigma$ 上连续.

根据上述定义，面密度为连续函数 $\rho(x,y,z)$ 的光滑曲面 $\Sigma$ 的质量 $m$ 可表示为 $\rho(x,y,z)$ 在 $\Sigma$ 上对面积的曲面积分，即 $m = \iint\limits_{\Sigma}\rho(x,y,z)\mathrm{d}S$.

容易验证对面积的曲面积分具有下列性质：

**性质 1(线性性)** 设 $c_1,c_2$ 为常数，则

$$\iint\limits_{\Sigma}[c_1 f(x,y,z) + c_2 g(x,y,z)]\mathrm{d}S = c_1\iint\limits_{\Sigma} f(x,y,z)\mathrm{d}S + c_2\iint\limits_{\Sigma} g(x,y,z)\mathrm{d}S.$$

**性质 2(可加性)** 若积分曲面 $\Sigma$ 可分成两块光滑曲面 $\Sigma_1,\Sigma_2$(记作 $\Sigma=\Sigma_1+\Sigma_2$)，则

$$\iint\limits_{\Sigma} f(x,y,z)\mathrm{d}S = \iint\limits_{\Sigma_1} f(x,y,z)\mathrm{d}S + \iint\limits_{\Sigma_2} f(x,y,z)\mathrm{d}S.$$

显然，由可加性可将对面积的曲面积分的概念推广到分片光滑的曲面上.

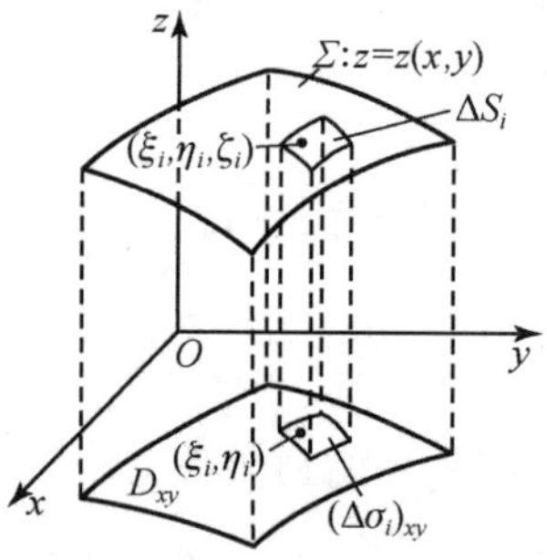


图 11-49

**性质 3** 设在积分曲面 $\Sigma$ 上 $f(x,y,z)\leqslant g(x,y,z)$，则

$$\iint\limits_{\Sigma} f(x,y,z)\mathrm{d}S \leqslant \iint\limits_{\Sigma} g(x,y,z)\mathrm{d}S.$$

**性质 4** $\iint\limits_{\Sigma}\mathrm{d}S = A$，其中 $A$ 为曲面 $\Sigma$ 的面积.

### 2. 对面积的曲面积分的计算

如果积分曲面 $\Sigma$ 由方程 $z=z(x,y)$ 给出，$\Sigma$ 在 $Oxy$ 面上的投影区域为 $D_{xy}$(如图 11-49 所示)，$z(x,y)$ 在 $D_{xy}$ 上具有连续偏导数，被积函数 $f(x,y,z)$ 在 $\Sigma$ 上连续，则曲面 $\Sigma$ 的面积微元为

$$\mathrm{d}S = \sqrt{1 + z_x'^2(x,y) + z_y'^2(x,y)}\,\mathrm{d}x\mathrm{d}y.$$

因此

$$\iint\limits_{\Sigma} f(x,y,z)\mathrm{d}S = \iint\limits_{D_{xy}} f[x,y,z(x,y)]\sqrt{1 + z_x'^2(x,y) + z_y'^2(x,y)}\,\mathrm{d}x\mathrm{d}y.$$

事实上，根据对面积的曲面积分的定义，有

$$\iint\limits_{\Sigma} f(x,y,z)\mathrm{d}S = \lim_{\lambda\to 0}\sum_{i=1}^{n} f(\xi_i,\eta_i,\zeta_i)\Delta S_i.$$

设 $\Sigma$ 上第 $i$ 块小曲面 $\Delta S_i$（$\Delta S_i$ 也表示此块小曲面的面积）在 $Oxy$ 面上的投影区域为 $(\Delta\sigma_i)_{xy}$（仍用 $(\Delta\sigma_i)_{xy}$ 表示投影区域的面积），则

$$\Delta S_i = \iint\limits_{(\Delta\sigma_i)_{xy}} \sqrt{1+z_x'^2(x,y)+z_y'^2(x,y)}\,\mathrm{d}x\mathrm{d}y.$$

利用二重积分中值定理，有

$$\Delta S_i = \sqrt{1+z_x'^2(\xi_i',\eta_i')+z_y'^2(\xi_i',\eta_i')}\,(\Delta\sigma_i)_{xy},$$

其中 $(\xi_i',\eta_i')$ 是小闭区域 $(\Delta\sigma_i)_{xy}$ 上的一点. 又因 $(\xi_i,\eta_i,\zeta_i)$ 是 $\Sigma$ 上的一点，故 $\zeta_i=z(\xi_i,\eta_i)$. 于是

$$\sum_{i=1}^{n} f(\xi_i,\eta_i,\zeta_i)\Delta S_i = \sum_{i=1}^{n} f[\xi_i,\eta_i,z(\xi_i,\eta_i)]\sqrt{1+z_x'^2(\xi_i',\eta_i')+z_y'^2(\xi_i',\eta_i')}\,(\Delta\sigma_i)_{xy}.$$

当各小块曲面直径的最大值 $\lambda\to 0$ 时，两边取极限，得到

$$\iint\limits_{\Sigma} f(x,y,z)\,\mathrm{d}S = \iint\limits_{D_{xy}} f[x,y,z(x,y)]\sqrt{1+z_x'^2(x,y)+z_y'^2(x,y)}\,\mathrm{d}x\mathrm{d}y.$$

这样曲面积分就可以化为二重积分进行计算了.

类似地，如果曲面 $\Sigma$ 的方程为 $y=y(z,x)$，$D_{zx}$ 为 $\Sigma$ 在 $Ozx$ 面上的投影区域，则 $f(x,y,z)$ 在 $\Sigma$ 上对面积的曲面积分为

$$\iint\limits_{\Sigma} f(x,y,z)\,\mathrm{d}S = \iint\limits_{D_{zx}} f[x,y(z,x),z]\sqrt{1+y_z'^2(z,x)+y_x'^2(z,x)}\,\mathrm{d}z\mathrm{d}x.$$

如果曲面 $\Sigma$ 的方程为 $x=x(y,z)$，$D_{yz}$ 为 $\Sigma$ 在 $Oyz$ 面上的投影区域，则 $f(x,y,z)$ 在 $\Sigma$ 上对面积的曲面积分为

$$\iint\limits_{\Sigma} f(x,y,z)\,\mathrm{d}S = \iint\limits_{D_{yz}} f[x(y,z),y,z]\sqrt{1+x_y'^2(y,z)+x_z'^2(y,z)}\,\mathrm{d}y\mathrm{d}z.$$

**例 2**　计算对面积的曲面积分 $\iint\limits_{\Sigma}\frac{1}{z}\mathrm{d}S$，其中 $\Sigma$ 是球面 $x^2+y^2+z^2=a^2$ 被平面 $z=h$ $(0<h<a)$ 截出的顶部.

**解**　如图 11-50 所示，$\Sigma$ 的方程为 $z=\sqrt{a^2-x^2-y^2}$，它在 $Oxy$ 面上的投影区域为

$$D_{xy}:\ x^2+y^2\leqslant a^2-h^2.$$

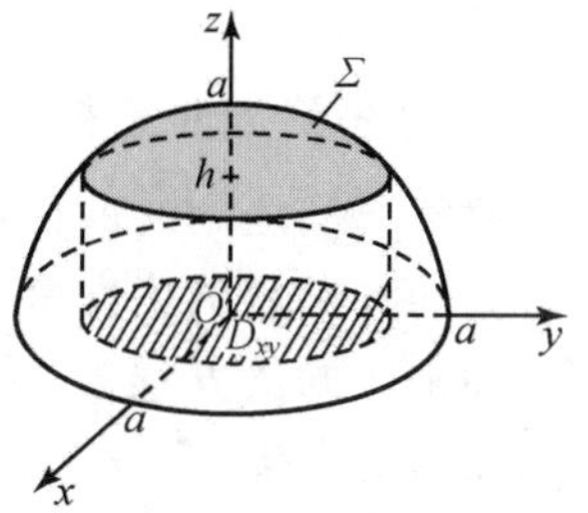


图　11-50

因为

$$z_x'=\frac{-x}{\sqrt{a^2-x^2-y^2}},\quad z_y'=\frac{-y}{\sqrt{a^2-x^2-y^2}},$$

$$\mathrm{d}S=\sqrt{1+z_x'^2+z_y'^2}\,\mathrm{d}x\mathrm{d}y=\frac{a}{\sqrt{a^2-x^2-y^2}}\mathrm{d}x\mathrm{d}y,$$

所以

$$\iint_{\Sigma}\frac{1}{z}\mathrm{d}S=\iint_{D_{xy}}\frac{a}{a^2-x^2-y^2}\mathrm{d}x\mathrm{d}y=a\int_0^{2\pi}\mathrm{d}\theta\int_0^{\sqrt{a^2-h^2}}\frac{r\mathrm{d}r}{a^2-r^2}$$

$$=2\pi a\left[-\frac{1}{2}\ln(a^2-r^2)\right]_0^{\sqrt{a^2-h^2}}=2\pi a\ln\frac{a}{h}.$$

**例 3** 计算对面积的曲面积分 $\oiint_{\Sigma}xyz\mathrm{d}S$,其中 $\Sigma$ 是由平面 $x=0,y=0,z=0$ 及 $x+y+z=1$ 所围成的四面体的整个边界曲面,如图 11-51 所示$\left(\text{记号} \oiint_{\Sigma} \text{表示闭曲面} \Sigma \text{上的曲面积分}\right)$.

**解** 将边界曲面 $\Sigma$ 在由平面 $x=0,y=0,z=0$ 及 $x+y+z=1$ 上的部分依次记为 $\Sigma_1,\Sigma_2,\Sigma_3$ 及 $\Sigma_4$,于是

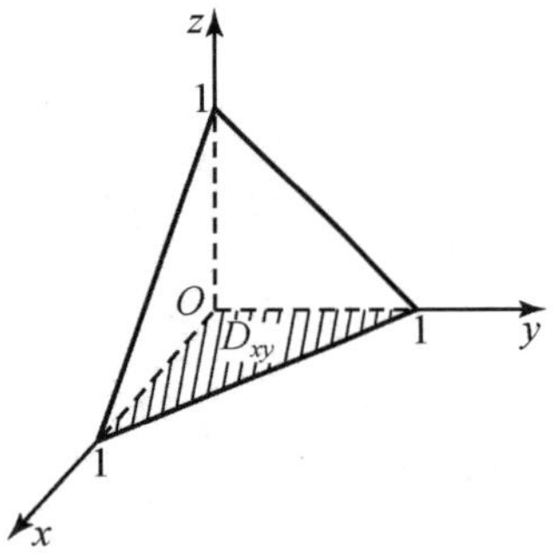


图 11-51

$$\oiint_{\Sigma}xyz\mathrm{d}S=\iint_{\Sigma_1}xyz\mathrm{d}S+\iint_{\Sigma_2}xyz\mathrm{d}S+\iint_{\Sigma_3}xyz\mathrm{d}S+\iint_{\Sigma_4}xyz\mathrm{d}S$$

$$=0+0+0+\iint_{\Sigma_4}xyz\mathrm{d}S$$

$$=\iint_{D_{xy}}\sqrt{3}xy(1-x-y)\mathrm{d}x\mathrm{d}y$$

$$=\sqrt{3}\int_0^1 x\mathrm{d}x\int_0^{1-x}y(1-x-y)\mathrm{d}y$$

$$=\sqrt{3}\int_0^1 x\cdot\frac{(1-x)^3}{6}\mathrm{d}x=\frac{\sqrt{3}}{120},$$

其中

$$\Sigma_4: z=1-x-y,\quad \mathrm{d}S=\sqrt{1+z_x'^2+z_y'^2}\,\mathrm{d}x\mathrm{d}y=\sqrt{3}\mathrm{d}x\mathrm{d}y.$$

## 二、对坐标的曲面积分

### 1. 对坐标的曲面积分的概念与性质

通常我们遇到的曲面都是双侧的,在讨论对坐标的曲面积分时,需要指定曲面的侧.我们利用曲面的法向量的指向来指定曲面的侧.我们规定:

如果曲面的方程为 $z=z(x,y)$,法向量为 $\boldsymbol{n}=(\cos\alpha,\cos\beta,\cos\gamma)$,则曲面分为上侧与下侧,其中在曲面的上侧,$\cos\gamma>0$;在曲面的下侧,$\cos\gamma<0$.

如果曲面的方程为 $y=y(z,x)$,法向量为 $\boldsymbol{n}=(\cos\alpha,\cos\beta,\cos\gamma)$,则曲面分为左侧与右侧,其中在曲面的右侧,$\cos\beta>0$;在曲面的左侧,$\cos\beta<0$.

如果曲面的方程为 $x=x(y,z)$,法向量为 $\boldsymbol{n}=(\cos\alpha,\cos\beta,\cos\gamma)$,则曲面分为前侧与后侧,其中在曲面的前侧,$\cos\alpha>0$;在曲面的后侧,$\cos\alpha<0$.

对于闭曲面有内侧与外侧之分.

指定了侧的双侧曲面称为**有向曲面**.

设 $\Sigma$ 是有向曲面. 在 $\Sigma$ 上取一小块曲面 $\Delta S$，把 $\Delta S$ 投影到 $Oxy$ 面上得一投影区域，记这一投影区域的面积为 $(\Delta\sigma)_{xy}$. 假定 $\Delta S$ 上各点处的法向量与 $z$ 轴的夹角 $\gamma$ 的余弦 $\cos\gamma$ 有相同的符号（即 $\cos\gamma$ 都是正的或都是负的）. 我们规定 $\Delta S$ 在 $Oxy$ 面上的投影 $(\Delta S)_{xy}$ 如下：

$$(\Delta S)_{xy}=\begin{cases}(\Delta\sigma)_{xy}, & \cos\gamma>0,\\ -(\Delta\sigma)_{xy}, & \cos\gamma<0,\\ 0, & \cos\gamma\equiv 0,\end{cases}$$

其中 $\cos\gamma\equiv 0$ 也就是 $(\Delta\sigma)_{xy}=0$ 的情形. 类似地，可以规定 $\Delta S$ 在 $Oyz$ 面和在 $Ozx$ 面上的投影 $(\Delta S)_{yz}$ 和 $(\Delta S)_{zx}$.

**例 4**　设稳定流动的不可压缩流体的速度场由

$$\boldsymbol{v}(x,y,z)=\{P(x,y,z),Q(x,y,z),R(x,y,z)\}$$

给出，$\Sigma$ 是速度场中的一个有向曲面，函数 $P(x,y,z)$，$Q(x,y,z)$，$R(x,y,z)$ 都在 $\Sigma$ 上连续. 若流体的密度为 1，求在单位时间内流向 $\Sigma$ 指定侧的流体的质量，即流量 $\Phi$.

**解**　如果流体流过平面上面积为 $A$ 的一个闭区域，且流体在这个闭区域上各点处的流速为常向量 $\boldsymbol{v}$（如图 11-52(a)所示），又设 $\boldsymbol{n}$ 为该平面的单位法向量，那么在单位时间内流过这个闭区域的流体构成一个底面积为 $A$，斜高为 $|\boldsymbol{v}|$ 的斜柱体（如图 11-52(b)所示）. 设 $\theta$ 为流速 $\boldsymbol{v}$ 与法向量 $\boldsymbol{n}$ 的夹角，则

当 $\theta<\pi/2$ 时，这个斜柱体的体积为 $A|\boldsymbol{v}|\cos\theta=A(\boldsymbol{v}\cdot\boldsymbol{n})$，于是流量 $\Phi=A(\boldsymbol{v}\cdot\boldsymbol{n})$.

当 $\theta=\pi/2$ 时，显然流体通过此闭区域流向 $\boldsymbol{n}$ 所指一侧的流量 $\Phi$ 为零，而 $A(\boldsymbol{v}\cdot\boldsymbol{n})=0$，故也有 $\Phi=A(\boldsymbol{v}\cdot\boldsymbol{n})$.

当 $\theta>\pi/2$ 时，$A(\boldsymbol{v}\cdot\boldsymbol{n})<0$，这个斜柱体的体积为 $-A(\boldsymbol{v}\cdot\boldsymbol{n})$，从而 $\Phi=-A(\boldsymbol{v}\cdot\boldsymbol{n})$. 这时我们仍把 $A(\boldsymbol{v}\cdot\boldsymbol{n})$ 称为流体通过此闭区域流向 $\boldsymbol{n}$ 所指一侧的流量，它表示流体通过此闭区域实际流向 $-\boldsymbol{n}$ 所指一侧，且流量为 $-A(\boldsymbol{v}\cdot\boldsymbol{n})$.

因此，不论 $\theta$ 为何值，流体通过此闭区域流向 $\boldsymbol{n}$ 所指一侧的流量均为 $A(\boldsymbol{v}\cdot\boldsymbol{n})$.

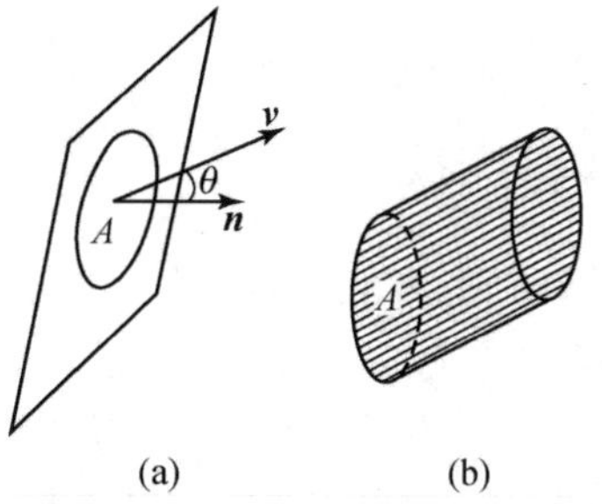


图　11-52

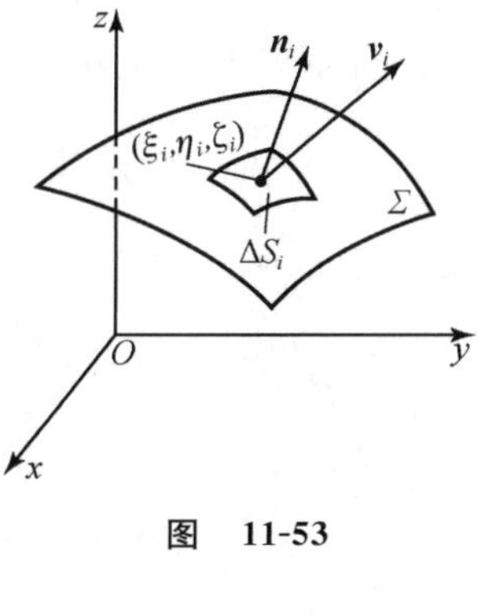


图　11-53

对于一般的曲面$\Sigma$,把曲面$\Sigma$分成$n$小块$\Delta S_i$($\Delta S_i$同时也代表第$i$小块曲面的面积).如图11-53所示,在$\Sigma$是光滑曲面和$\boldsymbol{v}$连续的前提下,只要$\Delta S_i$的直径很小,就可以用$\Delta S_i$上任一点$(\xi_i,\eta_i,\zeta_i)$处的流速$\boldsymbol{v}_i=\boldsymbol{v}(\xi_i,\eta_i,\zeta_i)=P(\xi_i,\eta_i,\zeta_i)\boldsymbol{i}+Q(\xi_i,\eta_i,\zeta_i)\boldsymbol{j}+R(\xi_i,\eta_i,\zeta_i)\boldsymbol{k}$来代替$\Delta S_i$上其他各点处的流速,以点$(\xi_i,\eta_i,\zeta_i)$处曲面$\Sigma$的单位法向量$\boldsymbol{n}_i=\cos\alpha_i\boldsymbol{i}+\cos\beta_i\boldsymbol{j}+\cos\gamma_i\boldsymbol{k}$来代替$\Delta S_i$上其他各点处的单位法向量,从而得到通过$\Delta S_i$流向指定侧的流量的近似值为$(\boldsymbol{v}_i\cdot\boldsymbol{n}_i)\Delta S_i\ (i=1,2,\cdots,n)$,于是通过$\Sigma$流向指定侧的流量为

$$\Phi\approx\sum_{i=1}^{n}(\boldsymbol{v}_i\cdot\boldsymbol{n}_i)\Delta S_i=\sum_{i=1}^{n}[P(\xi_i,\eta_i,\zeta_i)\cos\alpha_i+Q(\xi_i,\eta_i,\zeta_i)\cos\beta_i+R(\xi_i,\eta_i,\zeta_i)\cos\gamma_i]\Delta S_i.$$

由于$\cos\alpha_i\cdot\Delta S_i\approx(\Delta S_i)_{yz}$, $\cos\beta_i\cdot\Delta S_i\approx(\Delta S_i)_{zx}$, $\cos\gamma_i\cdot\Delta S_i\approx(\Delta S_i)_{xy}$,因此

$$\Phi=\lim_{\lambda\to0}\sum_{i=1}^{n}[P(\xi_i,\eta_i,\zeta_i)(\Delta S_i)_{yz}+Q(\xi_i,\eta_i,\zeta_i)(\Delta S_i)_{zx}+R(\xi_i,\eta_i,\zeta_i)(\Delta S_i)_{xy}],$$

其中$\lambda$为各小块曲面直径的最大值.

抛开流体这个具体的物理内容,我们就抽象出如下对坐标的曲面积分的概念:

**定义2** 设$\Sigma$为光滑的有向曲面,函数$R(x,y,z)$在$\Sigma$上有界.把$\Sigma$任意分成$n$块小曲面$\Delta S_i$($\Delta S_i$也代表第$i$块小曲面的面积,$i=1,2,\cdots,n$).又设$\Delta S_i$在$Oxy$面上的投影为$(\Delta S_i)_{xy}$,$(\xi_i,\eta_i,\zeta_i)$是$\Delta S_i$上任意取定的一点.如果当各小块曲面直径的最大值$\lambda\to0$时,极限$\lim\limits_{\lambda\to0}\sum\limits_{i=1}^{n}R(\xi_i,\eta_i,\zeta_i)(\Delta S_i)_{xy}$总存在,则称此极限值为函数$R(x,y,z)$在曲面$\Sigma$上**对坐标$x,y$的曲面积分**,记作$\iint\limits_{\Sigma}R(x,y,z)\,\mathrm{d}x\mathrm{d}y$,即

$$\iint_{\Sigma}R(x,y,z)\mathrm{d}x\mathrm{d}y=\lim_{\lambda\to0}\sum_{i=1}^{n}R(\xi_i,\eta_i,\zeta_i)(\Delta S_i)_{xy},$$

其中$R(x,y,z)$称为**被积函数**,$\Sigma$称为**积分曲面**.

类似地,定义函数$P(x,y,z)$在曲面$\Sigma$上**对坐标$y,z$的曲面积分**为

$$\iint_{\Sigma}P(x,y,z)\mathrm{d}y\mathrm{d}z=\lim_{\lambda\to0}\sum_{i=1}^{n}P(\xi_i,\eta_i,\zeta_i)(\Delta S_i)_{yz};$$

函数$Q(x,y,z)$在曲面$\Sigma$上**对坐标$z,x$的曲面积分**为

$$\iint_{\Sigma}Q(x,y,z)\mathrm{d}z\mathrm{d}x=\lim_{\lambda\to0}\sum_{i=1}^{n}Q(\xi_i,\eta_i,\zeta_i)(\Delta S_i)_{zx}.$$

以上三个对坐标的曲面积分也称为**第二类曲面积分**.与第一类曲面积分一样,当积分曲面$\Sigma$为闭曲面时,常常把“$\iint\limits_{\Sigma}$”写成“$\oiint\limits_{\Sigma}$”.

对坐标的曲面积分的存在性:当被积函数在光滑曲面$\Sigma$上连续时对坐标的曲面积分是存在的.本书以后总假设被积函数在积分曲面上连续.

在应用上出现较多的是上述三个对坐标的曲面积分之和，为此通常采用如下简记：

$$\iint\limits_{\Sigma} P(x,y,z)\mathrm{d}y\mathrm{d}z + \iint\limits_{\Sigma} Q(x,y,z)\mathrm{d}z\mathrm{d}x + \iint\limits_{\Sigma} R(x,y,z)\mathrm{d}x\mathrm{d}y$$

$$= \iint\limits_{\Sigma} P(x,y,z)\mathrm{d}y\mathrm{d}z + Q(x,y,z)\mathrm{d}z\mathrm{d}x + R(x,y,z)\mathrm{d}x\mathrm{d}y.$$

由上述定义，例 1 中流向 $\Sigma$ 指定侧的流量 $\Phi$ 可表示为

$$\Phi = \iint\limits_{\Sigma} P(x,y,z)\mathrm{d}y\mathrm{d}z + Q(x,y,z)\mathrm{d}z\mathrm{d}x + R(x,y,z)\mathrm{d}x\mathrm{d}y.$$

易证对坐标的曲面积分具有与对坐标的曲线积分类似的线性性、方向性及可加性. 下面给出后两者.

**性质 5（方向性）**　设 $\Sigma$ 是有向曲面，$-\Sigma$ 表示与 $\Sigma$ 取相反侧的有向曲面，则

$$\iint\limits_{-\Sigma} P\mathrm{d}y\mathrm{d}z + Q\mathrm{d}z\mathrm{d}x + R\mathrm{d}x\mathrm{d}y = -\iint\limits_{\Sigma} P\mathrm{d}y\mathrm{d}z + Q\mathrm{d}z\mathrm{d}x + R\mathrm{d}x\mathrm{d}y.$$

**性质 6（可加性）**　如果把积分曲面 $\Sigma$ 分成 $\Sigma_1$ 和 $\Sigma_2$，则

$$\iint\limits_{\Sigma} P\mathrm{d}y\mathrm{d}z + Q\mathrm{d}z\mathrm{d}x + R\mathrm{d}x\mathrm{d}y$$

$$= \iint\limits_{\Sigma_1} P\mathrm{d}y\mathrm{d}z + Q\mathrm{d}z\mathrm{d}x + R\mathrm{d}x\mathrm{d}y + \iint\limits_{\Sigma_2} P\mathrm{d}y\mathrm{d}z + Q\mathrm{d}z\mathrm{d}x + R\mathrm{d}x\mathrm{d}y.$$

同样，由可加性可将对坐标的曲面积分的概念推广到分片光滑的曲面上.

**2. 对坐标的曲面积分的计算**

同样，对坐标的曲面积分可化为二重积分来计算. 设积分曲面 $\Sigma$ 由方程 $z=z(x,y)$ 给出，$\Sigma$ 在 $Oxy$ 面上的投影区域为 $D_{xy}$，函数 $z=z(x,y)$ 在 $D_{xy}$ 上具有连续偏导数，被积函数 $R(x,y,z)$ 在 $\Sigma$ 上连续，则有

$$\iint\limits_{\Sigma} R(x,y,z)\mathrm{d}x\mathrm{d}y = \pm \iint\limits_{D_{xy}} R[x,y,z(x,y)]\mathrm{d}x\mathrm{d}y,$$

其中当 $\Sigma$ 取上侧时，取符号“+”；当 $\Sigma$ 取下侧时，取符号“−”.

事实上，按对坐标的曲面积分的定义，有

$$\iint\limits_{\Sigma} R(x,y,z)\mathrm{d}x\mathrm{d}y = \lim_{\lambda\to 0}\sum_{i=1}^{n} R(\xi_i,\eta_i,\zeta_i)(\Delta S_i)_{xy}.$$

当 $\Sigma$ 取上侧时，$\cos\gamma > 0$，所以 $(\Delta S_i)_{xy} = (\Delta\sigma_i)_{xy}$；当 $\Sigma$ 取下侧时，$\cos\gamma < 0$，所以 $(\Delta S_i)_{xy} = -(\Delta\sigma_i)_{xy}$. 又因 $(\xi_i,\eta_i,\zeta_i)$ 是 $\Sigma$ 上的一点，故 $\zeta_i = z(\xi_i,\eta_i)$. 所以

$$\iint\limits_{\Sigma} R(x,y,z)\mathrm{d}x\mathrm{d}y = \lim_{\lambda\to 0}\sum_{i=1}^{n} R(\xi_i,\eta_i,\zeta_i)(\Delta S_i)_{xy}$$

$$=\pm\lim_{\lambda\to 0}\sum_{i=1}^{n}R[\xi_i,\eta_i,z(\xi_i,\eta_i)](\Delta\sigma_i)_{xy}$$

$$=\pm\iint_{D_{xy}}R[x,y,z(x,y)]\mathrm{d}x\mathrm{d}y.$$

类似地,如果 $\Sigma$ 由方程 $x=x(y,z)$ 给出,则有

$$\iint_{\Sigma}P(x,y,z)\mathrm{d}y\mathrm{d}z=\pm\iint_{D_{yz}}P[x(y,z),y,z]\mathrm{d}y\mathrm{d}z,$$

其中当 $\Sigma$ 取前侧时,取符号"+";当 $\Sigma$ 取后侧时,取符号"−".

如果 $\Sigma$ 由方程 $y=y(z,x)$ 给出,则有

$$\iint_{\Sigma}Q(x,y,z)\mathrm{d}z\mathrm{d}x=\pm\iint_{D_{zx}}Q[x,y(z,x),z]\mathrm{d}z\mathrm{d}x,$$

其中当 $\Sigma$ 取右侧时,取符号"+";当 $\Sigma$ 取左侧时,取符号"−".

**例 5** 计算对坐标的曲面积分 $\oiint_{\Sigma}x^2\mathrm{d}y\mathrm{d}z+y^2\mathrm{d}z\mathrm{d}x+z^2\mathrm{d}x\mathrm{d}y$,其中 $\Sigma$ 是长方体

$$\Omega=\{(x,y,z)\mid 0\leqslant x\leqslant a,0\leqslant y\leqslant b,0\leqslant z\leqslant c\}$$

整个表面的外侧.

**解** 把 $\Omega$ 的上、下面分别记为 $\Sigma_1$ 和 $\Sigma_2$;前、后面分别记为 $\Sigma_3$ 和 $\Sigma_4$;左、右面分别记为 $\Sigma_5$ 和 $\Sigma_6$. 它们的方程如下:

$\Sigma_1$: $z=c$ $(0\leqslant x\leqslant a,0\leqslant y\leqslant b)$,取上侧;

$\Sigma_2$: $z=0$ $(0\leqslant x\leqslant a,0\leqslant y\leqslant b)$,取下侧;

$\Sigma_3$: $x=a$ $(0\leqslant y\leqslant b,0\leqslant z\leqslant c)$,取前侧;

$\Sigma_4$: $x=0$ $(0\leqslant y\leqslant b,0\leqslant z\leqslant c)$,取后侧;

$\Sigma_5$: $y=0$ $(0\leqslant x\leqslant a,0\leqslant z\leqslant c)$,取左侧;

$\Sigma_6$: $y=b$ $(0\leqslant x\leqslant a,0\leqslant z\leqslant c)$,取右侧.

除 $\Sigma_3,\Sigma_4$ 外,其余四个曲面在 $Oyz$ 面上的投影为零,因此

$$\iint_{\Sigma}x^2\mathrm{d}y\mathrm{d}z=\iint_{\Sigma_3}x^2\mathrm{d}y\mathrm{d}z+\iint_{\Sigma_4}x^2\mathrm{d}y\mathrm{d}z=\iint_{D_{yz}}a^2\mathrm{d}y\mathrm{d}z-\iint_{D_{yz}}0\mathrm{d}y\mathrm{d}z=a^2bc.$$

类似地,可得

$$\iint_{\Sigma}y^2\mathrm{d}z\mathrm{d}x=b^2ac,\quad \iint_{\Sigma}z^2\mathrm{d}x\mathrm{d}y=c^2ab.$$

于是

$$\oiint_{\Sigma}x^2\mathrm{d}y\mathrm{d}z+y^2\mathrm{d}z\mathrm{d}x+z^2\mathrm{d}x\mathrm{d}y=(a+b+c)abc.$$

**例 6** 计算对坐标的曲面积分 $\iint_{\Sigma}xyz\mathrm{d}x\mathrm{d}y$,其中 $\Sigma$ 是球面 $x^2+y^2+z^2=1$ 外侧在 $x\geqslant 0,y\geqslant 0$

的部分.

**解**　如图 11-54 所示,把有向曲面 $\Sigma$ 分成以下两部分:

$\Sigma_1$: $z=\sqrt{1-x^2-y^2}$ $(x\geqslant 0, y\geqslant 0)$,取上侧;

$\Sigma_2$: $z=-\sqrt{1-x^2-y^2}$ $(x\geqslant 0, y\geqslant 0)$,取下侧.

$\Sigma_1$ 和 $\Sigma_2$ 在 $Oxy$ 面上的投影区域都是

$$D_{xy}: x^2+y^2\leqslant 1 \quad (x\geqslant 0, y\geqslant 0),$$

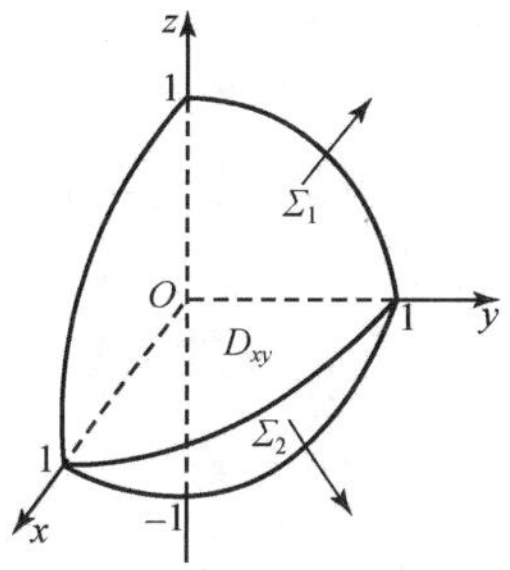


图　11-54

于是

$$\begin{aligned}\iint_{\Sigma} xyz\,\mathrm{d}x\mathrm{d}y &= \iint_{\Sigma_1} xyz\,\mathrm{d}x\mathrm{d}y+\iint_{\Sigma_2} xyz\,\mathrm{d}x\mathrm{d}y\\ &= \iint_{D_{xy}} xy\sqrt{1-x^2-y^2}\,\mathrm{d}x\mathrm{d}y-\iint_{D_{xy}} xy(-\sqrt{1-x^2-y^2})\,\mathrm{d}x\mathrm{d}y\\ &= 2\iint_{D_{xy}} xy\sqrt{1-x^2-y^2}\,\mathrm{d}x\mathrm{d}y = 2\int_0^{\pi/2}\mathrm{d}\theta\int_0^1 r^2\sin\theta\cos\theta\sqrt{1-r^2}\,r\mathrm{d}r\\ &= 2/15.\end{aligned}$$

## 三、两类曲面积分间的关系

设积分曲面 $\Sigma$ 由方程 $z=z(x,y)$ 给出,$\Sigma$ 在 $Oxy$ 面上的投影区域为 $D_{xy}$,函数 $z(x,y)$ 在 $D_{xy}$ 上具有连续偏导数,被积函数 $R(x,y,z)$ 在 $\Sigma$ 上连续.

如果 $\Sigma$ 取上侧,则有

$$\iint_{\Sigma} R(x,y,z)\,\mathrm{d}x\mathrm{d}y=\iint_{D_{xy}} R[x,y,z(x,y)]\,\mathrm{d}x\mathrm{d}y.$$

又因有向曲面 $\Sigma$ 的法向量的方向余弦为

$$\cos\alpha=\frac{-z'_x}{\sqrt{1+z'^2_x+z'^2_y}},\quad \cos\beta=\frac{-z'_y}{\sqrt{1+z'^2_x+z'^2_y}},\quad \cos\gamma=\frac{1}{\sqrt{1+z'^2_x+z'^2_y}},$$

故由对面积的曲面积分计算公式有

$$\iint_{\Sigma} R(x,y,z)\cos\gamma\,\mathrm{d}S=\iint_{D_{xy}} R[x,y,z(x,y)]\,\mathrm{d}x\mathrm{d}y.$$

于是

$$\iint_{\Sigma} R(x,y,z)\,\mathrm{d}x\mathrm{d}y=\iint_{\Sigma} R(x,y,z)\cos\gamma\,\mathrm{d}S.$$

如果 $\Sigma$ 取下侧,则有

$$\iint_{\Sigma} R(x,y,z)\,\mathrm{d}x\mathrm{d}y=-\iint_{D_{xy}} R[x,y,z(x,y)]\,\mathrm{d}x\mathrm{d}y.$$

但这时 $\cos\gamma=\dfrac{-1}{\sqrt{1+z'^2_x+z'^2_y}}$,因此仍有

$$\iint\limits_{\Sigma} R(x,y,z)\mathrm{d}x\mathrm{d}y = \iint\limits_{\Sigma} R(x,y,z)\cos\gamma \mathrm{d}S,$$

类似地,可推得

$$\iint\limits_{\Sigma} P(x,y,z)\mathrm{d}y\mathrm{d}z = \iint\limits_{\Sigma} P(x,y,z)\cos\alpha \mathrm{d}S,$$

$$\iint\limits_{\Sigma} Q(x,y,z)\mathrm{d}z\mathrm{d}x = \iint\limits_{\Sigma} P(x,y,z)\cos\beta \mathrm{d}S.$$

综合起来有

$$\iint\limits_{\Sigma} P\mathrm{d}y\mathrm{d}z + Q\mathrm{d}z\mathrm{d}x + R\mathrm{d}x\mathrm{d}y = \iint\limits_{\Sigma} (P\cos\alpha + Q\cos\beta + R\cos\gamma)\mathrm{d}S,$$

其中 $\cos\alpha$, $\cos\beta$, $\cos\gamma$ 是有向曲面 $\Sigma$ 上点 $(x,y,z)$ 处法向量的方向余弦.

两类曲面积分之间的联系也可写成如下向量的形式:

$$\iint\limits_{\Sigma} \boldsymbol{A} \cdot \mathrm{d}\boldsymbol{S} = \iint\limits_{\Sigma} \boldsymbol{A} \cdot \boldsymbol{n}\mathrm{d}S \quad 或 \quad \iint\limits_{\Sigma} \boldsymbol{A} \cdot \mathrm{d}\boldsymbol{S} = \iint\limits_{\Sigma} (\boldsymbol{A})_n \mathrm{d}S,$$

其中 $\boldsymbol{A}=\{P,Q,R\}$, $\boldsymbol{n}=\{\cos\alpha, \cos\beta, \cos\gamma\}$ 是有向曲面 $\Sigma$ 上点 $(x,y,z)$ 处单位法向量,而 $\mathrm{d}\boldsymbol{S}=\boldsymbol{n}\mathrm{d}S=\{\mathrm{d}y\mathrm{d}z,\mathrm{d}z\mathrm{d}x,\mathrm{d}x\mathrm{d}y\}$(称为**有向曲面元**),$(\boldsymbol{A})_n$ 为向量 $\boldsymbol{A}$ 在向量 $\boldsymbol{n}$ 上的投影.

**例 7** 计算对坐标的曲面积分 $\iint\limits_{\Sigma}(z^2+x)\mathrm{d}y\mathrm{d}z - z\mathrm{d}x\mathrm{d}y$,其中 $\Sigma$ 是曲面 $z=\frac{1}{2}(x^2+y^2)$ 介于平面 $z=0$ 和 $z=2$ 之间的部分,取下侧.

**解** 由两类曲面积分之间的关系可得

$$\iint\limits_{\Sigma}(z^2+x)\mathrm{d}y\mathrm{d}z = \iint\limits_{\Sigma}(z^2+x)\cos\alpha\mathrm{d}S = \iint\limits_{\Sigma}(z^2+x)\frac{\cos\alpha}{\cos\gamma}\mathrm{d}x\mathrm{d}y.$$

在曲面 $\Sigma$ 上,向下的法向量为 $\{x,y,-1\}$,从而

$$\cos\alpha = \frac{x}{\sqrt{1+x^2+y^2}}, \quad \cos\gamma = \frac{-1}{\sqrt{1+x^2+y^2}}, \quad \mathrm{d}S = \sqrt{1+x^2+y^2}\mathrm{d}x\mathrm{d}y,$$

故

$$\begin{aligned}
\iint\limits_{\Sigma}(z^2+x)\mathrm{d}y\mathrm{d}z - z\mathrm{d}x\mathrm{d}y &= \iint\limits_{\Sigma}[(z^2+x)(-x)-z]\mathrm{d}x\mathrm{d}y \\
&= -\iint\limits_{x^2+y^2\leqslant 4}\left\{\left[\frac{1}{4}(x^2+y^2)^2+x\right]\cdot(-x)-\frac{1}{2}(x^2+y^2)\right\}\mathrm{d}x\mathrm{d}y \\
&= \iint\limits_{x^2+y^2\leqslant 4}\left[x^2+\frac{1}{2}(x^2+y^2)\right]\mathrm{d}x\mathrm{d}y + \iint\limits_{x^2+y^2\leqslant 4}\frac{1}{4}x(x^2+y^2)^2\mathrm{d}x\mathrm{d}y \\
&= \int_0^{2\pi}\mathrm{d}\theta\int_0^2\left(r^2\cos^2\theta+\frac{1}{2}r^2\right)r\mathrm{d}r = 8\pi,
\end{aligned}$$

上式中

$$\iint\limits_{x^2+y^2\leqslant 4}\frac{x}{4}(x^2+y^2)^2\mathrm{d}x\mathrm{d}y=0.$$

## 习　题　11-8

1. 设 $\Sigma$ 是 $Oxy$ 面内的一个闭区域，问：

(1) 对面积的曲面积分 $\iint\limits_{\Sigma}f(x,y,z)\mathrm{d}S$ 与二重积分有什么关系？

(2) 对坐标的曲面积分 $\iint\limits_{\Sigma}R(x,y,z)\mathrm{d}x\mathrm{d}y$ 与二重积分有什么关系？

2. 计算对面积的曲面积分 $\iint\limits_{\Sigma}f(x,y,z)\mathrm{d}S$，其中 $\Sigma$ 为抛物面 $z=2-(x^2+y^2)$ 在 $Oxy$ 面上方的部分，$f(x,y,z)$ 如下：

(1) $f(x,y,z)=1$；　　(2) $f(x,y,z)=x^2+y^2$.

3. 计算对面积的曲面积分 $\oiint\limits_{\Sigma}(x^2+y^2)\mathrm{d}S$，其中 $\Sigma$ 为圆锥面 $z=\sqrt{x^2+y^2}$ 与平面 $z=1$ 所围成区域的边界.

4. 计算对面积的曲面积分 $\iint\limits_{\Sigma}(xy+yz+zx)\mathrm{d}S$，其中 $\Sigma$ 为圆锥面 $z=\sqrt{x^2+y^2}$ 被圆柱面 $x^2+y^2=2ax$ 所截出的部分.

5. 计算对坐标的曲面积分 $\iint\limits_{\Sigma}z\mathrm{d}x\mathrm{d}y+x\mathrm{d}y\mathrm{d}z+y\mathrm{d}z\mathrm{d}x$，其中 $\Sigma$ 是柱面 $x^2+y^2=1$ 被平面 $z=0$ 及 $z=3$ 所截出的在第一卦限部分的前侧.

6. 计算对坐标的曲面积分 $\oiint\limits_{\Sigma}xz\mathrm{d}x\mathrm{d}y+xy\mathrm{d}y\mathrm{d}z+yz\mathrm{d}z\mathrm{d}x$，其中 $\Sigma$ 是由平面 $x=0,y=0,z=0$ 及 $x+y+z=1$ 所围成空间闭区域的边界曲面的外侧.

7. 计算对坐标的曲面积分

$$\iint\limits_{\Sigma}[f(x,y,z)+x]\mathrm{d}y\mathrm{d}z+[2f(x,y,z)+y]\mathrm{d}z\mathrm{d}x+[f(x,y,z)+z]\mathrm{d}x\mathrm{d}y,$$

其中 $\Sigma$ 是平面 $x-y+z=1$ 在第四卦限部分的上侧.

8. 把对坐标的曲面积分 $\iint\limits_{\Sigma}P\mathrm{d}y\mathrm{d}z+Q\mathrm{d}z\mathrm{d}x+R\mathrm{d}x\mathrm{d}y$ 化成对面积的曲面积分，其中 $\Sigma$ 是平面 $3x+2y+2\sqrt{3}z=6$ 在第一卦限部分的上侧.

# 第九节　高斯公式与斯托克斯公式

## 一、高斯公式、通量和散度

### 1. 高斯公式

**定理 1**　设空间闭区域 $\Omega$ 是由分片光滑的闭曲面 $\Sigma$ 所围成的,函数 $P(x,y,z)$,$Q(x,y,z)$,$R(x,y,z)$在 $\Omega$ 上具有连续偏导数,则有

$$\iiint_{\Omega}\left(\frac{\partial P}{\partial x}+\frac{\partial Q}{\partial y}+\frac{\partial R}{\partial z}\right)\mathrm{d}V=\oiint_{\Sigma}P\,\mathrm{d}y\mathrm{d}z+Q\mathrm{d}z\mathrm{d}x+R\mathrm{d}x\mathrm{d}y, \tag{1}$$

或

$$\iiint_{\Omega}\left(\frac{\partial P}{\partial x}+\frac{\partial Q}{\partial y}+\frac{\partial R}{\partial z}\right)\mathrm{d}V=\oiint_{\Sigma}(P\cos\alpha+Q\cos\beta+R\cos\gamma)\mathrm{d}S, \tag{2}$$

这里 $\Sigma$ 是 $\Omega$ 的整个边界曲面的外侧,$\cos\alpha,\cos\beta,\cos\gamma$ 是 $\Sigma$ 在点$(x,y,z)$处法向量的方向余弦.

定理证明从略.公式(1)或(2)称为**高斯**(Gauss)**公式**.

**例 1**　利用高斯公式计算对坐标的曲面积分 $I=\oiint_{\Sigma}(x-y)\mathrm{d}x\mathrm{d}y+(y-z)x\mathrm{d}y\mathrm{d}z$,其中 $\Sigma$ 为柱面 $x^2+y^2=1$ 与平面 $z=0$,$z=3$ 所围成的空间闭区域 $\Omega$ 的整个边界曲面的外侧(如图 11-55 所示).

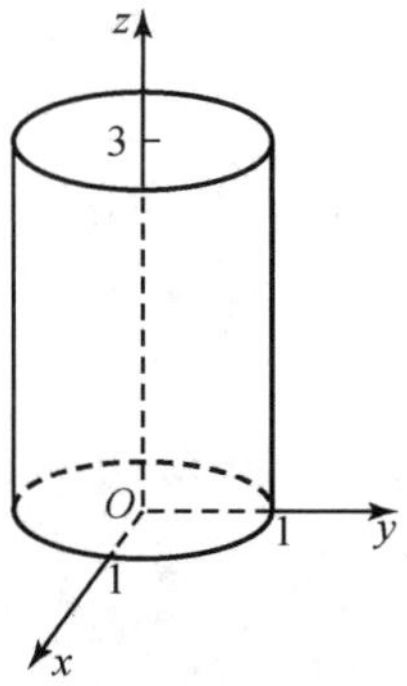

图　11-55

**解**　这里 $P=(y-z)x$,$Q=0$,$R=x-y$,于是

$$\frac{\partial P}{\partial x}=y-z,\quad \frac{\partial Q}{\partial y}=0,\quad \frac{\partial R}{\partial z}=0.$$

由高斯公式有

$$\begin{aligned}I&=\iiint_{\Omega}(y-z)\mathrm{d}x\mathrm{d}y\mathrm{d}z\\&=\iiint_{\Omega}(r\sin\theta-z)r\mathrm{d}r\mathrm{d}\theta\mathrm{d}z\\&=\int_0^{2\pi}\mathrm{d}\theta\int_0^1 r\mathrm{d}r\int_0^3(r\sin\theta-z)\mathrm{d}z=-\frac{9\pi}{2}.\end{aligned}$$

**例 2**　计算对面积的曲面积分 $\iint_{\Sigma}(x^2\cos\alpha+y^2\cos\beta+z^2\cos\gamma)\mathrm{d}S$,其中 $\Sigma$ 为锥面 $x^2+y^2=z^2$ 介于平面 $z=0$ 与 $z=h\ (h>0)$ 之间部分的下侧,$\cos\alpha,\cos\beta,\cos\gamma$ 是 $\Sigma$ 上点$(x,y,z)$处法向量的方向余弦.

**解**　设 $\Sigma_1$ 为 $z=h\ (x^2+y^2\leqslant h^2)$ 的上侧,则 $\Sigma$ 与 $\Sigma_1$ 一起构成一个闭曲面,记它们所围成的空间闭区域为 $\Omega$. 由高斯公式得

$$\begin{aligned}\iint\limits_{\Sigma+\Sigma_1}(x^2\cos\alpha+y^2\cos\beta+z^2\cos\gamma)\mathrm{d}S&=2\iiint\limits_{\Omega}(x+y+z)\mathrm{d}V\\&=2\iint\limits_{x^2+y^2\leqslant h^2}\mathrm{d}x\mathrm{d}y\int_{\sqrt{x^2+y^2}}^{h}(x+y+z)\mathrm{d}z\\&=2\iint\limits_{x^2+y^2\leqslant h^2}\mathrm{d}x\mathrm{d}y\int_{\sqrt{x^2+y^2}}^{h}z\mathrm{d}z\quad\left(\text{由于}\iint\limits_{x^2+y^2\leqslant h^2}\mathrm{d}x\mathrm{d}y\int_{\sqrt{x^2+y^2}}^{h}(x+y)\mathrm{d}z=0\right)\\&=\iint\limits_{x^2+y^2\leqslant h^2}(h^2-x^2-y^2)\mathrm{d}x\mathrm{d}y=\frac{1}{2}\pi h^4,\end{aligned}$$

而

$$\iint\limits_{\Sigma_1}(x^2\cos\alpha+y^2\cos\beta+z^2\cos\gamma)\mathrm{d}S=\iint\limits_{\Sigma_1}z^2\mathrm{d}S=\iint\limits_{x^2+y^2\leqslant h^2}h^2\mathrm{d}x\mathrm{d}y=\pi h^4,$$

因此

$$\iint\limits_{\Sigma}(x^2\cos\alpha+y^2\cos\beta+z^2\cos\gamma)\mathrm{d}S=\frac{1}{2}\pi h^4-\pi h^4=-\frac{1}{2}\pi h^4.$$

***2. 通量与散度**

**定义 1**　设某向量场由 $\boldsymbol{A}(x,y,z)=P(x,y,z)\boldsymbol{i}+Q(x,y,z)\boldsymbol{j}+R(x,y,z)\boldsymbol{k}$ 给出，其中 $P$，$Q$，$R$ 具有连续偏导数，$\Sigma$ 是场内一个分片光滑的有向曲面，$\boldsymbol{n}$ 是 $\Sigma$ 上点 $(x,y,z)$ 处的单位法向量，则称 $\iint\limits_{\Sigma}\boldsymbol{A}\cdot\boldsymbol{n}\mathrm{d}S$ 为向量场 $\boldsymbol{A}$ 通过曲面 $\Sigma$ 向着指定侧的**通量**（或**流量**），而称 $\frac{\partial P}{\partial x}+\frac{\partial Q}{\partial y}+\frac{\partial R}{\partial z}$ 为向量场 $\boldsymbol{A}$ 的**散度**，记作 $\mathrm{div}\boldsymbol{A}$，即 $\mathrm{div}\boldsymbol{A}=\frac{\partial P}{\partial x}+\frac{\partial Q}{\partial y}+\frac{\partial R}{\partial z}$.

高斯公式的另一形式：

$$\iiint\limits_{\Omega}\mathrm{div}\boldsymbol{A}\mathrm{d}V=\oint\!\!\!\!\oint\limits_{\Sigma}(\boldsymbol{A})\cdot\boldsymbol{n}\mathrm{d}S\quad\text{或}\quad\iiint\limits_{\Omega}\mathrm{div}\boldsymbol{A}\mathrm{d}V=\oint\!\!\!\!\oint\limits_{\Sigma}(\boldsymbol{A})_{\boldsymbol{n}}\mathrm{d}S,$$

其中 $\Sigma$ 是空间闭区域 $\Omega$ 的边界曲面，而 $(\boldsymbol{A})_{\boldsymbol{n}}=\boldsymbol{A}\cdot\boldsymbol{n}=P\cos\alpha+Q\cos\beta+R\cos\gamma$ 是向量 $\boldsymbol{A}$ 在曲面 $\Sigma$ 的外侧法向量上的投影，$\boldsymbol{n}=\{\cos\alpha,\cos\beta,\cos\gamma\}$ 是 $\Sigma$ 在点 $(x,y,z)$ 处的单位法向量.

高斯公式的物理意义：高斯公式左端可解释为分布在闭区域 $\Omega$ 内的源头在单位时间内所产生的流体的质量，右端可解释为单位时间内离开闭区域 $\Omega$ 的流体的质量.

## 二、斯托克斯公式、环流量与旋度

**1. 斯托克斯公式**

**定理 2**　设 $\Gamma$ 为分段光滑的空间有向闭曲线，$\Sigma$ 是以 $\Gamma$ 为边界的分片光滑有向曲面，$\Gamma$ 的正向与 $\Sigma$ 的侧符合右手规则，函数 $P(x,y,z)$，$Q(x,y,z)$，$R(x,y,z)$ 在曲面 $\Sigma$（连同边界）上具有连续偏导数，则有

$$\iint_{\Sigma}\left(\frac{\partial R}{\partial y}-\frac{\partial Q}{\partial z}\right)\mathrm{d}y\mathrm{d}z+\left(\frac{\partial P}{\partial z}-\frac{\partial R}{\partial x}\right)\mathrm{d}z\mathrm{d}x+\left(\frac{\partial Q}{\partial x}-\frac{\partial P}{\partial y}\right)\mathrm{d}x\mathrm{d}y=\oint_{\Gamma}P\mathrm{d}x+Q\mathrm{d}y+R\mathrm{d}z. \quad (3)$$

定理证明从略. 公式(3)称为**斯托克斯**(Stokes)**公式**.

为便于记忆,我们给出斯托克斯公式的行列式形式:

$$\iint_{\Sigma}\begin{vmatrix}\mathrm{d}y\mathrm{d}z & \mathrm{d}z\mathrm{d}x & \mathrm{d}x\mathrm{d}y\\ \dfrac{\partial}{\partial x} & \dfrac{\partial}{\partial y} & \dfrac{\partial}{\partial z}\\ P & Q & R\end{vmatrix}=\oint_{\Gamma}P\mathrm{d}x+Q\mathrm{d}y+R\mathrm{d}z,$$

或

$$\iint_{\Sigma}\begin{vmatrix}\cos\alpha & \cos\beta & \cos\gamma\\ \dfrac{\partial}{\partial x} & \dfrac{\partial}{\partial y} & \dfrac{\partial}{\partial z}\\ P & Q & R\end{vmatrix}\mathrm{d}S=\oint_{\Gamma}P\mathrm{d}x+Q\mathrm{d}y+R\mathrm{d}z,$$

其中 $\boldsymbol{n}=\{\cos\alpha,\cos\beta,\cos\gamma\}$ 为有向曲面 $\Sigma$ 在点 $(x,y,z)$ 处的单位法向量.

**例 3** 利用斯托克斯公式计算对坐标的曲线积分 $\oint_{\Gamma}z\mathrm{d}x+x\mathrm{d}y+y\mathrm{d}z$,其中 $\Gamma$ 为平面 $x+y+z=1$ 被三个坐标面所截成的三角形的整个边界,它的正向与这个三角形上侧的法向量之间符合右手规则(如图 11-56 所示).

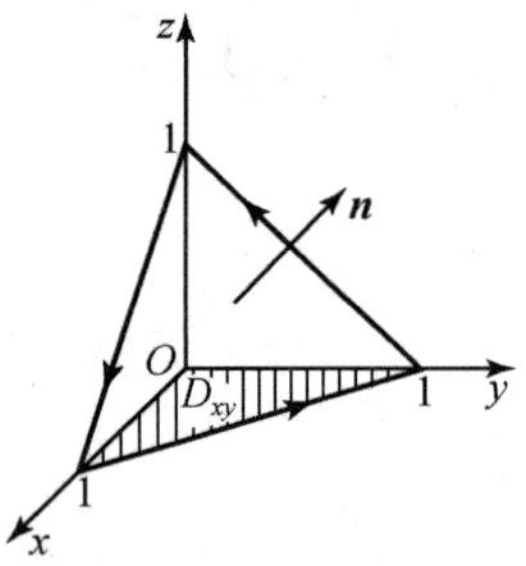


图 11-56

**解** 设 $\Sigma$ 为闭曲线 $\Gamma$ 所围成的三角形区域,$\Sigma$ 在 $Oyz$ 面、$Ozx$ 面和 $Oxy$ 面上的投影区域分别为 $D_{yz}$,$D_{zx}$ 和 $D_{xy}$. 按斯托克斯公式,有

$$\oint_{\Gamma}z\mathrm{d}x+x\mathrm{d}y+y\mathrm{d}z=\iint_{\Sigma}\begin{vmatrix}\mathrm{d}y\mathrm{d}z & \mathrm{d}z\mathrm{d}x & \mathrm{d}x\mathrm{d}y\\ \dfrac{\partial}{\partial x} & \dfrac{\partial}{\partial y} & \dfrac{\partial}{\partial z}\\ z & x & y\end{vmatrix}.$$

由于 $\Sigma$ 的法向量的三个方向余弦都为正,又由于对称性,上式右端等于 $3\iint_{D_{xy}}\mathrm{d}x\mathrm{d}y$,而 $D_{xy}$ 为 $Oxy$ 面上由直线 $x+y=1$ 及两条坐标轴围成的三角形闭区域,因此

$$\oint_{\Gamma}z\mathrm{d}x+x\mathrm{d}y+y\mathrm{d}z=3\iint_{D_{xy}}\mathrm{d}x\mathrm{d}y=\frac{3}{2}.$$

**例 4** 利用斯托克斯公式计算对坐标的曲线积分

$$I=\oint_{\Gamma}(y^2-z^2)\mathrm{d}x+(z^2-x^2)\mathrm{d}y+(x^2-y^2)\mathrm{d}z,$$

其中 $\Gamma$ 是用平面 $x+y+z=3/2$ 截立方体 $\Omega$: $0\leqslant x\leqslant 1, 0\leqslant y\leqslant 1, 0\leqslant z\leqslant 1$ 的表面所得的截痕,若从 $x$ 轴的正向看去取逆时针方向(如图 11-57(a)所示).

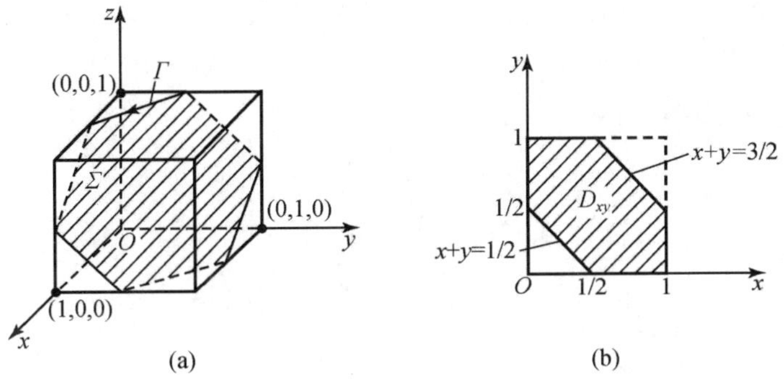


图　11-57

**解**　取 $\Sigma$ 为平面 $x+y+z=3/2$ 的上侧被 $\Gamma$ 所围成的部分，则 $\Sigma$ 的单位法向量为

$$\boldsymbol{n}=\frac{\sqrt{3}}{3}\{1,1,1\},\quad 即\quad \cos\alpha=\cos\beta=\cos\gamma=\frac{\sqrt{3}}{3}.$$

根据斯托克斯公式，有

$$I=\iint_{\Sigma}\begin{vmatrix}\frac{\sqrt{3}}{3} & \frac{\sqrt{3}}{3} & \frac{\sqrt{3}}{3}\\ \frac{\partial}{\partial x} & \frac{\partial}{\partial y} & \frac{\partial}{\partial z}\\ y^2-z^2 & z^2-x^2 & x^2-y^2\end{vmatrix}\mathrm{d}S=-\frac{4\sqrt{3}}{3}\iint_{\Sigma}(x+y+z)\mathrm{d}S.$$

在 $\Sigma$ 上，$x+y+z=3/2$，$\mathrm{d}S=\sqrt{1^2+1^2+1^2}\,\mathrm{d}x\mathrm{d}y$，所以

$$I=-\frac{4\sqrt{3}}{3}\cdot\frac{3}{2}\iint_{\Sigma}\mathrm{d}S=-2\sqrt{3}\iint_{D_{xy}}\sqrt{3}\mathrm{d}x\mathrm{d}y,$$

其中 $D_{xy}$ 为 $\Sigma$ 在 $Oxy$ 面上的投影区域（如图 11-57(b)所示），从而

$$I=-6\iint_{D_{xy}}\mathrm{d}x\mathrm{d}y=-6\cdot\frac{3}{4}=-\frac{9}{2}.$$

### *2. 环流量与旋度

**定义 2**　设向量场 $\boldsymbol{A}=\{P(x,y,z),Q(x,y,z),R(x,y,z)\}$，沿分段光滑有向闭曲线 $\Gamma$ 的曲线积分 $\oint_{\Gamma}P\mathrm{d}x+Q\mathrm{d}y+R\mathrm{d}z=\oint_{\Gamma}\boldsymbol{A}\cdot\boldsymbol{\tau}\mathrm{d}s$ 叫作向量场 $\boldsymbol{A}$ 沿有向闭曲线 $\Gamma$ 的**环流量**，其中 $\boldsymbol{\tau}$ 是有向闭曲线 $\Gamma$ 在点 $(x,y,z)$ 处的单位切向量.

**定义 3**　由向量场 $\boldsymbol{A}=\{P(x,y,z),Q(x,y,z),R(x,y,z)\}$ 所确定的向量场

$$\left(\frac{\partial R}{\partial y}-\frac{\partial Q}{\partial z}\right)\boldsymbol{i}+\left(\frac{\partial P}{\partial z}-\frac{\partial R}{\partial x}\right)\boldsymbol{j}+\left(\frac{\partial Q}{\partial x}-\frac{\partial P}{\partial y}\right)\boldsymbol{k}$$

称为向量场 $\boldsymbol{A}$ 的**旋度**,记作 $\mathbf{rot}\boldsymbol{A}$,即

$$\mathbf{rot}\boldsymbol{A}=\left(\frac{\partial R}{\partial y}-\frac{\partial Q}{\partial z}\right)\boldsymbol{i}+\left(\frac{\partial P}{\partial z}-\frac{\partial R}{\partial x}\right)\boldsymbol{j}+\left(\frac{\partial Q}{\partial x}-\frac{\partial P}{\partial y}\right)\boldsymbol{k}.$$

旋度可写成如下行列式形式:

$$\mathbf{rot}\boldsymbol{A}=\begin{vmatrix}\boldsymbol{i} & \boldsymbol{j} & \boldsymbol{k}\\ \dfrac{\partial}{\partial x} & \dfrac{\partial}{\partial y} & \dfrac{\partial}{\partial z}\\ P & Q & R\end{vmatrix}.$$

斯托克斯公式的另一形式是:

$$\iint_{\Sigma}\mathbf{rot}\boldsymbol{A}\cdot\boldsymbol{n}\mathrm{d}S=\oint_{\Gamma}\boldsymbol{A}\cdot\boldsymbol{\tau}\mathrm{d}s\quad 或\quad \iint_{\Sigma}(\mathbf{rot}\boldsymbol{A})_n\mathrm{d}S=\oint_{\Gamma}(\boldsymbol{A})_{\tau}\mathrm{d}s,$$

其中 $\boldsymbol{n}$ 是曲面 $\Sigma$ 上点 $(x,y,z)$ 处的单位法向量,$\boldsymbol{\tau}$ 是 $\Sigma$ 的正向边界曲线 $\Gamma$ 上点 $(x,y,z)$ 处的单位切向量,$(\mathbf{rot}\boldsymbol{A})_n=|\mathbf{rot}\boldsymbol{A}|\cos\varphi=\mathbf{rot}\boldsymbol{A}\cdot\boldsymbol{n}$($\varphi$ 是向量 $\mathbf{rot}\boldsymbol{A}$ 与 $\boldsymbol{n}$ 的夹角)为向量 $\mathbf{rot}\boldsymbol{A}$ 在单位向量 $\boldsymbol{n}$ 上的投影,$(\boldsymbol{A})_{\tau}$ 是向量 $\boldsymbol{A}$ 在向量 $\boldsymbol{\tau}$ 上的投影.

斯托克斯公式的物理意义为:向量场 $\boldsymbol{A}$ 沿有向闭曲线 $\Gamma$ 的环流量等于向量场 $\boldsymbol{A}$ 的旋度场通过 $\Gamma$ 所张成的曲面 $\Sigma$ 的通量.

## 习　题　11-9

1. 利用高斯公式计算下列对坐标的曲面积分:

(1) $\oiint_{\Sigma}x^2\mathrm{d}y\mathrm{d}z+y^2\mathrm{d}z\mathrm{d}x+z^2\mathrm{d}x\mathrm{d}y$,其中 $\Sigma$ 是由平面 $x=0,\ y=0,\ z=0,x=a,\ y=a,\ z=a$ 所围成的空间闭区域边界曲面的外侧;

(2) $\oiint_{\Sigma}x\mathrm{d}y\mathrm{d}z+y\mathrm{d}z\mathrm{d}x+z\mathrm{d}x\mathrm{d}y$,其中 $\Sigma$ 是平面 $z=0$ 和 $z=3$ 之间圆柱体 $x^2+y^2\leqslant 9$ 的整个表面的外侧;

(3) $\iint_{\Sigma}x\mathrm{d}y\mathrm{d}z+y\mathrm{d}z\mathrm{d}x+z\mathrm{d}x\mathrm{d}y$,其中 $\Sigma$ 是半球面 $z=\sqrt{R^2-x^2-y^2}$ 的上侧.

2. 利用斯托克斯公式计算下列对坐标的曲线积分:

(1) $\oint_{\Gamma}y\mathrm{d}x+z\mathrm{d}y+x\mathrm{d}z$,其中 $\Gamma$ 是圆周 $x^2+y^2+z^2=a^2(a>0),x+y+z=0$,若从 $z$ 轴的正向看去,这个圆周取逆时针方向.

(2) $\oint_{\Gamma}(y-z)\mathrm{d}x+(z-x)\mathrm{d}y+(x-y)\mathrm{d}z$,其中 $\Gamma$ 是椭圆 $x^2+y^2=a^2,\dfrac{x}{a}+\dfrac{z}{b}=1$ $(a>0,b>0)$,若从 $x$ 轴的正向看去,这个椭圆取逆时针方向.

*3. 求下列向量场 $\boldsymbol{A}$ 的散度和旋度:

(1) $\boldsymbol{A}=y^2\boldsymbol{i}+xy\boldsymbol{j}+xz\boldsymbol{k}$;　　(2) $\boldsymbol{A}=(2z-3y)\boldsymbol{i}+(3x-z)\boldsymbol{j}+(y-2x)\boldsymbol{k}$.

# 第十二章　无 穷 级 数

无穷级数是表示函数、研究函数性质以及进行数值计算等应用性很强的重要工具.本章先讨论常数项级数,然后讨论函数项级数,并讨论如何将函数展开成幂级数与三角级数以及利用幂级数进行近似计算的问题.

## 第一节　常数项级数

### 一、级数的概念

人们认识事物在数量方面的特性,往往有一个由近似到精确的过程.在这种认识过程中,经常会遇到由有限个数相加到无穷多个数相加的问题,由此就产生了无穷级数的概念.

**定义 1**　将数列

$$u_1,\ u_2,\ \cdots,\ u_n,\ \cdots$$

依次相加所得的式子

$$u_1 + u_2 + \cdots + u_n + \cdots$$

刘徽割圆术

称为**常数项无穷级数**,简称为**常数项级数**或**级数**,记为 $\sum\limits_{n=1}^{\infty} u_n$,即

$$\sum_{n=1}^{\infty} u_n = u_1 + u_2 + \cdots + u_n + \cdots, \tag{1}$$

其中第 $n$ 项 $u_n$ 叫作级数的**一般项**或**通项**.称级数(1)的前 $n$ 项和

$$s_n = u_1 + u_2 + \cdots + u_n \quad (n = 1,2,\cdots)$$

为级数(1)的前 $n$ 项**部分和**.数列 $\{s_n\}$ 称为级数(1)的**部分和数列**.

如果级数(1)的部分和数列 $\{s_n\}$ 有极限 $s$,即

$$\lim_{n\to\infty} s_n = s$$

则称级数(1)是**收敛**的,这时极限值 $s$ 称为级数(1)的**和**,记作

$$s = u_1 + u_2 + \cdots + u_n + \cdots = \sum_{n=1}^{\infty} u_n;$$

如果部分和数列 $\{s_n\}$ 没有极限,则称级数(1)是**发散**的.

如果级数(1)收敛,则其和 $s$ 与部分和 $s_n$ 的差 $s-s_n$ 称为级数(1)的**余项**,记为 $r_n$,即

$$r_n = s - s_n = u_{n+1} + u_{n+2} + \cdots.$$

当级数(1)收敛时,易知其部分和 $s_n$ 是和 $s$ 的近似值,而且用 $s_n$ 作为 $s$ 的近似值时,其绝对误差就是 $|r_n|$.

**例 1** 式子

$$\sum_{n=1}^{\infty}\frac{1}{n}=1+\frac{1}{2}+\cdots+\frac{1}{n}+\cdots \tag{2}$$

是一个常数项无穷级数,其通项为 $\frac{1}{n}$,此级数称为**调和级数**.讨论其敛散性.

**解** 调和级数的前 $n$ 项部分和为

$$s_n=1+\frac{1}{2}+\frac{1}{3}+\cdots+\frac{1}{n}.$$

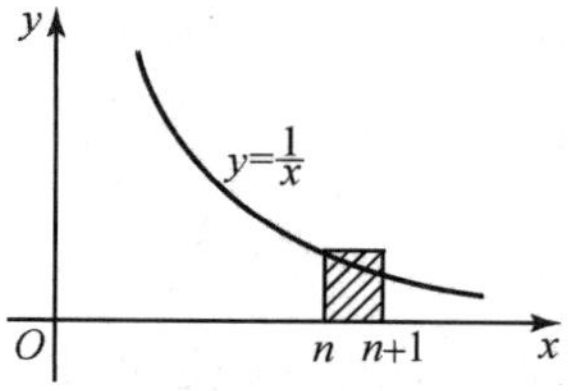


图 12-1

如图 12-1 所示,由曲线 $y=\frac{1}{x}$ 和直线 $x=n,x=n+1$ 及 $x$ 轴所围成的曲边梯形的面积为 $\int_n^{n+1}\frac{1}{x}\mathrm{d}x$,而斜线阴影部分的面积为 $\frac{1}{n}$.显然有

$$\frac{1}{n}>\int_n^{n+1}\frac{1}{x}\mathrm{d}x=\ln(n+1)-\ln n,$$

所以

$$\begin{aligned}s_n&=1+\frac{1}{2}+\cdots+\frac{1}{n}>(\ln 2-\ln 1)+(\ln 3-\ln 2)+\cdots+[\ln(n+1)-\ln n]\\&=\ln(n+1)\to\infty\quad(n\to\infty),\end{aligned}$$

即 $\{s_n\}$ 的极限不存在.因此,调和级数是发散的.

**例 2** 级数

$$\sum_{n=1}^{\infty}aq^{n-1}=a+aq+aq^2+\cdots+aq^{n-1}+\cdots \tag{3}$$

称为**等比级数**(又称为**几何级数**),其中 $a\neq 0,q$ 叫作等比级数的**公比**.试讨论级数(3)的敛散性.

**解** 如果 $|q|\neq 1$,则部分和为

$$s_n=a+aq+\cdots+aq^{n-1}=\frac{a(1-q^n)}{1-q}.$$

(1) 当 $|q|<1$ 时,$q^n\to 0\ (n\to\infty)$,于是

$$\lim_{n\to\infty}s_n=\frac{a}{1-q}.$$

故级数(3)收敛且其和为 $\frac{a}{1-q}$.

(2) 当 $|q|>1$ 时,$q^n\to\infty\ (n\to\infty)$,故 $s_n\to\infty\ (n\to\infty)$,从而级数(3)发散.

(3) 如果 $|q|=1$,则当 $q=1$ 时,部分和为 $s_n=na\to\infty\ (n\to\infty)$,从而级数(3)发散;当 $q=-1$ 时,级数(3)成为

$$a-a+a-a+\cdots,$$

显然其部分和数列为 $a,0,a,0,\cdots$，没有极限，故级数(3)发散.

总之，当 $|q|<1$ 时，等比级数(3)收敛，且其和为 $\dfrac{a}{1-q}$；当 $|q|\geqslant 1$ 时，等比级数(3)发散.

## 二、数项级数的基本性质

根据级数收敛和发散的定义，可以得出下面几个基本性质.

**性质 1** 如果级数 $\sum\limits_{n=1}^{\infty}u_n=s,\sum\limits_{n=1}^{\infty}v_n=\sigma$，则级数 $\sum\limits_{n=1}^{\infty}(u_n\pm v_n)=s\pm\sigma$.

这就是说，如果级数 $\sum\limits_{n=1}^{\infty}u_n$ 和 $\sum\limits_{n=1}^{\infty}v_n$ 都收敛，且它们的和分别为 $s$ 和 $\sigma$，则级数 $\sum\limits_{n=1}^{\infty}(u_n\pm v_n)$ 也收敛，且其和为 $s\pm\sigma$.

**性质 2** 如果级数 $\sum\limits_{n=1}^{\infty}u_n=s$，则级数 $\sum\limits_{n=1}^{\infty}ku_n=ks$，其中 $k$ 为常数.

这就是说，如果级数 $\sum\limits_{n=1}^{\infty}u_n$ 收敛于 $s$，则它逐项乘以同一个常数 $k$ 所得到的级数 $\sum\limits_{n=1}^{\infty}ku_n$ 收敛于 $ks$.

**性质 3** 增加、去掉或改变级数的有限项，不会改变级数的敛散性，但其和可能改变.

以上性质很容易证明，这里从略.

**性质 4** 如果级数 $\sum\limits_{n=1}^{\infty}u_n$ 收敛，则对这个级数的项任意加括号后所成的级数

$$(u_1+\cdots+u_{n_1})+(u_{n_1+1}+\cdots+u_{n_2})+\cdots+(u_{n_{k-1}+1}+\cdots+u_{n_k})+\cdots \tag{4}$$

仍收敛，且其和不变.

**证** 设级数 $\sum\limits_{n=1}^{\infty}u_n$（相应于前 $n$ 项）的部分和为 $s_n$，加括号后所成的级数(4)（相应于前 $k$ 项）的部分和为 $a_k$，则

$$a_1=u_1+\cdots+u_{n_1}=s_{n_1},$$

$$a_2=(u_1+\cdots+u_{n_1})+(u_{n_1+1}+\cdots+u_{n_2})=s_{n_2},$$

……

$$a_k=(u_1+\cdots+u_{n_1})+(u_{n_1+1}+\cdots+u_{n_2})+\cdots+(u_{n_{k-1}+1}+\cdots+u_{n_k})=s_{n_k},$$

……

可见，数列 $\{a_k\}$ 是数列 $\{s_n\}$ 的一个子数列. 由数列 $\{s_n\}$ 的收敛性以及收敛数列与其子数列的关系（第一章第二节中的定理 3）可知，数列 $\{a_k\}$ 必定收敛，且有

$$\lim_{k\to\infty}a_k=\lim_{n\to\infty}s_n,$$

即加括号后所成的级数收敛,且其和不变. **证毕**

但需要注意,如果加括号后所成的级数收敛,则不能断定去括号后原来的级数也收敛.例如,级数

$$(1-1)+(1-1)+\cdots$$

收敛于零,但级数

$$1-1+1-1+\cdots$$

却是发散的.

**性质5(级数收敛的必要条件)** 如果级数 $\sum_{n=1}^{\infty}u_n$ 收敛,则它的一般项 $u_n$ 趋于零,即

$$\lim_{n\to\infty}u_n=0.$$

**证** 设级数 $\sum_{n=1}^{\infty}u_n$ 的部分和为 $s_n$,且 $s_n\to s\ (n\to\infty)$,则

$$\lim_{n\to\infty}u_n=\lim_{n\to\infty}(s_n-s_{n-1})=\lim_{n\to\infty}s_n-\lim_{n\to\infty}s_{n-1}=s-s=0.$$ **证毕**

由性质5可知,如果级数的一般项不趋于零,则该级数必定发散.例如,级数

$$\frac{1}{2}-\frac{2}{3}+\frac{3}{4}-\cdots+(-1)^{n-1}\frac{n}{n+1}+\cdots,$$

它的一般项 $u_n=(-1)^{n-1}\frac{n}{n+1}$ 当 $n\to\infty$ 时不趋于零,因此这个级数是发散的.

**注** 级数的一般项趋于零并不是级数收敛的充分条件,即有些级数虽然一般项趋于零,但是它们却是发散的.例如,虽然调和级数(2)的一般项 $u_n=\frac{1}{n}\to 0\ (n\to\infty)$,但是由例1知它是发散的.

## 三、正项级数及其审敛法

对于级数 $\sum_{n=1}^{\infty}u_n$,若 $u_n\geqslant 0\ (n=1,2,\cdots)$,则称其为**正项级数**.显然,正项级数的部分和数列 $\{s_n\}$ 是一个单调增加的数列.于是,由单调有界数列必有极限的准则知,只要 $\{s_n\}$ 有上界,则正项级数 $\sum_{n=1}^{\infty}u_n$ 是收敛的.因此有如下重要结论:

**定理1** 正项级数 $\sum_{n=1}^{\infty}u_n$ 收敛的充要条件是它的部分和数列 $\{s_n\}$ 有上界.

由定理1可知,当判定一个正项级数是否收敛时,可以不求它的部分和数列 $\{s_n\}$ 的极限,而只要判定 $\{s_n\}$ 是否有上界就可以了.

从这一定理出发,可以建立下面两种常用的审敛法.

**定理2(比较审敛法)** 设存在正整数 $N$ 和正常数 $k$,使得当 $n\geqslant N$ 时,不等式 $0\leqslant u_n\leqslant kv_n$

成立，则

(1) 如果级数 $\sum\limits_{n=1}^{\infty} v_n$ 收敛，那么级数 $\sum\limits_{n=1}^{\infty} u_n$ 也收敛；

(2) 如果级数 $\sum\limits_{n=1}^{\infty} u_n$ 发散，那么级数 $\sum\limits_{n=1}^{\infty} v_n$ 也发散.

**证**　先证(1). 不失一般性，设 $N=1$. 如果级数 $\sum\limits_{n=1}^{\infty} v_n$ 收敛，记其和为 $\sigma$，那么由于 $0 \leqslant u_n \leqslant k v_n$，所以级数 $\sum\limits_{n=1}^{\infty} u_n$ 的部分和 $s_n$ 满足

$$s_n = u_1 + u_2 + \cdots + u_n \leqslant k(v_1 + v_2 + \cdots + v_n) \leqslant k\sigma,$$

即 $\{s_n\}$ 有上界. 所以，由定理 1 知级数 $\sum\limits_{n=1}^{\infty} u_n$ 收敛.

再证(2). 用反证法. 假设级数 $\sum\limits_{n=1}^{\infty} v_n$ 收敛，则由条件 $0 \leqslant u_n \leqslant k v_n$ 并根据已证的(1)可知，级数 $\sum\limits_{n=1}^{\infty} u_n$ 也收敛. 这与已知条件矛盾，所以级数 $\sum\limits_{n=1}^{\infty} v_n$ 发散.　**证毕**

**例 3**　判定级数

$$\sum_{n=1}^{\infty} \frac{1}{2n-1} = 1 + \frac{1}{3} + \frac{1}{5} + \cdots + \frac{1}{2n-1} + \cdots$$

的敛散性.

**解**　因为 $u_n = \dfrac{1}{2n-1} > \dfrac{1}{2n}$，且已知调和级数 $\sum\limits_{n=1}^{\infty} \dfrac{1}{n}$ 发散，故 $\sum\limits_{n=1}^{\infty} \dfrac{1}{2n}$ 也发散. 因此，由比较审敛法推得级数 $\sum\limits_{n=1}^{\infty} \dfrac{1}{2n-1}$ 是发散的.

**例 4**　讨论 $p$ 级数

$$\sum_{n=1}^{\infty} \frac{1}{n^p} = 1 + \frac{1}{2^p} + \frac{1}{3^p} + \cdots + \frac{1}{n^p} + \cdots$$

的敛散性，其中 $p$ 为常数.

**解**　当 $p \leqslant 1$ 时，$u_n = \dfrac{1}{n^p} \geqslant \dfrac{1}{n}$. 由于调和级数 $\sum\limits_{n=1}^{\infty} \dfrac{1}{n}$ 是发散的，所以根据比较审敛法知，当 $p \leqslant 1$ 时，$p$ 级数是发散的.

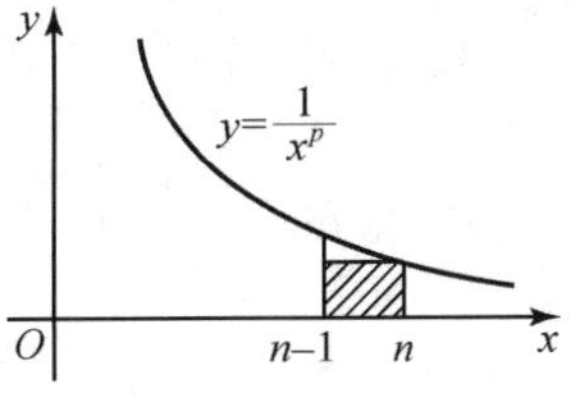

图　12-2

当 $p>1$ 时，考查单调减少函数 $y = \dfrac{1}{x^p}\ (x>0)$. 如图 12-2 所示，可以看出，区间 $[n-1, n]$ 上斜线阴影部分的面积为 $\dfrac{1}{n^p}$. 该面积小于区间 $[n-1, n]$ 上曲边梯形的面积 $\int_{n-1}^{n} \dfrac{1}{x^p} \mathrm{d}x$. 所以，$p$ 级数的部分和

$s_n$ 满足

$$s_n=\frac{1}{1^p}+\frac{1}{2^p}+\frac{1}{3^p}+\cdots+\frac{1}{n^p}<1+\int_1^n\frac{1}{x^p}\mathrm{d}x$$
$$=1+\frac{1}{1-p}x^{1-p}\Big|_1^n=1+\frac{1}{p-1}\left(1-\frac{1}{n^{p-1}}\right)<1+\frac{1}{p-1},$$

即数列$\{s_n\}$有上界.由定理 1 知,当 $p>1$ 时,$p$ 级数收敛.

综上所述,$p$ 级数 $\sum\limits_{n=1}^{\infty}\frac{1}{n^p}$ 当 $p\leqslant 1$ 时发散,当 $p>1$ 时收敛.

例如,级数 $1+\frac{1}{\sqrt{2}}+\frac{1}{\sqrt{3}}+\cdots+\frac{1}{\sqrt{n}}+\cdots\left(p=\frac{1}{2}\right)$是发散的,而级数 $1+\frac{1}{4}+\frac{1}{9}+\cdots+\frac{1}{n^2}+\cdots$ $(p=2)$是收敛的.

应用比较审敛法时,需要找一个已知敛散性的级数作为比较对象.我们常用等比级数和 $p$ 级数作为比较对象.

**例 5** 判定下列级数的敛散性:

(1) $\sum\limits_{n=1}^{\infty}\frac{n+1}{n(n+2)}$;(2) $\sum\limits_{n=1}^{\infty}\frac{1}{(n+1)(n+2)}$.

**解** (1) 该级数的一般项为

$$u_n=\frac{n+1}{n(n+2)}=\frac{1}{n+2}+\frac{1}{n(n+2)}>\frac{1}{n+2},$$

而级数 $\sum\limits_{n=1}^{\infty}\frac{1}{n+2}$ 只比调和级数少了前两项,由级数的基本性质 3 知级数 $\sum\limits_{n=1}^{\infty}\frac{1}{n+2}$ 发散,再根据比较审敛法知级数 $\sum\limits_{n=1}^{\infty}\frac{n+1}{n(n+2)}$ 发散.

(2) 该级数的一般项为

$$u_n=\frac{1}{(n+1)(n+2)}<\frac{1}{n^2},$$

而级数 $\sum\limits_{n=1}^{\infty}\frac{1}{n^2}$ 是收敛的 $p$ 级数,由比较审敛法知原级数收敛.

**推论 1(比较审敛法的极限形式)** 设 $\sum\limits_{n=1}^{\infty}u_n$ 和 $\sum\limits_{n=1}^{\infty}v_n$ 都是正项级数.

(1) 如果 $\lim\limits_{n\to\infty}\frac{u_n}{v_n}=l\ (0\leqslant l<+\infty)$,且级数 $\sum\limits_{n=1}^{\infty}v_n$ 收敛,则级数 $\sum\limits_{n=1}^{\infty}u_n$ 收敛;

(2) 如果 $\lim\limits_{n\to\infty}\frac{u_n}{v_n}=l>0$ 或 $\lim\limits_{n\to\infty}\frac{u_n}{v_n}=+\infty$,且级数 $\sum\limits_{n=1}^{\infty}v_n$ 发散,则级数 $\sum\limits_{n=1}^{\infty}u_n$ 发散.

**例 6** 判定级数 $\sum\limits_{n=1}^{\infty}\sin\frac{1}{n}$ 的敛散性.

**解** 因为

$$\lim_{n\to\infty}\frac{\sin\frac{1}{n}}{\frac{1}{n}}=1>0,$$

而级数 $\sum\limits_{n=1}^{\infty}\frac{1}{n}$ 发散，所以级数 $\sum\limits_{n=1}^{\infty}\sin\frac{1}{n}$ 发散.

比较审敛法是正项级数的基本审敛法，但有时使用起来不太方便. 下面介绍一种实际应用上很方便的比值审敛法.

**定理 3(比值审敛法)** 对于正项级数 $\sum\limits_{n=1}^{\infty}u_n$，如果 $\lim\limits_{n\to\infty}\frac{u_{n+1}}{u_n}=\rho$ $(0\leqslant\rho\leqslant+\infty)$，则

(1) 当 $0\leqslant\rho<1$ 时，该级数收敛；

(2) 当 $\rho>1$ 时，该级数发散；

(3) 当 $\rho=1$ 时，该级数可能收敛，也可能发散.

**证** (1) 当 $0\leqslant\rho<1$ 时，可以取适当小的正数 $\varepsilon$，使得 $q=\rho+\varepsilon<1$. 根据极限的定义，存在正整数 $N$，使得当 $n\geqslant N$ 时，恒有不等式

$$\left|\frac{u_{n+1}}{u_n}-\rho\right|<\varepsilon,\quad 即\quad \rho-\varepsilon<\frac{u_{n+1}}{u_n}<\rho+\varepsilon.$$

由 $\frac{u_{n+1}}{u_n}<\rho+\varepsilon=q$ 可得 $u_{n+1}<qu_n$ $(n\geqslant N)$. 依次取 $n=N,N+1,N+2,\cdots$，则有

$$u_{N+1}<qu_N,\quad u_{N+2}<qu_{N+1}<q^2u_N,\quad \cdots.$$

因为 $0<q<1$，所以几何级数 $qu_N+q^2u_N+\cdots$ 收敛. 因此，由比较审敛法知级数 $u_{N+1}+u_{N+2}+\cdots$ 也是收敛的. 而级数 $\sum\limits_{n=1}^{\infty}u_n$ 只比它多了前面的 $N$ 项，所以由级数的基本性质 3 知，级数 $\sum\limits_{n=1}^{\infty}u_n$ 也收敛.

(2) 当 $1<\rho\leqslant+\infty$ 时，根据极限定义或保号性定理，存在正整数 $N$，使得当 $n\geqslant N$ 时，有 $\frac{u_{n+1}}{u_n}>1$，即有 $u_{n+1}>u_n>0$，则当 $n\geqslant N$ 时，数列 $\{u_n\}$ 是单调增加的，因此 $\lim\limits_{n\to\infty}u_n\neq0$. 故由级数收敛的必要条件可知级数 $\sum\limits_{n=1}^{\infty}u_n$ 发散.

(3) 当 $\rho=1$ 时，级数 $\sum\limits_{n=1}^{\infty}u_n$ 可能收敛，也可能发散. 例如，调和级数 $\sum\limits_{n=1}^{\infty}\frac{1}{n}$ 发散，级数 $\sum\limits_{n=1}^{\infty}\frac{1}{n^2}$ 收敛，然而这两个级数都有 $\lim\limits_{n\to\infty}\frac{u_{n+1}}{u_n}=1$. **证毕**

**例 7** 判定级数 $\sum\limits_{n=1}^{\infty}\frac{2n-1}{2^n}$ 的敛散性.

**解** 因为

$$\frac{u_{n+1}}{u_n}=\frac{\dfrac{2(n+1)-1}{2^{n+1}}}{\dfrac{2n-1}{2^n}}=\frac{2n+1}{2n-1}\cdot\frac{1}{2}\to\frac{1}{2}\quad(n\to\infty),$$

所以由比值审敛法知级数 $\sum\limits_{n=1}^{\infty}\dfrac{2n-1}{2^n}$ 收敛.

**例 8** 判定级数$\sum\limits_{n=1}^{\infty}\dfrac{n!}{a^n}(a>0)$的敛散性.

**解** 因为

$$\frac{u_{n+1}}{u_n}=\frac{(n+1)!}{a^{n+1}}\cdot\frac{a^n}{n!}=\frac{n+1}{a}\to\infty\quad(n\to\infty),$$

所以由比值审敛法知级数 $\sum\limits_{n=1}^{\infty}\dfrac{n!}{a^n}$ 发散.

**例 9** 判定级数$\sum\limits_{n=1}^{\infty}\dfrac{\pi}{3^n}\sin^2\dfrac{n\pi}{6}$的敛散性.

**解** 由于 $\lim\limits_{n\to\infty}\dfrac{u_{n+1}}{u_n}$ 不存在,所以比值审敛法失效.我们改用比较审敛法.因为

$$\frac{\pi}{3^n}\sin^2\frac{n\pi}{6}\leqslant\frac{\pi}{3^n},$$

而级数 $\sum\limits_{n=1}^{\infty}\dfrac{\pi}{3^n}$ 是公比为 $\dfrac{1}{3}$ 的等比级数,是收敛的,所以由比较审敛法知原级数收敛.

## 四、交错级数及其审敛法

下面讨论**任意项级数**,即常数项级数中正、负项可以任意出现的级数.本节首先讨论一种特殊的任意项级数——交错级数的审敛法.

各项为正、负相间的级数,即形如

$$\sum_{n=1}^{\infty}(-1)^{n-1}u_n\quad\text{或}\quad\sum_{n=1}^{\infty}(-1)^n u_n\quad(u_n>0,n=1,2,\cdots)\tag{5}$$

的级数,称为**交错级数**.

**定理 4(莱布尼茨审敛法)** 如果交错级数 $\sum\limits_{n=1}^{\infty}(-1)^{n-1}u_n$ 满足条件:

(1) 数列$\{u_n\}$单调减少,即 $u_n\geqslant u_{n+1}(n=1,2,\cdots)$;

(2) $\lim\limits_{n\to\infty}u_n=0$,

则级数 $\sum\limits_{n=1}^{\infty}(-1)^{n-1}u_n$ 收敛且其和 $s\leqslant u_1$,其余项 $r_n$ 的绝对值$|r_n|\leqslant u_{n+1}$.

**证**　先取级数前 $2m$ 项的和

$$s_{2m}=(u_1-u_2)+(u_3-u_4)+\cdots+(u_{2m-1}-u_{2m}). \tag{6}$$

由条件(1)知,上式括号中的各项非负,所以 $s_{2m}$ 随着 $m$ 增大而增大. 另外,$s_{2m}$ 又可表示成

$$s_{2m}=u_1-(u_2-u_3)-\cdots-(u_{2m-2}-u_{2m-1})-u_{2m}\leqslant u_1, \tag{7}$$

因为上式括号中的差均是非负的. (6)式和(7)式说明 $\{s_{2m}\}$ 单调增加且有上界. 因此,根据单调有界数列必有极限的准则,数列 $\{s_{2m}\}$ 存在极限 $s$,且 $s$ 不大于 $u_1$,即

$$\lim_{m\to\infty}s_{2m}=s\leqslant u_1. \tag{8}$$

又因为 $s_{2m+1}=s_{2m}+u_{2m+1}$,所以由条件(2)得

$$\lim_{m\to\infty}s_{2m+1}=\lim_{m\to\infty}(s_{2m}+u_{2m+1})=s+0=s. \tag{9}$$

由数列与其子数列收敛的关系(第一章第二节中的定理 4)知 $\lim\limits_{m\to\infty}s_m=s\leqslant u_1$,故交错级数收敛,且其和 $s\leqslant u_1$.

又不难看出,余项 $r_n$ 的绝对值

$$|r_n|\leqslant u_{n+1}-u_{n+2}+u_{n+3}-\cdots$$

仍是交错级数,也满足定理的两个条件,所以 $|r_n|\leqslant u_{n+1}$.　**证毕**

**注**　通常称满足定理 4 的条件(1),(2)的交错级数为**莱布尼茨型级数**.

**例 10**　讨论级数 $\sum\limits_{n=1}^{\infty}(-1)^{n-1}\dfrac{1}{n^p}\ (p>0)$ 的敛散性.

**解**　这是交错级数,而且有 $\dfrac{1}{n^p}\to 0(n\to\infty)$. 又因为 $(n+1)^p>n^p$,所以 $\dfrac{1}{(n+1)^p}<\dfrac{1}{n^p}$,即定理 4 的条件(1),(2) 都满足. 因此,级数 $\sum\limits_{n=1}^{\infty}(-1)^{n-1}\dfrac{1}{n^p}$ 收敛,且其和 $s<1$,余项 $r_n$ 的绝对值 $|r_n|\leqslant\dfrac{1}{(n+1)^p}$.

**例 11**　判定级数 $\sum\limits_{n=1}^{\infty}(-1)^{n-1}\dfrac{\ln n}{n}$ 的敛散性.

**解**　该级数是交错级数. 显然 $u_n=\dfrac{\ln n}{n}\to 0(n\to\infty)$. 再考虑数列 $\{u_n\}$ 的单调性. 为此,令函数 $f(x)=\dfrac{\ln x}{x}$,则 $f'(x)=\dfrac{1-\ln x}{x^2}$. 所以,当 $x>\mathrm{e}$ 时,$f'(x)<0$,故 $f(x)$ 单调减少. 因此,当 $n\geqslant 3$ 时,$u_n=\dfrac{\ln n}{n}$ 单调减少. 于是,定理 4 的条件(1),(2)满足,从而该级数收敛.

## 五、绝对收敛与条件收敛

为判定任意项级数 $\sum\limits_{n=1}^{\infty}u_n$ 的收敛性,通常先考查由其各项绝对值所组成的正项级数

$\sum\limits_{n=1}^{\infty}|u_n|$ 的敛散性.这是因为 $\sum\limits_{n=1}^{\infty}u_n$ 与 $\sum\limits_{n=1}^{\infty}|u_n|$ 的收敛性之间有如下关系：

**定理 5(绝对收敛原理)** 如果级数 $\sum\limits_{n=1}^{\infty}|u_n|$ 收敛,则级数 $\sum\limits_{n=1}^{\infty}u_n$ 也收敛.

**证** 首先作一新级数 $\sum\limits_{n=1}^{\infty}v_n$,其中 $v_n=\dfrac{1}{2}(|u_n|+u_n)$,则 $v_n\geqslant 0$ 且 $v_n\leqslant|u_n|$ $(n=1,2,\cdots)$. 由于级数 $\sum\limits_{n=1}^{\infty}|u_n|$ 收敛,所以由比较审敛法知级数 $\sum\limits_{n=1}^{\infty}v_n$ 收敛.又由于 $u_n=2v_n-|u_n|$,由级数的基本性质 1 知级数 $\sum\limits_{n=1}^{\infty}u_n$ 收敛. **证毕**

**定义 2** 如果级数 $\sum\limits_{n=1}^{\infty}|u_n|$ 收敛,则称级数 $\sum\limits_{n=1}^{\infty}u_n$ **绝对收敛**;如果级数 $\sum\limits_{n=1}^{\infty}|u_n|$ 发散,但级数 $\sum\limits_{n=1}^{\infty}u_n$ 收敛,则称级数 $\sum\limits_{n=1}^{\infty}u_n$ **条件收敛**.

**例 12** 判定级数 $\sum\limits_{n=1}^{\infty}\dfrac{\sin n\alpha}{2^n}$ 是否绝对收敛.

**解** 考虑级数 $\sum\limits_{n=1}^{\infty}\dfrac{|\sin n\alpha|}{2^n}$. 由于 $\dfrac{|\sin n\alpha|}{2^n}\leqslant\dfrac{1}{2^n}$,而级数 $\sum\limits_{n=1}^{\infty}\dfrac{1}{2^n}$ 收敛,所以级数 $\sum\limits_{n=1}^{\infty}\dfrac{|\sin n\alpha|}{2^n}$ 收敛.因此,原级数是绝对收敛的.

**例 13** 判定下列级数的敛散性,若收敛,指明是绝对收敛还是条件收敛：

(1) $\sum\limits_{n=1}^{\infty}(-1)^n\dfrac{1}{\sqrt{n^2-n}}$;  (2) $\sum\limits_{n=1}^{\infty}\cos\dfrac{n\pi}{2}$;

(3) $\sum\limits_{n=1}^{\infty}\dfrac{n^2}{(-2)^n}$;  (4) $\sum\limits_{n=1}^{\infty}\dfrac{(-1)^n n^n}{n!}$.

**解** (1) 该级数是交错级数.由于

$$u_{n+1}=\frac{1}{\sqrt{(n+1)^2-(n+1)}}=\frac{1}{\sqrt{n^2+n}}<u_n=\frac{1}{\sqrt{n^2-n}},$$

且 $\lim\limits_{n\to\infty}u_n=0$,所以级数 $\sum\limits_{n=1}^{\infty}(-1)^n\dfrac{1}{\sqrt{n^2-n}}$ 收敛.但因 $|(-1)^n u_n|=\dfrac{1}{\sqrt{n^2-n}}>\dfrac{1}{n}$,而级数 $\sum\limits_{n=1}^{\infty}\dfrac{1}{n}$ 发散,所以级数 $\sum\limits_{n=1}^{\infty}\left|(-1)^n\dfrac{1}{\sqrt{n^2-n}}\right|$ 也发散.于是,级数 $\sum\limits_{n=1}^{\infty}(-1)^n\dfrac{1}{\sqrt{n^2-n}}$ 条件收敛.

(2) 因为当 $n=4m$ $(m=1,2,\cdots)$ 时,$u_n=\cos\dfrac{4m\pi}{2}=1$,而当 $n=4m+1$ $(m=0,1,2,\cdots)$ 时,$u_n=\cos\dfrac{(4m+1)\pi}{2}=0$,所以 $\lim\limits_{n\to\infty}u_n$ 不存在.故级数 $\sum\limits_{n=1}^{\infty}\cos\dfrac{n\pi}{2}$ 发散.

(3) 考查正项级数 $\sum_{n=1}^{\infty}\frac{n^2}{2^n}$. 因为

$$\frac{u_{n+1}}{u_n}=\frac{\frac{(n+1)^2}{2^{n+1}}}{\frac{n^2}{2^n}}=\frac{(n+1)^2}{2^{n+1}}\cdot\frac{2^n}{n^2}=\left(\frac{n+1}{n}\right)^2\cdot\frac{1}{2}\to\frac{1}{2}<1\quad(n\to\infty),$$

所以由比值审敛法知级数 $\sum_{n=1}^{\infty}\frac{n^2}{2^n}$ 收敛. 因此,级数 $\sum_{n=1}^{\infty}\frac{n^2}{(-2)^n}$ 绝对收敛.

(4) 对于级数 $\sum_{n=1}^{\infty}\frac{(-1)^n n^n}{n!}$, 因为

$$\left|\frac{u_{n+1}}{u_n}\right|=\frac{(n+1)^{n+1}}{(n+1)!}\cdot\frac{n!}{n^n}=\left(1+\frac{1}{n}\right)^n\to \mathrm{e}>1\quad(n\to\infty),$$

所以级数 $\sum_{n=1}^{\infty}\left|\frac{(-1)^n n^n}{n!}\right|$ 发散. 另外,由上式及极限定义知,存在正整数 $N$,使得当 $n>N$ 时,有

$$\frac{|u_{n+1}|}{|u_n|}>1,\quad 即\quad |u_{n+1}|>|u_n|,$$

从而 $\lim\limits_{n\to\infty}|u_n|\neq 0$,所以 $\lim\limits_{n\to\infty}u_n\neq 0$. 故级数 $\sum_{n=1}^{\infty}\frac{(-1)^n n^n}{n!}$ 发散.

**注** 例 13 中(4)的方法具有普遍性,即有如下结论:

**定理 6(比值审敛法的绝对发散原理)** 若用比值审敛法得到级数 $\sum_{n=1}^{\infty}|u_n|$ 发散,则级数 $\sum_{n=1}^{\infty}u_n$ 也发散.

根值审敛法

## 习 题 12-1

1. 讨论下列级数与级数 $\sum_{n=1}^{\infty}u_n$ 的敛散性关系:

(1) $10+\sum_{n=1}^{\infty}u_n$; (2) $\sum_{n=1}^{\infty}10u_n$; (3) $\sum_{n=1}^{\infty}(u_n+10)$.

2. 根据级数敛散性的定义,判定下列级数的敛散性:

(1) $\frac{1}{1\cdot 3}+\frac{1}{3\cdot 5}+\frac{1}{5\cdot 7}+\cdots+\frac{1}{(2n-1)(2n+1)}+\cdots$; (2) $\sum_{n=1}^{\infty}(\sqrt{n+1}-\sqrt{n})$.

3. 判定下列级数的敛散性:

(1) $\frac{1}{3}+\frac{1}{6}+\frac{1}{9}+\frac{1}{12}+\cdots$; (2) $\frac{100}{5}+\frac{100}{5^2}+\frac{100}{5^3}+\cdots$;

(3) $\frac{1}{3}+\frac{1}{\sqrt{3}}+\frac{1}{\sqrt[3]{3}}+\frac{1}{\sqrt[4]{3}}+\cdots$.

4. 用比较审敛法判定下列级数的敛散性：

(1) $\sum_{n=1}^{\infty}\frac{1}{3n-1}$；　(2) $\sum_{n=1}^{\infty}\frac{1}{3+2^n}$；　(3) $\sum_{n=1}^{\infty}\frac{1}{(n+1)(n+4)}$；

(4) $\sum_{n=1}^{\infty}\frac{1}{\sqrt{n+1}}$；　(5) $\sum_{n=1}^{\infty}\frac{1}{n\sqrt{n+1}}$；　(6) $\sum_{n=1}^{\infty}\sin\frac{\pi}{4^n}$.

5. 用比值审敛法判定下列级数的敛散性：

(1) $\sum_{n=1}^{\infty}\frac{n+2}{3^n}$；　(2) $\sum_{n=1}^{\infty}\frac{(2n+1)!}{2^n}$；　(3) $\sum_{n=1}^{\infty}n^2\sin\frac{\pi}{2^n}$；

(4) $\sum_{n=1}^{\infty}\frac{n!}{n^n}$；　(5) $\sum_{n=1}^{\infty}\frac{a^n}{n!}(a>1)$；　(6) $\sum_{n=1}^{\infty}\frac{3^n}{n4^n}$.

6. 判定下列级数的敛散性：

(1) $\frac{\ln 2}{\sqrt{2}}+\frac{\ln 3}{\sqrt{3}}+\frac{\ln 4}{\sqrt{4}}+\cdots$；　(2) $\sum_{n=1}^{\infty}\frac{n}{(n+1)(n+2)}$；

(3) $\frac{1}{a+b}+\frac{1}{a+2b}+\frac{1}{a+3b}+\cdots\ (a>0,b>0)$；

(4) $\sum_{n=1}^{\infty}\cos\frac{n\pi}{2}$；　(5) $\sum_{n=1}^{\infty}\frac{\pi}{3^n}\sin^2\frac{n\pi}{3}$.

7. 设级数 $\sum_{n=1}^{\infty}a_n$ 与 $\sum_{n=1}^{\infty}b_n$ 都收敛，且 $a_n\leqslant c_n\leqslant b_n(n=1,2,\cdots)$，证明：级数 $\sum_{n=1}^{\infty}c_n$ 收敛.

8. 指出下列级数的敛散性情况(绝对收敛、条件收敛或发散)：

(1) $\sum_{n=1}^{\infty}(-1)^{n-1}\frac{1}{\sqrt{n}}$；　(2) $\sum_{n=1}^{\infty}(-1)^{n-1}\frac{n^2}{2^n}$；　(3) $\sum_{n=1}^{\infty}\frac{\sin nx}{n^3}$；

(4) $\sum_{n=1}^{\infty}(-1)^{n-1}\frac{n^2}{1+n^3}$；　(5) $\sum_{n=1}^{\infty}(-1)^{n}\frac{1}{\ln(1+n)}$；　(6) $\sum_{n=1}^{\infty}(-1)^{n-1}\frac{n^2}{4+n^2}$；

(7) $\sum_{n=1}^{\infty}\frac{(-3)^n}{n!}$；　(8) $\sum_{n=1}^{\infty}(-1)^{n}\frac{2^n}{n}$.

## 第二节　幂　级　数

上一节讨论了数项级数的基本知识. 在此基础上，本节开始学习一般项是 $x$ 的函数 $u_n=u_n(x)$ 的无穷级数

$$\sum_{n=1}^{\infty}u_n(x)=u_1(x)+u_2(x)+\cdots+u_n(x)+\cdots.$$

这样的无穷级数称为**函数项级数**. 函数项级数中最简单也是最常用的是下面将要讨论的幂级数.

## 一、幂级数的概念

**定义 1**　形如

$$\sum_{n=0}^{\infty} a_n x^n = a_0 + a_1 x + a_2 x^2 + \cdots + a_n x^n + \cdots \tag{1}$$

的函数项级数称为 $x$ 的**幂级数**,其中 $a_0,a_1,a_2,\cdots,a_n,\cdots$都是常数,$a_n$ 是 $n$ 次幂的系数.

幂级数更一般的形式是

$$\sum_{n=0}^{\infty} a_n (x-x_0)^n = a_0 + a_1(x-x_0) + a_2(x-x_0)^2 + \cdots + a_n(x-x_0)^n + \cdots. \tag{2}$$

有时也称(2)式为 $x-x_0$ 的**幂级数**. 容易看出,只要在(2)式中做变量代换 $t=x-x_0$,则形式(2)就化为形式(1)了. 因此,下面着重讨论幂级数(1).

对于任一实数 $x_0$,令 $x=x_0$,则幂级数(1)就变成常数项级数

$$\sum_{n=0}^{\infty} a_n x_0^n = a_0 + a_1 x_0 + a_2 x_0^2 + \cdots + a_n x_0^n + \cdots. \tag{3}$$

它可能收敛,也可能发散. 如果级数(3)收敛,则称 $x_0$ 为幂级数(1)的**收敛点**. 幂级数(1)的全体收敛点所组成的数集称为该幂级数的**收敛域**. 如果级数(3)发散,则称 $x_0$ 为幂级数(1)的**发散点**. 幂级数(1)的全体发散点所组成的数集称为该幂级数的**发散域**.

显然,$x_0=0$ 是任一幂级数(1)的一个收敛点,所以幂级数(1)的收敛域是非空的. 由于对于幂级数(1)的收敛域内的任一定点 $x$,幂级数(1)均成为一个收敛的常数项级数,因而有确定的和 $s$. 所以,幂级数(1)在收敛域上的和构成 $x$ 的函数,记为 $s(x)$. 称 $s(x)$为幂级数(1)的**和函数**,即

$$s(x) = \sum_{n=0}^{\infty} a_n x^n = a_0 + a_1 x + a_2 x^2 + \cdots + a_n x^n + \cdots.$$

这时也称幂级数(1)收敛于和函数 $s(x)$. 与常数项级数一样,我们把幂级数(1)的前 $n$ 项部分和记为 $s_n(x)$,即

$$s_n(x) = a_0 + a_1 x + \cdots + a_{n-1} x^{n-1},$$

则在收敛域内有

$$\lim_{n\to\infty} s_n(x) = s(x).$$

同样,称 $r_n(x)=s(x)-s_n(x)=a_n x^n + a_{n+1}x^{n+1}+\cdots$为幂级数(1)的余项. 当然,余项在收敛域上才有意义,而且在收敛域上有 $\lim\limits_{n\to\infty} r_n(x)=0$.

## 二、幂级数的收敛性

对于一个给定的幂级数(1),它的收敛域和发散域是怎样的呢? 即 $x$ 取数轴上哪些点时幂级数(1)收敛,取哪些点时幂级数(1)发散? 下面将讨论这一问题.

**例 1** 讨论幂级数 $\sum_{n=1}^{\infty}(-1)^{n-1}\frac{x^n}{n}$ 的收敛性.

**解** 因为 $\lim_{n\to\infty}\frac{|u_{n+1}|}{|u_n|}=\lim_{n\to\infty}\frac{|x^{n+1}|}{|x^n|}\cdot\frac{n}{n+1}=|x|$,所以由常数项级数的审敛法知:

(1) 当 $|x|<1$ 时,所给幂级数绝对收敛;

(2) 当 $|x|>1$ 时,所给幂级数发散;

(3) 当 $x=1$ 时,所给幂级数成为 $\sum_{n=1}^{\infty}(-1)^{n-1}\frac{1}{n}$,它条件收敛;

(4) 当 $x=-1$ 时,所给幂级数成为 $\sum_{n=1}^{\infty}\left(-\frac{1}{n}\right)$,它发散.

综上所述,可得所给幂级数的收敛域为 $(-1,1]$.

**例 2** 讨论幂级数 $\sum_{n=1}^{\infty}(n!)x^n$ 的收敛性.

**解** 因为

$$\lim_{n\to\infty}\frac{|u_{n+1}|}{|u_n|}=\lim_{n\to\infty}\frac{|x^{n+1}|}{|x^n|}\cdot\frac{(n+1)!}{n!}=\lim_{n\to\infty}(n+1)|x|=+\infty\quad(x\neq 0),$$

所以由比值审敛法的绝对发散原理知,幂级数 $\sum_{n=1}^{\infty}(n!)x^n$ 对于任何 $x\neq 0$ 都是发散的,即仅在 $x=0$ 处收敛.

**例 3** 讨论幂级数 $\sum_{n=1}^{\infty}\frac{x^n}{n!}$ 的收敛性.

**解** 因为

$$\lim_{n\to\infty}\frac{|u_{n+1}|}{|u_n|}=\lim_{n\to\infty}\frac{|x^{n+1}|}{|x^n|}\cdot\frac{n!}{(n+1)!}=\lim_{n\to\infty}\frac{|x|}{n+1}=0,$$

所以对于任何 $x$, $\sum_{n=1}^{\infty}\frac{x^n}{n!}$ 绝对收敛,即其收敛域为 $(-\infty,+\infty)$.

以上三个例子反映出的幂级数的收敛情形是具有一般性的. 我们容易得到如下关于幂级数(1)的重要收敛定理:

**定理 1(幂级数收敛定理)** 幂级数(1)的敛散性必为下述三种情形之一:

(1) 仅在 $x=0$ 处收敛;

(2) 在 $(-\infty,+\infty)$ 内处处绝对收敛;

(3) 存在确定的正数 $R$,使得当 $|x|<R$ 时绝对收敛,当 $|x|>R$ 时发散,而在 $x=\pm R$ 处可能收敛,也可能发散.

定理 1 的证明用到的数学知识较多,这里从略了.

定理 1 中的 $R$ 称为幂级数(1)的**收敛半径**,开区间$(-R,R)$称为幂级数(1)的**收敛区间**. 显然,幂级数(1)的收敛区间是关于原点对称的.

由幂级数(1)在 $x=\pm R$ 处的敛散性,就可以确定它的收敛域是下列四种区间之一:

$$(-R,R),\quad [-R,R),\quad (-R,R]\quad \text{或}\quad [-R,R].$$

如果我们将收敛半径 $R$ 做如下推广:

$$R=\begin{cases}0, & \text{当幂级数(1)仅在 } x=0 \text{ 处收敛时},\\ +\infty, & \text{当幂级数(1)在}(-\infty,+\infty)\text{内绝对收敛时},\end{cases}\tag{4}$$

那么由定理 1 知幂级数(1)的收敛半径 $R$ 总是存在的.

下面讨论幂级数收敛半径的求法. 为了叙述方便,当 $a_n\neq 0$ ($n\geqslant N$, $N$ 为某自然数)时,称幂级数(1)为**标准**的,此外的幂级数称为**非标准**的.

**1. 标准幂级数收敛半径的求法**

**定理 2** 如果标准幂级数(1)的系数满足

$$\lim_{n\to\infty}\frac{|a_{n+1}|}{|a_n|}=\rho\quad (0\leqslant\rho\leqslant+\infty),$$

则它的收敛半径 $R=\dfrac{1}{\rho}$ $\left(\text{其中记 } \dfrac{1}{0}=\infty, \dfrac{1}{\infty}=0\right)$.

**证** 考查幂级数(1)的绝对值级数 $\sum\limits_{n=1}^{\infty}|a_nx^n|$. 由于

$$\lim_{n\to\infty}\frac{|a_{n+1}x^{n+1}|}{|a_nx^n|}=\lim_{n\to\infty}\left|\frac{a_{n+1}}{a_n}\right|\cdot|x|=\rho|x|,$$

所以

(1) 当 $\rho=0$ 时,$\rho|x|=0$ 对于任何 $x\in(-\infty,+\infty)$成立,从而级数(1)总是绝对收敛的,因此其收敛半径为 $R=+\infty$.

(2) 当 $\rho=+\infty$ 时,$\rho|x|=+\infty$ ($x\neq 0$),从而根据比值审敛法的绝对发散原理知,幂级数(1)当 $x\neq 0$ 时总是发散的,而只有当 $x=0$ 时才收敛,因此其收敛半径为 $R=0$.

(3) 如果 $0<\rho<+\infty$,根据正项级数的比值审敛法,当 $\rho|x|<1$,即 $|x|<\dfrac{1}{\rho}$时,级数 $\sum\limits_{n=0}^{\infty}|a_nx^n|$收敛,从而幂级数(1) 绝对收敛;当 $\rho|x|>1$,即 $|x|>\dfrac{1}{\rho}$ 时,幂级数(1) 发散. 因此,幂级数(1) 的收敛半径为 $R=\dfrac{1}{\rho}$. **证毕**

**例 4** 求幂级数 $\sum\limits_{n=1}^{\infty}\dfrac{x^n}{n^2}$ 的收敛半径和收敛域.

**解** 由于 $\left|\dfrac{a_{n+1}}{a_n}\right|=\dfrac{n^2}{(n+1)^2}\to 1$ ($n\to\infty$),所以收敛半径为 $R=1$,收敛区间为$(-1,1)$.

对于区间端点 $x=\pm 1$,有 $\left|\dfrac{(\pm 1)^n}{n^2}\right|=\dfrac{1}{n^2}$,而级数 $\sum\limits_{n=1}^{\infty}\dfrac{1}{n^2}$ 收敛,所以级数 $\sum\limits_{n=1}^{\infty}\dfrac{x^n}{n^2}$ 在 $x=\pm 1$ 处也收敛.于是,该幂级数的收敛域为$[-1,1]$.

**例 5** 求幂级数 $\sum\limits_{n=0}^{\infty}(n+1)x^n$ 的收敛半径和收敛域.

**解** 由于 $\left|\dfrac{a_{n+1}}{a_n}\right|=\dfrac{n+2}{n+1}\to 1\ (n\to\infty)$,所以收敛半径为 $R=1$,收敛区间为$(-1,1)$.

对于端点 $x=\pm 1$,该幂级数成为 $\sum\limits_{n=0}^{\infty}(\pm 1)^n(n+1)$,它们是发散的,所以该幂级数的收敛域为$(-1,1)$.

**2. 非标准幂级数收敛半径的求法**

对于这一类幂级数,一般是先通过某种变换将其化为标准幂级数,然后利用求标准幂级数收敛半径的方法求得其收敛半径.具体做法如下几个例子所示.

**例 6** 求幂级数 $\sum\limits_{n=0}^{\infty}\dfrac{(-1)^n(x-3)^n}{(n+1)^2}$ 的收敛域.

**解** 做变量代换 $t=x-3$,该幂级数化为标准幂级数 $\sum\limits_{n=0}^{\infty}(-1)^n\dfrac{t^n}{(n+1)^2}$. 由于

$$\rho=\lim_{n\to\infty}\left|\frac{a_{n+1}}{a_n}\right|=\lim_{n\to\infty}\frac{(n+1)^2}{(n+2)^2}=1,$$

所以收敛半径为 $R=1$. 当 $t=\pm 1$ 时,标准幂级数 $\sum\limits_{n=0}^{\infty}(-1)^n\dfrac{t^n}{(n+1)^2}$ 也收敛,于是该幂级数的收敛域为$[-1,1]$. 又因 $t=x-3$,故原幂级数当 $-1\leqslant x-3\leqslant 1$ 即 $2\leqslant x\leqslant 4$ 时收敛. 因此,原幂级数的收敛域是$[2,4]$.

**例 7** 求幂级数 $\sum\limits_{n=0}^{\infty}\dfrac{x^{2n}}{2^n}$ 的收敛区间.

**解** 因为该幂级数缺奇次幂项,即

$$a_1=a_3=\cdots=a_{2n+1}=\cdots=0,$$

为非标准幂级数,所以不能直接应用定理 2.

*方法 1* 令 $t=\dfrac{x^2}{2}$,将所给幂级数化为 $t$ 的幂级数

$$\sum_{n=0}^{\infty}t^n. \tag{5}$$

对幂级数(5)应用定理 2 易得其收敛半径为 $R=1$,收敛区间为 $|t|<1$. 代回 $\dfrac{x^2}{2}=t$,得原幂级数的收敛区间为$(-\sqrt{2},\sqrt{2})$.

方法 2 直接利用收敛半径的定义,求出收敛半径和收敛区间.由于

$$\lim_{n\to\infty}\frac{|u_{n+1}|}{|u_n|}=\lim_{n\to\infty}\left|\frac{x^{2(n+1)}}{2^{n+1}}\cdot\frac{2^n}{x^{2n}}\right|=\frac{1}{2}|x|^2,$$

所以当 $\frac{1}{2}|x|^2<1$,即 $|x|<\sqrt{2}$ 时,该幂级数绝对收敛;当 $\frac{1}{2}|x|^2>1$,即 $|x|>\sqrt{2}$ 时,该幂级数发散.因此,该幂级数的收敛半径为 $R=\sqrt{2}$,从而收敛区间为 $(-\sqrt{2},\sqrt{2})$.

## 三、幂级数的运算

### 1. 四则运算

设幂级数 $\sum\limits_{n=0}^{\infty}a_nx^n=s_1(x)$, $\sum\limits_{n=0}^{\infty}b_nx^n=s_2(x)$,且收敛半径分别为 $R_1$ 和 $R_2$.取 $R=\min\{R_1,R_2\}$,容易证明在区间 $(-R,R)$ 内有如下四则运算性质:

(1) $\left(\sum\limits_{n=0}^{\infty}a_nx^n\right)\pm\left(\sum\limits_{n=0}^{\infty}b_nx^n\right)=\sum\limits_{n=0}^{\infty}(a_n\pm b_n)x^n=s_1(x)\pm s_2(x)$;

(2) $\left(\sum\limits_{n=0}^{\infty}a_nx^n\right)\cdot\left(\sum\limits_{n=0}^{\infty}b_nx^n\right)$

$$\begin{aligned}&=(a_0+a_1x+a_2x^2+\cdots+a_nx^n+\cdots)(b_0+b_1x+b_2x^2+\cdots+b_nx^n+\cdots)\\&=a_0b_0+(a_0b_1+a_1b_0)x+(a_0b_2+a_1b_1+a_2b_0)x^2+\cdots\\&\quad+(a_0b_n+a_1b_{n-1}+a_2b_{n-2}+\cdots+a_nb_0)x^n+\cdots\\&=\sum_{n=0}^{\infty}(a_0b_n+a_1b_{n-1}+\cdots+a_nb_0)x^n=s_1(x)\cdot s_2(x).\end{aligned}$$

由此看出,乘积级数 $n$ 次项的系数与两多项式的乘法规则类似.再者,两幂级数的除法可以由乘法给出,由于比较烦琐且已超出基本要求,故从略.

### 2. 分析运算

设幂级数 $\sum\limits_{n=0}^{\infty}a_nx^n$ 在其收敛区间 $(-R,R)$ 内的和函数为 $s(x)$,可以证明有如下分析运算性质:

(1) $s(x)$ 在 $(-R,R)$ 内连续,即对于任意 $x_0\in(-R,R)$,有

$$\lim_{x\to x_0}s(x)=\lim_{x\to x_0}\left(\sum_{n=0}^{\infty}a_nx^n\right)=\sum_{n=0}^{\infty}(\lim_{x\to x_0}a_nx^n)=s(x_0).$$

或者说,极限运算"lim"与求和运算"$\sum$"可以交换次序.

(2) $s(x)$ 在 $(-R,R)$ 内可导,且有逐项求导公式

$$s'(x)=\left(\sum_{n=0}^{\infty}a_nx^n\right)'=\sum_{n=0}^{\infty}(a_nx^n)'=\sum_{n=1}^{\infty}na_nx^{n-1}.\tag{6}$$

或者说,求导运算"′"与求和运算"$\sum$"可以交换次序.

(3) $s(x)$在$(-R,R)$内可积,且有逐项积分公式

$$\int_0^x s(x)\mathrm{d}x=\int_0^x\left(\sum_{n=0}^{\infty}a_nx^n\right)\mathrm{d}x=\sum_{n=0}^{\infty}\left(\int_0^x a_nx^n\mathrm{d}x\right)=\sum_{n=0}^{\infty}\frac{a_n}{n+1}x^{n+1},\tag{7}$$

其中 $x\in(-R,R)$. 或者说,积分运算"$\int$"与求和运算"$\sum$"可以交换次序.

幂级数逐项求导或逐项积分后,所得新幂级数的收敛半径不变,但在收敛区间的端点处新幂级数的敛散性可能改变. 此外,如果逐项求导或逐项积分后所得到的新幂级数在 $x=R$(或 $x=-R$)处收敛,则在 $x=R$(或 $x=-R$)处公式(6)或(7)仍成立.

**例 8** 由几何级数的结论知

$$\frac{1}{1-x}=1+x+x^2+\cdots+x^n+\cdots\quad(-1<x<1),\tag{8}$$

于是将(8)式逐项求导得

$$\frac{1}{(1-x)^2}=1+2x+3x^2+\cdots+nx^{n-1}+\cdots\quad(-1<x<1),\tag{9}$$

而对(8)式从 0 到 $x$ ($x\in(-1,1)$)逐项积分得

$$-\ln(1-x)=x+\frac{x^2}{2}+\frac{x^3}{3}+\cdots+\frac{x^{n+1}}{n+1}+\cdots\quad(-1\leqslant x<1).\tag{10}$$

**注** (9)式右端幂级数的收敛域是$(-1,1)$,所以等式(9)只在 $x\in(-1,1)$时成立. 而(10)式右端的幂级数在 $x=-1$ 时仍收敛,所以等式(10)在 $x=-1$ 时成立.

另外,在(10)式中取 $x=-1$,得

$$\ln 2=1-\frac{1}{2}+\frac{1}{3}-\cdots+(-1)^{n-1}\frac{1}{n}+\cdots.$$

**例 9** 求幂级数 $\sum\limits_{n=0}^{\infty}(n+1)x^n$ 的和函数,并由此求级数$\sum\limits_{n=0}^{\infty}\frac{n+1}{2^n}$ 的和.

**解** 容易求得幂级数$\sum\limits_{n=0}^{\infty}(n+1)x^n$ 的收敛域为区间$(-1,1)$. 设它的和函数为 $s(x)$,即

$$s(x)=\sum_{n=0}^{\infty}(n+1)x^n.$$

对于任意 $x\in(-1,1)$,从 0 到 $x$ 对上式逐项积分,得

$$\int_0^x s(x)\mathrm{d}x=\sum_{n=0}^{\infty}\int_0^x(n+1)x^n\mathrm{d}x=\sum_{n=0}^{\infty}x^{n+1}=\frac{x}{1-x}\quad(-1<x<1).$$

上式两端对 $x$ 求导数,得

$$s(x)=\left(\frac{x}{1-x}\right)'=\frac{1}{(1-x)^2}\quad(-1<x<1).$$

又因为 $x=1/2$ 在该幂级数的收敛域内,代入上式,得

$$\sum_{n=0}^{\infty}\frac{n+1}{2^n}=s\left(\frac{1}{2}\right)=\frac{1}{(1-1/2)^2}=4.$$

## 习　题　12-2

1. 求下列幂级数的收敛半径和收敛区间：

(1) $\sum_{n=1}^{\infty} nx^n$；　(2) $\sum_{n=1}^{\infty} \frac{2^n}{n!}x^n$；　(3) $\sum_{n=1}^{\infty} (-1)^{n-1} \frac{x^{n-1}}{n^2}$；

(4) $\sum_{n=1}^{\infty} \frac{x^n}{n \cdot 2^n}$；　(5) $\sum_{n=1}^{\infty} (-1)^n \frac{x^{2n+1}}{2n+1}$；　(6) $\sum_{n=1}^{\infty} \frac{(x-5)^n}{\sqrt{n}}$.

2. 求下列幂级数的和函数：

(1) $\sum_{n=0}^{\infty} \frac{x^n}{2^n}$；　(2) $\sum_{n=1}^{\infty} \frac{n(n+1)}{2}x^{n-1}$；　(3) $\sum_{n=0}^{\infty} \frac{x^{2n+1}}{2n+1}$.

3. 求幂级数 $\sum_{n=1}^{\infty} \frac{2n-1}{2^n}x^{2n-2}$ 的收敛域及和函数，并求常数项级数 $\sum_{n=1}^{\infty} \frac{2n-1}{2^n}$ 的和.

4. 证明：幂级数 $\sum_{n=0}^{\infty} \frac{x^n}{n!}$ 是微分方程初值问题 $\begin{cases} y' = y, \\ y(0) = 1 \end{cases}$ 的解. 由此求出该幂级数的和函数.

# 第三节　函数的幂级数展开

## 一、泰勒级数

前面讨论了幂级数的收敛域及和函数的性质. 但在许多应用中，我们遇到的却是相反的问题：给定函数 $f(x)$，要考虑它是否能在某个区间内"展开成幂级数". 也就是说，是否能找到这样一个幂级数，它在某区间内收敛，且其和函数恰好就是给定的函数 $f(x)$？如果能找到这样的幂级数，我们就说函数 $f(x)$ 在该区间内能展开成幂级数，或简单地说，$f(x)$ 能展开成幂级数，从而该幂级数在收敛区间内就表达了函数 $f(x)$. 为了解决这一问题，需要利用函数的泰勒(Taylor)级数.

### 1. 泰勒公式

我们知道，在微分的应用中，有近似公式

$$f(x) \approx f(x_0) + f'(x_0)(x - x_0), \tag{1}$$

即可用 $x-x_0$ 的一次多项式 $f(x_0)+f'(x_0)(x-x_0)$ 近似代替 $f(x)$，这时所产生的误差是比 $x-x_0$ 高阶的无穷小($x \to x_0$). 显然，这里有两点不足：其一，精确度较差；其二，不便于具体估计误差. 为了克服这两点不足，我们需要对(1)式进行更深入分析.

首先将(1)式写成

$$f(x) = f(x_0) + f'(x_0)(x - x_0) + r_1(x), \tag{2}$$

或者

$$r_1(x) = f(x) - [f(x_0) + f'(x_0)(x - x_0)], \tag{3}$$

其中 $r_1(x)$ 就是利用公式(1)时所产生的误差. 如果 $f(x)$ 在点 $x_0$ 的某个邻域 $U(x_0, \delta)$ 内还有二阶导数,可以利用柯西中值定理(见第二章的第七节)给出 $r_1(x)$ 的更具体的表达式:

$$r_1(x) = \frac{f''(\xi)}{2!}(x - x_0)^2 \quad (\xi \text{ 在 } x_0 \text{ 与 } x \text{ 之间}). \tag{4}$$

从(4)式更明显地看出,误差 $r_1(x)$ 是比 $x - x_0$ 高阶的无穷小,而且用(4)式估计误差时更方便. 将(4)式代入(2)式,得

$$f(x) = f(x_0) + \frac{f'(x_0)}{1!}(x - x_0) + \frac{f''(\xi)}{2!}(x - x_0)^2, \tag{5}$$

其中 $\xi$ 在 $x_0$ 与 $x$ 之间. 公式(5)称为函数 $f(x)$ 的**一阶泰勒公式**.

进一步,如果函数 $f(x)$ 在 $x_0$ 的某个邻域 $U(x_0, \delta)$ 内有直到 $n+1$ 阶导数,那么我们还可以提高精确度,而且也能得到估计误差的具体公式. 事实上,这时令

$$s_{n+1}(x) = f(x_0) + \frac{f'(x_0)}{1!}(x - x_0) + \frac{f''(x_0)}{2!}(x - x_0)^2 + \cdots + \frac{f^{(n)}(x_0)}{n!}(x - x_0)^n, \tag{6}$$

则 $s_{n+1}(x)$ 是 $x - x_0$ 的 $n$ 次多项式. 再令

$$r_n(x) = f(x) - s_{n+1}(x),$$

类似于公式(5)的推导,不难得到如下定理:

**定理 1(泰勒中值定理)** 如果函数 $f(x)$ 在 $x_0$ 的某个邻域 $U(x_0, \delta)$ 内有直到 $n+1$ 阶的导数,则对于任意 $x \in U(x_0, \delta)$,有

$$f(x) = f(x_0) + \frac{f'(x_0)}{1!}(x - x_0) + \frac{f''(x_0)}{2!}(x - x_0)^2 + \cdots + \frac{f^{(n)}(x_0)}{n!}(x - x_0)^n + r_n(x), \tag{7}$$

其中

$$r_n(x) = \frac{f^{(n+1)}(\xi)}{(n+1)!}(x - x_0)^{n+1} \quad (\xi \text{ 在 } x_0 \text{ 与 } x \text{ 之间}). \tag{8}$$

公式(7)称为函数 $f(x)$ 的 $n$ **阶泰勒公式**. (6)式给出的 $s_{n+1}(x)$ 称为 $f(x)$ 的 $n$ **阶泰勒多项式**. (8)式给出的 $r_n(x)$ 称为 $n$ 阶泰勒公式中的**拉格朗日型余项**,当 $x \to x_0$ 时,它是比 $(x - x_0)^n$ 高阶的无穷小.

当 $n = 0$ 时,泰勒公式(7)就变成拉格朗日中值公式

$$f(x) = f(x_0) + f'(\xi)(x - x_0) \quad (\xi \text{ 在 } x_0 \text{ 与 } x \text{ 之间}).$$

特别地,取 $x_0 = 0$ 时,泰勒公式(7)成为

$$f(x) = f(0) + \frac{f'(0)}{1!}x + \frac{f''(0)}{2!}x^2 + \cdots + \frac{f^{(n)}(0)}{n!}x^n + \frac{f^{(n+1)}(\xi)}{(n+1)!}x^{n+1} \quad (\xi \text{ 在 } 0 \text{ 与 } x \text{ 之间}). \tag{9}$$

公式(9)称为函数 $f(x)$ 的**麦克劳林(Maclaurin)公式**.

**例 1**　写出函数 $f(x)=e^x$ 的麦克劳林公式.

**解**　因为 $f(x)=e^x$，所以

$$f(x)=f'(x)=f''(x)=\cdots=f^{(n)}(x)=f^{(n+1)}(x)=e^x.$$

于是，将 $f(0)=f'(0)=\cdots=f^{(n)}(0)=1,f^{(n+1)}(\xi)=e^{\xi}$ 代入公式(9)，得

$$e^x=1+\frac{x}{1!}+\frac{x^2}{2!}+\cdots+\frac{x^n}{n!}+\frac{e^{\xi}}{(n+1)!}x^{n+1}\quad(\xi\text{ 在 }0\text{ 与 }x\text{ 之间}).$$

**2. 泰勒级数**

**定义 1**　设函数 $f(x)$ 在 $x_0$ 的某个邻域 $U(x_0,\delta)$ 内具有各阶导数，则称幂级数

$$f(x_0)+\frac{f'(x_0)}{1!}(x-x_0)+\frac{f''(x_0)}{2!}(x-x_0)^2+\cdots+\frac{f^{(n)}(x_0)}{n!}(x-x_0)^n+\cdots\tag{10}$$

为函数 $f(x)$ 在 $x_0$ 处的**泰勒级数**，记为

$$f(x)\sim\sum_{n=0}^{\infty}\frac{f^{(n)}(x_0)}{n!}(x-x_0)^n,\tag{11}$$

其中 $\frac{f^{(n)}(x_0)}{n!}$ $(n=0,1,2,\cdots)$ 称为函数 $f(x)$ 的**泰勒系数**(这里规定 $f^{(0)}(x)=f(x)$).

特别地，当 $x_0=0$ 时，幂级数(10)称为函数 $f(x)$ 的**麦克劳林级数**，记为

$$f(x)\sim\sum_{n=0}^{\infty}\frac{f^{(n)}(0)}{n!}x^n.\tag{12}$$

值得注意的是，只要函数 $f(x)$ 的各阶导数存在，就可以写出它的泰勒级数(10)，但是幂级数(10)是否收敛，如果收敛，它的和函数是否一定是 $f(x)$，还不得而知，所以在(11)式中，用符号“$\sim$”而不是等号“$=$”. 如果将(11)式中的“$\sim$”换成“$=$”仍成立，那么就称函数 $f(x)$ **可以展开成泰勒级数**.

究竟在什么条件下，函数 $f(x)$ 可以展开成泰勒级数呢？将幂级数(10)前 $n+1$ 项的和记为 $s_{n+1}(x)$，其余各项的和记为 $r_n(x)$，则易知

$$s_{n+1}(x)=f(x_0)+\frac{f'(x_0)}{1!}(x-x_0)+\frac{f''(x_0)}{2!}(x-x_0)^2+\cdots+\frac{f^{(n)}(x_0)}{n!}(x-x_0)^n,$$

$$r_n(x)=\frac{f^{(n+1)}(\xi)}{(n+1)!}(x-x_0)^{n+1}\quad(\xi\text{ 在 }x_0\text{ 与 }x\text{ 之间}).$$

于是有

$$f(x)-s_{n+1}(x)=r_n(x).$$

由此可见，如果在 $U(x_0,\delta)$ 内有 $\lim\limits_{n\to\infty}r_n(x)=0$，则有

$$\lim_{n\to\infty}[f(x)-s_{n+1}(x)]=\lim_{n\to\infty}r_n(x)=0,$$

即

$$f(x)=\lim_{n\to\infty}s_{n+1}(x),$$

亦即幂级数(10)收敛于函数 $f(x)$.

反之,如果幂级数(10)收敛于函数 $f(x)$,即 $f(x)=\lim\limits_{n\to\infty}s_{n+1}(x)$,则有

$$\lim_{n\to\infty}r_n(x)=\lim_{n\to\infty}[f(x)-s_{n+1}(x)]=0.$$

综合以上两点,便得到函数 $f(x)$可以展开成泰勒级数的充要条件是:当 $n\to\infty$时,它的余项 $r_n(x)\to 0$. 所以有下面的定理.

**定理 2** 函数 $f(x)$可以展开成泰勒级数,即

$$f(x)=\sum_{n=0}^{\infty}\frac{f^{(n)}(x_0)}{n!}(x-x_0)^n$$

的充要条件是:存在 $U(x_0,\delta)$,使得在 $U(x_0,\delta)$内 $f^{(n)}(x)$ $(n=1,2,\cdots)$存在,且 $f(x)$的余项 $r_n(x)$当 $n$ 趋于无穷时趋于零,即

$$\lim_{n\to\infty}r_n(x)=0,\quad x\in U(x_0,\delta).$$

特别地,当 $x_0=0$ 时,得函数 $f(x)$可以展开成麦克劳林级数的充要条件是:存在 $U(0,\delta)$,使得在 $U(0,\delta)$内,$f^{(n)}(x)$ $(n=1,2,\cdots)$存在,且 $\lim\limits_{n\to\infty}r_n(x)=0$.

还应指出,如果函数 $f(x)$在区间$(x_0-R,x_0+R)$内可展开成幂级数 $\sum\limits_{n=0}^{\infty}a_n(x-x_0)^n$,即

$$f(x)=\sum_{n=0}^{\infty}a_n(x-x_0)^n,\quad x\in(x_0-R,x_0+R),$$

则必有

$$a_n=\frac{f^{(n)}(x_0)}{n!}\quad(n=0,1,2,\cdots).$$

换句话说,函数 $f(x)$展开成的幂级数,其系数是由 $f(x)$唯一确定的,而与展开的方法无关. 这说明,不论用什么方法将函数展开成幂级数,其结果是相同的. 这一性质通常称为**函数幂级数展开的唯一性**.

## 二、函数的幂级数展开

上一小节的讨论为将一个给定的函数展开成 $x$ 的幂级数奠定了理论基础. 这一小节讨论展开的具体方法. 主要有以下两种:

### 1. 直接展开法

**直接展开法**是先按定义做出函数 $f(x)$的麦克劳林级数,然后考查它的余项 $r_n(x)$当 $n\to\infty$时,在什么区间内趋于零,从而确定 $f(x)$的麦克劳林级数在什么区间内收敛于 $f(x)$. 其具体步骤如下:

(1) 求出 $f^{(n)}(x)$,从而得到 $f^{(n)}(0)$ $(n=0,1,2,\cdots)$. 若发现某阶导数或导数值不存在,则该函数不能展开成 $x$ 的幂级数.

(2) 写出 $f(x)$的麦克劳林级数 $\sum\limits_{n=0}^{\infty}\frac{f^{(n)}(0)}{n!}x^n$,并求出它的收敛半径 $R$.

(3) 在 $(-R,R)$ 内证明

$$\lim_{n\to\infty} r_n(x)=\lim_{n\to\infty}\frac{f^{(n+1)}(\xi)}{(n+1)!}x^{n+1}=0\quad(\xi\text{ 在 }0\text{ 与 }x\text{ 之间}).$$

仅在此时，才有 $f(x)=\sum\limits_{n=0}^{\infty}\frac{f^{(n)}(0)}{n!}x^n$，否则上式不成立.

**例 2**　将函数 $f(x)=\mathrm{e}^x$ 展开成 $x$ 的幂级数.

**解**　因为 $f^{(n)}(x)=\mathrm{e}^x\ (n=0,1,2,\cdots)$，所以 $f^{(n)}(0)=1\ (n=0,1,2,\cdots)$. 于是

$$f(x)\sim 1+\frac{x}{1!}+\frac{x^2}{2!}+\cdots+\frac{x^n}{n!}+\cdots.$$

易知此幂级数的收敛半径为 $R=+\infty$.

再考查余项的绝对值. 对于任意给定的 $x\in(-\infty,+\infty)$ 和在 0 与 $x$ 之间的 $\xi$，有

$$|r_n(x)|=\left|\frac{\mathrm{e}^{\xi}}{(n+1)!}x^{n+1}\right|<\mathrm{e}^{|x|}\frac{|x|^{n+1}}{(n+1)!}.$$

因 $\mathrm{e}^{|x|}$ 有限，而 $\frac{|x|^{n+1}}{(n+1)!}$ 是收敛级数 $\sum\limits_{n=0}^{\infty}\frac{|x|^{n+1}}{(n+1)!}$ 的一般项，故 $\mathrm{e}^{|x|}\frac{|x|^{n+1}}{(n+1)!}\to 0\ (n\to\infty)$，从而 $|r_n(x)|\to 0\ (n\to\infty)$. 因此，由定理 2 得

$$\mathrm{e}^x=1+\frac{x}{1!}+\frac{x^2}{2!}+\cdots+\frac{x^n}{n!}+\cdots\quad(-\infty<x<+\infty).\tag{13}$$

**例 3**　将函数 $f(x)=\cos x$ 展开成 $x$ 的幂级数.

**解**　因为 $f^{(n)}(x)=\cos\left(x+\frac{n\pi}{2}\right)\ (n=0,1,2,\cdots)$，所以

$$f^{(n)}(0)=\begin{cases}(-1)^m, & n=2m,\\ 0, & n=2m+1\end{cases}\quad(m=0,1,2,\cdots).$$

于是
$$f(x)\sim 1-\frac{x^2}{2!}+\frac{x^4}{4!}-\cdots+(-1)^n\frac{x^{2n}}{(2n)!}+\cdots.$$

易知此幂级数的收敛半径为 $R=+\infty$，而余项的绝对值为

$$|r_n(x)|=\left|\frac{\cos\left(\xi+\frac{n+1}{2}\pi\right)}{(n+1)!}x^{n+1}\right|\leqslant\frac{|x|^{n+1}}{(n+1)!}\to 0\quad(n\to\infty),$$

因此
$$\cos x=1-\frac{x^2}{2!}+\frac{x^4}{4!}-\cdots+(-1)^n\frac{x^{2n}}{(2n)!}+\cdots\quad(-\infty<x<+\infty).\tag{14}$$

**例 4**　将函数 $f(x)=(1+x)^\alpha$ 展开成 $x$ 的幂级数，其中 $\alpha$ 为任意常数.

**解**　因为

$$f'(x)=\alpha(1+x)^{\alpha-1},\quad f''(x)=\alpha(\alpha-1)(1+x)^{\alpha-2},\quad\cdots,$$
$$f^{(n)}(x)=\alpha(\alpha-1)\cdots(\alpha-n+1)(1+x)^{\alpha-n},\quad\cdots,$$

所以　$f(0)=1,\quad f'(0)=\alpha,\quad f''(0)=\alpha(\alpha-1),\quad\cdots,\quad f^{(n)}(0)=\alpha(\alpha-1)\cdots(\alpha-n+1),\quad\cdots.$

于是

$$f(x)\sim 1+\frac{\alpha}{1!}x+\frac{\alpha(\alpha-1)}{2!}x^2+\cdots+\frac{\alpha(\alpha-1)\cdots(\alpha-n+1)}{n!}x^n+\cdots.$$

此幂级数相邻两项的系数之比的绝对值为

$$\left|\frac{a_{n+1}}{a_n}\right|=\left|\frac{\alpha-n}{n+1}\right|\to 1\quad(n\to\infty),$$

所以此幂级数的收敛区间为$(-1,1)$. 可以证明(因证明过程较繁而略去)$r_n(x)\to 0\ (n\to\infty)$, $x\in(-1,1)$,因此

$$(1+x)^{\alpha}=1+\frac{\alpha}{1!}x+\frac{\alpha(\alpha-1)}{2!}x^2+\cdots+\frac{\alpha(\alpha-1)\cdots(\alpha-n+1)}{n!}x^n+\cdots. \tag{15}$$

公式(15)叫作**牛顿二项展开式**,而右端的级数称为**牛顿二项式级数**.

**注** (1) 牛顿二项式级数的收敛域与 $\alpha$ 有关:

当 $\alpha\leqslant -1$ 时,收敛域为$(-1,1)$;

当$-1<\alpha<0$ 时,收敛域为$(-1,1]$;

当 $\alpha>0$ 时,收敛域为$[-1,1]$.

(2) 当 $\alpha$ 为正整数时,(15)式右端只有 $\alpha+1$ 项,即牛顿二项式公式.

**2. 间接展开法**

在直接展开法中,需要求出 $f^{(n)}(x)$的通式,这往往是困难的,而证明余项 $r_n(x)\to 0\ (n\to\infty)$则更不是一件容易之事. 但是,我们可以根据函数的幂级数展开式的唯一性,利用一些已知的函数幂级数展开式,再通过对幂级数进行变量代换、四则运算或分析运算等,求出给定函数的幂级数展开式. 这种方法称为**间接展开法**.

**例 5** 将函数 $\sin x$ 展开成 $x$ 的幂级数.

**解** 将 $\sin x$ 展开成 $x$ 的幂级数,可以按直接展开法展开,但是有了 $\cos x$ 的展开式(14),利用间接展开法就更方便了. 将 $\cos x$ 的展开式(14)从 0 到 $x$ 逐项积分,得

$$\sin x=x-\frac{x^3}{3!}+\frac{x^5}{5!}-\cdots+(-1)^n\frac{x^{2n+1}}{(2n+1)!}+\cdots\quad(-\infty<x<+\infty). \tag{16}$$

**例 6** 将函数 $\dfrac{1}{1+x^2}$ 与 $\arctan x$ 展开成 $x$ 的幂级数.

**解** 利用已知等比级数的结果

$$\frac{1}{1-x}=1+x+x^2+\cdots+x^n+\cdots\quad(-1<x<1),$$

将其中的 $x$ 换成$-x^2$,得

$$\frac{1}{1+x^2}=1-x^2+x^4-\cdots+(-1)^nx^{2n}+\cdots\quad(-1<x<1).$$

再对上式从 0 到 $x$ 逐项积分,得

$$\arctan x=\int_0^x \frac{\mathrm{d}x}{1+x^2}=x-\frac{x^3}{3}+\frac{x^5}{5}-\cdots+(-1)^n\frac{x^{2n+1}}{(2n+1)}+\cdots\quad(-1\leqslant x\leqslant 1).\tag{17}$$

**注** 因为(17)式右端的级数在端点 $x=\pm1$ 处收敛，所以展开式在 $x=\pm1$ 处成立.

**例 7** 将函数 $\ln(1+x)$，$\ln(1-x)$ 及 $\ln\frac{1+x}{1-x}$ 分别展开为 $x$ 的幂级数.

**解** 因为 $\frac{1}{1-x}=1+x+x^2+\cdots+x^n+\cdots\ (-1<x<1)$，所以将其中的 $x$ 换成 $-x$ 得

$$\frac{1}{1+x}=1-x+x^2-\cdots+(-1)^n x^n+\cdots\quad(-1<x<1).$$

又 $\int_0^x \frac{\mathrm{d}x}{1+x}=\ln(1+x)$，于是将上式逐项积分，得

$$\ln(1+x)=x-\frac{x^2}{2}+\frac{x^3}{3}-\cdots+(-1)^n\frac{x^{n+1}}{n+1}+\cdots\quad(-1<x\leqslant 1).\tag{18}$$

在(18)式中以 $-x$ 代替 $x$，便得

$$\ln(1-x)=-x-\frac{x^2}{2}-\frac{x^3}{3}-\cdots-\frac{x^n}{n}-\cdots\quad(-1\leqslant x<1).\tag{19}$$

(18)式减去(19)式，得

$$\ln\frac{1+x}{1-x}=2\left(x+\frac{x^3}{3}+\cdots+\frac{x^{2n+1}}{2n+1}+\cdots\right)\quad(-1<x<1).\tag{20}$$

**例 8** 将 $\cos x$ 在点 $x_0=\frac{\pi}{4}$ 处展开成泰勒级数.

**解** 因为

$$\begin{aligned}\cos x&=\cos\left[\frac{\pi}{4}+\left(x-\frac{\pi}{4}\right)\right]=\cos\frac{\pi}{4}\cos\left(x-\frac{\pi}{4}\right)-\sin\frac{\pi}{4}\sin\left(x-\frac{\pi}{4}\right)\\&=\frac{\sqrt{2}}{2}\left[\cos\left(x-\frac{\pi}{4}\right)-\sin\left(x-\frac{\pi}{4}\right)\right],\end{aligned}$$

而在展开式(14)与(16)中将 $x$ 换成 $x-\frac{\pi}{4}$ 得

$$\cos\left(x-\frac{\pi}{4}\right)=1-\frac{1}{2!}\left(x-\frac{\pi}{4}\right)^2+\frac{1}{4!}\left(x-\frac{\pi}{4}\right)^4-\cdots\quad(-\infty<x<+\infty),$$

$$\sin\left(x-\frac{\pi}{4}\right)=\left(x-\frac{\pi}{4}\right)-\frac{1}{3!}\left(x-\frac{\pi}{4}\right)^3+\frac{1}{5!}\left(x-\frac{\pi}{4}\right)^5-\cdots\quad(-\infty<x<+\infty),$$

所以

$$\begin{aligned}\cos x=\frac{\sqrt{2}}{2}\Bigg[&1-\left(x-\frac{\pi}{4}\right)-\frac{1}{2!}\left(x-\frac{\pi}{4}\right)^2+\frac{1}{3!}\left(x-\frac{\pi}{4}\right)^3\\&+\frac{1}{4!}\left(x-\frac{\pi}{4}\right)^4-\frac{1}{5!}\left(x-\frac{\pi}{4}\right)^5-\cdots\Bigg]\quad(-\infty<x<+\infty).\end{aligned}$$

**例 9** 将函数 $f(x)=\dfrac{1}{x^2-4}$ 展开成 $x-1$ 的幂级数.

**解** 此即将 $f(x)$在点 $x_0=1$ 处展开成泰勒级数.于是,设 $t=x-1$,得

$$\frac{1}{x^2-4}=\frac{1}{(t+1)^2-4}=\frac{1}{(t+3)(t-1)}=\frac{1}{4}\left(\frac{1}{t-1}-\frac{1}{t+3}\right)$$
$$=-\frac{1}{4}\cdot\frac{1}{1-t}-\frac{1}{12}\cdot\frac{1}{1+t/3}.$$

由于

$$\frac{1}{1-t}=\sum_{n=0}^{\infty}t^n\ (-1<t<1),\quad \frac{1}{1+t/3}=\sum_{n=0}^{\infty}(-1)^n\left(\frac{t}{3}\right)^n\ (-3<t<3),$$

所以

$$\frac{1}{x^2-4}=\sum_{n=0}^{\infty}\left[-\frac{1}{4}+\frac{(-1)^{n+1}}{12\cdot 3^n}\right]t^n\quad(-1<t<1)$$
$$=\sum_{n=0}^{\infty}\left[\frac{(-1)^{n+1}}{12\cdot 3^n}-\frac{1}{4}\right](x-1)^n\quad(0<x<2).$$

在采用间接展开法时,通常将下列五个展开式作为已知公式,必须熟记:

$$e^x=1+\frac{x}{1!}+\frac{x^2}{2!}+\cdots+\frac{x^n}{n!}+\cdots\quad(-\infty<x<+\infty);$$

$$\sin x=x-\frac{x^3}{3!}+\frac{x^5}{5!}-\cdots+(-1)^n\frac{x^{2n+1}}{(2n+1)!}+\cdots\quad(-\infty<x<+\infty);$$

$$\cos x=1-\frac{x^2}{2!}+\frac{x^4}{4!}-\cdots+(-1)^n\frac{x^{2n}}{2n!}+\cdots\quad(-\infty<x<+\infty);$$

$$\ln(1+x)=x-\frac{x^2}{2}+\frac{x^3}{3}-\cdots+(-1)^{n-1}\frac{x^n}{n}+\cdots\quad(-1<x\leqslant 1);$$

$$(1+x)^\alpha=1+\frac{\alpha}{1!}x+\frac{\alpha(\alpha-1)}{2!}x^2+\cdots+\frac{\alpha(\alpha-1)\cdots(\alpha-n+1)}{n!}x^n+\cdots\quad(-1<x<1).$$

## 习 题 12-3

1. 求函数 $f(x)=\cos x$ 的泰勒级数,并验证它在整个数轴上收敛于这个函数.

2. 将下列函数展开为 $x$ 的幂级数,并确定其收敛区间(端点的敛散性可不讨论):

(1) $y=4^x$; (2) $y=\ln(2+x)$; (3) $y=\cos^2 x$;

(4) $y=\cos x\sin x$; (5) $y=(1+x)\ln(1+x)$; (6) $y=\dfrac{e^x}{1-x}$.

3. 将函数 $y=\ln(1+x)$在点 $x_0=2$ 处展开成泰勒级数.

4. 将函数 $y=\dfrac{x}{2x-1}$ 在点 $x_0=-1$ 处展开成泰勒级数.

5. 将函数 $f(x)=\dfrac{1}{x^2+3x+2}$ 展开成 $x+4$ 的幂级数.

# 第四节　傅里叶级数

## 一、三角级数

在物理学和工程技术问题中经常遇到周期现象，这些现象可以用一个周期函数来描述. 最简单的周期现象是简谐振动，如单摆振幅很小时的摆动、弹簧的振动等都可用周期为 $T=\dfrac{2\pi}{\omega}$ 的正弦函数 $y=A\sin(\omega t+\varphi)$ 来表示.

在实际问题中，还经常遇到其他非正弦的周期函数，它们反映了较复杂的周期运动. 如电子技术中常用的周期 $T$ 的**矩形波**（如图 12-3(a)所示）和**锯齿波**（如图 12-3(b)所示），反映了电压 $U$ 随时间 $t$ 的周期性变化.

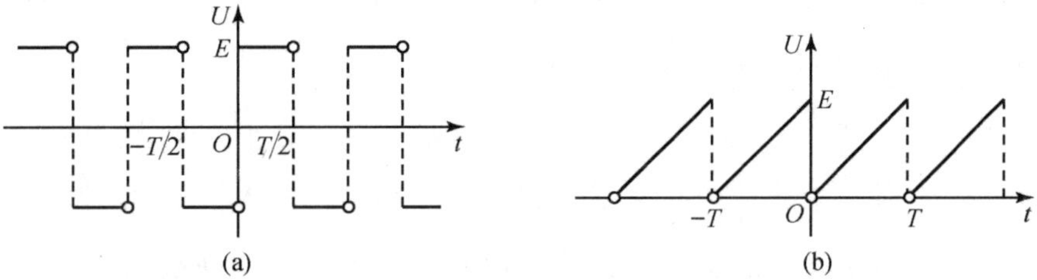


图　12-3

如同考虑到将函数展开成幂级数会带来方便一样，我们设想将周期函数展开成由三角函数组成的级数，即将周期为 $T=\dfrac{2\pi}{\omega}$ 的周期函数 $f(t)$ 用一系列三角函数 $A_n\sin(n\omega t+\varphi_n)(n=1,2,\cdots)$ 之和来表示，记为

$$f(t)=A_0+\sum_{n=1}^{\infty}A_n\sin(n\omega t+\varphi_n), \tag{1}$$

其中 $A_0,A_n,\varphi_n(n=1,2,\cdots)$ 都是常数.

(1)式的意义是把一个比较复杂的周期运动看成许多不同频率的简谐振动的叠加. 在电工学上，这种展开称为谐波分析. 因

$$A_n\sin(n\omega t+\varphi_n)=A_n\sin\varphi_n\cos n\omega t+A_n\cos\varphi_n\sin n\omega t,$$

故为讨论方便，我们令 $\dfrac{a_0}{2}=A_0, a_n=A_n\sin\varphi_n, b_n=A_n\cos\varphi_n, \omega t=x$，就将(1)式右端变形为

$$\frac{a_0}{2}+\sum_{n=1}^{\infty}(a_n\cos nx+b_n\sin nx). \tag{2}$$

一般地，级数(2)称为**三角级数**，其中 $a_0,a_n,b_n(n=1,2,\cdots)$ 都是常数.

下面讨论三角级数(2)的收敛性问题以及如何将以 $2\pi$ 为周期的函数展开成三角级数(2).

为此,先介绍三角函数系的正交性.

**结论** 三角函数系

$$1,\ \cos x,\ \sin x,\ \cos 2x,\ \sin 2x,\ \cdots,\ \cos nx,\ \sin nx,\ \cdots$$

中任意两个不同函数的乘积在$[-\pi,\pi]$上的积分等于零,即

$$\begin{aligned}
&\int_{-\pi}^{\pi}\cos nx\,\mathrm{d}x=0,\quad \int_{-\pi}^{\pi}\sin nx\,\mathrm{d}x=0\quad(n=1,2,\cdots),\\
&\int_{-\pi}^{\pi}\sin kx\cos nx\,\mathrm{d}x=0\quad(k,n=1,2,\cdots),\\
&\int_{-\pi}^{\pi}\cos kx\cos nx\,\mathrm{d}x=0\quad(k,n=1,2,\cdots;k\neq n),\\
&\int_{-\pi}^{\pi}\sin kx\sin nx\,\mathrm{d}x=0\quad(k,n=1,2,\cdots;k\neq n).
\end{aligned}\tag{3}$$

这个性质称为三角函数系在$[-\pi,\pi]$上具有**正交性**.下面取积分$\int_{-\pi}^{\pi}\sin kx\sin nx\,\mathrm{d}x=0$为例进行验证.由积化和差公式得

$$\sin kx\sin nx=\frac{1}{2}[\cos(k-n)x-\cos(k+n)x],$$

于是当$k\neq n$时,有

$$\begin{aligned}
\int_{-\pi}^{\pi}\sin kx\sin nx\,\mathrm{d}x&=\frac{1}{2}\int_{-\pi}^{\pi}[\cos(k-n)x-\cos(n+k)x]\mathrm{d}x\\
&=\frac{1}{2}\left[\frac{\sin(k-n)x}{k-n}-\frac{\sin(k+n)x}{k+n}\right]_{-\pi}^{\pi}\\
&=0\quad(k,n=1,2,\cdots;k\neq n).
\end{aligned}$$

其余等式可以类似地进行验证.

## 二、以 2π 为周期的函数的傅里叶级数

研究以$2\pi$为周期的函数$f(x)$展开成三角级数的思路与一般函数展开成幂级数时类似,即先假定$f(x)$可以展开成级数(2),从而求出$a_n,b_n$,然后研究级数(2)在什么条件下收敛于$f(x)$.

### 1. 傅里叶级数

设$f(x)$是以$2\pi$为周期的函数且可以展开成三角级数(2),即

$$f(x)=\frac{a_0}{2}+\sum_{k=1}^{\infty}(a_k\cos kx+b_k\sin kx),\tag{4}$$

并假设(4)式可以逐项积分,则从$-\pi$到$\pi$逐项积分,得

$$\int_{-\pi}^{\pi}f(x)\mathrm{d}x=\int_{-\pi}^{\pi}\frac{a_0}{2}\mathrm{d}x+\sum_{k=1}^{\infty}\left(a_k\int_{-\pi}^{\pi}\cos kx\,\mathrm{d}x+b_k\int_{-\pi}^{\pi}\sin kx\,\mathrm{d}x\right).$$

根据三角函数系的正交性,上式右端除第一项以外的各项全为零,所以

$$a_0=\frac{1}{\pi}\int_{-\pi}^{\pi}f(x)\mathrm{d}x.$$

为了求 $a_n(n=1,2,\cdots)$，用 $\cos nx$ 乘(4)式两端，再在$[-\pi,\pi]$上逐项积分，得

$$\int_{-\pi}^{\pi}f(x)\cos nx\,\mathrm{d}x=\frac{a_0}{2}\int_{-\pi}^{\pi}\cos nx\,\mathrm{d}x+\sum_{k=1}^{\infty}\left(a_k\int_{-\pi}^{\pi}\cos kx\cos nx\,\mathrm{d}x+b_k\int_{-\pi}^{\pi}\sin kx\cos nx\,\mathrm{d}x\right).$$

根据三角函数系的正交性，上式右端除 $k=n$ 的一项外，其余各项均为零，于是

$$\int_{-\pi}^{\pi}f(x)\cos nx\,\mathrm{d}x=a_n\int_{-\pi}^{\pi}\cos^2 nx\,\mathrm{d}x=\frac{a_n}{2}\int_{-\pi}^{\pi}(1+\cos 2nx)\mathrm{d}x=\frac{a_n}{2}\cdot 2\pi.$$

所以

$$a_n=\frac{1}{\pi}\int_{-\pi}^{\pi}f(x)\cos nx\mathrm{d}x\quad(n=1,2,\cdots).$$

类似地，用 $\sin nx$ 乘以(4)式两端，再从 $-\pi$ 到 $\pi$ 逐项积分，可得

$$b_n=\frac{1}{\pi}\int_{-\pi}^{\pi}f(x)\sin nx\,\mathrm{d}x\quad(n=1,2,\cdots).$$

由于当 $n=0$ 时，$a_n$ 的表达式正好给出 $a_0$，因此得

$$\begin{cases}a_n=\dfrac{1}{\pi}\displaystyle\int_{-\pi}^{\pi}f(x)\cos nx\,\mathrm{d}x\quad(n=0,1,2,\cdots),\\ b_n=\dfrac{1}{\pi}\displaystyle\int_{-\pi}^{\pi}f(x)\sin nx\,\mathrm{d}x\quad(n=1,2,\cdots).\end{cases}\tag{5}$$

如果(5)式中的定积分都存在，这时由它们定出的 $a_n,b_n$ 称为函数 $f(x)$的**傅里叶**(Fourier)**系数**(简称**傅氏系数**). 将这些系数代入(4)式右端，所得的三角级数

$$\frac{a_0}{2}+\sum_{n=1}^{\infty}(a_n\cos nx+b_n\sin nx)\tag{6}$$

称为函数 $f(x)$的**傅里叶级数**(简称**傅氏级数**)，记作

$$f(x)\sim\frac{a_0}{2}+\sum_{n=1}^{\infty}(a_n\cos nx+b_n\sin nx).\tag{7}$$

需要说明的是，只要公式(5)中的定积分都存在，就可计算出 $f(x)$的傅里叶系数，从而就可写出 $f(x)$的傅里叶级数，但这个傅里叶级数不一定收敛于 $f(x)$. 函数 $f(x)$满足什么条件时，它的傅里叶级数收敛于 $f(x)$呢？或者说，$f(x)$满足什么条件时可展开成傅里叶级数呢？下面我们不加证明地给出一个充分条件.

### 2. 傅里叶级数收敛的充分条件

**收敛定理**[**狄利克雷**(Dirichlet)**充分条件**]　设函数 $f(x)$以 $2\pi$ 为周期，且在$[-\pi,\pi]$上满足条件：

(1) 除了有限个第一类间断点外都是连续的；

(2) 只有有限个极值点，

则函数 $f(x)$的傅氏级数(6)收敛，并且当 $x$ 是 $f(x)$的连续点时，傅氏级数(6)收敛于 $f(x)$；当 $x$

是 $f(x)$ 的间断点时，傅氏级数(6)收敛于 $\dfrac{f(x-0)+f(x+0)}{2}$，其中 $f(x-0)$，$f(x+0)$ 分别是 $f(x)$ 在点 $x$ 处的左、右极限.

上述定理告诉我们，只要函数在 $[-\pi,\pi]$ 上至多有有限个第一类间断点，并且不做无限次振动，那么其傅氏级数除了在这有限个点外均收敛于函数 $f(x)$ 本身. 收敛定理中的两个条件简称为**狄氏条件**.

**例 1** 设 $f(x)$ 是周期为 $2\pi$ 的函数，它在 $[-\pi,\pi]$ 上的表达式为

$$f(x)=\begin{cases}-1, & -\pi\leqslant x<0,\\ 1, & 0\leqslant x<\pi,\end{cases}$$

将 $f(x)$ 展开成傅氏级数.

**解** 函数 $f(x)$ 满足狄氏条件，它在 $x=k\pi\ (k=0,\pm1,\pm2,\cdots)$ 处不连续，在其他点处连续，所以由收敛定理知对应的傅氏级数收敛. 计算傅氏系数如下：由于 $f(x)$ 为奇函数，所以

$$a_n=\frac{1}{\pi}\int_{-\pi}^{\pi}f(x)\cos nx\,\mathrm{d}x=0\quad(n=0,1,2,\cdots),$$

$$b_n=\frac{1}{\pi}\int_{-\pi}^{\pi}f(x)\sin nx\,\mathrm{d}x=\frac{2}{\pi}\int_{0}^{\pi}f(x)\sin nx\,\mathrm{d}x=\frac{2}{\pi}\int_{0}^{\pi}\sin nx\,\mathrm{d}x$$

$$=\frac{2}{n\pi}(-\cos n\pi+1)=\frac{2}{n\pi}[1-(-1)^n]=\begin{cases}\dfrac{4}{n\pi}, & n=1,3,5,\cdots,\\ 0, & n=2,4,6,\cdots.\end{cases}$$

根据收敛定理，$f(x)$ 的傅氏级数为

$$\frac{4}{\pi}\left[\sin x+\frac{1}{3}\sin 3x+\cdots+\frac{1}{2k-1}\sin(2k-1)x+\cdots\right]$$

$$=\begin{cases}f(x), & x\neq 0,\pm\pi,\pm2\pi,\cdots,\\ 0, & x=0,\pm\pi,\pm2\pi,\cdots,\end{cases}\tag{8}$$

其和函数的图形如图 12-4 所示.

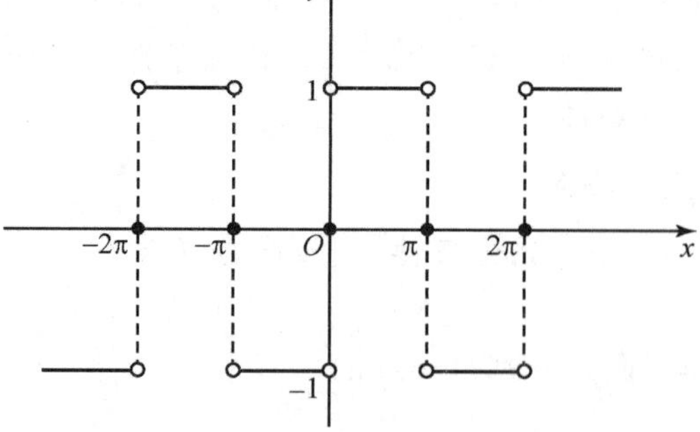


图 12-4

如果把例 1 中的函数理解为矩形波(周期 $T=2\pi$,幅值 $E=1$,自变量 $x$ 表示时间),那么上面得到的展开式表明:矩形波是由一系列不同频率的正弦波叠加而成的,且这些正弦波的频率依次是基波 $\frac{4}{\pi}\sin x$ 频率的奇数倍. 图 12-5(a),(b),(c)清楚地显示了傅氏级数(8)的部分和是如何收敛于矩形波的:图 12-5(a)是矩形波与一次谐波(基波)$\frac{4}{\pi}\sin x$ 的图形;图 12-5(b)中的虚线是一次谐波 $\frac{4}{\pi}\sin x$ 与三次谐波 $\frac{4}{\pi}\cdot\frac{1}{3}\sin 3x$,实曲线是由一次、三次谐波合成的波形;图 12-5(c)中的实曲线是一次、三次、五次谐波合成的波形. 如此下去,正弦波的个数越多,这些波的叠加就越逼近于矩形波.

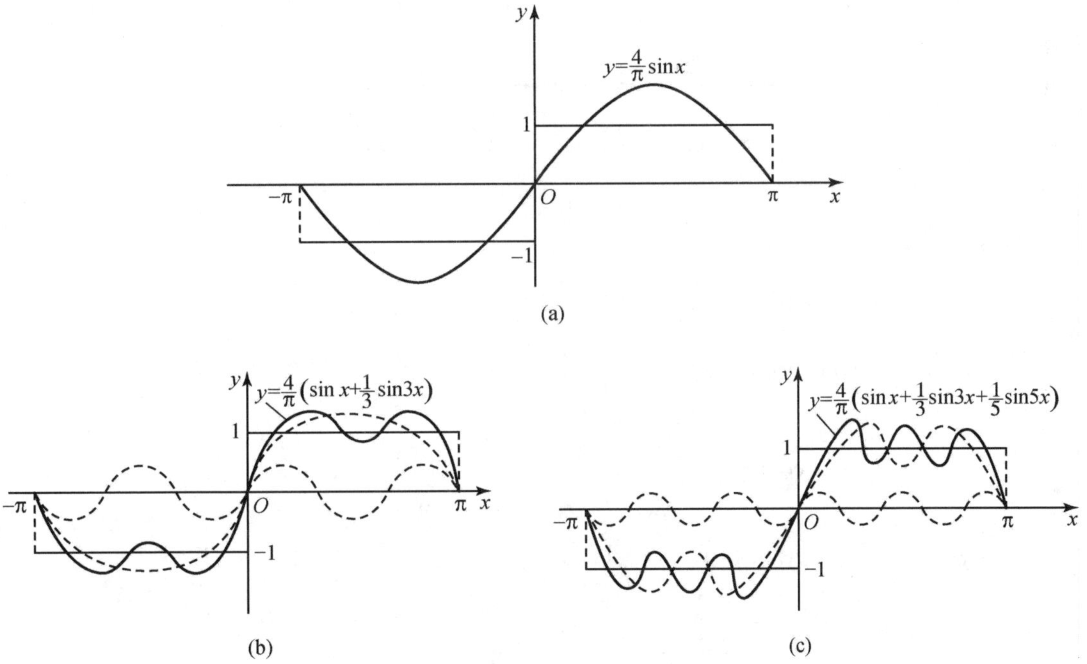


图　12-5

**例 2**　设 $f(x)$是周期为 $2\pi$ 的函数,它在$[-\pi,\pi]$上的表达式为

$$f(x)=\begin{cases}x, & -\pi\leqslant x<0,\\ 0, & 0\leqslant x<\pi,\end{cases}$$

试将 $f(x)$展开成傅氏级数.

**解**　先作出函数 $f(x)$的图形,如图 12-6 所示. 容易验证 $f(x)$满足狄氏条件,$x=(2k+1)\pi$ $(k=0,\pm1,\pm2,\cdots)$是它的第一类间断点,因此对应的傅氏级数在 $x=(2k+1)\pi$ 处收敛于

$$\frac{f(\pi-0)+f(-\pi+0)}{2}=\frac{0+(-\pi)}{2}=-\frac{\pi}{2},$$

在连续点 $x[x\neq(2k+1)\pi]$处收敛于 $f(x)$，和函数的图形如图 12-7 所示.

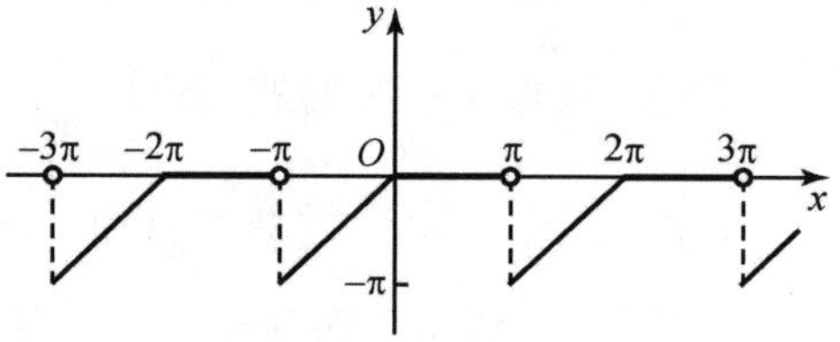


图　12-6

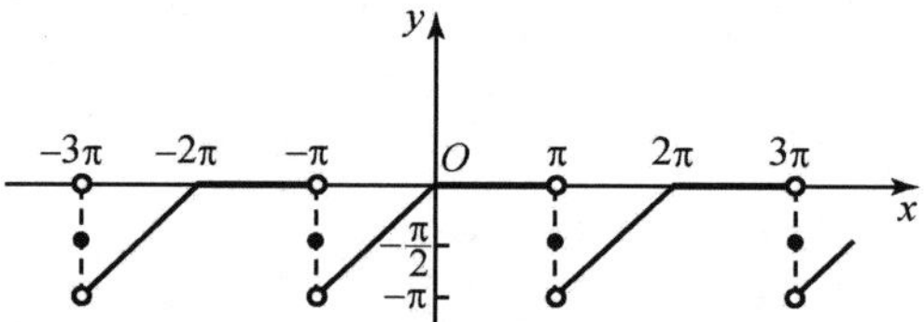


图　12-7

计算傅氏系数如下：

$$a_0=\frac{1}{\pi}\int_{-\pi}^{\pi}f(x)\mathrm{d}x=\frac{1}{\pi}\int_{-\pi}^{0}x\mathrm{d}x=-\frac{\pi}{2},$$

$$a_n=\frac{1}{\pi}\int_{-\pi}^{\pi}f(x)\cos nx\,\mathrm{d}x=\frac{1}{\pi}\int_{-\pi}^{0}x\cos nx\,\mathrm{d}x=\frac{1}{\pi}\left[\frac{x\sin nx}{n}+\frac{\cos nx}{n^2}\right]_{-\pi}^{0}$$

$$=\frac{1}{n^2\pi}(1-\cos n\pi)=\begin{cases}\dfrac{2}{n^2\pi}, & n=1,3,5,\cdots,\\ 0, & n=2,4,6,\cdots,\end{cases}$$

$$b_n=\frac{1}{\pi}\int_{-\pi}^{\pi}f(x)\sin nx\,\mathrm{d}x=\frac{1}{\pi}\int_{-\pi}^{0}x\sin nx\,\mathrm{d}x=\frac{1}{\pi}\left[-\frac{x\cos nx}{n}+\frac{\sin nx}{n^2}\right]_{-\pi}^{0}$$

$$=-\frac{\cos n\pi}{n}=\frac{(-1)^{n+1}}{n}\quad(n=1,2,\cdots).$$

所以 $f(x)$的傅氏级数为

$$-\frac{\pi}{4}+\left(\frac{2}{\pi}\cos x+\sin x\right)-\frac{1}{2}\sin 2x+\left(\frac{2}{3^2\pi}\cos 3x+\frac{1}{3}\sin 3x\right)-\frac{1}{4}\sin 4x+\left(\frac{2}{5^2\pi}\cos 5x+\frac{1}{5}\sin 5x\right)-\cdots$$

$$=\begin{cases}f(x), & x\neq\pm\pi,\pm 3\pi,\cdots,\\ -\pi/2, & x=\pm\pi,\pm 3\pi,\cdots.\end{cases}$$

**例 3**　设函数 $f(x)$以 $2\pi$ 为周期，在$[-\pi,\pi]$上有表达式为

$$f(x)=\begin{cases}-x, & -\pi\leqslant x<0,\\ x, & 0\leqslant x\leqslant\pi,\end{cases}$$

试将 $f(x)$展开成傅氏级数.

**解**　函数 $f(x)$的图形如图 12-8 所示. 容易验证 $f(x)$满足狄氏条件且连续,所以函数$f(x)$的傅氏级数的和函数就是 $f(x)$.

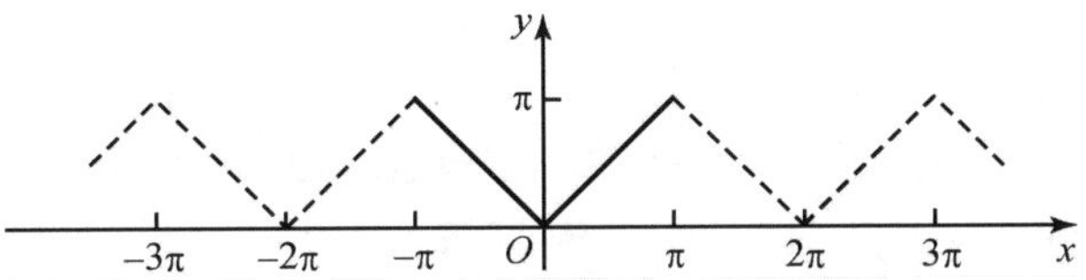


图　12-8

计算傅氏系数如下:由于 $f(x)$为偶函数,所以

$$b_n=\frac{1}{\pi}\int_{-\pi}^{\pi}f(x)\sin nx\,dx=0\quad(n=1,2,\cdots),$$

$$a_0=\frac{1}{\pi}\int_{-\pi}^{\pi}f(x)\,dx=\frac{2}{\pi}\int_0^{\pi}x\,dx=\pi,$$

$$\begin{aligned}a_n&=\frac{1}{\pi}\int_{-\pi}^{\pi}f(x)\cos nx\,dx=\frac{2}{\pi}\int_0^{\pi}x\cos nx\,dx\\&=\frac{2}{\pi}\left[\frac{1}{n}x\sin nx\Big|_0^{\pi}-\frac{1}{n}\int_0^{\pi}\sin nx\,dx\right]=\frac{2}{\pi}\left[\frac{1}{n^2}(\cos n\pi-1)\right]\\&=\frac{2}{n^2\pi}[(-1)^n-1]=\begin{cases}-\dfrac{4}{n^2\pi}, & n=1,3,5,\cdots,\\0, & n=2,4,6,\cdots.\end{cases}\end{aligned}$$

于是 $f(x)$的傅氏级数为

$$\frac{\pi}{2}-\frac{4}{\pi}\left(\cos x+\frac{1}{3^2}\cos 3x+\frac{1}{5^2}\cos 5x+\cdots\right)=f(x).$$

从例 1 和例 3 我们容易得到关于奇、偶函数的傅氏级数的如下**结论**:

(1) 如果 $f(x)$是以 $2\pi$ 为周期的奇函数,则它的傅氏系数为

$$\begin{cases}a_n=0 & (n=0,1,2,\cdots),\\b_n=\dfrac{2}{\pi}\displaystyle\int_0^{\pi}f(x)\sin nx\,dx & (n=1,2,\cdots),\end{cases}\tag{9}$$

它的傅氏级数(称为**正弦级数**)为

$$\sum_{n=1}^{\infty}b_n\sin nx=b_1\sin x+b_2\sin 2x+\cdots+b_n\sin nx+\cdots;$$

(2) 如果 $f(x)$是以 $2\pi$ 为周期的偶函数,则它的傅氏系数为

$$\begin{cases}a_n=\dfrac{2}{\pi}\displaystyle\int_0^{\pi}f(x)\cos nx\,dx & (n=0,1,2,\cdots),\\b_n=0 & (n=1,2,\cdots),\end{cases}\tag{10}$$

它的傅氏级数(称为**余弦级数**)为

$$\frac{a_0}{2}+\sum_{n=1}^{\infty}a_n\cos nx=\frac{a_0}{2}+a_1\cos x+\cdots+a_n\cos nx+\cdots.$$

## 习 题 12-4

1. 设函数 $f(x)$以 $2\pi$ 为周期,它在一个周期内的表达式为 $f(x)=x\ (-\pi<x\leqslant\pi)$,试求它的傅氏级数,并作出该函数与傅氏级数和函数的图形.

2. 设函数 $f(x)$以 $2\pi$ 为周期,且在一个周期内的表达式为 $f(x)=2\sin\dfrac{x}{3}\ (-\pi<x\leqslant\pi)$,试将其展开成傅氏级数,并作出其和函数的图形.

3. 设函数 $f(x)$以 $2\pi$ 为周期,它在$(-\pi,\pi]$上有表达式 $f(x)=e^x+1$,试求 $f(x)$的傅氏级数,并作出其和函数的图形.

4. 设周期函数 $f(x)$的周期为 $2\pi$,证明:

(1) 如果 $f(x-\pi)=-f(x)$,则 $f(x)$的傅里叶系数为 $a_0=0,a_{2k}=0,b_{2k}=0\ (k=1,2,\cdots)$;

(2) 如果 $f(x-\pi)=f(x)$,则 $f(x)$的傅里叶系数为 $a_{2k+1}=0,b_{2k+1}=0\ (k=0,1,2,\cdots)$.

# 第五节 任意区间上的傅里叶级数

在第四节中,讨论了以 $2\pi$ 为周期的函数 $f(x)$的傅氏级数展开.一般说来,这时 $f(x)$在整个数轴上是有意义的.实际上,若 $f(x)$只在$[-\pi,\pi]$,$[0,\pi]$或$(-l,l)$上有定义时,也可以讨论 $f(x)$在它的定义区间上的傅氏级数展开问题.本节讨论定义在$[-\pi,\pi]$或$[0,\pi]$上的函数和以 $2l$ 为周期的函数的傅氏级数展开.

## 一、$[-\pi,\pi]$上的傅里叶级数

如果函数 $f(x)$只在$[-\pi,\pi]$上有定义且满足狄氏条件,那么 $f(x)$也可以展开成傅氏级数.具体做法如下:

(1) 将 $f(x)$进行**周期延拓**,即在$[-\pi,\pi)$或$(-\pi,\pi]$以外补充定义,使它拓展成为以 $2\pi$ 为周期的函数 $F(x)$;

(2) 将以 $2\pi$ 为周期的函数 $F(x)$按第四节的方法展开成傅氏级数;

(3) 限制 $x$ 在$(-\pi,\pi)$内,此时 $F(x)\equiv f(x)$,便得函数 $f(x)$的傅氏级数展开式,且傅氏级数在区间端点 $x=\pm\pi$ 处收敛于

$$\frac{1}{2}[f(\pi-0)+f(-\pi+0)].$$

**例 1**　将函数

$$f(x)=\begin{cases}bx, & -\pi\leqslant x<0,\\ ax, & 0\leqslant x\leqslant\pi\end{cases}$$

展开成傅氏级数($a,b$ 为常数).

**解**　容易验证,$f(x)$在$[-\pi,\pi]$上满足狄氏条件.将 $f(x)$进行周期延拓成为以 $2\pi$ 为周期的函数 $F(x)$. $F(x)$在点 $x=(2k+1)\pi$ ($k=0,\pm1,\pm2,\cdots$)处不连续,而在其他点处连续,如图 12-9 所示.因此,对应的傅氏级数在$(-\pi,\pi)$上收敛于 $f(x)$.由于

$$a_0=\frac{1}{\pi}\int_{-\pi}^{0}bx\,\mathrm{d}x+\frac{1}{\pi}\int_{0}^{\pi}ax\,\mathrm{d}x=\frac{(a-b)\pi}{2},$$

$$\begin{aligned}a_n&=\frac{1}{\pi}\int_{-\pi}^{0}bx\cos nx\,\mathrm{d}x+\frac{1}{\pi}\int_{0}^{\pi}ax\cos nx\,\mathrm{d}x\\&=\frac{b}{\pi}\left[\frac{x\sin nx}{n}+\frac{\cos nx}{n^2}\right]_{-\pi}^{0}+\frac{a}{\pi}\left[\frac{x\sin nx}{n}+\frac{\cos nx}{n^2}\right]_{0}^{\pi}\\&=\frac{b}{\pi}\cdot\frac{1-\cos n\pi}{n^2}+\frac{a}{\pi}\cdot\frac{\cos n\pi-1}{n^2}=\frac{b-a}{\pi}\cdot\frac{1-(-1)^n}{n^2}\quad(n=1,2,\cdots),\end{aligned}$$

$$\begin{aligned}b_n&=\frac{1}{\pi}\int_{-\pi}^{0}bx\sin nx\,\mathrm{d}x+\frac{1}{\pi}\int_{0}^{\pi}ax\sin nx\,\mathrm{d}x\\&=\frac{b}{\pi}\left[-\frac{x\cos nx}{n}+\frac{\sin nx}{n^2}\right]_{-\pi}^{0}+\frac{a}{\pi}\left[-\frac{x\cos nx}{n}+\frac{\sin nx}{n^2}\right]_{0}^{\pi}\\&=\frac{b}{\pi}\cdot\frac{-\pi\cos n\pi}{n}+\frac{a}{\pi}\cdot\frac{-\pi\cos n\pi}{n}=(a+b)\,\frac{(-1)^{n+1}}{n}\quad(n=1,2,\cdots),\end{aligned}$$

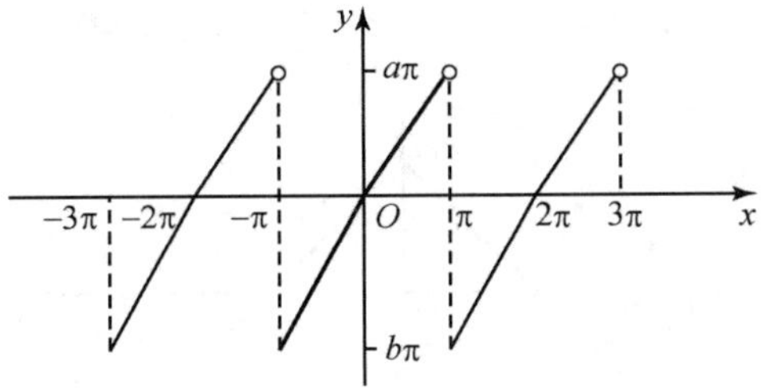


**图　12-9**

所以

$$f(x)=\frac{(a-b)\pi}{4}+\sum_{n=1}^{\infty}\left[\frac{b-a}{\pi}\cdot\frac{1-(-1)^n}{n^2}\cdot\cos nx+(a+b)\cdot\frac{(-1)^{n+1}}{n}\cdot\sin nx\right]\quad(-\pi<x<\pi),$$

且该傅氏级数在端点 $x=\pm\pi$ 处收敛于

$$\frac{f(-\pi+0)+f(\pi-0)}{2}=\frac{(a-b)\pi}{2}.$$

通过例 1 我们看到,将函数 $f(x)$ $(x\in[-\pi,\pi])$展开成傅氏级数的过程中,在计算 $a_n$ 和 $b_n$ 时,只用到 $f(x)$在$[-\pi,\pi]$上的定义.所以在对步骤较熟练以后,不必写出函数的延拓过程,只要直接计算 $a_n$ 和 $b_n$,得到傅氏级数就可以了.

**例 2** 将函数

$$f(x)=\begin{cases}\pi/2+x, & -\pi\leqslant x\leqslant 0,\\ \pi/2-x, & 0<x\leqslant\pi\end{cases}$$

展开成傅氏级数.

**解** 因为函数 $f(x)$在$[-\pi,\pi]$上为偶函数(如图 12-10 所示),所以

$$b_n=0\quad(n=1,2,\cdots),$$

$$a_0=\frac{2}{\pi}\int_0^{\pi}f(x)\mathrm{d}x=\frac{2}{\pi}\int_0^{\pi}\left(\frac{\pi}{2}-x\right)\mathrm{d}x=\frac{2}{\pi}\left[\frac{\pi x}{2}-\frac{x^2}{2}\right]_0^{\pi}=0,$$

$$\begin{aligned}a_n&=\frac{2}{\pi}\int_0^{\pi}f(x)\cos nx\,\mathrm{d}x=\frac{2}{\pi}\int_0^{\pi}\left(\frac{\pi}{2}-x\right)\cos nx\,\mathrm{d}x\\&=\int_0^{\pi}\cos nx\,\mathrm{d}x-\frac{2}{\pi}\int_0^{\pi}x\cos nx\,\mathrm{d}x=0-\frac{2}{\pi}\left[\frac{x\sin nx}{n}+\frac{\cos nx}{n^2}\right]_0^{\pi}\\&=\frac{2}{n^2\pi}(1-\cos n\pi)=\begin{cases}\dfrac{4}{n^2\pi}, & n=1,3,5,\cdots,\\ 0, & n=2,4,6,\cdots.\end{cases}\end{aligned}$$

于是函数 $f(x)$的傅氏级数为余弦级数

$$f(x)=\frac{4}{\pi}\left(\frac{\cos x}{1^2}+\frac{\cos 3x}{3^2}+\frac{\cos 5x}{5^2}+\cdots\right)\quad(-\pi\leqslant x\leqslant\pi).$$

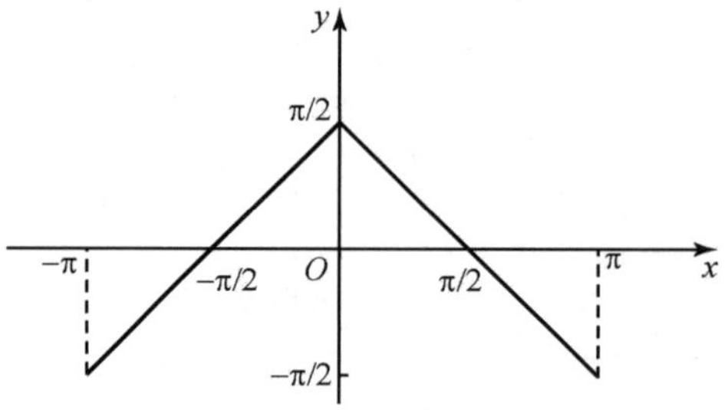


图 12-10

**注** 例 2 中函数 $f(x)$的傅氏级数在端点 $x=\pm\pi$ 处收敛于

$$\frac{f(-\pi+0)+f(\pi-0)}{2}=\frac{-\dfrac{\pi}{2}+\left(-\dfrac{\pi}{2}\right)}{2}=-\frac{\pi}{2}=f(\pm\pi),$$

但一般函数并不一定都如此,所以必须注意对端点的讨论.

## 二、[0,π]上的傅里叶级数

如果函数 $f(x)$ 只在 $[0,\pi]$ 上有定义且满足狄氏条件，那么仍可用延拓的方法将它展开成傅氏级数：首先，将函数 $f(x)$ 延拓到 $[-\pi,\pi]$ 上成为函数 $F(x)$ $(x\in[-\pi,\pi])$，使得在 $[0,\pi]$ 上有 $F(x)\equiv f(x)$；然后，利用本节第一段的方法将 $F(x)$ 展开成傅氏级数；最后，将 $x$ 限制在 $[0,\pi]$ 上，就得到 $f(x)$ 在 $[0,\pi]$ 上的傅氏级数. 这样的延拓通常有下列两种不同情形：

(1) **奇延拓**. 这时 $F(x)$ 在 $[-\pi,\pi]$ 上（除 $x=0$ 外）是奇函数（如图 12-11 所示），它的傅氏级数为正弦级数.

(2) **偶延拓**. 这时 $F(x)$ 在 $[-\pi,\pi]$ 上是偶函数（如图 12-12 所示），它的傅氏级数为余弦级数.

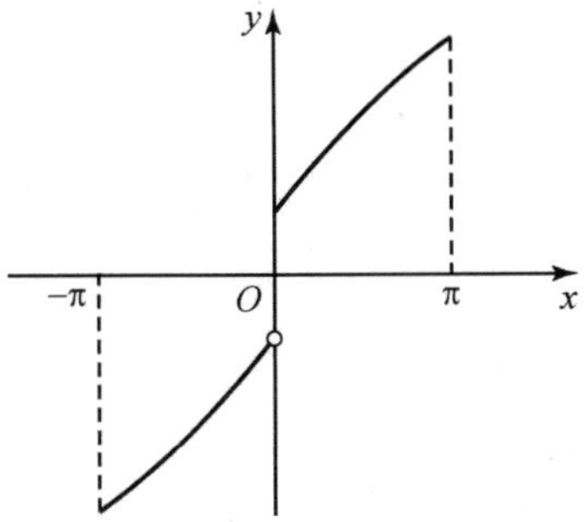


图　12-11

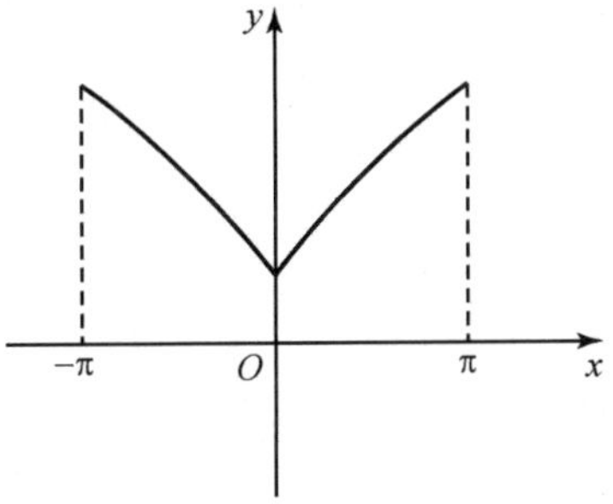


图　12-12

同例 1 的说明，以后将这类函数展开成正弦级数或余弦级数时，也不必写出延拓过程.

**例 3**　将函数 $f(x)=x+1$ $(0\leqslant x\leqslant\pi)$ 分别展开成正弦级数和余弦级数.

**解**　先将函数 $f(x)$ 展开成正弦级数. 为此，对 $f(x)$ 进行奇延拓（如图 12-13 所示）. 这时

$$b_n=\frac{2}{\pi}\int_0^{\pi}f(x)\sin nx\,\mathrm{d}x=\frac{2}{\pi}\int_0^{\pi}(x+1)\sin nx\,\mathrm{d}x=\frac{2}{\pi}\left[-\frac{x\cos nx}{n}+\frac{\sin nx}{n^2}-\frac{\cos nx}{n}\right]_0^{\pi}$$

$$=\frac{2}{n\pi}(1-\pi\cos n\pi-\cos n\pi)=\begin{cases}\dfrac{2}{\pi}\cdot\dfrac{\pi+2}{n}, & n=1,3,5,\cdots,\\ -\dfrac{2}{n}, & n=2,4,6,\cdots,\end{cases}$$

于是得 $f(x)=x+1$ 的正弦级数展开式为

$$f(x)=\frac{2(\pi+2)}{\pi}\sum_{m=1}^{\infty}\frac{1}{2m-1}\sin(2m-1)x-2\sum_{m=1}^{\infty}\frac{1}{2m}\sin 2mx$$

$$=\frac{2}{\pi}\left[(\pi+2)\sin x-\frac{\pi}{2}\sin 2x+\frac{\pi+2}{3}\sin 3x-\frac{\pi}{4}\sin 4x+\cdots\right]\quad(0<x<\pi).$$

在端点 $x=0$ 及 $x=\pi$ 处，傅氏级数的和为 0，它不代表 $f(x)=x+1$ 在 $x=0$ 处的值.

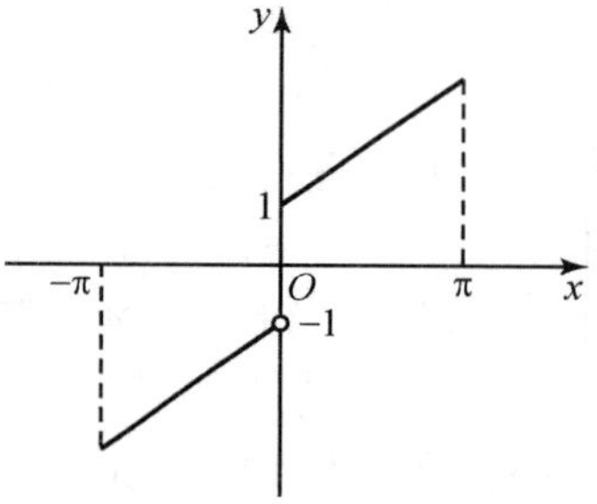


图 12-13

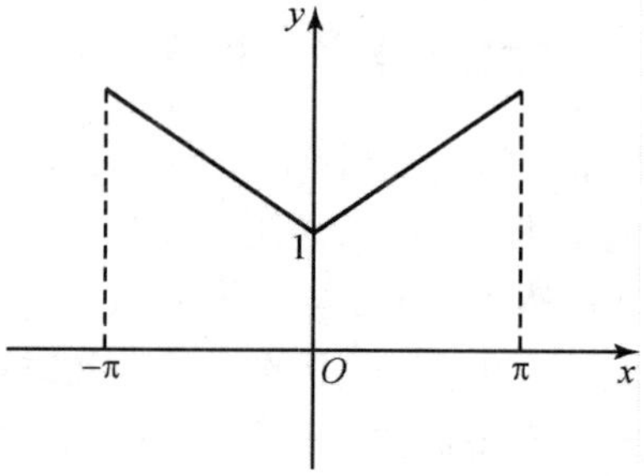


图 12-14

再展开成余弦级数. 为此,对 $f(x)$进行偶延拓(如图 12-14 所示). 这时

$$a_0=\frac{2}{\pi}\int_0^{\pi}(x+1)\mathrm{d}x=\pi+2,$$

$$a_n=\frac{2}{\pi}\int_0^{\pi}(x+1)\cos nx\,\mathrm{d}x=\frac{2}{\pi}\left[\frac{x\sin nx}{n}+\frac{\cos nx}{n^2}+\frac{\sin nx}{n}\right]_0^{\pi}$$

$$=\frac{2}{n^2\pi}(\cos n\pi-1)=\begin{cases}-\dfrac{4}{n^2\pi}, & n=1,3,5,\cdots,\\ 0, & n=2,4,6,\cdots,\end{cases}$$

于是得 $f(x)=x+1$ 的余弦级数展开式为

$$f(x)=\frac{\pi}{2}+1-\frac{4}{\pi}\left(\cos x+\frac{1}{3^2}\cos 3x+\frac{1}{5^2}\cos 5x+\cdots\right)\quad(0\leqslant x\leqslant\pi).$$

从例 3 可以看出,在$[0,\pi]$上定义的函数 $f(x)$可以用不同的延拓方法得到不同的傅氏级数展开式. 一般地说,函数的傅氏级数展开式是不唯一的. 但在函数的连续点处,傅氏级数都收敛于 $f(x)$.

## 三、以 $2l$ 为周期的函数的傅里叶级数

一般的周期函数的周期不一定是 $2\pi$,因此我们要讨论以 $2l$ ($l$ 为任意正数)为周期的函数的傅氏级数.

设函数 $f(x)$以 $2l$ 为周期,则通过变量代换

$$\frac{\pi x}{l}=t\quad 或\quad x=\frac{lt}{\pi}$$

可得以 $2\pi$ 为周期的函数 $F(t)=f\left(\dfrac{lt}{\pi}\right)$. 又区间 $-l\leqslant x\leqslant l$ 变换成区间 $-\pi\leqslant t\leqslant\pi$.

如果 $f(x)$在$[-l,l]$上满足狄氏条件,则 $F(t)$在$[-\pi,\pi]$上也满足狄氏条件. 于是,$F(t)$在连续点处的傅氏级数展开式为

$$F(t)=\frac{a_0}{2}+\sum_{n=1}^{\infty}(a_n\cos nt+b_n\sin nt),$$

其中

$$\begin{cases} a_n = \dfrac{1}{\pi}\displaystyle\int_{-\pi}^{\pi} F(t)\cos nt\,\mathrm{d}t \quad (n=0,1,2,\cdots), \\ b_n = \dfrac{1}{\pi}\displaystyle\int_{-\pi}^{\pi} F(t)\sin nt\,\mathrm{d}t \quad (n=1,2,\cdots). \end{cases}$$

再将 $t=\dfrac{\pi x}{l}$ 代入以上各式，得

$$f(x) = \frac{a_0}{2} + \sum_{n=1}^{\infty}\left(a_n\cos\frac{n\pi x}{l} + b_n\sin\frac{n\pi x}{l}\right), \tag{1}$$

其中

$$\begin{cases} a_n = \dfrac{1}{l}\displaystyle\int_{-l}^{l} f(x)\cos\frac{n\pi x}{l}\mathrm{d}x \quad (n=0,1,2,\cdots), \\ b_n = \dfrac{1}{l}\displaystyle\int_{-l}^{l} f(x)\sin\frac{n\pi x}{l}\mathrm{d}x \quad (n=1,2,\cdots). \end{cases} \tag{2}$$

如果 $f(x)$ 为奇函数，则有

$$f(x) = \sum_{n=1}^{\infty} b_n\sin\frac{n\pi x}{l}, \tag{3}$$

其中
$$b_n=\frac{2}{l}\int_0^l f(x)\sin\frac{n\pi x}{l}\mathrm{d}x \quad (n=1,2,\cdots); \tag{4}$$

如果 $f(x)$ 为偶函数，则有

$$f(x) = \frac{a_0}{2} + \sum_{n=1}^{\infty} a_n\cos\frac{n\pi x}{l}, \tag{5}$$

其中
$$a_n=\frac{2}{l}\int_0^l f(x)\cos\frac{n\pi x}{l}\mathrm{d}x \quad (n=0,1,2,\cdots). \tag{6}$$

如果函数 $f(x)$ 只在 $[-l,l]$ 上有定义，且满足狄氏条件，可先进行周期延拓，再展开成傅氏级数. 同样，如果函数 $f(x)$ 只在 $[0,l]$ 上有定义，且满足狄氏条件，则可进行奇延拓展开成正弦级数，也可进行偶延拓展开成余弦级数.

**例 4**　将函数 $f(x)=x^2$ 在 $[-1,1]$ 上展开为傅氏级数.

**解**　这里 $l=1$. 由于 $f(x)=x^2$ 是偶函数，所以它的傅氏级数为余弦级数. 由公式(6)得

$$a_0 = \frac{2}{l}\int_0^l f(x)\mathrm{d}x = 2\int_0^1 x^2\,\mathrm{d}x = \frac{2}{3},$$

$$\begin{aligned} a_n &= \frac{2}{l}\int_0^l f(x)\cos\frac{n\pi x}{l}\mathrm{d}x = 2\int_0^1 x^2\cos n\pi x\,\mathrm{d}x \\ &= \frac{2}{n\pi}\Big[x^2\sin n\pi x\Big]_0^1 - \frac{4}{n\pi}\int_0^1 x\sin n\pi x\,\mathrm{d}x \\ &= 0 + \frac{4}{(n\pi)^2}\Big[x\cos n\pi x\Big]_0^1 - \frac{4}{(n\pi)^2}\int_0^1 \cos n\pi x\,\mathrm{d}x \end{aligned}$$

$$= \frac{4}{(n\pi)^2}\cos n\pi = (-1)^n \frac{4}{(n\pi)^2} \quad (n = 1,2,\cdots).$$

由于 $f(x)=x^2$ 在 $[-1,1]$ 上连续，且

$$\frac{1}{2}[f(-1+0)+f(1-0)] = \frac{1}{2}(1+1) = f(-1) = f(1),$$

因此当 $-1\leqslant x\leqslant 1$ 时，由公式(5)得

$$x^2 = \frac{1}{3} + \frac{4}{\pi^2}\sum_{n=1}^{\infty}(-1)^n \frac{1}{n^2}\cos n\pi x = \frac{1}{3} + \frac{4}{\pi^2}\left(-\frac{\cos\pi x}{1^2} + \frac{\cos 2\pi x}{2^2} - \frac{\cos 3\pi x}{3^2} + \cdots\right). \quad (7)$$

级数(7)是以 2 为周期的傅氏级数，它的和函数在整个 $x$ 轴上的图形如图 12-15 所示.

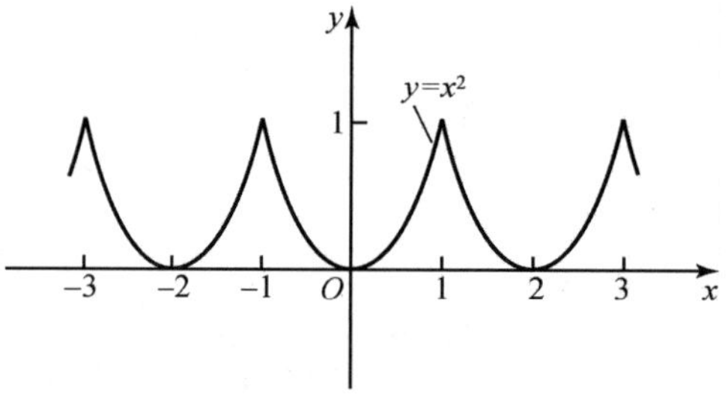


图 12-15

附带指出，在(7)式中，若取 $x=1$，则得

$$\frac{1}{1^2} + \frac{1}{2^2} + \frac{1}{3^2} + \cdots + \frac{1}{n^2} + \cdots = \frac{\pi^2}{6};$$

若取 $x=0$，则得

$$\frac{1}{1^2} - \frac{1}{2^2} + \frac{1}{3^2} - \frac{1}{4^2} + \cdots + (-1)^{n-1}\frac{1}{n^2} + \cdots = \frac{\pi^2}{12}.$$

**例 5** 试将函数 $f(x)=1-x\ (0\leqslant x\leqslant 2)$ 展开成正弦级数和余弦级数.

**解** $f(x)$ 在 $[0,2]$ 上有定义，且满足狄氏条件. 先展开成正弦级数. 为此，将 $f(x)$ 进行奇延拓，如图 12-16 所示. 由公式(4)得

$$\begin{aligned} b_n &= \frac{2}{2}\int_0^2 f(x)\sin\frac{n\pi x}{2}\mathrm{d}x = \int_0^2 (1-x)\sin\frac{n\pi x}{2}\mathrm{d}x \\ &= \left[-\frac{2}{n\pi}\cos\frac{n\pi x}{2} + \frac{2x}{n\pi}\cos\frac{n\pi x}{2} - \frac{4}{n^2\pi^2}\sin\frac{n\pi x}{2}\right]_0^2 \\ &= \left(-\frac{2}{n\pi}\cos n\pi + \frac{2}{n\pi} + \frac{4}{n\pi}\cos n\pi\right) \\ &= \frac{2}{n\pi}[(-1)^n+1] = \begin{cases} 0, & n = 1,3,5,\cdots, \\ \dfrac{4}{n\pi}, & n = 2,4,6,\cdots, \end{cases} \end{aligned}$$

所以

$$f(x)=\frac{4}{\pi}\sum_{n=1}^{\infty}\frac{1}{2n}\sin\frac{2n\pi x}{2}=\frac{2}{\pi}\sum_{n=1}^{\infty}\frac{1}{n}\sin n\pi x\quad(0<x<2).$$

当 $x=0$ 或 2 时，此正弦级数均收敛于 0.

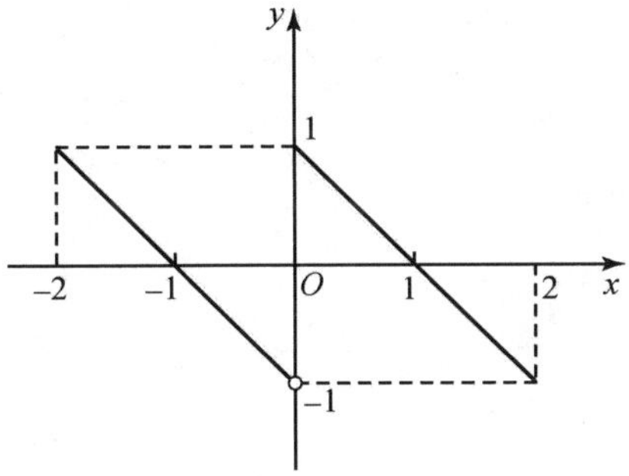


图 12-16

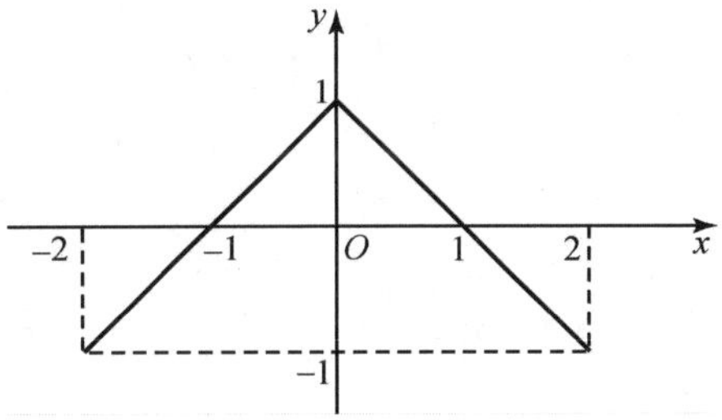


图 12-17

再将 $f(x)$进行偶延拓，如图 12-17 所示. 由公式(6)得

$$a_0=\frac{2}{2}\int_0^2(1-x)\mathrm{d}x=\left[x-\frac{x^2}{2}\right]_0^2=0,$$

$$\begin{aligned}a_n&=\frac{2}{2}\int_0^2 f(x)\cos\frac{n\pi x}{2}\mathrm{d}x=\int_0^2(1-x)\cos\frac{n\pi x}{2}\mathrm{d}x\\&=\left[\frac{2}{n\pi}\sin\frac{n\pi x}{2}-\frac{2x}{n\pi}\sin\frac{n\pi x}{2}-\frac{4}{n^2\pi^2}\cos\frac{n\pi x}{2}\right]_0^2\\&=\frac{4}{n^2\pi^2}(1-\cos n\pi)=\begin{cases}\dfrac{8}{n^2\pi^2}, & n=1,3,5,\cdots,\\0, & n=2,4,6,\cdots,\end{cases}\end{aligned}$$

所以

$$f(x)=\frac{8}{\pi^2}\sum_{n=1}^{\infty}\frac{1}{(2n-1)^2}\cos\frac{(2n-1)\pi x}{2}\quad(0\leqslant x\leqslant 2).$$

## 习 题 12-5

1. 将下列函数展开成傅氏级数：

(1) $f(x)=\begin{cases}c_1, & -\pi<x<0,\\c_2, & 0\leqslant x<\pi;\end{cases}$　　(2) $f(x)=\begin{cases}-x/\pi, & -\pi\leqslant x\leqslant 0,\\2x/\pi, & 0<x<\pi.\end{cases}$

2. 把下列函数在$[0,\pi]$上展开成正弦级数或余弦级数：

(1) $f(x)=\mathrm{e}^x\ (0\leqslant x\leqslant\pi)$，展开成正弦级数和余弦级数；

(2) $f(x)=\begin{cases}1, & 0\leqslant x\leqslant h,\\ 0, & h<x\leqslant\pi,\end{cases}$ 展开成余弦级数;

(3) $f(x)=\cos\dfrac{x}{2}\ (0\leqslant x\leqslant\pi)$,展开成正弦级数.

3. 把下列函数展开成傅氏级数:

(1) $f(x)=x^2-x\ (-2\leqslant x\leqslant 2)$;　　(2) $f(x)=-x\ (-5\leqslant x\leqslant 5)$;

(3) $f(x)=\begin{cases}\sin\dfrac{\pi}{l}x, & 0<x<\dfrac{l}{2},\\ 0, & \dfrac{l}{2}\leqslant x<l,\end{cases}$ 展开成正弦级数;

(4) $f(x)=\begin{cases}x, & 0\leqslant x\leqslant 1,\\ 2-x, & 1<x\leqslant 2,\end{cases}$ 展开成余弦级数.

## 第六节　函数近似值的幂级数算法

在第五章的第七节中,我们学习了利用微分做近似计算的方法,但在那里却不能估计误差.有了函数的幂级数展开式,我们就可以按照误差要求用它来进行近似计算,即在展开式成立的区间内,函数值可以按照精确度要求取展开式的前 $n$ 项部分和近似计算出来.

**例 1**　计算 $\sqrt[5]{240}$ 的近似值,要求误差不超过 0.000 1.

**解**　因为

$$\sqrt[5]{240}=\sqrt[5]{243-3}=3\left(1-\frac{1}{3^4}\right)^{1/5},$$

所以在牛顿二项展开式(第十二章第三节中的(15)式)中取 $m=\dfrac{1}{5}$,$x=-\dfrac{1}{3^4}$,即得

$$\sqrt[5]{240}=3\left(1-\frac{1}{5}\cdot\frac{1}{3^4}-\frac{1\cdot 4}{5^2\cdot 2!}\cdot\frac{1}{3^8}-\frac{1\cdot 4\cdot 9}{5^3\cdot 3!}\cdot\frac{1}{3^{12}}-\cdots\right).$$

这个级数收敛得很快,取前两项的和作为 $\sqrt[5]{240}$ 的近似值,其误差(即截断误差)为

$$\begin{aligned}|r_2|&=3\left(\frac{1\cdot 4}{5^2\cdot 2!}\cdot\frac{1}{3^8}+\frac{1\cdot 4\cdot 9}{5^3\cdot 3!}\cdot\frac{1}{3^{12}}+\frac{1\cdot 4\cdot 9\cdot 14}{5^4\cdot 4!}\cdot\frac{1}{3^{16}}+\cdots\right)\\&<3\cdot\frac{1\cdot 4}{5^2\cdot 2!}\cdot\frac{1}{3^8}\left[1+\frac{1}{81}+\left(\frac{1}{81}\right)^2+\cdots\right]\\&=\frac{6}{25}\cdot\frac{1}{3^8}\cdot\frac{1}{1-1/81}=\frac{1}{25\cdot 27\cdot 40}<\frac{1}{20\ 000},\end{aligned}$$

于是取近似式为

$$\sqrt[5]{240}\approx 3\left(1-\frac{1}{5}\cdot\frac{1}{3^4}\right).$$

为了使四舍五入引起的误差(即舍入误差)与截断误差之和不超过 0.000 1,计算时应取 5 位小数,然后四舍五入,最后得

$$\sqrt[5]{240} \approx 2.992\,6.$$

**例 2**　计算 ln2 的近似值,要求误差不超过 0.000 1.

**解**　在第十二章第三节例 7 关于 $\ln(1+x)$ 的展开式(18)中,令 $x=1$,可得

$$\ln 2 = 1 - \frac{1}{2} + \frac{1}{3} - \cdots + (-1)^{n-1}\frac{1}{n} + \cdots.$$

这是一个莱布尼茨型级数,如果取这个级数前 $n$ 项部分和作为 ln2 的近似值,其误差为

$$|r_n| \leqslant \frac{1}{n+1}.$$

为了保证误差不超过 0.000 1,就需要取该级数的前 10 000 项进行计算,这样做计算量太大.其主要原因是这个级数收敛太慢.

能否找到收敛快一些的级数代替呢?再看一下第十二章第三节例 7 中的(20)式

$$\ln\frac{1+x}{1-x} = 2\left(x + \frac{x^3}{3} + \cdots + \frac{x^{2n+1}}{2n+1} + \cdots\right) \quad (-1 < x < 1).$$

在其中令 $\frac{1+x}{1-x}=2$,解出 $x=\frac{1}{3}$.以 $x=\frac{1}{3}$ 代入上式,得

$$\ln 2 = 2\left(\frac{1}{3} + \frac{1}{3}\cdot\frac{1}{3^3} + \frac{1}{5}\cdot\frac{1}{3^5} + \frac{1}{7}\cdot\frac{1}{3^7} + \cdots + \frac{1}{2n-1}\cdot\frac{1}{3^{2n-1}} + \cdots\right).$$

如果取前 $n$ 项部分和作为 ln2 的近似值,则误差为

$$\begin{aligned}|r_n| &= 2\left(\frac{1}{2n+1}\cdot\frac{1}{3^{2n+1}} + \frac{1}{2n+3}\cdot\frac{1}{3^{2n+3}} + \cdots\right)\\ &< \frac{2}{2n+1}\cdot\frac{1}{3^{2n+1}}\left[1 + \frac{1}{9} + \left(\frac{1}{9}\right)^2 + \cdots\right]\\ &= \frac{2}{2n+1}\cdot\frac{1}{3^{2n+1}}\cdot\frac{1}{1-1/9} = \frac{1}{4(2n+1)}\cdot\frac{1}{3^{2n-1}}.\end{aligned}$$

当取前 3 项部分和作为 ln2 的近似值时,其误差为

$$|r_3| < \frac{1}{4(2\cdot 3+1)}\cdot\frac{1}{3^{2\cdot 3-1}} = \frac{1}{6\,804},$$

不符合要求.如果取 $n=4$,其误差为

$$\begin{aligned}|r_4| &< \frac{1}{4(2\cdot 4+1)}\cdot\frac{1}{3^{2\cdot 4-1}} = \frac{1}{78\,732}\\ &< \frac{1}{7}\times 10^{-4} < 10^{-4},\end{aligned}$$

满足要求,于是取

$$\ln 2 \approx 2\left(\frac{1}{3} + \frac{1}{3}\cdot\frac{1}{3^3} + \frac{1}{5}\cdot\frac{1}{3^5} + \frac{1}{7}\cdot\frac{1}{3^7}\right).$$

同样,考虑到舍入误差,上式中各项取 5 位小数计算,得

$$\ln 2 \approx 0.6931.$$

**注** 通过编程上机可以迅速地得到满足精确度要求的 ln2 的近似值. 这里我们给出一个能控制精确度的计算流程图(如图 12-18 所示)供参考,其中

$$S\text{—— 结果};\quad E\text{—— 精确度};\quad N\text{—— 行数}.$$

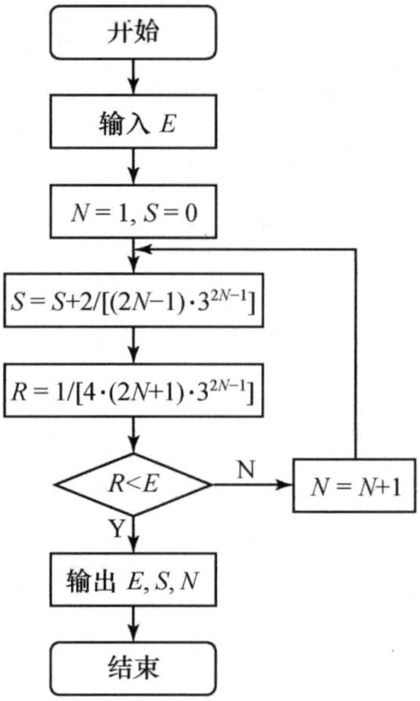


**图 12-18**

利用幂级数还可以计算一些定积分的近似值. 具体地说,如果被积函数在积分区间上能展开成幂级数,则把这个幂级数逐项积分,用积分后的级数就可计算出定积分的近似值.

**例 3** 计算定积分 $\int_0^1 \frac{\sin x}{x}\mathrm{d}x$ 的近似值,精确到 $10^{-4}$.

**解** 由于

$$\begin{aligned}\frac{\sin x}{x} &= \frac{1}{x}\left(x-\frac{x^3}{3!}+\frac{x^5}{5!}-\frac{x^7}{7!}+\cdots\right)\\ &= 1-\frac{x^2}{3!}+\frac{x^4}{5!}-\frac{x^6}{7!}+\cdots+(-1)^{n-1}\frac{x^{2(n-1)}}{(2n-1)!}+\cdots\quad(-\infty<x<+\infty),\end{aligned}$$

从 0 到 1 逐项积分,得

$$\int_0^1 \frac{\sin x}{x}\mathrm{d}x = 1-\frac{1}{3\cdot 3!}+\frac{1}{5\cdot 5!}-\frac{1}{7\cdot 7!}+\cdots+(-1)^{n-1}\frac{1}{(2n-1)\cdot(2n-1)!}+\cdots.$$

上式右端是一个莱布尼茨型级数,且 $\frac{1}{7\cdot 7!}<\frac{1}{10^4}$,所以取前 3 项计算就可满足要求:

$$\int_0^1 \frac{\sin x}{x}\mathrm{d}x \approx 1-\frac{1}{3\cdot 3!}+\frac{1}{5\cdot 5!}=\frac{1\ 703}{1\ 800}\approx 0.946\ 1.$$

**注**　易知,对于 $\int_0^x \frac{\sin t}{t}\mathrm{d}t$,有近似计算公式

$$\int_0^x \frac{\sin t}{t}\mathrm{d}t \approx x-\frac{x^3}{3\cdot 3!}+\frac{x^5}{5\cdot 5!}-\frac{x^7}{7\cdot 7!}+\cdots+(-1)^{n-1}\frac{x^{2n-1}}{(2n-1)\cdot(2n-1)!},$$

其误差为

$$|r_n|\leqslant \left|(-1)^{n-1}\frac{x^{2n-1}}{(2n-1)\cdot(2n-1)!}\right|.$$

对于此近似计算公式,我们给出一个能控制精确度的计算流程图如图 12-19 所示,其中

$S$—— 结果；　$E$—— 精确度；　$B$—— 每一项的值；

$A$—— 每一项分子的值；　$N$—— 项数；　$T$——$N$ 的阶乘.

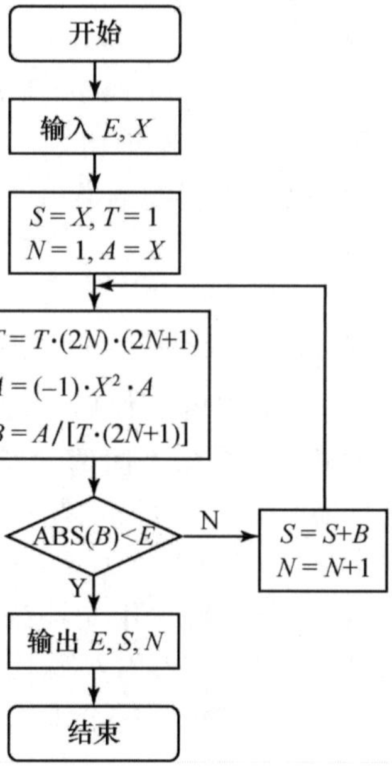


图　12-19

## 习　题　12-6

1. 利用函数的幂级数展开式求下列函数值的近似值,精确到 0.000 1:

(1) ln3；　　(2) $\mathrm{e}^{-1}$；　　(3) cos10°.

2. 利用函数的幂级数展开式计算下列定积分的近似值,精确到 0.000 1:

(1) $\frac{2}{\sqrt{\pi}}\int_0^{0.5}\mathrm{e}^{-x^2}\mathrm{d}x$；　　(2) $\int_0^{0.5}\frac{\arctan x}{x}\mathrm{d}x$；　　(3) $\int_0^{0.5}\frac{1}{\sqrt{1+x^4}}\mathrm{d}x$.

# *第十三章　高等数学的软件实现

本章主要学习数学软件初步、高等数学的软件实现技术．在大学数学课程中引入数学的软件实现的重要意义在于：把“讲授＋记忆＋测验”的传统学习模式变为“直觉＋试探＋出错＋思考＋猜想＋证明”的现代教学模式；将信息的单向交流变成多向交流，有利于培养创新能力和实践能力；将数学直观、形象思维与逻辑思维结合起来，有利于培养运用数学知识、借助计算机来解决实际问题的综合能力和素质．

## 第一节　Mathematica 软件简介

Mathematica 是美国 Wolfram 公司开发的一个功能强大的数学软件系统，它的主要功能包括：数值计算、符号运算、图形功能和程序设计．本节将以不大篇幅提供该软件系统的一个简要介绍，以便为后面高等数学的软件实现提供必要的准备．

### 一、基本操作

Mathematica 在数值计算、符号运算和图形表示等方面都是强有力的工具，并且其命令句式惊人的一致．这个特性使得 Mathematica 很容易使用，不必担心你还不太熟悉计算机．本节将带你迅速了解 Mathematica 的基本使用过程．在下面的介绍中，我们假定读者已经知道如何安装及启动 Mathematica．此外，始终要牢记的几点是：

- Mathematica 是一个敏感的软件，所有的 Mathematica 函数都以大写字母开头；
- 圆括号( )，花括号{ }，方括号[ ]都有特殊用途，应特别注意；
- 句号“.”，分号“;”，逗号“,”感叹号“!”等都有特殊用途，也应特别注意；
- 用主键盘区的组合键 Shift＋Enter 或数字键盘中的 Enter 键执行命令．

**1. 输入与输出**

**例 1**　计算 1＋2＋5．

**解**　在打开的命令窗口中输入

1＋2＋5

并按组合键 Shift＋Enter 执行上述命令，则屏幕上将显示

In[1] ：＝1＋2＋5

Out[1] ＝8

这里“In[1] ：＝”表示第一个输入，“Out[1]＝”表示第一个输出，即计算结果．

**2. 常用数学常数**

Pi 表示圆周率 π；　　E 表示自然对数 e；　　I 表示虚数单位 $i=\sqrt{-1}$；

Degree 表示 π/180；　　Infinity 表示无穷大∞.

**注意**　Pi,Degree,Infinity 的第一个字母必须大写,其后面的字母必须小写.

**3. 算术运算**

Mathematica 中用"＋""－""＊""/" 和"^"分别表示算术运算中的加、减、乘、除和乘方.

**例 2**　计算 $\sqrt[4]{100}\cdot\left(\frac{1}{9}\right)^{-\frac{1}{2}}+8^{-\frac{1}{3}}\cdot\left(\frac{4}{9}\right)^{\frac{1}{2}}\cdot\pi$.

**解**　输入：100^(1/4)＊(1/9)^(－1/2)＋8^(－1/3)＊(4/9)^(1/2)＊Pi

输出：$3\sqrt{10}+\frac{\pi}{3}$

这是准确值，如果要求近似值,再输入

N[%]

则输出

10.543

这里"%"表示上一次输出的结果,命令"N[%]"表示对上一次的结果取近似值. 还用"%%"表示上上次输出的结果,用"%6"表示 Out[6]的输出结果.

**注**　关于乘号"＊",Mathematica 常用空格来代替. 例如,"x y z" 则表示"x＊y＊z",而"xyz"表示字符串,Mathematica 将它理解为一个变量名. 常数与字符之间的乘号或空格可以省略.

**4. 代数运算**

**例 3**　分解因式 $x^2+3x-10$.

**解**　输入：Factor[x^2＋3x－10]

输出：(x＋5)(x－2)

**例 4**　展开因式 $(x+5)(x-2)$.

**解**　输入：Expand[(x＋5)(x－2)]

输出：$-10+3x+x^2$

**例 5**　通分 $\frac{1}{x+1}+\frac{1}{x+2}$.

**解**　输入：Together[1/(x＋1)＋1/(x＋2)]

输出：$\frac{3+2x}{(1+x)(2+x)}$

**5. 保存与退出**

Mathematica 很容易保存 Notebook 中显示的内容,打开位于窗口第一行的 File 菜单,点击

Save 后得到保存文件时的对话框,按要求操作后即可把所要的内容存为 *.nb 文件. 如果只想保存全部输入的命令,而不想保存全部输出结果,则可以打开下拉式菜单 Kernel,选中 Delete All Output,再执行保存命令. 而退出 Mathematica 与退出 Word 的操作是一样的.

**6. 查询与帮助**

查询某个函数命令的基本功能,键入"?函数名",想要了解更多一些,输入"??函数名".

例如,输入

?Plot

则输出

Plot[f,{x,xmin,xmax}] generates a plot of f as a function of x from xmin to xmax. Plot[{f1,f2,…},{x,xmin,xmax}] plots several functions fi

它告诉了我们关于绘图命令"Plot"的基本使用方法.

如果输入

??Plot

则 Mathematica 会输出关于这个命令的选项的详细说明. 请读者试之.

此外,Mathematica 的 Help 菜单中提供了大量的帮助信息,其中 Help 菜单中的第一项 HelpBrowser(帮助浏览器)是常用的查询工具,读者若想了解更多的使用信息,则应自己通过 Help 菜单去学习.

## 二、函数命令

**1. 内部函数**

Mathematica 系统内部定义了许多函数,并且常用英文全名作为函数名,所有函数名的第一个字母都必须大写,后面的字母必须小写. 当函数名是由两个单词组成时,每个单词的第一个字母都必须大写,其余的字母必须小写. Mathematica 函数命令的基本格式为

函数名[表达式,选项]

下面列举了一些常用数学函数的基本格式:

| | |
|---|---|
| 算术平方根 $\sqrt{x}$: | Sqrt[x] |
| 指数函数 $e^x$: | Exp[x] |
| 对数函数 $\log_a x$: | Log[a,x] |
| 对数函数 $\ln x$: | Log[x] |
| 三角函数: | Sin[x],Cos[x],Tan[x],Cot[x],Sec[x],Csc[x] |
| 反三角函数: | ArcSin[x],ArcCos[x],ArcTan[x],ArcCot[x],AsrcSec[x],ArcCsc[x] |

双曲函数：　Sinh[x],Cosh[x],Tanh[x],Coth[x],Sech[x],Cech[x]

反双曲函数：　ArcSinh[x],ArcCosh[x],ArcTanh[x],ArcCoth[x],ArcSech[x],ArcCech[x]

四舍五入函数：　Round[x]　(* 取最接近 $x$ 的整数 *)

取整函数：　Floor[x]　(* 取不超过 $x$ 的最大整数 *)

取模：　Mod[m,n]　(* 求 $m/n$ 的模 *)

取绝对值函数：　Abs[x]

$n$ 的阶乘：　n!

符号函数：　Sign[x]

取近似值：　N[x,n]　(* 取 $x$ 的有 $n$ 位有效数字的近似值,当 $n$ 默认时,$n$ 的默认值为 6 *)

**例 6**　求 π 的 6 位和 20 位有效数字的近似值.

**解**　输入：N[Pi]

输出：3.14159

输入：N[Pi,20]

输出：3.14159265358979323285

**注**　第一个输入语句也常用另一种形式：

输入：Pi//N

输出：3.14159

**例 7**　(1) 求 $\sin\frac{\pi}{6}$的值;(2) 对−1.52 四舍五入求近似值.

**解**　(1) 输入：Sin[Pi/6]

输出：$\frac{1}{2}$

(2) 输入：Round[−1.52]

输出：−2

**例 8**　计算表达式 $\frac{1}{1+\ln 2}\sin\frac{\pi}{6}-\frac{e^{-2}}{2+\sqrt[3]{2}}\arctan(0.6)$ 的值.

**解**　输入：1/(1+Log[2]) * Sin[Pi/6]−Exp[−2]/(2+2^(1/3)) * ArcTan[.6]

输出：0.274921

**2. 自定义函数**

在 Mathematica 系统内,由字母开头的字母数字串都可用作变量名,但要注意其中不能包含空格或标点符号.变量的赋值有两种方式：一种是立即赋值,运算符是"＝";另一种是延迟赋值,运算符是"：＝".定义函数使用的符号是延迟赋值运算符"：＝".

**例 9** 定义函数 $f(x)=x^3+2x^2+1$,并计算 $f(2)$,$f(4)$,$f(6)$.

**解** 输入:

```
Clear[f,x];                 (* 清除对变量 f 原先的赋值 *)
f[x_]:=x^3+2*x^2+1;         (* 定义函数 f(x)的表达式 *)
f[2]                        (* 求 f(2)的值 *)
f[x]/.{x->4}                (* 求 f(4)的值,另一种方法 *)
x=6;                        (* 给变量 x 立即赋值 6 *)
f[x]                        (* 求 f(6)的值,又一种方法 *)
```

输出:

```
17
97
289
```

**注** 本例输入中第 1,2,5 行的结尾有";",它表示这些语句的输出结果不在屏幕上显示.

## 三、应用实例

### 1. 解方程

Mathematica 系统内,方程中的等号用符号"=="表示. 最基本的求解方程的命令为

Solve[eqns,vars]

它表示对系数按常规约定求出方程(组)的全部解,其中"eqns"表示方程(组),"vars"表示所求未知变量.

**例 10** 解方程 $x^2+3x-10=0$.

**解** 输入:Solve[x^2+3x-10==0,x]

输出:{{x→-5},{x→2}}

**例 11** 解方程组 $\begin{cases}2x+3y=0,\\x+4y=1.\end{cases}$

**解** 输入:Solve[{2x+3y==0,x+4y==1},{x,y}]

输出:$\left\{\left\{x\to-\frac{3}{5},y\to\frac{2}{5}\right\}\right\}$

很多方程(组)是根本不能求出准确根的,此时应转而求其近似根. 求方程(组)的近似根的方法有两种:一种是在方程(组)的系数中使用小数,这样所求得的根即为方程(组)的近似根;另一种是利用下列专门用于求方程(组)数值解的命令:

```
NSolve[eqns,vars]          (* 求方程(组)的全部数值解 *)
FindRoot[eqns,{x,x0},{y,y0},…]
```

后一个命令表示从点($x_0$,$y_0$,…)出发找方程(组)的一个近似根,这时常常需要利用图像法先大致确定所求根的范围,大致在什么点的附近.

**例 12**　求方程 $x^3-1=0$ 的近似根.

**解**　输入:NSolve[x^3－1== 0,x]

输出:{{$x\to-0.5-0.866025$i},{$x\to-0.5+0.866025$i},{$x\to1.$}}

输入:FindRoot[x^3－1==0,{x,.5}]

输出:{$x\to1.$}

**注**　上面例子中的输入语句为多行语句,这时可以像上面例子中那样在行尾处有逗号的地方将行与行隔开,来迫使 Mathematica 从前一行继续到下一行再执行该语句.有时候多行语句的意义不太明确,通常发生在其中有一行本身就是可执行的语句的情形,此时可在该行末尾放一个继续的记号"\",来迫使 Mathematica 继续到下一行再执行该语句.

**2. 绘图**

**例 13**　在区间[－1,1]上作出抛物线 $y=x^2$ 的图形.

**解**　输入

Plot[x^2,{x,－1,1}]

则输出如图 13-1 所示的图形.

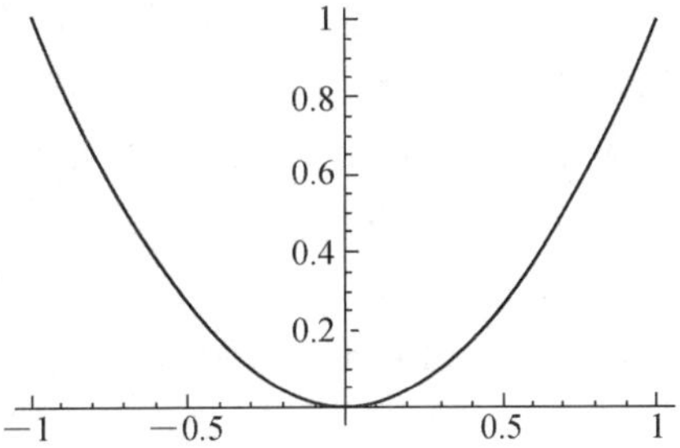


**图　13-1**

习　题　13-1

1. 解方程 $x^2+3x+2=0$.
2. 在区间[0,2π]上,作出 $y=\sin x$ 与 $y=\cos x$ 的图形.

## 第二节　高等数学的软件实现

本节是高等数学基础部分内容的软件实现,其中包括一元函数图形、极限与连续、导数、导数应用、一元函数积分、空间图形、多元微积分、无穷级数及微分方程等.通过软件的实现将加深对函数及其性质的认识与理解,对极限概念的理解;将进一步熟悉和掌握用数学软件求导数以及作图形的方法和技巧.

### 一、一元微积分的软件实现

#### 1. 一元函数图形的软件实现

**实现目的**

通过图形的软件实现加深对函数及其性质的认识与理解,掌握利用函数的图形来观察和分析函数的有关特性与变化趋势的方法,建立数形结合的思想;掌握用数学软件作平面曲线图形的方法与技巧.

**基本命令**

1) 在平面直角坐标系中作一元函数图形的命令 Plot

命令 Plot 的基本格式为

Plot[f[x],{x,min,max},选项]

命令 Plot 有很多选项,可满足作图时的各种需要.例如,输入

Plot[x^2,{x,-1,1},AspectRatio->1,
PlotStyle->RGBColor[1,0,0],PlotPoints->30]

则输出 $y=x^2$ 在区间[-1,1]上的图形,其中选项 AspectRatio->1 使图形的高宽比为 1,如果不输入此选项,那么命令默认图形的高宽比为黄金分割值;而选项 PlotStyle->RGBColor[1,0,0]使曲线采用某种颜色,方括号内的三个数分别取 0 或 1;选项 PlotPoints->30 令计算机描点作图时在每个单位长度内取 30 个点,增加这个选项会使图形更加精细.

命令 Plot 也可以在同一个坐标系内作出几个函数的图形,只要用集合的形式{f1[x],f2[x],…}代替 f[x].

2) 利用曲线参数方程作出曲线的命令 ParametricPlot

命令 ParametricPlot 的基本格式为

ParametricPlot[{g[t],h[t]},{t,min,max},选项]

其中{g[t],h[t]}表示曲线的参数方程.

例如,输入

ParametricPlot[{Cos[t],Sin[t]},{t,0,2Pi},AspectRatio->1]

则输出单位圆 $x=\cos t, y=\sin t$ 的图形.

3) 利用极坐标方程作图的命令 PolarPlot

如果想利用曲线的极坐标方程作图,则要先打开作图软件包,输入

<<Graphics`Graphics`

执行以后,可使用 PolarPlot 命令作图.其基本格式为

PolarPlot[r[t],{t,min,max},选项]

例如,设曲线的极坐标方程为 $r=3\cos 3t$,要作出它的图形,这时输入

PolarPlot[3Cos[3t], {t,0,2Pi}]

便得到了一条三叶玫瑰线.

4) 隐函数作图命令 ImplicitPlot

这里同样要先打开作图软件包,输入

<<Graphics\ImplicitPlot.m

命令 ImplicitPlot 的基本格式为

ImplicitPlot[隐函数方程,自变量的范围,作图选项]

例如,方程$(x^2+y^2)^2=x^2-y^2$ 确定了 $y$ 是 $x$ 的隐函数. 为了作出它的图形,输入

```
ImplicitPlot[(x^2+y^2)^2==x^2-y^2,{x,-1,1}]
```

则输出图形是一条双纽线.

5) 定义分段函数的命令 Which

命令 Which 的基本格式为

Which[测试条件 1,取值 1,测试条件 2,取值 2,…]

例如,输入

```
w[x_]=Which[x<0,-x,x>=0,x^2]
```

虽然输出的形式与输入没有改变,但已经定义了分段函数为

$$w(x)=\begin{cases}-x, & x<0,\\ x^2, & x\geqslant 0.\end{cases}$$

现在可以对分段函数 $w(x)$ 求函数值,也可作出函数 $w(x)$ 的图形.

**例 1**　给定函数

$$f(x)=\frac{5+x^2+x^3+x^4}{5+5x+5x^2}.$$

(1) 画出 $f(x)$ 在区间$[-4,4]$上的图形;

(2) 画出 $f(x)$ 与 $\sin x\cdot f(x)$ 在区间$[-4,4]$上的图形.

**解**　输入

```
f[x_]=(5+x^2+x^3+x^4)/(5+5x+5x^2);
g1=Plot[f[x],{x,-4,4},PlotStyle->RGBColor[1,0,0]];
```

则输出 $f(x)$ 在区间$[-4,4]$上的图形.

输入

```
g2=Plot[Sin[x]f[x],{x,-4,4},PlotStyle->RGBColor[0,1,0]];
Show[g1,g2];
```

则输出 $f(x)$ 与 $\sin x\cdot f(x)$ 在区间$[-4,4]$上的图形.

**注**　Show[…]命令把 g1 与 g2 两个图形叠加在一起显示.

**例 2**　画出函数 $y=\sin\dfrac{1}{x}$ 在区间$[-1,1]$上的图形.

**解**　输入

```
Plot[Sin[1/x],{x,-1,1}]
```

则输出所求的图形,如图 13-2 所示. 从图 13-2 中可以看到函数 $y=\sin\dfrac{1}{x}$ 在点 $x=0$ 附近来回振荡.

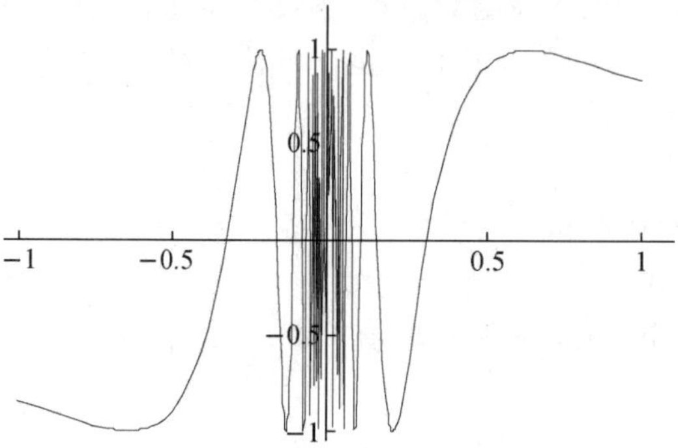


图 13-2

**例 3** 作出分段函数 $f(x)=\begin{cases} x^2\sin\dfrac{1}{x}, & x\neq 0, \\ 0, & x=0 \end{cases}$ 的图形.

**解** 输入

```
f[x_]:=which[x!=0,x^2*Sin[1/x],x=0,x];
Plot[f[x],{x,-1,1}]
```

则输出所求的图形,如图 13-3 所示.

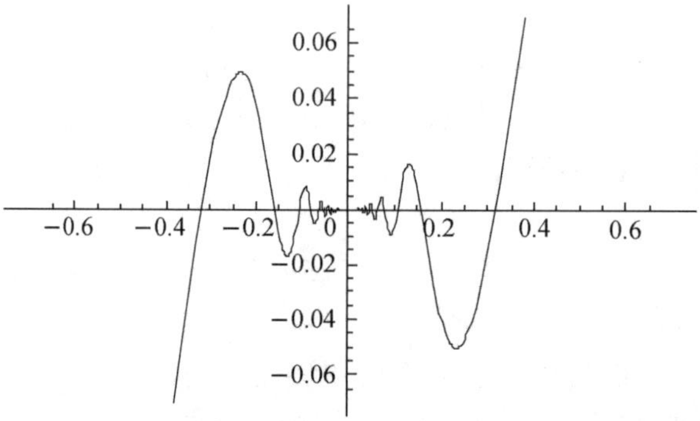


图 13-3

**2. 极限与连续的软件实现**

**实现目的**

通过计算与作图,从直观上揭示极限的本质,加深对极限概念的理解.掌握用 Mathematica 画散点图以及计算极限的方法;深入理解函数连续的概念,熟悉几种间断点的图形特征,理解闭区间上连续函数的几个重要性质.

**基本命令**

1）画散点图的命令 ListPlot

命令 ListPlot 的基本格式为

ListPlot[{{x1,y1},{x2,y2},…,{xn,yn}},选项]

或者

ListPlot[{y1,y2,…,yn},选项]

前一形式的命令,在坐标平面上绘制点列$(x_1,y_1),(x_2,y_2),\cdots,(x_n,y_n)$的散点图;后一形式的命令,默认自变量 $x_i$ 依次取正整数 $1,2,\cdots,n$,作出点列为$(1,y_1),(2,y_2),\cdots,(n,y_n)$的散点图.

命令 ListPlot 的选项主要有两个:

(1) PlotJoined－＞True,要求用折线将散点连接起来;

(2) PlotStyle－＞PointSize[0.02],表示散点的大小.

2）产生集合或者数表的命令 Table

命令 Table 可产生一个数表或者一个集合.例如,输入

Table[j^2,{j,1,6}]

则产生由前 6 个正整数的平方组成的数表

{1,4,9,16,25,36}.

3）连加求和的命令 Sum

命令 Sum 大致相当于求和的数学符号 $\sum$.例如,输入

Sum[1/i,{i,100}]//N

执行后得到 $\frac{1}{1}+\frac{1}{2}+\frac{1}{3}+\cdots+\frac{1}{100}$ 的近似值.

与 Sum 类似的还有连乘求积的命令 Product.

4）求函数多次自复合的命令 Nest

用命令 Nest 来求函数对自己的复合函数.例如,输入

Nest[Sin,x,3]

则输出将正弦函数自己复合 3 次的函数

Sin[Sin[Sin[x]]]

5）求极限的命令 Limit

命令 Limit 的基本格式为

Limit[f[x],x－＞a]

其中“f[x]”是数列或者函数的表达式,“x－＞a”是自变量的变化趋势.如果自变量趋向于无穷,则用“x－＞Infinity”表示.

对于单侧极限,通过命令 Limit 的选项 Direction 表示自变量的变化方向.

求当 $x\to a^+$ 时的极限(右极限),用 Limit[f[x],x－＞a,Direction－＞－1];

求当 $x\to a^-$ 时的极限(左极限),用 Limit[f[x],x－＞a,Direction－＞＋1];

求当 $x\to+\infty$ 时的极限,用 Limit[f[x],x－＞Infinity,Direction－＞＋1];

求当 $x\to-\infty$ 时的极限,用 Limit[f[x],x－＞Infinity,Direction－＞－1].

**注** 右极限用减号,表示自变量减少并趋于 $a$;同理,左极限用加号,表示自变量增加并趋于 $a$.

**例 4** 通过动画观察当 $n\to\infty$ 时,数列 $\left\{a_n=\frac{1}{n^2}\right\}$ 的变化趋势.

**解** 输入

```
Clear[tt];
tt={1,1/2^2,1/3^2};
Do[tt=Append[tt,N[1/i^2]],{i,4,20}];
ListPlot[tt,PlotRange->{0,1},PlotStyle->PointSize[0.02]]]
```

则输出所求的动画图形(图形略).从图中可以看出所画出的点逐渐接近于 $x$ 轴.

**例 5** 作出函数 $f(x)=\frac{x^3-9x}{x^3-x}$ 在区间[－4,4]上的图形,并研究 $\lim\limits_{x\to0}f(x)$ 和 $\lim\limits_{x\to1}f(x)$.

**解** 输入

```
Clear[f];
f[x_]:=(x^3-9x)/(x^3-x);
Plot[f[x],{x,-4,4}]
```

则输出 $f(x)$ 的图形(图形略).从图中可猜测 $\lim\limits_{x\to0}f(x)=9$, $\lim\limits_{x\to\pm1}f(x)=\infty$.

**例 6** 研究重要极限 $\lim\limits_{x\to\infty}\left(1+\frac{1}{x}\right)^x$.

**解** 输入

```
Limit[(1+1/n)^n,n->Infinity]
```

则输出为 e.再输入

```
Plot[(1+1/x)^x,{x,1,100}]
```

则输出函数 $\left(1+\frac{1}{x}\right)^x$ 的图形(图形略).观察图中该函数的单调性,理解重要极限

$$\lim_{x\to+\infty}\left(1+\frac{1}{x}\right)^x=\mathrm{e}.$$

### 3. 导数的软件实现

**实现目的**

深入理解导数与微分的概念、导数的几何意义;掌握用 Mathematica 求导数与高阶导数的方法;深入理解和掌握求隐函数的导数,以及求由参数方程确定的函数的导数的方法.

**基本命令**

1）求导数的命令 D 与求微分的命令 Dt

D[f,x]给出 $f$ 关于 $x$ 的导数，而将表达式 $f$ 中的其他变量看作常量. 因此，如果 $f$ 是多元函数，则给出 $f$ 关于 $x$ 的偏导数.

D[f,{x,n}]给出 $f$ 关于 $x$ 的 $n$ 阶导数或者偏导数.

D[f,x,y,z,…]给出 $f$ 关于 $x,y,z,\cdots$ 的混合偏导数.

Dt[f,x]给出 $f$ 关于 $x$ 的全导数，将表达式 $f$ 中的其他变量都看作 $x$ 的函数.

Dt[f]给出 $f$ 的微分. 如果 $f$ 是多元函数，则给出 $f$ 的全微分.

上述命令对表达式为抽象函数的情形也适用，其结果也是一些抽象符号.

命令 D 的选项 NonConstants－＞{…}指出{…}内的字母是 $x$ 的函数.

命令 Dt 的选项 Constants－＞{…}指出{…}内的字母是常数.

2）循环语句 Do

循环语句 Do 的基本格式为

Do[表达式，循环变量的范围]

表达式中一般有循环变量，有多种方法说明循环变量的取值范围. 最完整的格式是

Do[表达式，{循环变量名，最小值，最大值，增量}]

当省略增量时，默认增量为 1；省略最小值时，默认最小值为 1.

例如，输入

```
Do[Print[Sin[n * x]],{n,1,10}]
```

则在屏幕上显示 Sin[x],Sin[2x],…,Sin[10x] 等 10 个函数.

**例 7**　作函数 $f(x)=2x^3+3x^2-12x+7$ 的图形和它在点 $x=-1$ 处的切线.

**解**　输入

```
Clear[f];
f[x_]:=2x^3+3x^2-12x+7;
plotf:=Plot[f[x],{x,-4,3},DisplayFunction->Identity];
plot2:=Plot[f'[-1]*(x+1)+f[-1],{x,-4,3},PlotStyle->GrayLevel[0.5],
        DisplayFunction->Identity];
Show[plotf,plot2,DisplayForm->$DisplayFunction]
```

执行后便在同一个坐标系内作出函数 $f(x)$ 的图形和它在点 $x=-1$ 处的切线(图形略).

**例 8**　求由方程 $2x^2-2xy+y^2+x+2y+1=0$ 确定的隐函数的导数.

**解**　方法 1　输入

```
deq1=D[2x^2-2x*y[x]+y[x]^2+x+2y[x]+1==0,x]
```

这里输入 y[x]表示 $y$ 是 $x$ 的函数. 输出为对原方程两边求导数后的方程 deq1：

```
1+4x-2y[x]+2y'[x]-2xy'[x]+2y[x]y'[x]==0
```

再解此方程,输入

Solve[deq1,y'[x]]

则输出所求的结果

$$\left\{\left\{y'[x]\to\frac{+1+4x-2y[x]}{2(-1+x-y[x])}\right\}\right\}$$

方法 2　使用微分命令.输入

deq2=Dt[2x^2-2x*y+y^2+x+2y+1==0,x]

得到导数满足的方程 deq2:

1+4x-2y+2 Dt[y,x]-2xDt[y,x]+2yDt[y,x]=0

再解此方程,输入

Solve[deq2,Dt[y,x]]

则输出

$$\left\{\left\{Dt[y,x]\to-\frac{-1-4x+2y}{2(-1+x-y)}\right\}\right\}$$

注意到,前者用 y'[x]表示导数,而后者用 Dt[y,x]表示导数.

如果求二阶导数,再输入

deq3=D[deq1,x];

Solve[{deq1,deq3},{y'[x],y''[x]}]//Simplify

则输出

$$\left\{\left\{y''[x]\to\frac{13+4x+8x^2-8(-1+x)y[x]+4y[x]^2}{4(-1+x-y[x])^3},y'[x]\to\frac{1+4x-2y[x]}{-2+2x-2y[x]}\right\}\right\}$$

**例 9**　求由参数方程 $x=e^t\cos t, y=e^t\sin t$ 确定的函数的导数.

**解**　输入

D[E^t*Sin[t],t]/D[E^t*Cos[t],t]

则得到导数

$$\frac{e^t Cos[t]+e^t Sin[t]}{e^t Cos[t]-e^t Sin[t]}$$

再输入

D[%,t]/D[E^t*Cos[t],t]//Simplify

则得到二阶导数

$$\frac{2e^{-t}}{(Cos[t]-Sin[t])^3}$$

**4. 导数应用的软件实现**

**实现目的**

理解并掌握用函数的导数确定函数的单调区间、凹凸区间和函数的极值的方法;进一步熟悉和掌握用 Mathematica 作平面图形的方法和技巧;掌握用 Mathematica 求方程的根(包括近似根)和求函数极值(包括近似极值)的方法.

**基本命令**

1) 求多项式方程的近似根的命令 NSolve 和 NRoots

命令 NSolve 的基本格式为

NSolve[f[x]==0,x]

执行后得到多项式方程 $f(x)=0$ 的所有根(包括复根)的近似值.

命令 NRoots 的基本格式为

NRoots[f[x]==0,x,n]

它同样给出方程所有根的近似值,但是二者表示方法不同.在命令 NRoots 的后面所添加的选项 n,要求在求根过程中保持 $n$ 位有效数字;没有这个选项时,默认的有效数字是 16 位.

2) 求一般方程的近似根的命令 FindRoot

命令的基本格式为

FindRoot[f[x]==0,{x,a},选项]

或者

FindRoot[f[x]==0,{x,a,b},选项]

其中大括号中的 x 是方程的未知数,而 a 和 b 是求近似根时所需要的初值.执行后得到方程 $f(x)=0$在初值 $a$ 附近,或者在初值 $a$ 与 $b$ 之间的一个根.

方程的右端不必是 0,形如 $f(x)=g(x)$的方程也可以求根.此外,这个命令也可以求方程组的近似根,此时需要用大括号将多个方程括起来,同时也要给出各未知数的初值.例如:

FindRoot[{f[x,y]==0,g[x,y]==0},{x,a},{y,b}]

由于这个命令需要初值,应先作函数的图形,确定方程有几个根,以及根的大致位置或所在区间,再分别输入初值求根.

命令的主要选项有:

(1) 最大迭代次数:MaxIterations->n,默认值是 15.

(2) 计算中保持的有效数字位数:WorkingPrecision->n,默认值是 16.

3) 求函数极小值的近似值的命令 FindMinimum

命令 FindMinimum 的基本格式为

FindMinimum[f[x],{x,a},选项]

执行后得到函数 $f(x)$在初值 $a$ 附近的一个极小值的近似值.

这个命令的选项与 FindRoot 相同,只是迭代次数的默认值是 30.

如果求函数 $f(x)$的极大值的近似值,可以对函数 $-f(x)$用这个命令.不过,正确的极大值是所得到的极小值的相反数.

使用此命令前,也要先作函数的图形,以确定极值的个数与初值.

4) 作平面图元的命令 Graphics

如果要在平面上作点、圆、线段和多边形等图元,可以直接用命令 Graphics,再用命令 Show 在屏幕上显示.例如,输入

```
g1=Graphics[Line[{{1,-1},{6,8}}]]
Show[g1,Axes->True]
```

执行后得到以(1,-1)和(6,8)为端点的直线段.

实际上,Show 命令中可以添加命令 Graphics 的所有选项.如果要作出过已知点的折线,只要把这些点的坐标组成的集合放在命令 Line[ ]之内即可.例如,输入

```
Show[Graphics[Line[{{0,0},{1,2},{3,-1}}]],Axes->True]
```

则输出图 13-4.

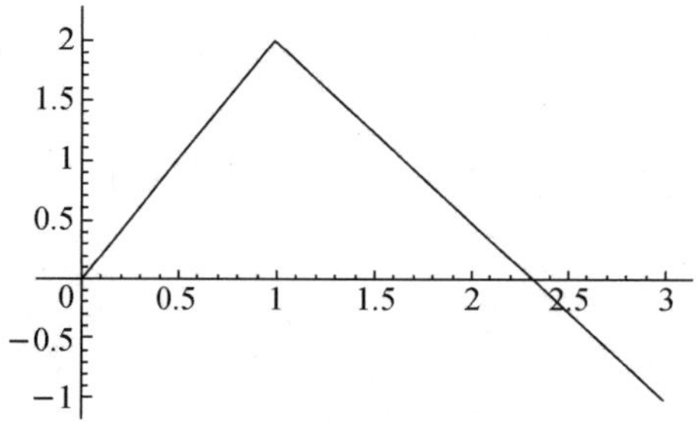


图 13-4

**例 10** 求函数 $y=x^3-3x+1$ 的单调区间.

**解** 输入

```
f1[x_]:=x^3-3x+1;
Plot[{f1[x],f1'[x]},{x,-2.5,2.5},AspctRatio->1,PlotStyle->
        {GrayLevel[0.02],Dashing[{0.02}]}]
```

则输出图 13-5.

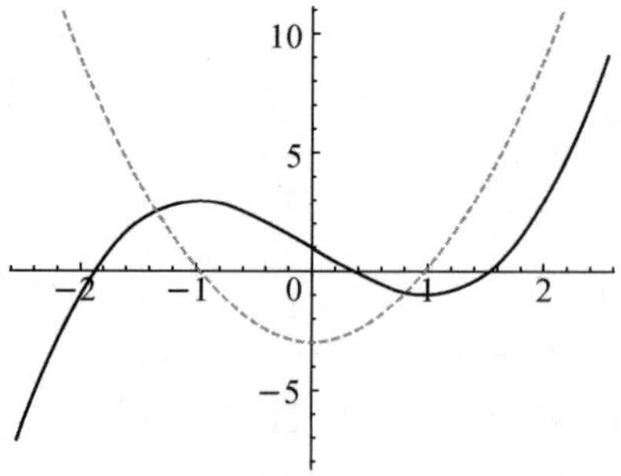


图 13-5

图 13-5 中的虚线是导函数的图形.观察函数的单调性与导函数的正负之间的关系.

再输入

Solve[f1′[x]==0,x]

则输出

{{x→-1,x→1}}

即得到导函数的零点±1.用这两个零点，把导函数的定义域分为三个区间.因为导函数连续，在它的两个零点之间，导函数保持相同符号.因此，只需在每个小区间上取一点计算导数值，即可判定导数在该区间的正负，从而得到函数的单调性.输入

f1′[-1.5]

f1′[0]

f1′[1.5]

则输出为

3.75

-3

3.75

这说明，导函数的符号在区间$(-\infty,-1)$，$(-1,1)$，$(1,+\infty)$上分别取+，-和+.因此，函数在区间$(-\infty,-1]$和$[1,+\infty)$上单调增加，在区间$[-1,1]$上单调减少.

**例 11**　求函数 $y=\dfrac{x}{1+x^2}$ 的极值.

**解**　输入

f2[x_]:=x/(1+x^2);

Plot[f2[x],{x,-10,10}]

则输出图 13-6.

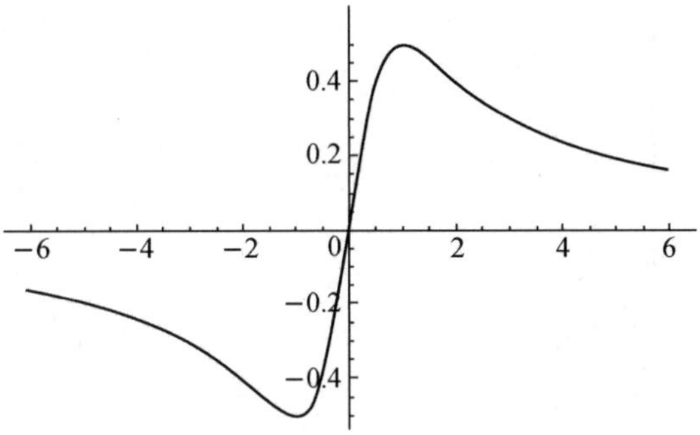


**图　13-6**

观察函数的两个极值.再输入

Solve[f2′[x]==0,x]

则输出

{{x→-1},{x→1}}

即驻点为 $x=\pm1$. 用二阶导数判定极值. 输入

f2″[-1]

f2″[1]

则输出

1/2

-1/2

因此,$x=-1$ 是极小值点,$x=1$ 是极大值点.

为了求出极值,再输入

f2[-1]

f2[1]

则输出

-1/2

1/2

即极小值为-1/2,极大值为 1/2.

**例 12** 求函数 $y=2\sin^2 2x+\frac{5}{2}x\cos^2\frac{x}{2}$ 位于区间(0,π)内的极值的近似值.

**解** 输入

```
f4[x_]:=2 (Sin[2x])^2+5x*(Cos[x/2])^2/2;
Plot[f4[x],{x,0,Pi}]
```

则输出图 13-7.

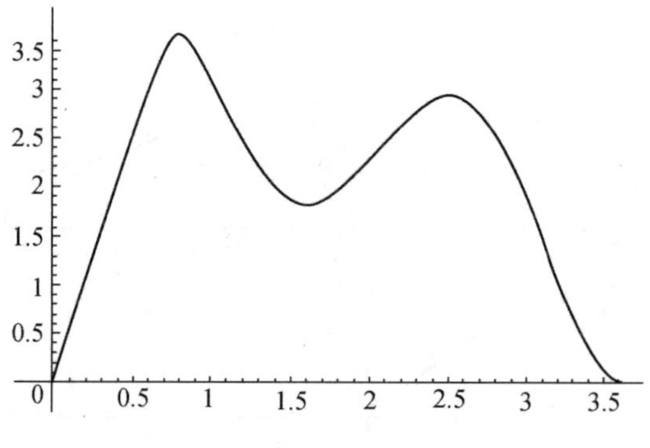


图 13-7

观察函数的图形,发现大约在 $x=1.5$ 附近有极小值,在 $x=0.6$ 和 $x=2.5$ 附近有极大值. 用命令 FindMinimum 直接求极值的近似值. 输入

FindMinimum[f4[x],{x,1.5}]

则输出

{1.94461,{x→1.62391}}

即同时得到极小值 1.944 61 和极小值点 1.623 91. 再输入

FindMinimum[-f4[x],{x,0.6}]

FindMinimum[-f4[x],{x,2.0}]

则输出

{-3.73233,{x->0.864194}}

{-2.95708,{x->2.24489}}

即得到函数 $-y$ 的两个极小值和极小值点. 再转化成函数 $y$ 的极大值和极大值点即可.

**5. 一元函数积分的软件实现**

**实现目的**

掌握用 Mathematica 计算不定积分与定积分的方法；通过作图和观察，深入理解定积分的概念和思想方法；初步了解定积分的近似计算方法；理解变上限积分的概念；提高应用定积分解决各种问题的能力.

**基本命令**

1）计算不定积分与定积分的命令 Integrate

求不定积分时，用命令 Integrate，其基本格式为

Integrate[f[x],x]

例如，输入

Integrate[x^2+a,x]

则输出

$$\mathrm{ax}+\frac{\mathrm{x}^3}{3}$$

其中 a 是常数. 注意，积分常数 $C$ 被省略.

求定积分时，也用命令 Integrate，其基本格式为

Integrate[f[x],{x,a,b}]

其中 a 是积分的下限，b 是积分的上限.

**注**　Mathematica 的很多命令可以用相应的运算符号来代替. 例如，命令 Integrate 可用积分号 $\int$ 代替；命令 Sum 可以用求和号 $\sum$ 代替；命令 Product 可用连乘号 $\prod$ 代替. 因此，只要调出这些运算符号，就可以代替通过键盘输入命令. 调用这些命令时，只要打开左上角的 File 菜单，点击 Palettes 中的 BasicCalculations，再点击 Calculus 就可以得到不定积分号、定积分号、

求和号、求偏导数符号等.为了行文方便,下面仍然使用键盘输入命令,但也可以试用这些数学符号直接计算.

2) 数值积分命令 NIntegrate

命令 NIntegrate 用于求定积分的近似值,其基本格式为

```
NIntegrate[f[x],{x,a,b}]
```

例如,输入

```
NIntegrate[Sin[x^2],{x,0,1}]
```

则输出

```
0.310268
```

3) 循环语句 For

循环语句 For 的基本格式为

```
For[循环变量的起始值,测试条件,增量,运算对象]
```

运行此命令时,将多次对后面的对象进行运算,直到循环变量不满足测试条件为止,这里必须用三个逗号","分开这四个部分.如果运算对象由多个命令组成,则命令之间用分号";"隔开.

例如,输入

```
t=0;
For[j=1,j<=10,j++,t=t+j];
t
```

则循环变量 $j$ 从 1 开始,到 10 结束,每次增加 1.执行结果是输出变量 $t$ 的最终值 $1+2+\cdots+10=55$.

**注** For 语句中的 j++ 实际表示 j=j+1.

**计算积分的应用举例**

当函数 $f(x)$ 在 $[a,b]$ 上连续时,有

$$\int_a^b f(x)\mathrm{d}x=\lim_{n\to\infty}\frac{b-a}{n}\sum_{k=0}^{n-1}f\left[a+k\frac{(b-a)}{n}\right]=\lim_{n\to\infty}\frac{b-a}{n}\sum_{k=1}^{n}f\left[a+k\frac{(b-a)}{n}\right].$$

因此可将

$$\frac{b-a}{n}\sum_{k=0}^{n-1}f\left[a+k\frac{(b-a)}{n}\right]\quad 与\quad \frac{b-a}{n}\sum_{k=1}^{n}f\left[a+k\frac{(b-a)}{n}\right]$$

作为 $\int_a^b f(x)\mathrm{d}x$ 的近似值.

为了方便计算,在例 13 中定义这两个近似值为 $f,a,b$ 和 $n$ 的函数.

**例 13** 计算 $\int_0^1 x^2\mathrm{d}x$ 的近似值.

**解** 输入

```
s1[f_,{a_,b_},n_]:=N[(b-a)/n*Sum[f[a+k*(b-a)/n],{k,0,n-1}]];
s2[f_,{a_,b_},n_]:=N[(b-a)/n*Sum[f[a+k*(b-a)/n],{k,1,n}]];
```

再输入

```
Clear[f];f[x_]=x^2;
js1=Table[{2^n,s1[f,{0,1},2^n],s2[f,{0,1},2^n]},{n,1,10}];
TableForm[js1,TableHeadings->{None,{ "n","s1","s2"}}]
```

则输出

| n | s1 | s2 |
|---|---|---|
| 2 | 0.125 | 0.625 |
| 4 | 0.21875 | 0.46875 |
| 8 | 0.273438 | 0.398438 |
| 16 | 0.302734 | 0.365234 |
| 32 | 0.317871 | 0.349121 |
| 64 | 0.325562 | 0.341187 |
| 128 | 0.329437 | 0.33725 |
| 256 | 0.331383 | 0.335289 |
| 512 | 0.332357 | 0.334311 |
| 1024 | 0.332845 | 0.333822 |

这是$\int_0^1 x^2\,dx$的一系列近似值，且有$s_1 < \int_0^1 x^2\,dx < s_2$.

**例 14**　计算$\int x^2(1-x^3)^5\,dx$.

**解**　输入

```
Integrate[x^2*(1-x^3)^5,x]
```

则输出

$$\frac{x^3}{3}-\frac{5x^6}{6}+\frac{10x^9}{9}-\frac{5x^{12}}{6}+\frac{x^{15}}{3}-\frac{x^{18}}{18}$$

**例 15**　计算$\int_0^4 |x-2|\,dx$.

**解**　输入

```
Integrate[Abs[x-2],{x,0,4}]
```

则输出

4

**例 16** 计算 $\int_1^2 \sqrt{4-x^2}\mathrm{d}x$.

**解** 输入

```
Integrate[Sqrt[4-x^2],{x,1,2}]
```

则输出

$$\frac{1}{6}(-3\sqrt{3}+4\pi)$$

**例 17** 计算 $\int_0^1 \mathrm{e}^{-x^2}\mathrm{d}x$.

**解** 输入

```
Integrate[Exp[-x^2],{x,0,1}]
```

则输出

$$\frac{1}{2}\sqrt{\pi}\mathrm{Erf}[1]$$

其中 Erf 是误差函数,不是初等函数.改为求数值积分,输入

```
NIntegrate[Exp[-x^2],{x,0,1}]
```

则有结果

$$0.746824$$

**例 18** 求 $\frac{\mathrm{d}}{\mathrm{d}x}\int_0^{\cos^2 x} w(x)\mathrm{d}x$.

**解** 输入

```
D[Integrate[w[x],{x,0,Cos[x]^2}],x]
```

则输出

$$-2\mathrm{Cos}[x]\ \mathrm{Sin}[x]w[\mathrm{Cos}[x]^2]$$

**注** 这里使用了复合函数求导公式.

**例 19** 画出变上限函数 $\int_0^x t\sin t^2\mathrm{d}t$ 及其导函数的图形.

**解** 输入

```
f1[x_]:=Integrate[t*Sin[t^2],{t,0,x}];
f2[x_]:=Evaluate[D[f1[x],x]];
g1=Plot[f1[x],{x,0,3},PlotStyle->RGBColor[1,0,0]];
g2=Plot[f2[x],{x,0,3},PlotStyle->RGBColor[0,0,1]];
Show[g2,g1]
```

则输出所求的图形(图形略).

### 6. 空间图形的软件实现

**实现目的**

掌握用 Mathematica 绘制空间曲线和曲面的方法；熟悉常用空间曲线和空间曲面的图形特征，并通过作图和观察，提高空间想象能力；深入理解二次曲面方程及其图形.

**基本命令**

1) 空间直角坐标系中作三维图形的命令 Plot3D

命令 Plot3D 主要用于绘制二元函数 $z=f(x,y)$的图形. 该命令的基本格式为

Plot3D[f[x,y],{x,x1,x2},{y,y1,y2},选项]

其中 f[x,y]是 $x,y$ 的二元函数，x1，x2 表示 $x$ 的作图范围，y1，y2 表示 $y$ 的作图范围.

例如，输入

Plot3D[x^2+y^2,{x,-2,2},{y,-2,2}]

则输出函数 $z=x^2+y^2$ 在区域 $-2\leqslant x\leqslant 2,-2\leqslant y\leqslant 2$ 上的图形，它是一个旋转抛物面(图略去).

与 Plot 命令类似，Plot3D 有许多选项，其中常用的有 PlotPoints 和 ViewPoint. PlotPoints 的用法与前面相同，由于其默认值为 PlotPoints->15，常常需要增加一些点以使曲面更加精致，可能要用更多的时间才能完成作图. 选项 ViewPoint 用于选择图形的视点(视角)，其默认值为 ViewPoint->{1.3,-2.4,2.0}，需要时可以改变视点.

2) 利用参数方程作空间曲面或曲线的命令 ParametricPlot3D

用于作曲面时，命令 ParametricPlot3D 的基本格式为

ParametricPlot3D[{x[u,v],y[u,v],z[u,v]},{u,u1,u2},{v,v1,v2},选项]

其中 x[u,v]，y[u,v]，z[u,v]是曲面的参数方程表示式；u1，u2 是作图时参数 u 的范围；v1，v2 是参数 v 的范围.

例如，输入

ParametricPlot3D[{u*Cos[v],u*Sin[v],u^2},{u,0,3},{v,0,2Pi}]

同样得到旋转抛物面 $z=x^2+y^2$. 由于自变量的取值范围不同，图形也不同. 不过，此命令比较好地反映了旋转曲面的特点，因而是常用的方法.

又如，以原点为中心，2 为半径的球面，相应的函数是多值函数，不能用命令 Plot3D 作图. 但是，它的参数方程为

$$x=2\sin\varphi\cos\theta,\quad y=2\sin\varphi\sin\theta,\quad z=2\cos\varphi,\quad 0\leqslant\varphi\leqslant\pi,0\leqslant\theta\leqslant 2\pi.$$

因此，只要输入

ParametricPlot3D[{2Sin[u]*Cos[v],2Sin[u]*Sin[v],2Cos[u]},{u,0,Pi},{v,0,2Pi}]

便可作出方程为 $z^2+x^2+y^2=2^2$ 的球面.

用于作空间曲线时，ParametricPlot3D 的基本格式为

ParametricPlot3D[{x[t],y[t],z[t]},{t,t1,t2},选项]

其中 x[t],y[t],z[t]是曲线的参数方程的表示式;t1,t2 是作图时参数 t 的范围.

例如,空间螺旋线的参数方程为

$$x=\cos t,\quad y=\sin t,\quad z=t/10\quad (0\leqslant t\leqslant 8\pi),$$

输入

ParametricPlot3D[{Cos[t],Sin[t],t/10,{t,0,8Pi},PlotStyle→RGBColor[1,0,0]}]

则输出一条红色的螺旋线(注意选项 RGBColor[1,0,0]的位置).

用命令 ParametricPlot3D 作空间曲线时,选项 PlotPoints 的默认值是 30,选项 ViewPoint 的默认值没有改变.

3) 作三维动画的命令 MoviPlot3D

无论在平面或空间中,先作出一系列的图形,再连续不断地放映,便得到动画.

例如,输入调用作图软件包命令

<<Graphics\Animation.m

执行后再输入

MoviePlot3D[Cos[t * x] * Sin[t * y],{x,-Pi,Pi},{y,-Pi,Pi},{t,1,2},Frames->12]

则作出 12 幅曲面,选中任一幅图形,双击它便可形成动画.

**例 20** 作出函数 $z=6-2x-3y$ 的图形,其中 $0\leqslant x\leqslant 3,0\leqslant y\leqslant 2$.

**解** 输入

Plot3D[6-2x-3y,{x,0,3},{y,0,2}]

则输出所作图形(图形略).

如果只要位于第一卦限的部分,则输入

Plot3D[6-2x-3y,{x,0,3},{y,0,2},PlotRange->{0,6}]

观察图形,其中作图范围选项为 PlotRange->{0,6},而删除的部分显示为一个水平平面.

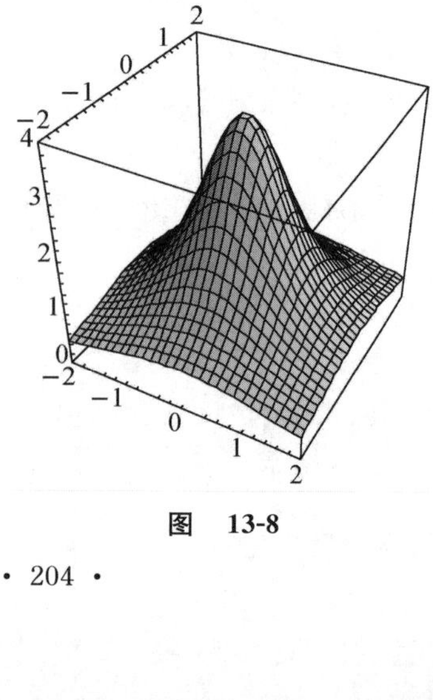


**图 13-8**

**例 21** 作出函数 $z=\dfrac{4}{1+x^2+y^2}$ 的图形.

**解** 输入

k[x_,y_]:=4/(1+x^2+y^2)

Plot3D[k[x,y],{x,-2,2},{y,-2,2},PlotPoints->30,
    PlotRange->{0,4},BoxRatios->{1,1,1}]

则输出的函数图形如图 13-8 所示.观察图形,理解选项 PlotRange->{0,4}和 BoxRatios->{1,1,1}的含义.选项 BoxRatios 的默认值是{1,1,0.4}.

**例 22** 作出单叶双曲面 $\dfrac{x^2}{1}+\dfrac{y^2}{4}-\dfrac{z^2}{9}=1$ 的图形.

**解**　曲面的参数方程为

$$x = \sec u \sin v,\quad y = 2\sec u \cos v,\quad z = 3\tan u$$
$$(-\pi/2 < u < \pi/2, 0 \leqslant v \leqslant 2\pi).$$

输入

```
ParametricPlot3D[{Sec[u] * Sin[v],2 * Sec[u] *
        Cos[v],3 * Tan[u]},{u,-Pi/2,Pi/2},
        {v,0,2Pi},PlotPoints->30]
```

则输出所求的单叶双曲面图形(图形略).

**例 23**　作出圆环

$$x=(8+3\cos v)\cos u,\quad y=(8+3\cos v)\sin u,\quad z=7\sin v\quad (0\leqslant u\leqslant 3\pi/2, \pi/2\leqslant v\leqslant 2\pi)$$

的图形.

**解**　输入

```
ParametricPlot3D[{(8+3 * Cos[v]) * Cos[u],(8+3 * Cos[v]) * Sin[u],
        7 * Sin[v]},{u,0,3 * Pi/2},{v,Pi/2,2 * Pi}]
```

则输出所求的圆环图形(图形略).

**曲面相交的作图**

**例 24**　作出球面 $x^2+y^2+z^2=2^2$ 和柱面 $(x-1)^2+y^2=1$ 相交的图形.

**解**　输入

```
g1=ParametricPlot3D[{2Sin[u] * Cos[v],2Sin[u] * Sin[v],2Cos[u]},
        {u,0,Pi},{v,0,2Pi},DisplayFunction->Identity];
g2=ParametricPlot3D[{2Cos[u]^2,Sin[2u],v},
        {u,-Pi/2,Pi/2},{v,-3,3},DisplayFunction->Identity];
Show[g1,g2,DisplayFunction->$DisplayFunction]
```

则输出所求的图形(图形略).

**例 25**　作出曲面 $z=\sqrt{1-x^2-y^2}$, $x^2+y^2=x$ 及 $Oxy$ 面所围成的立体图形.

**解**　输入

```
g1=ParametricPlot3D [{r * Cos[t],r * Sin[t],Sgrt[1-r^2]},{t,0,2Pi},{r,0,1},
        PlotPoints->30];
g2=ParametricPlot3D [{(Cos[t]+1)/2,(Sin[t])/2,r},{t,-Pi,Pi},
        {r,0,1},PlotPoints->30];
Show[g1,g2]
```

则输出所求的图形(图形略).

**例 26**　作出螺旋线 $x=10\cos t, y=10\sin t, z=2t(t\in \mathbf{R})$ 在 $Ozx$ 面上的正投影曲线的图形.

**解** 所给螺旋线在 $Ozx$ 面上的投影曲线的参数方程为

$$x=10\cos t,\quad z=2t.$$

输入

ParametricPlot[{2t,10Cos[t]},{t,-2Pi,2Pi}];

则输出所求的图形(图形略).

**注** 将表示曲线的方程组消去其中一个变量,即得到曲线在相应于这一变量方向上的正投影曲线的方程,不考虑曲线所在的平面,它就是投影柱面方程;对于参数方程,只要注意将方程中并不存在的那个变量看成第二参数而添加第三个方程即可.

**例 27** 用动画演示由曲线 $y=\sin z, z\in[0,\pi]$绕 $z$ 轴旋转产生旋转曲面的过程.

**解** 该曲线绕 $z$ 轴旋转所得旋转曲面的方程为 $x^2+y^2=\sin^2 z$, 其参数方程为

$$x=\sin z\cos u, y=\sin z\sin u, z=z\quad (z\in[0,\pi], u\in[0,2\pi]).$$

输入

```
For[i=1,i<=30,i++,ParametricPlot3D[{Sin[z]*Cos[u],Sin[z]*Sin[u],z},
    {z,0,Pi},{u,0,2*Pi*i/30},AspectRatio->1,AxesLabel->{"X","Y","Z"}]];
```

则输出连续变化的 30 幅图形. 双击屏幕上任意一幅图形,均可观察动画效果.

## 二、多元函数微积分的软件实现

### 1. 多元微积分的软件实现

**实现目的**

掌握利用 Mathematica 计算多元函数偏导数和全微分的方法,以及求二元函数极值和条件极值的方法;通过作图和观察,理解二元函数的性质;掌握利用 Mathematica 计算二重积分方法,进而提高应用重积分解决实际问题的能力.

**基本命令**

1) 求偏导数的命令 D

命令 D 既可以用于求一元函数的导数,也可以用于求多元函数的偏导数. 例如:

求 $f(x,y,z)$对 $x$ 的偏导数,则输入 D[f[x,y,z],x]

求 $f(x,y,z)$对 $y$ 的偏导数,则输入 D[f[x,y,z],y]

求 $f(x,y,z)$对 $x$ 的二阶偏导数,则输入 D[f[x,y,z],{x,2}]

求 $f(x,y,z)$对 $x,y$ 的混合偏导数,则输入 D[f[x,y,z],x,y]

……

2) 求全微分的命令 Dt

命令 Dt 只用于求二元函数 $f(x,y)$的全微分,其基本格式为

Dt[f[x,y]]

其输出的表达式中含有 Dt[x],Dt[y],它们分别表示自变量的微分 $dx$,$dy$. 若函数 $f(x,y)$ 的表达式中还含有其他用字符表示的常数,例如 $a$,则 Dt[f[x,y]]的输出中还会有 Dt[a];若采用选项 Constants－>{a},即只要输入

Dt[f[x,y],Constants－>{a}]

就可以得到正确结果.

3）计算重积分的命令 lntegrate 和 NIntegrate

用命令 lntegrate 和 NIntegrate 来计算重积分. 例如,计算 $\int_0^1\int_0^x xy^2\,dy\,dx$ 时,输入

Integrate[x * y^2,{x,0,1},{y,0,x}]

则输出

$$\frac{1}{15}$$

又如,计算 $\int_0^1\int_0^1 \sin(xy^2)\,dy\,dx$ 的近似值时,输入

NIntegrate[Sin[x * y^2],{x,0,1},{y,0,1}]

则输出

0.160839

**注**　Integrate 命令先对后边的变量积分.

利用 Mathematica 计算重积分,关键是确定各个积分变量的积分限.

**例 28**　设 $z=\sin(xy)+\cos^2(xy)$,求 $\frac{\partial z}{\partial x},\frac{\partial z}{\partial y},\frac{\partial^2 z}{\partial x^2},\frac{\partial^2 z}{\partial x\partial y}$.

**解**　输入

```
Clear[z];
z=Sin[x * y]+Cos[x * y]^2;
D[z,x]
D[z,y]
D[z,{x,2}]
D[z,x,y]
```

则输出所求的结果(结果略).

**例 29**　设 $z=(a+xy)^y$,其中 $a$ 是常数,求 $dz$.

**解**　输入

```
Clear[z,a];
z=(a+x * y)^y;
wf=Dt[z,Constants－>{a}]//Simplify
```

则输出

(a+xy)^(-1+y)(y^2Dt[x,Constants→{a}]+
Dt[y,Constants→{a}](xy+(a+xy)Log[a+xy]))

其中 Dt[x,Constants→{a}]就是 $dx$,Dt[y,Constants→{a}]就是 $dy$. 可以用代换命令"/."把它们换掉：输入

```
wf/.{Dt[x,Constants->{a}]->dx,Dt[y,Constants->{a}]->dy}
```

则输出为

(a+xy)^(-1+y)(y^2dx+dy(xy+(a+xy)Log[a+xy]))

**例 30** 设 $x=e^u+u\sin v, y=e^u-u\cos v$,求 $\frac{\partial u}{\partial x},\frac{\partial u}{\partial y},\frac{\partial v}{\partial x},\frac{\partial v}{\partial y}$.

**解** 输入

```
eq1=D[x==E^u+u*Sin[v],x,NonConstants->{u,v}]
  (*第一个方程两边对x求导数,把u,v看成x,y的函数*)
eq2=D[y==E^u-u*Cos[v],x,NonConstants->{u,v}]
  (*第二个方程两边对x求导数,把u,v看成x,y的函数*)
Solve[{eq1,eq2},{D[u,x,NonConstants->{u,v}],
    D[v,x,NonConstants->{u,v}]}]//Simplify
  (*解求导数以后由eq1,eq2组成的方程组*)
```

则输出

{{D[u,x,NonConstants→{u,v}]→$\frac{\text{Sin[v]}}{1-e^u\text{Cos[v]}+e^u\text{Sin[v]}}$,

D[v,x,NonConstants→{u,v}]→$\frac{\text{E\^{}u}-\text{Cos[v]}}{\text{u}(-1+e^u\text{Cos[v]}-e^u\text{Sin[v]})}$}}

其中 D[u,x,NonConstants→{u,v}],D[v,x,NonCosnstants→{u,v}]分别表示 $u,v$ 对 $x$ 的偏导数. 类似地,可求得 $u,v$ 对 $y$ 的偏导数.

**例 31** 求 $f(x,y)=x^3-y^3+3x^2+3y^2-9x$ 的极值.

**解** 输入

```
Clear[f];
f[x_,y_]=x^3-y^3+3x^2+3y^2-9x;
fx=D[f[x,y],x]
fy=D[f[x,y],y]
critpts=Solve[{fx==0,fy==0}]
```

则分别输出所求偏导数和驻点为

$-9+6x+3x^2$

$6y-3y^2$

{{x→-3,y→0},{x→-3,y→2},{x→1,y→0},{x→1,y→2}}

再输入求二阶偏导数和定义判别式的命令

```
fxx=D[f[x,y],{x,2}];
fyy=D[f[x,y],{y,2}];
fxy=D[f[x,y],x,y];
disc=fxx*fyy-fxy^2
```

则输出判别式函数 $f_{xx}f_{yy}-f_{xy}^2$ 的形式

(6+6x)(6-6y)

接着输入

```
data={x,y,fxx,disc,f[x,y]}/.critpts;
TableForm[data,TableHeadings->{None,{"x","y","fxx","disc","f"}}]
```

最后我们得到了四个驻点处的判别式与 $f_{xx}$ 的值并以表格形式列出：

| x | y | fxx | disc | f |
|---|---|---|---|---|
| −3 | 0 | −12 | −72 | 27 |
| −3 | 2 | −12 | 72 | 31 |
| 1 | 0 | 12 | 72 | −5 |
| 1 | 2 | 12 | −72 | −1 |

易见，当 $x=-3,y=2$ 时，$f_{xx}=-12$，判别式 disc=72，函数有极大值 31；

当 $x=1,y=0$ 时，$f_{xx}=12$，判别式 disc=72，函数有极小值 −5；

当 $x=-3,y=0$ 和 $x=1,y=2$ 时，判别式 disc=−72，函数在这些点没有极值.

**注**　在例 12 中，我们曾用命令 FindMinimum 来求一元函数的极值. 实际上，也可以用它求多元函数的极值，不过输入的初值要在极值点的附近. 对于本例，可以输入命令

```
FindMinimum[f[x,y],{x,-1},{y,1}]
```

则输出

{−5.,{x→1.,y→−2.36603×10^−8}}

从中看到，在点 $x=1,y=0$ 的附近，函数 $f(x,y)$ 有极小值 −5，但 $y$ 的精确度不够好.

**例 32**　计算 $\iint\limits_D xy^2\,\mathrm{d}x\mathrm{d}y$，其中 $D$ 为由 $x+y=2, x=\sqrt{y}, y=2$ 所围成的有界闭区域.

**解**　先作出区域 $D$ 的草图，易直接确定积分限，且应先对 $x$ 积分. 因此，输入

```
Integrate[x*y^2,{y,1,2},{x,2-y,Sqrt[y]}]
```

则输出所求二重积分的计算结果

$$\frac{193}{120}$$

**例 33**　计算 $\iint\limits_D \mathrm{e}^{-(x^2+y^2)}\,\mathrm{d}x\mathrm{d}y$，其中 $D$ 为区域 $x^2+y^2\leqslant 1$.

**解** 如果用直角坐标计算,输入

```
Clear[f,r];
f[x,y]=Exp[-(x^2+y^2)];
Integrate[f[x,y],{x,-1,1},{y,-Sqrt[1-x^2],Sqrt[1-x^2]}]
```

则输出

$$\text{Sqrt[Pi]}\int_{-1}^{1} c^{-x^2}\,\text{Erf}\left[\sqrt{1-x^2}\right]dx$$

其中 Erf 是误差函数.显然积分遇到了困难.

如果改用极坐标来计算,可先确定积分限,再输入

```
Integrate[(f[x,y]/.{x->r*Cos[t],y->r*Sin[t]})*r,{t,0,2Pi},{r,0,1}]
```

则输出所求二重积分的计算结果

Pi-Pi/Exp

如果输入

```
NIntegrate[(f[x,y]/.{x->r*Cos[t],y->r*Sin[t]})*r,{t,0,2Pi},{r,0,1}]
```

则输出二重积分的近似值

1.98587

**2. 无穷级数的软件实现**

**实现目的**

观察无穷级数部分和的变化趋势,进一步理解级数的审敛法以及用幂级数的部分和对函数的逼近;掌握用 Mathematica 求无穷级数的和、求幂级数的收敛域、展开函数为幂级数以及展开周期函数为傅里叶级数的方法.

**基本命令**

1) 求无穷和的命令 Sum

命令 Sum 与数学中的求和号 $\sum$ 相当,可用来求无穷和.例如,输入

```
Sum[1/n^2,{n,1,Infinity}]
```

则输出无穷级数的和

$\pi^2/6$

2) 将函数展开为幂级数的命令 Series

该命令的基本格式为

```
Series[f[x],{x,x0,n}]
```

它将 $f(x)$ 展开成关于 $x-x_0$ 的幂级数,幂级数的最高次幂为 $(x-x_0)^n$,余项用 $(x-x_0)^{n+1}$ 表示.例如,输入

```
Series[y[x],{x,0,5}]
```

则输出麦克劳林级数

$$y[0]+y'[0]x+\frac{1}{2}y''[0]x^2+\frac{1}{6}y^{(3)}[0]x^3+\frac{1}{24}y^{(4)}[0]x^4+\frac{1}{120}y^{(5)}[0]x^5+o[x]^6$$

3）去掉余项的命令 Normal

在将 $f(x)$展开成幂级数后，有时为了近似计算或作图，需要把余项去掉. 只要使用命令 Normal 即可. 例如，输入

```
Series[Exp[x],{x,0,6}]
Normal[%]
```

则输出

$$1+x+\frac{x^2}{2!}+\frac{x^3}{3!}+\frac{x^4}{4!}+\frac{x^5}{5!}+\frac{x^6}{6!}+o[x]^7$$

$$1+x+\frac{x^2}{2!}+\frac{x^3}{3!}+\frac{x^4}{4!}+\frac{x^5}{5!}+\frac{x^6}{6!}$$

4）强制求值的命令 Evaluate

如果函数是用命令 Normal 定义的，则当对它进行作图或数值计算时，可能会出现问题. 例如，输入

```
fx=Normal[Series[Exp[x],{x,0,3}]]
Plot[fx,{x,-3,3}]
```

则可能只输出去掉余项后的展开式

$$1+x+\frac{x^2}{2}+\frac{x^3}{6}$$

而得不到函数的图形. 这时要使用强制求值命令 Evaluate，输入

```
Plot[Evaluate[fx],{x,-3,3}]
```

则输出上述函数的图形(图形略).

5）作散点图的命令 ListPlot

ListPlot 为平面内作散点图的命令，其对象是数集. 例如，输入

```
ListPlot[Table[j^2,{j,16}],PlotStyle->PointSize[0.012]]
```

则输出坐标为$\{1,1^2\},\{2,2^2\},\{3,3^2\},\cdots,\{16,16^2\}$的散点图(图形略).

6）用于定义某种规则的符号“/;”

符号“/;”用于定义某种规则，“/;”后面是条件. 例如，输入

```
Clear[g,gf];
g[x_]:=x/;0<=x<1
g[x_]:=-x/;-1<=x<0
g[x_]:=g[x-2]/;x>=1
```

则得到分段的周期函数

$$g(x)=\begin{cases}-x, & -1\leqslant x<0,\\ x, & 0\leqslant x<1,\\ g(x-2), & x\geqslant 1.\end{cases}$$

再输入

```
gf=Plot[g[x],{x,-1,6}]
```

则输出函数 $g(x)$的图形(图形略).

**注** 用 Which 命令也可以定义分段函数,但从这个例子中看到,用 Mathematica 命令"…(表达式)/; …(条件)"来定义周期性分段函数更方便些.用 Mathematica 命令定义时求分段函数的导数或积分往往会有问题,而用 Which 命令定义的分段函数可以求导但不能积分.

Mathematica 的内部函数中有一些也是分段函数.例如,Mod[x,1],Abs[x],Floor[x]和 UnitStep[x],其中只有单位阶跃函数 UnitStep[x]可以用 Mathematica 命令来求导和求定积分.因此,在求分段函数的傅里叶系数时,对分段函数求积分往往要分区间.在被积函数可以用单位阶跃函数 UnitStep 的四则运算和复合运算表达时,计算傅里叶系数就比较方便了.

**例 34** (1) 观察级数 $\sum\limits_{n=1}^{\infty}\dfrac{1}{n^2}$ 的部分和序列的变化趋势;

(2) 观察级数 $\sum\limits_{n=1}^{\infty}\dfrac{1}{n}$ 的部分和序列的变化趋势.

**解** (1) 输入

```
s[n_]=Sum[1/k^2,{k,n}];data=Table[s[n],{n,100}];
ListPlot[data]
N[Sum[1/k^2,{k,Infinity}]]
N[Sum[1/k^2,{k,Infinity}],40]
```

则输出(1)中级数部分和序列的变化趋势图(图形略).级数的和的近似值为 1.644 93.

(2) 输入

```
s[n_]=Sum[1/k,{k,n}];data=Table[s[n],{n,50}];
ListPlot[data,PlotStyle->PointSize[0.02]];
```

则输出(2)中级数部分和序列的变化趋势图(图形略).

**例 35** 画出级数 $\sum\limits_{n=1}^{\infty}(-1)^{n-1}\dfrac{1}{n}$ 的部分和的分布图.

**解** 输入

```
Clear[sn,g];sn=0;n=1;g={};m=3;
While[1/n>10^-m,sn=sn+(-1)^(n-1)/n;
        g=Append[g,Graphics[{RGBColor[Abs[Sin[n]],0,1/n],
                    Line[{{sn,0},{sn,1}}]}]];n++];
Show[g,PlotRange->{-0.2,1.3},Axes->True];
```

则输出所给级数部分和的图形(图形略). 从图中可观察到该级数收敛于 0.693 附近的一个数.

**例 36**　设 $a_n = \dfrac{10^n}{n!}$,求 $\sum\limits_{n=1}^{\infty} a_n$.

**解**　输入

```
Clear[a];
a[n_]=10^n/(n!);
vals=Table[a[n],{n,1,25}];
ListPlot[vals,PlotStyle->PointSize[0.012]]
```

则输出 $a_n$ 的散点图(图形略). 从图中可观察 $a_n$ 的变化趋势. 输入

```
Sum[a[n],{n,1,Infinity}]
```

则输出所求级数的和(结果略).

**例 37**　求 $\sum\limits_{n=0}^{\infty} \dfrac{4^{2n}(x-3)^n}{n+1}$ 的收敛域与和函数.

**解**　输入

```
Clear[a];
a[n_]=4^(2n)*(x-3)^n/(n+1);
stepone=a[n+1]/a[n]//Simplify
```

则输出

$$\frac{16(1+n)(-3+x)}{2+n}$$

再输入

```
steptwo=Limit[stepone,n->Infinity]
```

则输出

$$16(-3+x)$$

这里对 a[n+1]和 a[n]都没有加绝对值,因此上式的绝对值小于 1 时,幂级数收敛;大于 1 时,幂级数发散. 为了求出收敛区间的端点,输入

```
ydd=Solve[steptwo==1,x]
zdd=Solve[steptwo==-1,x]
```

则输出

$$\left\{\left\{x\to\frac{49}{16}\right\}\right\} 与 \left\{\left\{x\to\frac{47}{16}\right\}\right\}$$

由此可知,当 $\dfrac{47}{16}<x<\dfrac{49}{16}$ 时,幂级数收敛;当 $x<\dfrac{47}{16}$或 $x>\dfrac{49}{16}$ 时,幂级数发散.

为了判断端点的敛散性,输入

```
Simplify[a[n]/. x->(49/16)]
```

则输出右端点处幂级数的一般项为

$$\frac{1}{n+1}$$

因此,在端点 $x=\frac{49}{16}$ 处,幂级数发散.再输入

```
Simplify[a[n]/. x->(47/16)]
```

则输出左端点处幂级数的一般项为

$$\frac{(-1)^n}{n+1}$$

因此,在端点 $x=\frac{47}{16}$ 处,幂级数收敛.

也可以在收敛域内求得这个幂级数的和函数.输入

```
Sum[4^(2n)*(x-3)^n/(n+1),{n,0,Infinity}]
```

则输出

$$-\frac{\text{Log}[1-16(-3+x)]}{16(-3+x)}$$

**例 38** 求 $\cos x$ 的 6 阶麦克劳林展开式.

**解** 输入

```
Series[Cos[x],{x,0,6}]
```

则输出

$$1-\frac{x^2}{2}+\frac{x^4}{24}-\frac{x^6}{720}+o[x]^7$$

**注意** 这是带皮亚诺余项的麦克劳林展开式.

**例 39** 求 $\ln x$ 在 $x=1$ 处的 6 阶泰勒展开式.

**解** 输入

```
Series[Log[x],{x,1,6}]
```

则输出

$$(x-1)-\frac{(x-1)^2}{2}+\frac{(x-1)^3}{3}-\frac{(x-1)^4}{4}+\frac{(x-1)^5}{5}-\frac{(x-1)^6}{6}+o[x]^7$$

**例 40** 求 $\arctan x$ 的 5 阶泰勒展开式.

**解** 输入

```
serl=Series[ArcTan[x],{x,0,5}];
Poly=Normal[serl]
```

则输出 $\arctan x$ 的近似多项式

$$x-\frac{x^3}{3}+\frac{x^5}{5}$$

通过作图,比较 arctan$x$ 和它的近似多项式.输入

```
Plot[Evaluate[{ArcTan[x],Poly}],{x,-3/2,3/2},
     PlotStyle->{Dashing[{0.01}],GrayLevel[0]},AspectRatio->1]
```

则输出所求的图形(图形略),图中虚线为函数 arctan$x$,实线为它的近似多项式.

**3. 常微分方程的软件实现**

**实现目的**

理解常微分方程解的概念以及积分曲线和方向场的概念;掌握利用 Mathematica 求微分方程及方程组解的常用命令和方法.

**基本命令**

1) 求常微分方程的解的命令 DSolve

对于可以用积分方法求解的常微分方程和常微分方程组,可用命令 Dsolve 来求其通解或特解.

**例 41** 求常微分方程 $y''+3y'+2y=0$ 的通解.

**解** 输入

```
DSolve[y''[x]+3y'[x]+2y[x]==0,y[x],x]
```

则输出含有两个任意常数 C[1]和 C[2]的通解:

$$\{\{y[x]\to e^{-2x}C[1]+e^{-x}C[2]\}\}$$

**注意** 在上述命令中,一阶导数符号“′”是通过键盘上的单引号“′”输入的,二阶导数符号“″”要输入两个单引号,而不能输入一个双引号.

**例 42** 解常微分方程的初值问题

$$y''+4y'+3y=0,\quad y\Big|_{x=0}=6,\quad y'\Big|_{x=0}=10.$$

**解** 输入

```
DSolve[{y''[x]+4y'[x]+3y[x]==0,y[0]==6,y'[0]==10},y[x],x]
       (* 大括号把方程和初始条件放在一起 *)
```

则输出

$$\{\{y[x]\to e^{-3x}(-8+14e^{2x})\}\}$$

2) 求常微分方程的数值解的命令 NDSolve

对于不可以用积分方法求解的常微分方程,可以用 NDSolve 命令来求其特解.

**例 43** 求常微分方程初值问题

$$y'=y^2+x^3,\quad y\Big|_{x=0}=0.5$$

的近似解($0\leqslant x\leqslant 1.5$).

**解** 输入

```
NDSolve[{y'[x]==y[x]^2+x^3,y[0]==0.5},y[x],{x,0,1.5}]
```

(*命令中的{x,0,1.5}表示相应的区间*)

则输出

```
{{y->InterpolatingFunction[{[0,1.5]}][x]}}
```

**注** 命令 NDSolve 的输出是解 $y=y(x)$ 的近似值:首先在区间[0,1.5]内插入一系列点 $x_1,x_2,\cdots,x_n$,计算出在这些点上函数 $y=y(x)$ 的近似值 $y_1,y_2,\cdots,y_n$;再通过插值方法得到 $y=y(x)$ 在该区间上的近似解.

**一阶常微分方程的方向场**

一般地,我们可把一阶常微分方程写为

$$y' = f(x,y)$$

的形式,其中 $f(x,y)$ 是已知函数.上述微分方程表明:未知函数 $y$ 在点 $x$ 处的斜率等于函数 $f$ 在点 $(x,y)$ 处的函数值.因此,可在 $Oxy$ 面上的每一点,作出过该点的以 $f(x,y)$ 为斜率的一条很短的直线(即是未知函数 $y$ 的切线).这样得到的一个图形就是微分方程 $y'=f(x,y)$ 的方向场.为了便于观察,实际上只要在 $Oxy$ 面上取适当多的点,作出在这些点处的函数的切线,顺着斜率的走向画出符合初始条件的解,就可以得到微分方程 $y'=f(x,y)$ 的近似的积分曲线.

**例 44** 画出 $\dfrac{\mathrm{d}y}{\mathrm{d}x}=1-y^2$, $y(0)=0$ 的方向场.

**解** 输入

```
<<Graphics`PlotField`
g1=PlotVectorField[{1,1-y^2},{x,-3,3},{y,-2,2}, Frame->True,
          ScaleFunction->(1&),ScaleFactor->0.16,
          HeadLength->0.01,PlotPoints->{20,25}];
```

则输出方向场的图形(图形略).从图中可以观察到,当初始条件为 $y_0=1/2$ 时,这个常微分方程的解介于$-1$和1之间,且当 $x$ 分别趋向于$-\infty$ 和 $\infty$ 时,$y$ 分别趋向于$-1$与1.

下面求解这个常微分方程,并在同一坐标系中画出解曲线与方向场的图形.输入

```
sol=DSolve[{y'[x]==1-y[x]^2,y[0]==0},y[x],x];
g2=Plot[sol[[1,1,2]],{x,-3,3},PlotStyle->{Hue[0.1],Thickness[0.005]}];
Show[g2,g1,Axes->None,Frame->True]
```

则输出常微分方程的解

$$\mathrm{y[x]}=\frac{-1+\mathrm{e}^{2\mathrm{x}}}{1+\mathrm{e}^{2\mathrm{x}}}$$

以及解曲线与方向场的图形(图略去).从图中可以看到,常微分方程的解与方向场的箭头方向相吻合.

**例 45**　求常微分方程 $y'+2xy=xe^{-x^2}$ 的通解.

**解**　输入

```
Clear[x,y];
DSolve[y'[x]+2x*y[x]==x*Exp[-x^2],y[x],x]
```

或

```
DSolve[D[y[x],x]+2x*y[x]==x*Exp[-x^2],y[x],x]
```

则输出常微分方程的通解

$$\left\{\left\{y[x]\to\frac{1}{2}e^{-x^2}x^2+e^{-x^2}C[1]\right\}\right\}$$

其中 C[1]是任意常数.

**例 46**　求常微分方程 $xy'+y-e^x=0$ 在初始条件 $y|_{x=1}=2e$ 下的特解.

**解**　输入

```
Clear[x,y];
DSolve[{x*y'[x]+y[x]-Exp[x]==0,y[1]==2E},y[x],x]
```

则输出所求的特解

$$\left\{\left\{y[x]\to\frac{e+e^x}{x}\right\}\right\}$$

**例 47**　求常微分方程 $y''-2y'+5y=e^x\cos 2x$ 的通解.

**解**　输入

```
DSolve[y''[x]-2y'[x]+5y[x]==Exp[x]*Cos[2x],y[x],x]//Simplify
```

则输出所求的通解

$$\left\{\left\{y[x]\to\frac{1}{8}e^x((1+8c[2])Cos[2x]+2(x-4c[1])Sin[2x])\right\}\right\}$$

**例 48**　求解常微分方程 $y''=2x+e^x$ 的通解,并作出其积分曲线.

**解**　输入

```
g1=Table[Plot[Exp[x]+x^3/3+c1+x*c2,{x,-5,5},
        DisplayFunction->Identity],{c1,-10,10,5},{c2,-5,5,5}];
Show[g1,DisplayFunction->$DisplayFunction]
```

则输出积分曲线的图形(图形略).

**例 49**　求常微分方程组 $\begin{cases}\dfrac{dx}{dt}+x+2y=e^t,\\ \dfrac{dy}{dt}-x-y=0\end{cases}$ 在初始条件 $x\big|_{t=0}=1,y\big|_{t=0}=0$ 下的特解.

**解**　输入

```
Clear[x,y,t];
```

```
DSolve[{x'[t]+x[t]+2y[t]==Exp[t], y'[t]-x[t]-y[t]==0,
        x[0]==1,y[0]==0},{x[t],y[t]},t]
```

则输出所求特解

$$\left\{\left\{x[t]\to Cos[t], y[t]\to \frac{1}{2}(e^{t}-Cos[t]+Sin[t])\right\}\right\}$$

**例 50** 求出初值问题 $\begin{cases} y''+y'\sin^2 x+y=\cos^2 x, \\ y(0)=1, y'(0)=0 \end{cases}$ 的数值解,并作出数值解的图形.

**解** 输入

```
NDSolve[{y''[x]+Sin[x]^2*y'[x]+y[x]==Cos[x]^2,
     y[0]==1,y'[0]==0},y[x],{x,0,10}]
Plot[Evaluate[y[x]/.%],{x,0,10}]
```

则输出所求常微分方程的数值解及数值解的图形(图形略).

## 习 题 13-2

1. 研究极限 $\lim\limits_{n\to\infty}\dfrac{2n^3+1}{5n^3+1}$.

2. 求函数 $f(x)=\sin ax\cos bx$($a,b\neq 0$ 为常数)的导数,并求 $f'\left(\dfrac{1}{a+b}\right)$.

3. 求 $\int x^2(1-x^3)^5\,dx$ .

4. 作出默比乌斯带(单侧曲面)的图形.

5. 求常微分方程 $(x^2-1)y'+2xy-\cos x=0$ 在初始条件 $y\big|_{x=0}=1$ 下的特解,再分别求精确解和数值解($0\leqslant x\leqslant 1$)并作图.

6. 求常微分方程 $y''+xy'+y=0, y\big|_{x=1}=0, y'\big|_{x=1}=5$ 在区间[0,4]上的近似解.

# 部分习题参考答案与提示

## 习　题　9-1

**1.** $5\sqrt{2}$，$\sqrt{41}$，$\sqrt{34}$，5.

**2.** (1) 等腰； (2) 等腰直角； (3) 等边.

**3.** $(0,1,-2)$.　　**4.** $-\boldsymbol{a}+\boldsymbol{b}+11\boldsymbol{c}$.

**6.** $\boldsymbol{F}=2\boldsymbol{j}+3\boldsymbol{k}$，$|\boldsymbol{F}|=\sqrt{13}$；$\cos\alpha=0$，$\cos\beta=\dfrac{2}{\sqrt{13}}$，$\cos\gamma=\dfrac{3}{\sqrt{13}}$.

**7.** $|\boldsymbol{a}|=\sqrt{3}$，$|\boldsymbol{b}|=\sqrt{38}$，$|\boldsymbol{c}|=3$；$\boldsymbol{a}=\sqrt{3}\boldsymbol{a}^0$，$\boldsymbol{b}=\sqrt{38}\boldsymbol{b}^0$，$\boldsymbol{c}=3\boldsymbol{c}^0$.

**8.** $\gamma=45°$或 $\gamma=135°$.　　**9.** $A(-2,3,0)$.

## 习　题　9-2

**2.** (1) $\boldsymbol{a}\perp\boldsymbol{b}$； (2) $\boldsymbol{c}/\!/\boldsymbol{d}$； (3) $\boldsymbol{p}$ 与 $\boldsymbol{q}$ 既不平行又不垂直.

**3.** $-1$，$4\boldsymbol{i}-10\boldsymbol{j}-12\boldsymbol{k}$.　　**5.** 14.

**6.** $\sqrt{17}$，$\dfrac{2}{63}\sqrt{357}$.　　**7.** $\pm\dfrac{\sqrt{2}}{2}(\boldsymbol{j}+\boldsymbol{k})$.　　**8.** $\boldsymbol{x}=-4\boldsymbol{i}+2\boldsymbol{j}-4\boldsymbol{k}$.

## 习　题　9-3

**1.** (1) $2x-y+3z+5=0$； (2) $x+y-z-4=0$； (3) $x-3y+2z-14=0$.

**2.** (1) $3x-y+z-3=0$； (2) $6x-3y+2z-6=0$.

**3.** $(4,0,0)$，$(0,-6,0)$，$(0,0,12)$.

**4.** $x+y-1=0$.　　**5.** 1.

**6.** (1) $\dfrac{x-1}{4}=\dfrac{y}{2}=\dfrac{z+2}{-3}$； (2) $\dfrac{x}{2}=\dfrac{y-2}{3}=\dfrac{z-3}{0}$； (3) $\dfrac{x-2}{1}=\dfrac{y-3}{0}=\dfrac{z-1}{0}$.

**7.** $\dfrac{x-1}{-2}=\dfrac{y-1}{1}=\dfrac{z-1}{3}$，$\begin{cases}x=1-2t,\\ y=1+t,\\ z=1+3t.\end{cases}$

## 习　题　9-4

**1.** $(x-3)^2+(y+1)^2+(z-1)^2=21.$　　**2.** $\frac{x^2}{4}+\frac{y^2}{9}=\frac{5}{9}.$　　**3.** $\begin{cases}x^2+y^2=12,\\z=0.\end{cases}$

**4.** (1) 不是；(2) $\begin{cases}\frac{x^2}{2}-z^2=1,\\y=0\end{cases}$ 或 $\begin{cases}\frac{y^2}{2}-z^2=1,\\x=0\end{cases}$ 绕 $z$ 轴旋转而成的旋转双曲面；

(3) $\begin{cases}\frac{y^2}{4}+z^2=1,\\x=0\end{cases}$ 或 $\begin{cases}x^2+\frac{y^2}{4}=1,\\z=0\end{cases}$ 绕 $y$ 轴旋转而成的旋转椭球面.

## 习　题　10-1

**1.** (1) $\{(x,y)\mid y^2-2x+1>0\}$；(2) $\{(x,y)\mid |y|\leqslant|x|,但(x,y)\neq(0,0)\}$；

(3) $\{(x,y)\mid xy\geqslant1\}$；(4) $\{(x,y)\mid x+y>0,x-y>0\}$.

**2.** $f(0,0)=0$，$f(\Delta x,\Delta y)=\frac{\Delta x\Delta y}{\sqrt{(\Delta x)^2+(\Delta y)^2}}.$

**3.** (1) 函数 $z=1-\sqrt{x^2+y^2}$ 的图形为顶点在$(0,0,1)$，以 $z$ 轴为旋转轴且开口向下的圆锥面；投影区域为 $D=\{(x,y)\mid x^2+y^2\leqslant1\}$.

(2) 函数 $z=4-x^2-y^2$ 的图形为顶点在$(0,0,4)$，以 $z$ 轴为旋转轴且开口向下的旋转抛物面；投影区域为 $D=\{(x,y)\mid x^2+y^2\leqslant4\}$.

**4.** (1) 0；(2) 2；(3) 1.

**5.** (1) $z=\ln\sqrt{x^2+y^2}$ 在点$(0,0)$处无定义，在点$(0,0)$处间断；

(2) $z=\cos\frac{1}{xy}$ 在两条坐标轴上间断；

(3) $z=\frac{y^2+2x}{y^2-2x}$ 在抛物线 $y^2=2x$ 上间断.

## 习　题　10-2

**1.** (1) $f_x'(2,3)=12,f_y'(2,3)=10$；(2) $\left.\frac{\partial z}{\partial x}\right|_{(1,0)}=1$；(3) $\left.\frac{\partial u}{\partial z}\right|_{(0,0,\pi/4)}=\frac{\sqrt{2}}{2}.$

**2.** (1) $z_x'=3x^2-3y$，$z_y'=3y^2-3x$；

(2) $\frac{\partial z}{\partial x}=\frac{2y}{(x+y)^2}$，$\frac{\partial z}{\partial y}=\frac{-2x}{(x+y)^2}$；

(3) $f_x'(x,y)=\frac{x}{\sqrt{x^2-y^2}}$，$f_y'(x,y)=-\frac{y}{\sqrt{x^2-y^2}}$；

(4) $z_x'=y^2(1+xy)^{y-1}$，$z_y'=(1+xy)^y\left[\ln(1+xy)+\frac{xy}{1+xy}\right]$；

(5) $\frac{\partial z}{\partial x}=-\frac{y}{x^2}\mathrm{e}^{\sin\frac{y}{x}}\cos\frac{y}{x}$，$\frac{\partial z}{\partial y}=\frac{1}{x}\mathrm{e}^{\sin\frac{y}{x}}\cos\frac{y}{x}$；

(6) $\frac{\partial z}{\partial x}=\frac{1}{x+\ln y}$，$\frac{\partial z}{\partial y}=\frac{1}{y(x+\ln y)}$；

(7) $u_x'=yz(xy)^{z-1}$，$u_y'=xz(xy)^{z-1}$，$u_z'=(xy)^z\ln xy$；

(8) $u_x'=\frac{z(x-y)^{z-1}}{1+(x-y)^{2z}}$，$u_y'=\frac{-z(x-y)^{z-1}}{1+(x-y)^{2z}}$，$u_z'=\frac{(x-y)^z\ln(x-y)}{1+(x-y)^{2z}}$.

**4.** $\frac{\pi}{4}$.　　**5.** $\frac{\partial z}{\partial x}=\frac{1}{\sqrt{x^2+y^2}}$，$\frac{\partial^2 z}{\partial x\partial y}=\frac{-y}{(x^2+y^2)^{3/2}}$.

**6.** $\left.\frac{\partial z}{\partial x}\right|_{(1,1)}=1$，$\left.\frac{\partial^2 z}{\partial x\partial y}\right|_{(1,1)}=1$.

**7.** $f_{xx}''(0,0,1)=2$，$f_{xz}''(1,0,2)=2$，$f_{yz}''(0,-1,0)=0$，$f_{zzx}'''(2,0,1)=0$.

**8.** $\frac{\partial^2 u}{\partial x^2}=\frac{\partial^2 u}{\partial y^2}=\frac{\partial^2 u}{\partial z^2}=0$；$\frac{\partial^2 u}{\partial x\partial y}=\frac{\partial^2 u}{\partial y\partial z}=\frac{\partial^2 u}{\partial z\partial x}=1$.

## 习　题　10-3

**1.** (1) $\mathrm{d}z=2xy^3\mathrm{d}x+3x^2y^2\mathrm{d}y$；　(2) $\mathrm{d}z=\frac{4xy}{(x^2+y^2)^2}(y\mathrm{d}x-x\mathrm{d}y)$；

(3) $\mathrm{d}z=\sin 2x\mathrm{d}x-\sin 2y\mathrm{d}y$；　(4) $\mathrm{d}f=\frac{1}{x+y}\left(\mathrm{d}x-\frac{x}{y}\mathrm{d}y\right)$；

(5) $\mathrm{d}u=\frac{x\mathrm{d}x+y\mathrm{d}y+z\mathrm{d}z}{\sqrt{x^2+y^2+z^2}}$；　(6) $\mathrm{d}u=\frac{z^2}{x^2y^2+z^4}\left(y\mathrm{d}x+x\mathrm{d}y-\frac{2xy}{z}\mathrm{d}z\right)$.

**2.** $\mathrm{d}z\big|_{(1,1)}=\frac{1}{3}(\mathrm{d}x+\mathrm{d}y)$.　　**3.** $\Delta z\big|_{\substack{x=2,y=1\\ \Delta x=0.1,\Delta y=0.2}}=\frac{1}{14}$，$\mathrm{d}z\big|_{\substack{x=2,y=1\\ \Delta x=0.1,\Delta y=0.2}}=\frac{3}{40}$.

**4.** 1.06.　　**5.** 0.50234.　　**6.** 7.222 $\mathrm{cm}^3$.

## 习　题　10-4

**1.** $\frac{\mathrm{d}z}{\mathrm{d}t}=\frac{\mathrm{e}^t(t\ln t-1)}{t\ln^2 t}$.　　**2.** $\frac{\mathrm{d}z}{\mathrm{d}x}=u^v\left(\frac{v}{u}\cdot\frac{\mathrm{d}u}{\mathrm{d}x}+\ln u\cdot\frac{\mathrm{d}v}{\mathrm{d}x}\right)$.

3. $dz=\dfrac{udv-vdu}{u^2+v^2}$.　　4. $\dfrac{\partial^2 z}{\partial x\partial y}=f''\varphi'$.

5. $\dfrac{\partial z}{\partial x}=y\left(1-\dfrac{1}{x^2}\right)f'\left(xy+\dfrac{y}{x}\right)$；$\dfrac{\partial z}{\partial y}=\left(x+\dfrac{1}{x}\right)f'\left(xy+\dfrac{y}{x}\right)$.

6. $\dfrac{\partial^2 z}{\partial x^2}=\dfrac{2y}{x^3}f_1'+\dfrac{y^2}{x^4}f_{11}''$.

7. $\dfrac{du}{dz}=f_x'(x,y,z)+\varphi'(x)f_y'(x,y,z)+f_z'(x,y,z)[\psi_x'(x,y)+\psi_y'(x,y)\varphi'(x)]$.

9. $\dfrac{\partial^2 z}{\partial x\partial y}=e^{x+y}f_3'-\cos x\sin y\cdot f_{12}''+e^{x+y}\cos x\cdot f_{13}''-e^{x+y}\sin y\cdot f_{32}''+e^{2(x+y)}f_{33}''$;

$\dfrac{\partial^2 z}{\partial y^2}=e^{x+y}f_3'-\cos y\cdot f_2'+\sin^2 y\cdot f_{22}''-2e^{x+y}\sin y\cdot f_{23}''+e^{2(x+y)}f_{33}''$.

10. $\dfrac{dy}{dx}=\dfrac{y^x\ln y}{1-xy^{x-1}}$.　　11. $\dfrac{dy}{dx}=\dfrac{a^2}{(x+y)^2}$.

12. $\left.\dfrac{dy}{dx}\right|_{x=1}=3$ 或 $-1$，$\left.\dfrac{d^2 y}{dx^2}\right|_{x=1}=8$ 或 $-8$.

13. $dz=-\dfrac{\sin 2x dx+\sin 2y dy}{\sin 2z}$.　　14. $\dfrac{\partial^2 z}{\partial x\partial y}=\dfrac{z(z^4-2xyz^2-x^2y^2)}{(z^2-xy)^3}$.

15. (1) $\dfrac{dy}{dx}=-\dfrac{x(6z+1)}{2y(3z+1)}$，$\dfrac{dz}{dx}=\dfrac{x}{3z+1}$；

(2) $\dfrac{\partial u}{\partial x}=\dfrac{\sin v}{e^u(\sin v-\cos v)+1}$，$\dfrac{\partial v}{\partial x}=\dfrac{\cos v-e^u}{u[e^u(\sin v-\cos v)+1]}$；

$\dfrac{\partial u}{\partial y}=\dfrac{-\cos v}{e^u(\sin v-\cos v)+1}$，$\dfrac{\partial v}{\partial y}=\dfrac{\sin v+e^u}{u[e^u(\sin v-\cos v)+1]}$.

## 习　题　10-5

1. 切线方程：$\dfrac{x-1}{1}=\dfrac{y-2}{4}=\dfrac{z-1}{2}$；法平面方程：$x+4y+2z-11=0$.

2. 切线方程：$\dfrac{x-(\pi/2-1)}{1}=\dfrac{y-1}{1}=\dfrac{z-2\sqrt{2}}{\sqrt{2}}$；法平面方程：$x+y+\sqrt{2}z=\dfrac{\pi}{2}+4$.

3. $P_1(-1,1,-1)$与$P_2\left(-\dfrac{1}{3},\dfrac{1}{9},-\dfrac{1}{27}\right)$.

4. 切平面方程：$9x+y-z-27=0$；法线方程：$\dfrac{x-3}{9}=\dfrac{y-1}{1}=\dfrac{z-1}{-1}$.

5. 切平面方程：$x+2y-4=0$；法线方程：$\begin{cases}\dfrac{x-2}{1}=\dfrac{y-1}{2},\\ z=0.\end{cases}$

**6.** 切平面方程：$x-y+2z-\frac{\pi}{2}=0$；法线方程：$\frac{x-1}{1}=\frac{y-1}{-1}=\frac{z-\pi/4}{2}$.

**7.** $(-3,-1,3)$，$\frac{x+3}{1}=\frac{y+1}{3}=\frac{z-3}{1}$.

## 习　题　10-6

**1.** $-\frac{6}{\sqrt{5}}$.　　**2.** 5.　　**3.** $\frac{1}{ab}\sqrt{2(a^2+b^2)}$.

**4.** (1) $\mathbf{grad}\,f=\left\{\frac{1}{y},\frac{-x}{y^2}\right\}$；　(2) $\mathbf{grad}\,f=\left\{\frac{y}{1+x^2y^2},\frac{x}{1+x^2y^2}\right\}$；

(3) $\mathbf{grad}\,f=\{2x+y+3,4y+x-2,6z-6\}$.

**5.** $\cos\alpha+\sin\alpha$，$\alpha=\pi/4$.

## 习　题　10-7

**1.** 驻点为$(1,0)$,$(1,2)$,$(-3,0)$,$(-3,2)$;$(1,0)$为极小值点,$(-3,2)$为极大值点.

**2.** $\left(\frac{1}{\sqrt{3}},\frac{1}{\sqrt{3}},\frac{1}{\sqrt{3}}\right)$.　　**3.** $d=\frac{7}{8}\sqrt{2}$.

**4.** 当两边长都是$\frac{l}{\sqrt{2}}$时,可得最大周界.

**5.** 盒底是边长为$\sqrt[3]{2V}$的正方形,高为$\frac{\sqrt[3]{2V}}{2}$（用料最省）.

**6.** 最热点在$\left(\pm\frac{4}{3},-\frac{4}{3},-\frac{4}{3}\right)$处.

## 习　题　11-1

**1.** (1) $\iint\limits_D(x+2y+1)\mathrm{d}\sigma$；　(2) $\iint\limits_D(1-x^2-y^2)\mathrm{d}\sigma$.

**2.** (1) $\iint\limits_D(x+y)^2\mathrm{d}\sigma\geqslant\iint\limits_D(x+y)^3\mathrm{d}\sigma$；　(2) $\iint\limits_D[\ln(x+y)]^2\mathrm{d}\sigma\geqslant\iint\limits_D\ln(x+y)\mathrm{d}\sigma$.

## 习 题 11-2

**1.** (1) $\int_0^1 dx\int_{x-1}^{1-x} f(x,y)dy$, $\int_{-1}^0 dy\int_0^{y+1} f(x,y)dy+\int_0^1 dy\int_0^{1-y} f(x,y)dx$;

(2) $\int_1^2 dx\int_x^{2x} f(x,y)dy$, $\int_1^2 dy\int_1^y f(x,y)dx+\int_2^4 dy\int_{y/2}^2 f(x,y)dx$;

(3) $\int_{-\sqrt{2}}^{\sqrt{2}} dx\int_{x^2}^{4-x^2} f(x,y)dy$, $\int_0^2 dy\int_{-\sqrt{y}}^{\sqrt{y}} f(x,y)dx+\int_2^4 dy\int_{-\sqrt{4-y}}^{\sqrt{4-y}} f(x,y)dx$;

(4) $\int_0^1 dx\int_0^x f(x,y)dy+\int_1^2 dx\int_0^{1/x} f(x,y)dy$, $\int_0^{1/2} dy\int_y^2 f(x,y)dx+\int_{1/2}^1 dy\int_y^{1/y} f(x,y)dx$;

(5) $\int_{-a}^a dx\int_0^{\sqrt{a^2-x^2}} f(x,y)dy$, $\int_0^a dy\int_{-\sqrt{a^2-y^2}}^{\sqrt{a^2-y^2}} f(x,y)dx$.

**2.** (1) $I=\int_0^1 dy\int_{y^2}^y f(x,y)dx$; (2) $I=\int_0^{\sqrt{2}} dy\int_{-\sqrt{2-y^2}}^{\sqrt{2-y^2}} f(x,y)dx$;

(3) $I=\int_0^1 dx\int_{-\sqrt{x}}^{\sqrt{x}} f(x,y)dy+\int_1^4 dx\int_{x-2}^{\sqrt{x}} f(x,y)dy$; (4) $I=\int_0^2 dx\int_x^{2x} f(x,y)dy$.

**3.** (1) $(e-1)^2$; (2) $-\frac{11}{15}$; (3) $-2$;

(4) $\frac{4}{3}$; (5) $\frac{1}{4}(e-1)$; (6) $1-\sin 1$.

**5.** (1) $\int_0^{2\pi} d\theta\int_0^a f(r\cos\theta,r\sin\theta)rdr$; (2) $\int_{-\pi/2}^{\pi/2} d\theta\int_0^{a\cos\theta} f(r\cos\theta,r\sin\theta)rdr$;

(3) $\int_0^{\pi} d\theta\int_0^{2\sin\theta} f(r\cos\theta,r\sin\theta)rdr$; (4) $\int_0^{\pi/4} d\theta\int_0^{\tan\theta\sec\theta} f(r\cos\theta,r\sin\theta)rdr$.

**6.** (1) $\int_0^{\pi/2} d\theta\int_0^a f(r^2)rdr$; (2) $\int_{\pi/4}^{\pi/2} d\theta\int_0^1 f(r\cos\theta,r\sin\theta)rdr$.

**7.** (1) $\frac{a^3}{3}$; (2) $\frac{\pi}{4}(2\ln 2-1)$; (3) $-6\pi^2$.

**8.** $\frac{3}{32}\pi a^4$.

## 习 题 11-3

**1.** $\frac{1}{2}\sqrt{a^2b^2+b^2c^2+c^2a^2}$, $\frac{1}{6}abc$. **2.** (1) $\sqrt{2}\pi$; (2) $\sqrt{2}\pi$. **3.** $(2,1)$.

**4.** $\left(\frac{7}{6},0\right)$. **5.** $\frac{1}{12}ab^3\mu$, $\frac{1}{12}a^3b\mu$. **6.** $\frac{1}{4}\pi\mu(b^4-a^4)$, $\frac{1}{2}\pi\mu(b^4-a^4)$.

**7.** $\frac{1}{2}\pi(b^4-a^4)$.　　**8.** $\frac{3}{16}a^2(\pi-2)$，$\frac{9}{16}a^2\left(\pi+\frac{2}{3}\right)$.

## 习　题　11-4

**1.** $\frac{1}{6}abc$.

**2.** $I=\int_{-\sqrt{2}}^{\sqrt{2}}\mathrm{d}x\int_{-\sqrt{2-x^2}}^{\sqrt{2-x^2}}\mathrm{d}y\int_{\frac{1}{2}(x^2+y^2)}^{3-x^2-y^2}f(x,y,z)\mathrm{d}z$，

$I=\int_0^{2\pi}\mathrm{d}\theta\int_0^{\sqrt{2}}r\mathrm{d}r\int_{\frac{1}{2}r^2}^{3-r^2}f(r\cos\theta,r\sin\theta,z)\mathrm{d}z$，$3\pi$.

**3.** $\frac{1}{48}$.　　**4.** $\frac{\pi}{2}$.　　**5.** $\frac{14}{3}\left(1-\frac{\sqrt{2}}{2}\right)\pi$.

**6.** (1) $\begin{cases}x^2+y^2=4,\\ z=0;\end{cases}$　(2) $\frac{20}{3}\pi$.

## 习　题　11-5

**1.** $2\pi a^{2n+1}$.　　**2.** $\sqrt{2}$.　　**3.** $\frac{\sqrt{3}}{2}(1-\mathrm{e}^{-2})$.

**4.** 9.　　**5.** $\frac{256}{15}a^3$.　　**6.** $2\pi^2a^3(1+2\pi^2)$.

## 习　题　11-6

**1.** 0.　　**2.** (1) $\frac{1}{3}$；　(2) $\frac{8}{15}$.　　**3.** $-\frac{\pi}{2}a^3$.

**4.** (1) $\frac{\pi}{2}ab$；(2) $ab$.　　**5.** 13.　　**6.** (1) $-2\pi$；　(2) $-2\pi$.

**7.** $\frac{k}{2}\ln 2$.

**8.** (1) $\int_L\frac{P(x,y)+Q(x,y)}{\sqrt{2}}\mathrm{d}s$；　(2) $\int_L\frac{P(x,y)+2xQ(x,y)}{\sqrt{1+4x^2}}\mathrm{d}s$；

(3) $\int_L[\sqrt{2x-x^2}P(x,y)+(1-x)Q(x,y)]\mathrm{d}s$.

## 习 题 11-7

**1.** (1) 1/30; (2) 8. **2.** (1) $\frac{3}{8}\pi a^2$; (2) $12\pi$; (3) $\pi a^2$.

**3.** $-\pi$. **4.** (1) 5/2; (2) 236; (3) 5.

**5.** (1) 12; (2) 0. **6.** (1) $\frac{1}{2}x^2+2xy+\frac{1}{2}y^2$; (2) $x^2y$.

## 习 题 11-8

**1.** (1) $\iint\limits_{\Sigma} f(x,y,z)\mathrm{d}S=\iint\limits_{D_{xy}} f(x,y,0)\mathrm{d}S$; (2) $\iint\limits_{\Sigma} R(x,y,z)\mathrm{d}x\mathrm{d}y=\pm\iint\limits_{D_{xy}} R(x,y,0)\mathrm{d}x\mathrm{d}y$.

**2.** (1) $\frac{13}{3}\pi$; (2) $\frac{149}{30}\pi$. **3.** $\frac{1}{2}\pi+\frac{\sqrt{2}}{2}\pi$. **4.** $\frac{64}{15}\sqrt{2}a^4$.

**5.** $\frac{3}{2}\pi$. **6.** $\frac{1}{8}$. **7.** $\frac{1}{2}$. **8.** $\iint\limits_{\Sigma}\left(\frac{3}{5}P+\frac{2}{5}Q+\frac{2\sqrt{3}}{5}R\right)\mathrm{d}S$.

## 习 题 11-9

**1.** (1) $3a^4$; (2) $81\pi$; (3) $2\pi R^3$.

**2.** (1) $-\sqrt{3}\pi a^2$; (2) $-2\pi a(a+b)$.

**3.** (1) $\mathrm{div}\boldsymbol{A}=2x$, $\mathbf{rot}\boldsymbol{A}=-z\boldsymbol{j}-y\boldsymbol{k}$; (2) $\mathrm{div}\boldsymbol{A}=0$, $\mathbf{rot}\boldsymbol{A}=2\boldsymbol{i}+4\boldsymbol{j}+6\boldsymbol{k}$.

## 习 题 12-1

**1.** (1) 与$\sum\limits_{n=1}^{\infty}u_n$同敛散性; (2) 与$\sum\limits_{n=1}^{\infty}u_n$同敛散性;

(3) 当$\sum\limits_{n=1}^{\infty}u_n$收敛时,$\sum\limits_{n=1}^{\infty}(u_n+10)$发散;当$\sum\limits_{n=1}^{\infty}u_n$发散时,$\sum\limits_{n=1}^{\infty}(u_n+10)$的敛散性不确定,如当$u_n=-10$时,$\sum\limits_{n=1}^{\infty}(u_n+10)$收敛.

**2.** (1) 收敛; (2) 发散.

**3.** (1) 发散; (2) 收敛; (3) 发散.

**4.** (1) 发散； (2) 收敛； (3) 收敛； (4) 发散； (5) 收敛； (6) 收敛.

**5.** (1) 收敛； (2) 发散； (3) 收敛； (4) 收敛； (5) 收敛； (6) 收敛.

**6.** (1) 发散； (2) 发散； (3) 发散； (4) 发散； (5) 收敛.

**8.** (1) 条件收敛； (2) 绝对收敛； (3) 绝对收敛； (4) 条件收敛； (5) 条件收敛；
(6) 发散； (7) 绝对收敛； (8) 发散.

## 习 题 12-2

**1.** (1) $R=1$，$(-1,1)$； (2) $R=\infty$，$(-\infty,+\infty)$； (3) $R=1$，$(-1,1)$；
(4) $R=2$，$(-2,2)$； (5) $R=1$，$(-1,1)$； (6) $R=1$，$(4,6)$.

**2.** (1) $s(x)=\dfrac{2}{2-x}$； (2) $s(x)=\dfrac{1}{(1-x)^3}$； (3) $s(x)=\dfrac{1}{2}\ln\left|\dfrac{1+x}{1-x}\right|$.

**3.** $|x|<\sqrt{2}$，$s(x)=\dfrac{(2+x^2)}{(2-x^2)^2}$，3.

**4.** $e^x$.

## 习 题 12-3

**1.** $\cos x=\cos x_0+\cos\left(x_0+\dfrac{\pi}{2}\right)(x-x_0)+\cdots+\dfrac{\cos\left(x_0+\dfrac{n\pi}{2}\right)}{n!}(x-x_0)^n+\cdots\ (-\infty<x<+\infty)$.

**2.** (1) $4^x=\displaystyle\sum_{n=0}^{\infty}\frac{(\ln 4)^n}{n!}x^n\ (-\infty<x<+\infty)$；

(2) $\ln(2+x)=\ln 2+\displaystyle\sum_{n=1}^{\infty}(-1)^{n-1}\frac{x^n}{2^n n}\ (-2<x\leqslant 2)$；

(3) $\cos^2 x=\dfrac{1}{2}+\displaystyle\sum_{n=0}^{\infty}(-1)^n\frac{2^{2n-1}x^{2n}}{(2n)!}\ (-\infty<x<+\infty)$；

(4) $\cos x\sin x=\displaystyle\sum_{n=0}^{\infty}(-1)^n\frac{2^{2n}}{(2n+1)!}x^{2n+1}\ (-\infty<x<+\infty)$；

(5) $(1+x)\ln(1+x)=x+\displaystyle\sum_{n=2}^{\infty}(-1)^n\frac{1}{n(n-1)}x^n\ (-1<x\leqslant 1)$；

(6) $\dfrac{e^x}{1-x}=\displaystyle\sum_{n=0}^{\infty}\left(1+\frac{1}{1!}+\frac{1}{2!}+\cdots+\frac{1}{n!}\right)x^n\ (-1<x<1)$.

**3.** $\ln(1+x)=\ln 3+\displaystyle\sum_{n=1}^{\infty}(-1)^{n-1}\frac{(x-2)^n}{n\cdot 3^n}\ (-1<x\leqslant 5)$.

**4.** $\dfrac{x}{2x-1}=\dfrac{1}{2}-\dfrac{1}{6}\displaystyle\sum_{n=0}^{\infty}\frac{2^n}{3^n}(x+1)^n\ \left(-\frac{5}{2}<x<\frac{1}{2}\right)$.

5. $\dfrac{1}{x^2+3x+2}=\sum\limits_{n=0}^{\infty}\left(\dfrac{1}{2^{n+1}}-\dfrac{1}{3^{n+1}}\right)(x+4)^n\ (-6<x<-2)$.

## 习 题 12-4

1. $2\left(\sin x-\dfrac{1}{2}\sin 2x+\dfrac{1}{3}\sin 3x-\dfrac{1}{4}\sin 4x+\cdots\right)\ (-\infty<x<+\infty)$.

2. $\sum\limits_{n=1}^{\infty}\dfrac{18\sqrt{3}}{\pi}(-1)^{n-1}\dfrac{n}{9n^2-1}\sin nx\ (-\infty<x<+\infty)$.

3. $$\frac{1}{2\pi}(e^{\pi}-e^{-\pi}+2\pi)+\frac{e^{\pi}-e^{-\pi}}{\pi}\sum_{n=1}^{\infty}\frac{(-1)^n}{1+n^2}(\cos nx-n\sin nx)$$
$$=\begin{cases}f(x), & x\neq(2k+1)\pi,\ k=0,\pm1,\pm2,\cdots,\\ 1+\dfrac{e^{\pi}+e^{-\pi}}{2}, & x=(2k+1)\pi,\ k=0,\pm1,\pm2,\cdots.\end{cases}$$

## 习 题 12-5

1. (1) $f(x)=\dfrac{c_1+c_2}{2}+\dfrac{2(c_2-c_1)}{\pi}\sum\limits_{n=1}^{\infty}\dfrac{1}{2n-1}\sin(2n-1)x\ (-\pi<x<\pi$ 且 $x\neq0)$;

(2) $f(x)=\dfrac{3}{4}-\dfrac{6}{\pi^2}\sum\limits_{n=1}^{\infty}\dfrac{1}{(2n-1)^2}\cos(2n-1)x+\dfrac{1}{\pi}\sum\limits_{n=1}^{\infty}(-1)^{n-1}\dfrac{1}{n}\sin nx\ (-\pi<x<\pi)$.

2. (1) $e^x=\dfrac{2}{\pi}\sum\limits_{n=1}^{\infty}\dfrac{n}{n^2+1}[1+(-1)^{n+1}e^{\pi}]\sin nx\ (0<x<\pi)$,

$e^x=\dfrac{e^{\pi}-1}{\pi}+\dfrac{2}{\pi}\sum\limits_{n=1}^{\infty}\dfrac{1}{n^2+1}[(-1)^n e^{\pi}-1]\cos nx\ (0\leqslant x\leqslant\pi)$;

(2) $f(x)=\dfrac{h}{\pi}+\dfrac{2}{\pi}\sum\limits_{n=1}^{\infty}\dfrac{\sin nh}{n}\cos nx\ (0\leqslant x\leqslant\pi, x\neq h)$;

(3) $\cos\dfrac{x}{2}=\dfrac{8}{\pi}\sum\limits_{n=1}^{\infty}\dfrac{n}{4n^2-1}\sin nx\ (0<x<\pi)$.

3. (1) $x^2-x=\dfrac{4}{3}+\sum\limits_{n=1}^{\infty}(-1)^n\left(\dfrac{16}{n^2\pi^2}\cos\dfrac{n\pi x}{2}+\dfrac{4}{n\pi}\sin\dfrac{n\pi x}{2}\right)\ (-2<x<2)$;

(2) $-x=10\sum\limits_{n=1}^{\infty}\dfrac{(-1)^n}{n\pi}\sin\dfrac{n\pi}{5}x\ (-5<x<5)$;

(3) $f(x)=\dfrac{1}{2}\sin\dfrac{\pi x}{l}-\dfrac{4}{\pi}\sum\limits_{n=1}^{\infty}(-1)^n\dfrac{n}{4n^2-1}\sin\dfrac{n\pi x}{l}\ \left(0<x<l\text{ 且 }x\neq\dfrac{l}{2}\right)$;

(4) $f(x)=\dfrac{1}{2}+\dfrac{4}{\pi^2}\sum\limits_{n=1}^{\infty}\left\{\dfrac{2}{n^2}\cos\dfrac{n\pi}{2}-\dfrac{1}{n^2}[1+(-1)^n]\right\}\cos\dfrac{n\pi}{2}x\ (0\leqslant x\leqslant 2)$.

## 习　题　12-6

**1.** (1) $\ln 3\approx 1.0986$ $\left(提示：利用 \ln\dfrac{1+x}{1-x} 的展开式，取前 6 项\right)$；

(2) $e^{-1}\approx 0.3679$（取前 8 项）；

(3) $\cos 10^\circ\approx 0.9848$（取前 2 项）.

**2.** (1) $\dfrac{2}{\sqrt{\pi}}\displaystyle\int_0^{0.5}e^{-x^2}dx\approx 0.5205$（取前 4 项）；

(2) $\displaystyle\int_0^{0.5}\frac{\arctan x}{x}dx\approx 0.4872$（取前 4 项）；

(3) $\displaystyle\int_0^{0.5}\frac{1}{\sqrt{1+x^4}}dx\approx 0.4969$（取前 2 项）.